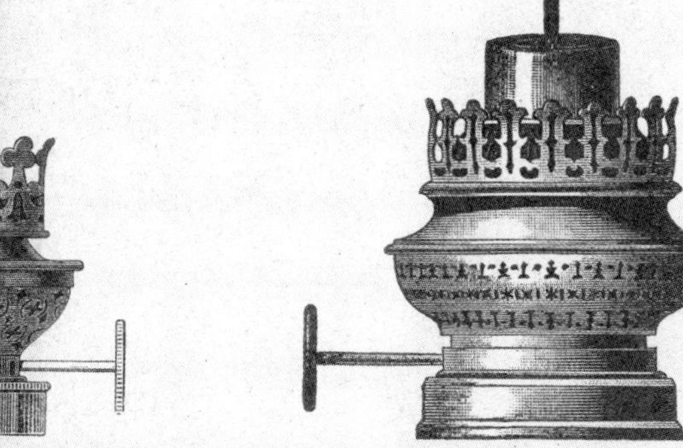

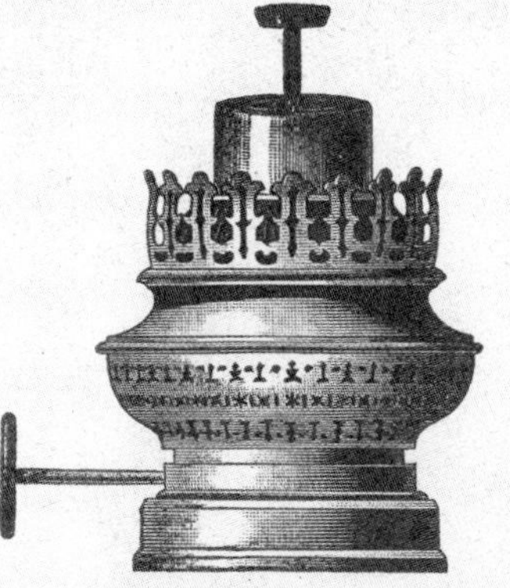

nner
‴, 16‴, 18‴

Viktoriabrenner
14‴, 16‴, 20‴

Salvatorbrenner
16‴

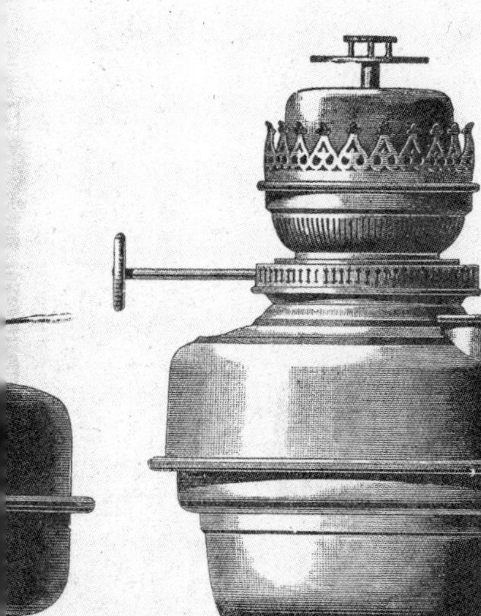

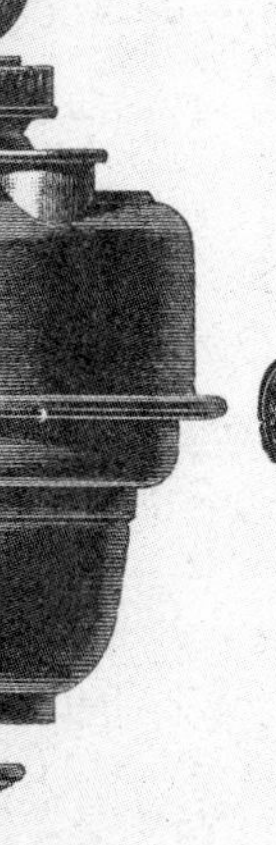

enner

Doppelblitzbrenner
30‴

Matadorbrenner
15‴, 20‴
mit und ohne Hebel

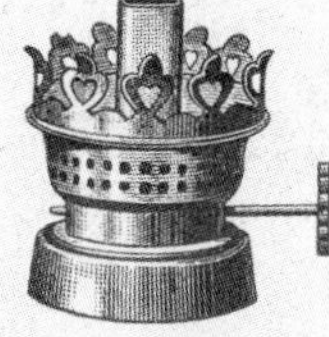

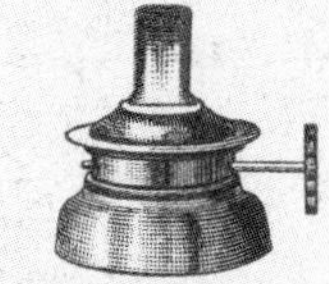

rnbrenner
$1\frac{1}{2}$‴

Kronbrenner
3‴, 5‴

Deckelbrenner
3‴, 5‴

Rübölbrenner
3‴, 5‴,
7‴, 10‴, 14‴

Katalogseite der Petroleumlampen-Fabrik Gebrüder Degel, Nürnberg, von 1907

Der Landrat Kreis Borken und Corinna Endlich (Hrsg.)

Leuchtende Vergangenheit

Werner Touché

Nr. 1
2
3
4
5
6
7
8
9
Nr. 27
13
14
15
16
17
18
19
Nr. 52 Kuppelschirm
54 Vestaschirm
56 Gasglühlichtschirm
Nr. 71
72
73
74
84
75
Nr. 82
83
90
103
111

Wer erfahren hat,
wie schwarz die Nacht sein kann,
der weiß,
welch ein Lichtlein
ein einziger Johanniskäfer
in den Busch zu werfen vermag.

Wilhelm Rabe

Leuchtende Vergangenheit

Historische Lampen aus der Sammlung Touché

Schriftenreihe des Kult – Kultur und lebendige Tradition Westmünsterland, Heft 1

Herausgegeben vom Landrat / Kreis Borken & Corinna Endlich M. A.
Kreis Borken, 46325 Borken

448 Seiten mit 974 Abbildungen

Bibliografische Informationen der Deutschen Nationalbibliothek
Die Deutsche Nationalbibliothek verzeichnet diese Publikation in der Deutschen Nationalbibliografie; detaillierte bibliografische Daten sind im Internet über http://dnb.d-nb.de abrufbar.

ISBN 978-3-945751-22-0

Autor: Werner Touché
Konzeption und Gestaltung: Lisa Kannenbrock
Titelbild: Lisa Kannenbrock
Fotos: Lisa Kannenbrock, Werner Touché
Satz: Manuela Wirtz
Druck: Druckerei Hubert & Co. GmbH und Co. KG, Göttingen
Lektorat: Nünnerich-Asmus Verlag & Media GmbH

Printed by Nünnerich-Asmus Verlag & Media GmbH

Weitere Titel aus unserem Verlagsprogramm finden Sie unter: www.na-verlag.de

für Renate

Inhalt

Vorwort

Diese Ausgabe der "Leuchtenden Vergangenheit" soll als Begleitbuch zur Dauer-austellung „Die Entwicklung der künstlichen Beleuchtung" im Kulturhistorischem Zentrum in Vreden (Westmünsterland) dienen. Die Sammlung umfasst Objekte aus der Antike bis heute, sofern sie mit flüssigen Leuchtmitteln betrieben wurden. Der Text der ursprünglichen Ausgabe wurde überarbeitet, ergänzt, berichtigt, und mit erklärenden Bildern versehen. Neue Erkenntnisse konnten im Text berücksichtigt werden. Insgesamt folgt der Text dem natürlichen, zeitlichen Ablauf von der Vorzeit bis heute.

In Deutschland wurde in der Zwischenzeit, außer einigen Beiträgen im Internet, wobei es sich aber in der Regel nur um Kopien alter Veröffentlichungen handelt, nichts Außergewöhnliches aufgelegt. Anders bei unseren westlichen Nachbarn Frankreich, Belgien und den Niederlanden. Dort gibt es einige, interessante, gut recherchierte Publikationen, die schon aus dem normalen Rahmen herausfallen.

Interessant deswegen, weil hier nicht die Spitzenstücke der letzten 2.000 Jahre zum wiederholten Male vorgeführt werden, sondern Querschnitte aus mehreren Epochen, von klein bis groß, von gut bis schlecht und von schön bis hässlich, wobei jedes seine Berechtigung hat. Es geht grundsätzlich nicht darum, besonders Schönes zu zeigen, sondern eindrucksvoll die ungeheure Vielfalt und die grosse Zahl der häufig aus der Not heraus geschaffenen Möglichkeiten, Licht ins Dunkel zu bringen. Mussten die Menschen doch erst lernen, dass eine Öllampe mit zwei Dochten mehr Licht bringt als dieselbe Lampe mit einem Docht.

Interessant auch deswegen, weil man es heute wagt, auch einem relativ kleinen,-andererseits aber dem wichtigsten Teil eines seiner Zeit sehr fortschrittlichen Lampentyps – ein ganzes Buch zu widmen, und das mit prägnanter Gründlichkeit.

Es erscheint ohnehin kaum möglich, ein Gesamtwerk über die Entwicklung der künstlichen Beleuchtung zu erstellen. Das bereits vorhandene Material ist schon sehr umfangreich, aber nicht ausreichend recherchiert. Es müsste also völlig neu gesichtet und ergänzt werden, eine jahrzehntelange Arbeit. Damit würde das Vorhaben aber so teuer, dass aufgrund des umschriebenen Interessentenkreises kein Verleger zur Veröffentlichung bereit wäre. Daran kann selbst das Internet nichts ändern. Da kann auch nur Gutes herauskommen, wenn man Gutes ein-

gibt! Leider sind heute im Internet viele Beiträge nicht ausreichend recherchiert und was besonders bedenklich ist, alte Begriffe werden umbenannt und durch falsche Begriffe ersetzt, womit die Authentizität verloren geht. In diesem Sinne habe ich mich bemüht, allen Seiten soweit wie möglich gerecht zu werden.

Auch heute gilt mein Dank der Kulturabteilung der Kreisverwaltung Borken, durch die auch die zweite Auflage ermöglicht wurde. Frau Lisa Kannenbrock sei gedankt für die neuerliche Schaffung exzellenter Photos und das Layout und Frau Gloria Rhumer, Arles (F), für die Übersetzung spezieller Texte. Ferner sei Dank Herrn Dr. Ralph Schoeneborn, Saarbrücken, Herrn Dr. Michael Lenz, Heinrichsort, Herrn Gergard Bruder, Baden Baden und Herrn Guido Pohl, Aldenhoven.

Ich hoffe, dass mit dieser Veröffentlichung das Interesse für die Entwicklung der Beleuchtung angeregt wird und sich auch Diskussionen anschließen, letztlich ergibt nur ein Extrakt aus vielen Meinungen ein gutes Ergebnis.

Frühjahr 2016 *Werner Touché*

Geschichte der Beleuchtung

Einführung

Wenn man versucht, die Entwicklung der künstlichen Beleuchtung aufzurollen, um sie in einen einigermaßen exakten zeitlichen Ablauf zu bringen, so begibt man sich auf einen recht schwierigen Weg, der mit Widersprüchen, Kritiklosigkeit, Ungereimtheiten und auch Irrtümern bedeckt ist. Ein zeitlicher Ablauf lässt sich eigentlich nur aufstellen, wenn es einen Anfang gibt. Aber hier beginnen schon die ersten Schwierigkeiten, denn den Beginn der künstlichen Beleuchtung durch den Menschen kennen wir nicht. Wir werden auch wohl nie genau erfahren, wie und wann das Feuer und damit auch das künstliche Licht in den Besitz des Menschen kam und ab wann der Mensch es nutzbringend zur Beleuchtung und Erwärmung anzuwenden verstand. Lediglich aus einem Teil der spärlichen archäologischen Funde wird man in der Lage sein, Rückschlüsse zu ziehen und ungefähre Zeitangaben zu machen, die sich aber in riesigen Zeiträumen bewegen, die für uns kaum überschaubar sind.

Vorzeit

- Homo ergaster
- Prometheus
- Herkunft des Feuers und erste Anwendung
- Lagerfeuer – Feuergrube
- Steinzeitliche Lampen
- Sehkraft des Steinzeitmenschen

Homo ergaster

Lagerfeuer der Vorzeit

Heute nimmt man an, dass der Homo ergaster, der Handwerker, vor etwa 1,8 Mio. Jahren das Feuer beherrschen lernte. Ist doch der Homo ergaster, der nicht mehr im Wald, sondern in der Savanne lebte, auch der Erfinder des Faustkeiles, eines Werkzeuges, welches sich über Jahrmillionen in immer ausgefeilterer Form gehalten hat. Damit war der Urmensch in der Lage Löcher zu graben, Holz und Knochen zu bearbeiten, sich zu verteidigen und eventuell auch Beutetiere zu töten. Die archäologischen Funde von Feuerstellen in Ostafrika mit einem Alter von rund 1,5 Mio. Jahren und Höhlenfunde mit angebrannten Tierknochen belegen, dass der Urmensch mit dem Feuer umgehen konnte. Nicht bekannt ist, ob der Mensch zu der Zeit bereits in der Lage war, das Feuer selbst zu erzeugen.

Prometheus

In der griechischen Sage stiehlt der Titan Prometheus den Göttern das den Menschen von Göttervater Zeus vorenthaltene Feuer, bringt es in einem Stängel des Riesenfenchels auf die Erde und unterweist die Menschen, es zu gebrauchen. Er wollte die Menschen vor dem Untergang retten, er erweist sich als Freund des Menschengeschlechtes, er ist der Erfinder aller Künste, die das Leben der Menschen angenehmer gestalten. Zeus rächt sich für den Diebstahl am Eigentum der unsterblichen Götter, in dem er den Feuerbringer Prometheus an einen Felsen im Kaukasus schmieden lässt und einen Adler schickt, der Prometheus täglich die Leber, als Sitz der bösen Begierden, zerfleischt, die dann nachts wieder nachwächst. Herakles befreit Prometheus nach langem Leiden, indem er den Adler erlegt. Um sich an den Menschen zu rächen und sie zu bestrafen, schickt Zeus die schöne Jungfrau Pandora mit einem Geschenk zu Prometheus. In diesem Geschenk, der Büchse der Pandora, sind alle Übel dieser Welt eingeschlossen aber auch die Hoffnung als einzig positive Gabe. Pandora steigt zur Erde hinab und überreicht das Geschenk an Epimetheus, den Bruder des Prometheus, der Pandora, von ihrer Schönheit betört, bei sich aufnahm, obwohl Prometheus ihn vor der Rache des Zeus gewarnt hatte. Pandora öffnet die Büchse und augenblicklich verbreiten sich alle in ihr eingeschlossenen Übel über die ganze Menschheit. Nur die Hoffnung bleibt am Boden der Büchse zurück, weil Pandora die Büchse schnell schließt.

Prometheus
Kupferstich von
B. Picart le Romain,
Amsterdam, 1733

Herkunft des Feuers und erste Anwendung

Das Feuer muss also etwas sehr Wertvolles und sehr Wichtiges gewesen sein, das zu besitzen nur den Göttern vorbehalten sein und den Menschen vorenthalten werden sollte. Prometheus holte das Feuer von den Göttern - das Feuer kam aus dem Himmel. Möglicherweise lässt sich daraus eine Verbindung mit dem aus dem Himmel niederfahrenden Blitz herstellen, der Bäume und Büsche entzündete. Kann man dieses als erstes Zusammentreffen des Menschen mit dem Feuer deuten? Das Feuer erhellte die Finsternis der Nacht und leuchtete dem Urmenschen den Weg – er erkannte die Flamme als Trägerin des Lichtes. Da wäre es doch nur natürlich, wenn er sich einen Ast aus dem brennenden Busch gezogen und vor sich her getragen hätte, als Fackel auf dem Weg in seine Höhle. In dieser er dann versuchte, das Feuer zu erhalten, denn er dürfte sicher auch bemerkt haben, dass das Feuer nicht nur leuchtet, sondern auch wärmt. Hiermit hatten die Menschen das Lagerfeuer.

Auch in Urzeiten dürften Feuer durch Selbstentzündung entstanden sein, sei es durch Zersetzungs- und Oxidationsprozesse im feuchten Heu oder Geäst oder auch im modrigen Holz, wobei ab einer bestimmten Temperatur ein Luftzug genügt, um das Material in Brand zu setzen. Ganz abgesehen von Vulkanlandschaften, von tätigen Feuerbergen, deren es in der Urzeit weltweit erheblich zahlreichere gab als heute. In diesen Landschaften gehörte das Feuer einfach dazu, und das nicht mal nur zum Segen der Urmenschen, sondern auch als Urkraft der Erde, die auch Schrecken verbreitete, vor der der Mensch Angst haben musste. Aus der gewaltigen Macht und Kraft des Feuers sind dann auch die Verehrung des Feuers und später der Feuerkult hervorgegangen.

Lagerfeuer

Mit dem Lagerfeuer und der sich daraus entwickelnden Feuergrube war der Mensch in der Lage, das Feuer zu bewahren und damit auch das Licht, denn das Lagerfeuer bzw. das spätere Herdfeuer war die Hauptbeleuchtung über sehr lange Zeit. Von hier aus konnte der Mensch jederzeit ein brennendes Holzscheit mitnehmen, um eine entferntere Stelle zu beleuchten. Der brennende Ast dürfte die Urform der Fackel gewesen sein und sie bedeutet damit den Beginn des künstlichen Beleuchtungswesens. In alten Höhlen fand man Spuren, die darauf hindeuten, dass in Felsritzen und schmalen Spalten brennendes Holz gesteckt haben muss, welches der Beleuchtung gedient haben dürfte. Dabei werden es in frühester Zeit sicherlich kleine Äste und Zweige gewesen sein. Ab wann der Mensch in der Lage war, das Holz auch von geborstenen Bäumen so zu bearbeiten, dass schmale Späne daraus entstanden, ist nicht bekannt. Jedenfalls dürften

der brennende Holzspan, aus dem sich später der Licht- oder Kienspan entwickelte, und die Fackel die ältesten Beleuchtungsmittel sein.

Warum soll der Urmensch auf seinen Streifzügen nicht auch angebranntes Wild gefunden haben, dessen angenehmer Geruch ihm in die Nase stieg, was ihn wiederum dazu veranlasste, davon zu kosten. Weil es ihm auch schmeckte, versuchte er den Hergang auf seine Weise nachzuahmen. Geröstete Früchte könnten eine frühe Beilage gewesen sein. Ob das nun am Lagerfeuer geschah oder in einer vor Nässe schützenden flachen Erdgrube, der Feuergrube, mag dahingestellt bleiben. Jedenfalls fand man bei der Höhle von Swartkrans im Norden Südafrikas Überreste von gegrilltem Antilopenfleisch, etwa 1,5 Mio. Jahre alt.

Feuergrube

Warum soll der Urmensch bei der Bereitung seiner Mahlzeit, beim Braten des Fleisches der erlegten Tiere am Lagerfeuer oder in der Feuergrube nicht bemerkt haben, dass herabtropfendes Fett das Feuer auflodern, ja sogar Stichflammen entstehen lässt. Er muss auch bemerkt haben, dass flüssiges Fett besser und stetiger brennt als Holz. Wann sich der Mensch diesen Effekt zu Nutze machte und wann er ihn weiterentwickelte ist ebenfalls unbekannt. Jedenfalls dürfte sich diese Entwicklung über Jahrzehntausende hin erstreckt haben.

Steinzeitliche Lampen

Französische Forscher des Nationalen Zentrums für wissenschaftliche Forschungen in Paris (CNRS) haben in den letzten Jahren weit über 100 steinerne Lampen untersucht, die größtenteils in den Höhlen der Dordogne im Südwesten Frankreichs gefunden wurden. Es handelt sich dabei um Lampen aus der jüngeren Altsteinzeit entsprechend der Periode von 40.000 bis 10.000 Jahren v. Chr. Bei diesen Lampen, und als solche konnten sie eindeutig identifiziert werden, handelt es sich um flache, mehr oder weniger gebogene und nur wenig bearbeitete Steinscheiben, die bereits in Plattenform in der Natur vorkommen, und auch um mehr oder weniger kunstvoll bearbeitete Lampen mit kleinen und größeren napfartigen Vertiefungen für den Brennstoff. Außerdem leitet der Kalkstein die Hitze deutlich schlechter, sodass die brennenden Lampen länger in der Hand getragen werden konnten. Die Lampen aus Sandstein waren meist mit einem Griff versehen, wahrscheinlich um sie länger tragen zu können, denn sie wurden sehr schnell heiß, da Sandstein Hitze gut leitet. Diese Lampen sind von kunstvoller, ausgeglichener Form, sorgsam bearbeitet und geglättet sowie teilweise mit Ritzzeichnungen versehen. Interessant ist, dass vor allem die spätpaläolithischen Lampen, zeitlich entsprechend dem Magdalénien etwa 18.000 bis 11.000 v. Chr., besonders schön gestaltet wurden. Man vermutet, dass sie in erster Linie zeremoniellen Zwecken gedient haben.

Die französischen Forscher konnten durch gaschromatographische und massenspektrometrische Untersuchungen in den fettigen Resten mehrerer Lampen bestimmte Fettsäuren nachweisen, wonach das Mengenverhältnis der nachgewiesenen Palmitinsäure zur Stearinsäure der Fettzusammensetzung heutiger Nutztiere ähnelt, etwa wie beim Rind, beim Schwein oder Schaf. Diese Erkenntnis lässt den Schluss zu, dass der Steinzeitmensch tierische Fette als Beleuchtungsmittel nutzte. Die Verwendung von pflanzlichen Fetten und Ölen als Beleuchtungsmittel beim Steinzeitmenschen kann weitgehend ausgeschlossen werden, da zu der Zeit Ölsaaten sicherlich unbekannt waren. Somit dürfte die erste Lampe, und als das müssen wir die Steinschalen ansehen, die jemals gebrannt hat, mit festem Fett und nicht mit Öl gespeist worden sein.

Ferner entdeckte man in den ausgegrabenen Lampen kleine Partikel von Nadelhölzern, z. B. Wacholder, sowie Reste von Flechten und Moosen, die als schwimmender Docht gedient haben dürften. Dass der Mensch der damaligen Zeit bereits in der Lage war, die saugende Wirkung einer Materie, also die Kapillarität eines Stoffes auszunutzen, die dem Menschen zu der Zeit völlig unbekannt war, ist schon als eine großartige Entdeckungsleistung anzuerkennen. Diese Tatsache hat den weiteren Weg der Menschheit entscheidend beeinflusst.

Als Leuchtmaterial benutzten die Steinzeitmenschen Unschlitt von obengenannten Tieren. Unter Unschlitt verstehen wir nicht ausgelassenes, also nicht erhitztes Nieren- und Bauchfett, in dem als Folge des Nichterhitzens noch Bindegewebe und Blutreste enthalten gewesen sein müssen, was beim Verbrennen einen recht üblen Geruch verbreitet. Es ist eine Tatsache, dass Unschlitt-Lampen in der modernen Zeit bis weit ins 19. Jhd. in bestimmten Gegenden gebrannt wurden. Es war wohl das preiswerteste Leuchtmittel, das nicht in kurzen Zeitabständen ersetzt oder nachgefüllt werden musste. Und als Nahrungsmittel war es nicht besonders wertvoll.

Die französischen Forscher konnten durch Versuche mit nachgebildeten Lampen feststellen, dass die steinzeitlichen Lampen deutlich weniger Licht gaben als eine Kerze. Man fragte sich natürlich, wie es unter den Umständen möglich war, mit so wenig Licht so wunderschöne farbige Felszeichnungen auf die Höhlenwände wie in Lascaux oder Niaux und den anderen Höhlen in Südwestfrankreich zu schaffen. Man errechnete, dass 150 Unschlitt-Lampen in einem Abstand von 50 cm vor der Felswand aufgestellt, erforderlich seien, um einen 5 m langen Abschnitt der Wand gut zu beleuchten. Das dürfte den Steinzeitmenschen nicht möglich gewesen sein. Ob zusätzliche Beleuchtungsmöglichkeiten in Form von Fackeln vorhanden waren, mag dahingestellt bleiben, wenngleich dicke Äste zu der Zeit als

Schalenlampe aus rotem Sandstein, Altsteinzeit, gefunden in der Höhle von Lascaux, Frankreich

Fackeln längst in Gebrauch gewesen sein dürften. Jedenfalls haben die Steinzeitmenschen ihre Zeichnungen unter sehr primitiven Umständen geschaffen, wobei meines Erachtens einem Umstand zu wenig Rechnung getragen wird, nämlich der besseren Anpassung des damaligen Menschen an die ihn umgebenden Verhältnisse. Seine Sinne dürften erheblich schärfer ausgeprägt gewesen sein, denn nur mit diesen hatte er die Möglichkeit zu überleben. Abgesehen davon wurde mittlerweile durch französische Forscher nachgewiesen, dass die Höhlen zu Zeiten der Sonnenwende durch die niedrig stehende Sonne hell erleuchtet wurden.

Sehkraft des Steinzeitmenschen

Ob die Sehkraft des Steinzeitmenschen besser war, erscheint sehr unwahrscheinlich. Was besser und ausgeprägter gewesen sein dürfte, war die Adaptationsfähigkeit des steinzeitlichen Menschenauges, die Anpassungsfähigkeit an die Dunkelheit. Ob zusätzlich noch die lichtempfindlichen Rezeptoren in der Netzhaut des frühen Menschen, die Zahl der Stäbchen für das Schwarz-Weiß-Sehen und der Zapfen für das Farbsehen zu Gunsten der Stäbchen verschoben war, erscheint doch sehr unwahrscheinlich. Ohnehin hat der heutige Mensch 20-mal mehr Hell-Dunkel-Rezeptoren als Farbrezeptoren in der Retina des Auges. Das steinzeitliche Auge war den natürlichen Gegebenheiten sicherlich mehr verbunden und vor allem war es nicht durch übermäßige Helligkeit verwöhnt und seiner natürlichen Fähigkeit entwöhnt. Der Steinzeitmensch war einfach in der Lage, im Dunkeln weitaus besser und vielleicht auch differenzierter zu sehen.

Altertum

- Phönizien
- Ötzi
- Die Fackel
- Der Birkenrinden-Wickel
- Der Kienspan
- Homer
- Das Rushlight oder Binsenlicht
- Die künstliche Beleuchtung in Griechenland und Rom
- Die Leuchtmittel im Altertum

Phönizien

Soweit es uns bekannt ist und unsere Breiten betrifft, hat sich auch in dem folgenden Zeitraum kaum etwas an der künstlichen Beleuchtung geändert. Hier blieb es bei der Fackel, beim Lichtspan und bei der Fettlampe. Ganz anders zu anderen Zeiten in anderen Gebieten. Offene Schalenlampen sind aus dem Vorderen Orient aus sehr frühen Zeiten bekannt, die Phönizier nutzten seit dem 3. Jahrtausend Tonlampen mit ein- oder mehrfach eingekniffenem Rand als Dochthalterung. In der sumerischen Stadt Ur in Mesopotamien hat man Schneckenhäuser aus der Zeit um 4.000 bis 3.000 v. Chr. gefunden, die als Öllampen verwendet worden waren. Die Schneckenhäuser waren an der Oberseite aufgeschnitten, der Docht lag im Atemkanal und hatte so eine natürliche Fixierung. Ferner fanden sich an den verschiedensten Orten des Dreistromlandes Muschel- und Austernschalen, aber auch Kalotten von Tierschädeln, die als Lampen gedient hatten. Anders die babylonischen Tonlampen aus der Zeit um 700 v. Chr. und damit deutlich jünger, aber ganz augenfällig fortschrittlicher, ähnelten sie kleinen, niedrigen Kännchen mit lang ausgezogener schnabelartiger Tülle und halsartigem Einfüllloch. Ein Zeichen deutlichen handwerklichen und technischen Fortschrittes.

Auch Muschelschalen wurden im Altertum als offene Ölschalenlampe genutzt

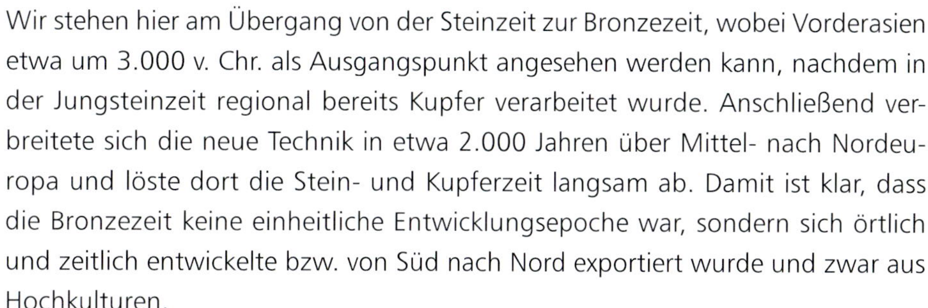

Wir stehen hier am Übergang von der Steinzeit zur Bronzezeit, wobei Vorderasien etwa um 3.000 v. Chr. als Ausgangspunkt angesehen werden kann, nachdem in der Jungsteinzeit regional bereits Kupfer verarbeitet wurde. Anschließend verbreitete sich die neue Technik in etwa 2.000 Jahren über Mittel- nach Nordeuropa und löste dort die Stein- und Kupferzeit langsam ab. Damit ist klar, dass die Bronzezeit keine einheitliche Entwicklungsepoche war, sondern sich örtlich und zeitlich entwickelte bzw. von Süd nach Nord exportiert wurde und zwar aus Hochkulturen.

Während der mittleren und späten Bronzezeit waren die Menschen in der Lage, die verschiedensten Gefäße herzustellen, wundervollen Schmuck zu entwerfen

Schneckenhäuser als Öllampen

und anzufertigen. Es gab prunkvolle Waffen, und neben anderen Gebrauchsgegenständen war man in der Lage, Leinen zu weben, und in alten Bronzegefäßen sind Reste von Leinöl nachgewiesen worden. Nur Geräte, die der Beleuchtung dienten, wurden wenig gefunden, bis auf die obengenannten primitiven Leuchtgegenstände und die oft abgebildeten etruskischen Kerzenleuchter.

Ötzi

Andererseits trug die Gletschermumie aus den Ötztaler Alpen, der „Ötzi", 5.300 Jahre alt, ein Ledertäschchen bei sich, in dem Feuersteinklingen und Zunder enthalten waren. Im Zunder konnten Spuren von Pyrit nachgewiesen werden, ein Eisensulfid, aus dem sich mit Feuersteinklingen Funken schlagen lassen. „Ötzi" war also in der Lage, Feuer zu machen! Vielleicht war in bestimmten lokalen

Babylonische Öllampe, 700 v. Chr.
Replik, Original im Antikenmuseum Berlin

Regionen das wärmende Feuer von größerer Notwendigkeit als das leuchtende Feuer, welches ohne Wärmeabstrahlung ohnehin nicht existieren kann.

Fackel mit Fackelhalter

Die Fackel

Zunächst jedoch waren die Fackeln und der Holzspan die beherrschenden künstlichen Beleuchtungsmittel. Wie bereits erwähnt, dürften sich beide aus dem brennenden Ast oder Holzscheit und dem beim Knicken der Bäume gespleisten Holz entwickelt haben. Der Mensch lernte schnell und erkannte, dass bestimmte Holzarten heller brannten, mehr Licht gaben und dass diese Holzarten meist klebrig waren. Er lernte das Harz kennen und dürfte es auch geerntet haben. Mit diesem Harz war er in der Lage, kleine Bündel von Holzspänen zu präparieren und erheblich heller brennende Fackeln herzustellen. Fackel und Kienspan haben sich über eine unwahrscheinlich lange Zeit als Beleuchtungsmittel erhalten, wenn man bedenkt, dass ihr Aufkommen in einfachster Form irgendwo in der Vorzeit liegt und dieses sich über die Steinzeit, die Bronze- und Eisenzeit bis hin in die Neuzeit gehalten haben. Kienspäne wurden in bestimmten Gegenden Deutschlands und den Alpenländern bis Ende des 19. Jhds. zur Beleuchtung genutzt. Auch die Fackel hat sich als Notbeleuchtung bis weit ins 20. Jhd., natürlich in modernerer Ausführung, bewährt.

Pechfackel zur Straßenbeleuchtung in Paris im 17. Jhd.

Ist die Fackel aus dem brennenden Ast bzw. aus dem Reisigbündel hervorgegangen, welches in der Frühzeit vielleicht mit Harz getränkt war? So stellte man später länger brennende Fackeln aus Hanf, Werg oder Stoff her, die um einen hölzernen Träger gewickelt und mit Pech, Wachs oder Erdpech getränkt wurden. Um zu verhüten, dass die Hand durch herabfallende, brennende Teilchen verletzt wurde, steckte man die Fackel in einen Fackelhalter oder Fackelschuh, in einfachster Form eine durchlochte Holz- oder Tonscheibe, in schönerer Form als trichterförmige Halterung aus Ton oder Metall. Bei Ausgrabungen in Tiryns auf dem Peloponnes in Griechenland wurde ein tönerner Fackelhalter gefunden, der aus der Zeit um 500 v. Chr. stammen dürfte. Bei den Festen in den mittelalterlichen Burgen sorgten eigene Fackelträger für die Beleuchtung der großen Hallen, während sich im normalen Bürgerhaus die Fackelbeleuchtung wegen der starken Rauchentwicklung und der Feuergefahr nicht lange gehalten haben. Allerdings wurden in der Renaissance wieder verstärkt Fackeln zur Außenbeleuchtung an Portalen verwendet. Im Mittelalter trugen die nächtlichen Stadtwachen Pechpfannen. Hier wurden Pechringe in korbartigen Gefäßen oder Pfannen aus Eisen, die auf einem langen Stil montiert waren, gebrannt. Diese Pechpfannen fallen natürlich auch unter den Begriff der Fackel. Hatte man doch schon im alten Rom Fackelträger: die Laternarii und Lampadarii, die ihren Mitbürgern zu Diensten standen, die

Pariser Stadtwache mit Feuerkörben im 17. Jhd.

ihnen auf den abendlichen Wegen gegen Bezahlung heimleuchteten. Ähnliche Dienstleistungen gab es in London bis ins frühe 19. Jhd.

Die kultische Bedeutung der Fackel ist, je nach geographischer Kultur, von ungeheurer Vielseitigkeit, wobei es sich vornehmlich auch um eine Verehrung des Feuers und der Feuergötter handelt. Das Feuer als irdische Form des himmlischen Lichtes hat eine große Kraft, von der Gutes aber auch Unheil ausgehen konnte. Die Athener veranstalteten einen Fackelwettlauf zu Ehren des Feuergottes Hephaistos, wobei die Fackel brennend ins Ziel gebracht werden musste, und gleichzeitig Fackeltänze stattfanden. Solche Fackeltänze waren auch an den mittelalterlichen Höfen üblich. Sie hielten sich bis in die Neuzeit und am preußischen Hof fanden diese Fackeltänze noch im 19. Jhd. anlässlich der Hochzeiten von Familienangehörigen statt. Dagegen hatten die riesigen, organisierten Fackelumzüge in der Zeit des Nationalsozialismus mit der ursprünglichen Symbolik nicht das Geringste gemein, es waren lediglich unglaubliche Propaganda-Spektakel.

Birkenrindenwickel

Der Birkenrinden-Wickel

Zu erwähnen wäre noch der Birkenrinden-Wickel, der noch mit zur Fackel gerechnet werden sollte. Man fand ihn in jungsteinzeitlichen Pfahlbauten. Er wurde in bestimmten Gegenden bis in die Anfänge des 20. Jhds. als Beleuchtungsmittel eingesetzt, so z. B. in den Seitentälern des Wallis und Graubündens und später noch im Tessin. Wegen der gegen Wind sehr widerstandsfähigen Flamme war die Birkenrinde ideal zum Gebrauch im Freien. Die Herstellung war recht einfach, indem ein etwa 20 cm langes Stück der äußeren, weißen Birkenrinde vom Stamm abgelöst und spiralig aufgewickelt wurde, in der Art, dass die äußere weiße Schicht der Rinde nach innen und die feuchte hellgelbe innere Seite nach außen zeigte. So entstand eine Art Kerze, die mit Hilfe eines durchgesteckten Zweiges am Entrollen gehindert wurde. Nach dem Trocknen war der bis zu 80 cm lange Birkenrinden-Wickel fertig zum Gebrauch.

Er gab ein helles, wenig windempfindliches, lange brennendes Licht und entwickelte reichlich Qualm, mit einem nicht unangenehmen, harzigen Geruch. Dieser entsteht aus den in der Birkenrinde enthalten Terpenen, den harzhaltigen Substanzen, von denen das Betulin das interessanteste und wichtigste ist. Wurde doch aus der Birkenrinde schon seit der mittleren Altsteinzeit das Birkenpech gewonnen, eine klebrige schwarze Masse, die seinerzeit als Klebstoff diente, zur Befestigung von Werkzeugen und Waffen. Waren doch die Pfeilspitzen des Ötzi mit Birkenpech und Pflanzenfasern an den Holzschäften der Pfeile befestigt. Mitte der 60er-Jahre des 20. Jhds. fand man in Königsaue (Halle-Saale) zwei kleine dunkle Klumpen, die später als Birkenpech, 40.000 Jahre alt, bestätigt wurden. Kleine Kügelchen Birkenpech fand man auch in ägyptischen Gräbern und Urnen als Grabbeigabe. Der Sinn dieser Beigaben ist unbekannt, ebenso unbekannt ist es, wie in der Steinzeit solche Schwelprodukte hergestellt werden konnten. Jedenfalls war Birkenpech der erste von Menschen hergestellte und benutzte Klebstoff.

Fackelzug von Kingstown nach Dublin, Irland, 1888

Der Kienspan

Im ältesten Salzbergwerk der Welt in Hallstatt im Salzkammergut, in dem seit etwa 7.000 Jahren Salz abgebaut worden sein soll, konnten Bündel ungebrannter Kienspäne mit abgebrannten Spanresten aus Fichten- und Tannenholz aus der Zeit um etwa 1.000 v. Chr. gefunden werden. Noch älter sind Funde von Lichtspänen aus einem Jaspis-Bergwerk in Krzemionki in Polen, welches etwa um 4.000 v. Chr. ausgebeutet wurde. Man nimmt heute an, dass der Kienspan seit der Altsteinzeit existiert und in Gebrauch war, wobei man nicht vergessen sollte: Der Kienspan ist ein bearbeitetes Stück Holz und diese Bearbeitung musste ja auch erlernt werden. Ob nun der Homo ergaster (der Handwerker) bereits in der Lage war Holz zu spalten, muss offen bleiben. Einfacher war es, einen dickeren Zweig aus dem brennenden Lagerfeuer zu ziehen und diesen als Lichtträger zu nutzen.

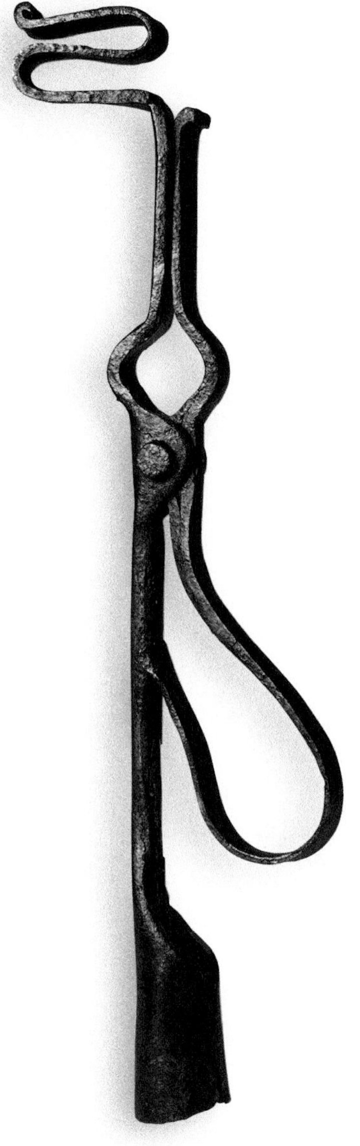

Kienspanhalter,
Eisen, geschmiedet, mit Federklemme,
18. Jhd.

Homer

Sowohl Fackel als auch Kienspäne finden Erwähnung bei Homer (griechischer Dichter, 2. Hälfte 8 Jhd. v. Chr.) in der Odyssee im 7. Gesang:

„Goldene Jünglinge standen auf schön gebauten Altären
ringsumher und hielten in Händen brennende Fackeln,
um den Gästen im Saale beim nächtlichen Schmause zu leuchten".

Und er berichtet ferner im 18. Gesang:

„Als den Lustigen nun der goldene Abend herabsank,
setzten sie sobald drei Feuerfässer im Saale, ihnen zu leuchten,
umher, und häuften trockene Splitter, welche sie
frisch mit dem Erz aus dürrem Holze gespalten,
und Kienstäbe darauf, die Mägde des Helden Odysseus
gingen von einem zum andern
und schürten die sinkende Flamme".

Bei den Feuerfässern müssen wir uns metallene Behälter vorstellen, die erhöht aufgestellt wurden. Das Feuer durch eine geschickte Schichtung gut brennend zu erhalten, war offenbar eine Kunst, mit der nicht jeder vertraut war, denn Odysseus hebt seine persönliche Geschicklichkeit darin besonders hervor, er sagt:

„Keiner der Sterblichen kann mit mir wetteifern im Dienste Feuer
geschickt zu legen und trockene Klötze zu spalten".

Kleiner Kienspanhalter, Ton, Höhe 10 cm

Der Mensch erkannte recht schnell, dass sich brennendes Holz unterschiedlich verhält. Das eine brennt mit heller Flamme und schnell, das andere brennt mit kleiner Flamme und fast nur glimmend und langsam, wobei das erstere weniger Hitze dafür aber mehr Licht, das zweite weniger Licht aber mehr Hitze abgibt. Folglich benutzte der Mensch das heller brennende, häufig harzreiche Holz als Leuchtmittel, das weniger hell brennende Hartholz als Heizmittel. Wegen des höheren Harzgehaltes wurden Kienspäne vorwiegend aus Kiefern- oder Fichtenholz hergestellt. Es ist zu bedenken, dass Kiefern- und Fichtenholz als sehr harzreiches Holz bedeutend mehr spratzt und Funken fliegen lässt, was die Brandgefahr erhöht. Aber auch andere Hölzer dienten der Spanherstellung, so die Birke, die Weide, der Kirschbaum, die bedeutend weniger Funken erzeugen. Bei diesen Hölzern müsste man von Lichtspan sprechen, da sie wenig Harz enthalten.

Es gab kurze Späne von 10 – 20 cm Länge, die vorwiegend in den Feuerbecken und Kienkörben, in späteren Zeiten in den hängenden und stehenden Kienleuchten und Kienpfannen gebrannt wurden. Diese Kienleuchten gaben natürlich mehr Licht als ein einzelner Span, vor allem, wenn die Späne so aufgestellt bzw. aufgehäuft wurden, dass sie in innige Berührung mit der Luft kommen konnten. Dazu waren auf dem Boden der Leuchten Halterungen angebracht. Später montierte man unter die Leuchten Bleche, die die herabfallenden glühenden Holzstückchen oder Funken, auffangen sollten, denn die Feuergefahr war bei den umher spritzenden Funken recht groß. Wegen der starken Rauchentwicklung wurden die Kienleuchten häufig in der Nähe eines Abzuges aufgestellt.

Durch Tragen des brennenden Kienspanes im Mund waren die Hände frei für die Arbeit

Aus dem 17. – 18. Jhd. ist eine Beleuchtungsvorrichtung, der Läihout, bekannt, bei der ein Spankorb unter einem großen, trichterförmigen Abzug angebracht ist, dessen Abzugsrohr den Rauch in die Esse oder seltener auch über ein Fenster nach außen leitet. Der Läihout (Rauchhut) bestand ursprünglich aus Holz, später aus mit Lehm überzogenem Weidengeflecht oder aus Eisenblech. In Bauernhäusern gab es in die Wand eingelassene Lichtnischen, in denen Kienpfannen brannten, deren Rauch über Durchbrüche in angrenzende Räume oder nach außen abgeleitet wurde. Die Wände der Nischen wirkten wie ein Reflektor, sie streuten das Licht, wobei natürlich ein Lichtverlust hingenommen werden musste.

Die langen Kienspäne, die eine Länge von 40 – 80 cm hatten, steckte man in einen Kienspanhalter. Diese Späne waren knapp 4 cm breit und etwa 2 – 5 mm dick. Um eine optimale Lichtausbeute zu erzielen, forderte das Spanlicht eine besondere Pflege. Der Holzspan musste in einem bestimmten Winkel zur Horizontalen stehen, damit der Span bei guter Lichterzeugung nicht zu schnell abbrannte. Bei steilerer Stellung des Kienspanes konnte die Flamme grundsätzlich kleiner gehalten und die Brenndauer verlängert werden und umgekehrt. Dabei sollte die Kienspanflamme möglichst ruhig brennen, Licht geben und nicht flackern. Jedenfalls brauchte man eine ständige Wartung des Lichtes. Des besseren Brennens wegen wurden die Späne häufig eingefettet. In der Regel war eine Person den ganzen Abend damit beschäftigt, die Spanbeleuchtung zu hüten.

Der früheste Kienspanhalter war sicherlich ein Felsspalt, in den der Span geklemmt wurde. Auch einfache Lehmklumpen, in die sich ein Span drücken ließ, oder ein schlichter, am Boden befestigter, an seinem oberen Ende geschlitzter Stock konnte den Kienspan aufnehmen. War man genötigt mit beiden Händen zu arbeiten, nahm man den Span in den Mund und leuchtete damit seinen Arbeitsplatz aus. Auch der frühe Bergarbeiter unter Tage trug den Kienspan im Mund, und der war seine bevorzugte Beleuchtung, und wenn der Bergmann seine Zähne verlor, war er „bergfertig", d. h. er war arbeitsunfähig.

Man nutzte auch aus Ton gebrannte Köpfe von Menschen, Tieren und Fabelwesen, deren etwas geöffneter Mund als Halterung für Lichtspäne diente. Die meisten Halter der letzten Jahrhunderte waren die aus Eisen geschmiedeten Klemmleuchter mit Feder oder Gewichtsklemme, teilweise auch kunstvoller gestaltet mit Verzierungen und Eisenschlaufen, in denen mehrere Vorratsspäne Platz fanden. Diese eisernen Halter wurden auf einen hölzernen Schaft gesteckt, der in der Höhe verstellbar sein konnte oder als natürliches Dreibein dem Ganzen den nötigen Halt gab. Die Kienspanhalter waren von unterschiedlicher Größe, wobei

Kienspanhalter links mit Gewichtklemme auf gewachsenem Dreibein, rechts mit Klemmhalterung und Höhenverstellung, 120-165 cm, frühes 19. Jhd.

Rauchhut mit Kienkorb
und Funkenschutz

Eisernes Kienspankörbchen unter einem tönernen Rauchhut,
der alte Farbdruck zeigt den Taufschmaus in einer Wochenbettstube. Er wurde 1822 von J. W. Grüner in einer Handschrift an J. W. von Goethe übergeben

größere Exemplare einen weiteren Bereich ausleuchteten, kleinere Exemplare als Tischleuchter Verwendung fanden.
Während die Herstellung der Kienspäne in der früheren Zeit reine Handarbeit war, wurden sie später halbmaschinell gefertigt mit Spanhobeln und Spandrehen. Mit dem Spanhobel konnten relativ gleichmäßige Späne in verschiedenen Dicken vom Holzscheit abgetrennt werden, eine Voraussetzung für eine ruhig brennende, wenig flackernde und gutes Licht gebende Flamme. Bei der Spandrehe handelt es sich um eine hölzerne Drehbank. Auf dieser wurden die Späne aus Rundhölzern spiralig heraus gedrechselt, wobei relativ lange Lichtspäne entstanden, die man auch um den Arm wickeln und, den brennenden Teil in der Hand vor sich hertragend, seinen Weg beleuchten konnte.

Das Kienspanlicht war die preiswerteste Möglichkeit, Licht in die dunklen Winterabende zu bringen und diese Zeit auch für bestimmte Tätigkeiten zu nutzen. Gleichzeitig wurde diese Technik der künstlichen Beleuchtung über den längsten Zeitraum durch den Menschen genutzt. War die Kienspanbeleuchtung in einigen Gegenden Deutschlands doch bis nach dem Ersten Weltkrieg gängig, so in Bayern und im Schwarzwald.

Das Rushlight oder Binsenlicht

Wenngleich das Kienspanlicht erheblich älter ist, sollte hier noch eine Beleuchtungsart Erwähnung finden, die im Prinzip dem Kienspan sehr ähnlich aber in der Konstruktion erheblich leichter und vielleicht auch etwas verspielter ist, dem Bin-

Geschichte der Beleuchtung

Binsenlicht mit Juncus effsus L.

senlicht oder Rushlight. Die Römer nutzten Binsenmark schon als Dochte für ihre Öllampen. Dabei hätte ihnen eigentlich auffallen sollen, dass man die ölgetränkten Binsen auch ohne Lampe, wie eine Art Kerze abbrennen lassen kann. Bislang ist allerdings nichts Sicheres über die Nutzung einer derartigen Leuchtquelle im alten Rom bekannt.

Die größte Verbreitung des Rushlight fand sich in England etwa seit dem 1. Jhd. n. Chr., und es soll von allen Teilen der Bevölkerung genutzt worden sein. Von den in der Natur vorkommenden zahlreichen Binsenarten verwendete man die Juncus effusus L. und die Juncus conglomeratus L., nicht nur weil diese Arten in England sehr weit verbreitet sind, sondern auch, weil diese Binsen ein durchgehendes, röhrenförmiges, nicht gekammertes Mark bilden, wodurch die Saugfähigkeit überhaupt erst möglich wird. Die genannten Binsenarten erreichen eine Höhe von 1,50 m bei 8 mm Ø der Triebe. Das Binsenlicht ist natürlich auch im übrigen Europa genutzt worden, vor allen Dingen wo Juncus heimisch war. In Deutschland lief diese Beleuchtungsart unter dem Namen „Binsenlicht", in Frankreich bezeichnete man sie „a meche de jone" und in Spanien „espicie de vela con pabilo de jonco".

Die Binsen wurden im Spätsommer, wenn die Markanteile am besten ausgebildet waren, geerntet und man schnitt aus den besten Teilen der Binse etwa 1,5 Fuß lange Abschnitte, die für die Weiterverarbeitung geeignet waren. In frischem Zustand wurde dann die grüne äußere Haut der Binse abgezogen, wobei 1/5 der relativ festen Haut in ganzer Länge stehen bleiben sollte, um dem Rushlight eine ausreichende Festigkeit zu verleihen. Nach eigenen Versuchen wird die Binse, an der man ein Stück Außenhaut stehen lässt, beim Trockenprozess krumm, da allem Anschein nach die grüne Außenhaut stärker schrumpft als das Mark. Anschließend wurde das Binsenmark gebleicht und getrocknet, um danach präpariert zu werden. Dazu legte man die Rushes in geschmolzenes Küchenfett oder Öl, oder

Binsenlichthalter, Höhe bis 20 cm, Messing, Holz, mit Löscher und Kerzenhalter

einer Mischung aus beiden, wobei die Zumischung einer kleinen Menge Bienenwachs dem Rushlight eine größere Festigkeit gab und eine längere Brenndauer erreicht wurde. Eigens zur Präparation der Rushes benutzte man eiserne, gegossene oder geschmiedete Gefäße von länglich ovaler Form, die Grissets, die nur dem genannten Zweck dienten.

Zur normalen Beleuchtung wurden die präparierten Binsen zwischen den Brangen des Rushnips oder Binsenhalters eingeklemmt. In der Regel wurden die Binsen in einem Winkel von 40 Grad zur Senkrechten gebrannt, einer Stellung, in der sie normales Licht abgaben und nicht zu schnell abbrannten. Je weiter sie zur Horizontalen geneigt wurden, desto heller, aber desto schneller brannten sie ab. Es war natürlich auch möglich, die Binse in Horizontalstellung an beiden Seiten zu entzünden, um dann die doppelte Lichtmenge zur Verfügung zu haben.

Die Halter des Binsenlichtes, die Rushnips waren vergleichbar den der Tischbeleuchtung dienenden kleinen Kienspanhaltern, nur waren die Rushnips deutlich kleiner und zierlicher, sie hatten ja auch nicht so viel zu tragen. Meist waren die Halter aus Eisen geschmiedet, seltener aus Messing, wobei durch einen Dreifuß die nötige Standfestigkeit erreicht wurde. Diese konnte natürlich auch durch Verwendung eines gedrechselten oder geschnitzten Holzfußes erreicht werden, von denen es zahlreiche Varianten gab. Der bewegliche Teil der Haltezange hatte an seinem äußeren Ende häufig einen Knopf, in der frühen Zeit eine spitzkonische Tülle und später einen Kerzenhalter. Ein Gegengewicht wie beim Kienspanhalter war wegen des geringen Gewichtes der Binse nicht erforderlich. Die spitzkonische Tülle diente nicht der Kerzenhalterung sondern wurde als Löscher gebraucht, in dem das Ende der abgebrannten Rush hineingesteckt wurde, um die Flamme zu löschen. Außer den Tischbinsenhaltern wurden auch Stehhalter genutzt, die auf dem Fußboden standen, oder auch Binsenhalter, die an der Wand befestigt wurden, Wandbinsenhalter.

Die künstliche Beleuchtung in Griechenland und Rom

Griechenland – Töpferscheibe – Rom – Matrizenverfahren – Firmalampe

Während Homer in seinen Dichtungen für die Beleuchtung von Feuerpfannen aus Ton und Kupfer spricht, weiß man mittlerweile, dass zu seiner Zeit auch Öllampen in Griechenland existierten. Dafür sprechen auch die Funde aus dem Palast von Knossos auf Kreta aus der Zeit von 1550 bis 1450 v. Chr. Aus dem ägyptischen Raum sind Öllampen seit dem 3. Jahrtausend v. Chr. bekannt, wie Funde in Form steinerner Lampenständer mit schalenartigen Ölbehältern belegen, die bei Sakkara, der altägyptischen Nekropole, gefunden wurden.

Punische Schalenlampe mit drei Schnauzen, 4. – 3. Jhd. v. Chr.

Geschichte der Beleuchtung

Bei den frühen phönizischen und griechischen Lampen handelte es sich um einfache, tönerne, offene Schalenlampen, bei denen als erster Fortschritt der äußere Schalenrand ein- oder mehrmals eingekniffen wurde, sodass eine oder mehrere Schnauzen entstanden, damit der Docht in der entstehenden Rinne mehr Halt hatte. In der weiteren Entwicklung legte man den nach außen umgelegten Schalenrand immer mehr nach innen um, und die Dochtschnauze wurde als flache Mulde anmodelliert und der Rand über der Dochtschnauze überbrückt. In der Folge wurde der Schalenrand immer weiter nach innen verbreitert, bis der Ölbehälter geschlossen war bis auf ein kleines Einfüllloch im Zentrum der leicht nach innen gewölbten Oberfläche. Damit war die Lampe geschlossen, wodurch ein Verschütten des Öles verhindert wurde. Die Oberfläche der Lampe nennt man den Spiegel und den Rand die Schulter, die beide unterschiedlich ausgeprägt sein können. Beide wurden im Laufe der Zeit zu Trägern von Verzierungen, die heute der Klassifizierung der Lampe dienen.

Diese Lampen wurden bereits im 7. und 6. Jhd. v. Chr. bei den Griechen auf der Töpferscheibe gedreht. Eine zu den frühen griechischen Rundlampen zählende, offene Lampe mit runder Dochtschnauze hatte als Besonderheit im Zentrum des Bodens eine nach oben gerichtete, offene Tülle als Halterung für einen Stock, die Stocklampe, mit dem die Lampe dann getragen oder festgesteckt werden konnte.

von links nach rechts, von oben nach unten

Offene Rundschulterlampe italienisch, roter Ton, 5. Jhd. v. Chr.

Rundschulterlampe griechisch, 3. – 2. Jhd. v. Chr.

Punische Lampe, mit drei Schnauzen, 4. – 3. Jhd. v. Chr.

Griechische Stocklampe, roter Ton mit schwarzer Engobe, 5 Jhd. v. Chr.

Griechische Rundschulterlampen, teils mit erhaltener schwarzer Engobe, 4 Jhd. v. Chr.

Römischiche Bildlampen der Kaiserzeit, 1. Jhd. n. Chr.

Römische Firmalampe mit Kammflamme, Lagerung der Hälfte des Dochtes in der Rinne zwischen Dochtloch und Spiegel

Später, ab etwa 300 v. Chr., wurde die Drehscheibe abgelöst durch die Matrize. Nach Anfertigung einer Urform der Lampe wurde von dieser eine zweiteilige Form, eine Matrize abgeformt, die sowohl aus Gips als auch aus Ton und Sandstein gefertigt wurde und so lange in Gebrauch war, bis die Konturen den Anforderungen nicht mehr genügten. In diese Formen konnten dünne Tonplatten als Ober- und Unterteil der Lampe eingedrückt werden und beide Lampenteile wurden nach dem Trocknen zusammengekittet.

Die gesamte Lampenherstellung, das Matrizenverfahren, wurde später von den römischen Töpfern übernommen. Die frühen, klassischen griechischen Lampen sind ohne jeglichen Schmuck. Sie sind häufig gefirnisst, wobei der Firnis, in unterschiedlichen Farbtönen, sowohl die Durchlässigkeit des Tones zu vermindern als auch der Zierde diente. Die griechische Öllampe verbreitete sich, von griechischen Siedlern mitgebracht, ab dem 5. Jhd. v. Chr. über Sizilien nach Unteritalien, in den Norden nach Gallien, wobei die Römer ihre Lampe später bis an den Niederrhein brachten.

Als Nachfolge der griechischen Lampenentwicklung wurde die römische Lampe deutlich formenreicher, besonders in der Kaiserzeit, vor allem im 1. Jhd. n. Chr. Während die griechische Lampe eine breite, häufig verzierte Schulter bei kleinem Spiegel zeigte, verschmälerten die Römer die Lampenschulter zu Gunsten eines großen Spiegels, der mit ornamentalen und figürlichen Reliefs verziert wurde. Diese Bildlampen hatten ihre höchste Blüte im 1. Jhd. n. Chr., sie waren in allen Provinzen des römischen Reiches in Gebrauch. Die Vielfalt der Motive für die Spiegelbilder (Spiegelreliefs) war ungeheuer groß. Neben mythologischen Ge-

Firmalampen Rom, Mitte wahrscheinlich Talglampe, 2. Hälfte 1. Jhd. n. Chr.

stalten, Zirkusszenen, Gladiatorenkämpfen, Tieren und Blumen und erotischen Szenen gab es nur wenig, was nicht dargestellt wurde. Gegen Ende des 1. Jhds. n. Chr. wurden die Bildlampen durch relativ schmucklose Lampen, die Firmalampen abgelöst, die sich dadurch auszeichnen, dass sie auf dem Boden einen Prägestempel aufweisen, der dem Namen der Töpferei, der Firma, entspricht. Als äußere Merkmale zeigt die Firmalampe eine gestreckte Form mit langausgezogener Schnauze und kleinem Spiegel, der nur geringfügig verziert war. Zusätzlich trug sie auf der ausgezogenen Schnauze eine Rinne vom Dochtloch bis auf den Spiegel. C. Wunderlich, vertritt die Meinung, dass die Rinne zwischen Dochtloch und Spiegel der Firmalampe der Bildung einer „Kammflamme" gedient haben könnte. Die Kammflamme entspricht in ihrer Form der Flamme eines Flachdochtes. Die Entstehung dieser Flammenform ist möglich, wenn man einen Teil der Dochtfasern in die Rinne umlegt, womit ein breiterer Docht entsteht, der auch eine entsprechende Flamme entstehen lässt. Der Beweis der Machbarkeit ist erbracht, der seinerzeitigen Existenz nicht. Die preiswerte Firmalampe wurde nach relativ kurzer Zeit nicht mehr angeboten.

Byzantinische Ständerlampe,
Höhe 15 cm, Bulgarien, um 400 nach Chr.

Des Weiteren benutzen die Römer auch Talg- und Tiegellampen, wobei der Docht der Tiegellampe entweder durch einen Schwimmer, ein Korkplättchen mit zentralem Loch für den Docht, oder einen zentralen Dochthalter fixiert wurde. Als zentraler Dochthalter diente ein im Zentrum des Tiegels einmodelliertes geschlitztes Tonröhrchen, eine Methode, die bei offenen Keramiklampen in China bis ins 19. Jhd. in ähnlicher Form beibehalten wurde.

Von links nach rechts, von oben nach unten:

Römische Lampen mit drei Brennstellen,
Naher Osten, 2. Jhd. nach Chr.

Warzenlampe, 3. – 4. Jhd. nach Chr.

Nordafrikanische Lampe, 4. – 5. Jhd. nach Chr.

Byzantinische Lampe mit schwarzer Engobe

Späte Tonlampe, 6. Jhd. nach Chr.

Außer den einfachen, tönernen Öllampen zum täglichen Gebrauch wurden in allen mediterranen Kulturkreisen auch Lampen aus wertvolleren Materialien gefertigt, wobei Marmor, seltener Edelmetalle wie Silber und Gold, am häufigsten aber Bronze zur Verwendung kamen.

Besonders die Römer pflegten den Bronzeguss, sie stellten eine große Zahl von Bronzelampen her, wobei nur die wenigsten in Treibarbeit entstanden. Wegen des höheren Preises konnten sich nur die begüterten römischen Familien Bronzelampen leisten. Diese waren dann auch mit entsprechendem Zierrat kunstvoll ausgestattet; sie standen auf Lampenfüßen oder hingen an marmornen oder bronzenen Kandelabern, den Lampadarien. Durch Höherstellen oder das Aufhängen

Römische Bronzelampen, 1. Jhd. n. Chr., Mitte: Bronzene Talglampe

der Lampen wurde natürlich ein größerer Raum erhellt, wenngleich die einzelne oder auch zweiflammige Lampe die Dunkelheit nicht wesentlich weiter durchdringen konnte. Die Helligkeit der einzelnen Öllampe änderte sich nicht. Etwas mehr Licht gewann man durch die Konstruktion mehrdochtiger Lampen, die in lang, rechteckiger oder in Kranzform bis zu 20 Dochtöffnungen bzw. Schnauzen trugen. Diese Lampen wurden nach Art der späteren Kronleuchter an Schnüren oder Ketten aufgehängt. Sowohl die Lichtfüße, in Frankreich als Trépied, im deutschen Sprachraum als Lichtknecht bekannt, als auch die Hängegestelle, bekannt als Schwalmer-Leuchter oder als stehendes Lampenhal, haben sie sich bis gegen Ende des 19. Jhds. gehalten und wurden auch zu der Zeit noch genutzt.

Die Leuchtmittel im Altertum

Olivenöl – Sesamöl – Mohnöl – Rizinusöl – Lampendochte

Als Leuchtmittel dienten im Altertum Olivenöl, Leinöl, Sesamöl, Mohnöl, Rizinusöl aber auch tierische Fette.
Die Olive, Olea europea L., gehört zu den ältesten Ölpflanzen, die uns bekannt sind. Hat man doch Olivenkerne gefunden, die 9.000 Jahre alt sind, wobei es sich wahrscheinlich um Früchte der Wildform gehandelt hat, die der Nahrung gedient haben könnten. Ab etwa 4000 v. Chr. soll aus der kultivierten Form der Ölbaumfrüchte Öl hergestellt worden sein, wobei Kreta und Kleinasien als Ursprungsländer wahrscheinlich sind. Nach Plinius war der Ölbaum in Italien um 600 v. Chr. noch völlig unbekannt, später allerdings im gesamten Mittelmeerraum beheimatet, er wuchs vorwiegend in den Küstenrandgebieten. In Ägypten sind Flachreliefs und Malereien aus dem 3. Jahrtausend gefunden worden, auf denen die Ernte und die Verarbeitung der Oliven dargestellt sind, wenn auch der Olivenbaum in Ägypten nur wenig angebaut wurde. Das spezifische Gewicht des Öles beträgt 0,964 g/ml, der Flammpunkt liegt bei 205 ° Celsius. Das Öl gehört zu den nicht trocknenden Ölen.

Römische Bildlampe, 1. Jhd. n. Chr., Erotische Szene

Der Gemeine Lein, Linum usitatissimum L., wurde die Flachspflanze angebaut im babylonischen Reich, in Ägypten und im alten Palästina und von Homer, Herodot und Hippokrates erwähnt. Die Flachspflanze diente seit Urzeiten der Herstellung von Leinengewebe und in Form der ölhaltigen Samen als Nahrungsmittel. Die ältesten gefundenen Leinsamen stammen aus einer Zeit um 7000 v. Chr. aus dem Iran und der Türkei, während später datierte Samen in Syrien, Mesopotamien und Griechenland gefunden wurden. Das relativ schwere Leinöl, spez. Gew.: 0,9347 g/ml, wurde auch in Lampen gebrannt, war aber nicht sonderlich beliebt, da es stark qualmte. Bevorzugt wurde es in seiner Eigenschaft als trocknendes Öl zum imprägnierenden Holzanstrich und als Malmittel genutzt.

Der Sesam, Sesamum indicum L., ist wohl die älteste Ölpflanze der Welt, deren Ursprung in Indien liegen dürfte, die aber im Altertum schon bis China und Malaysia bekannt war. Herodot berichtet, wie sie zwischen Euphrat und Tigris in großen Mengen geerntet wurde, da dort keine Ölbäume wuchsen. Der Sesam war wegen des hohen Fett- und Proteingehaltes in vielen Gebieten die Hauptnahrung von Millionen von Menschen. Sesam diente als Heilmittel bei den verschiedensten Erkrankungen, man bediente sich seiner bei religiösen Zeremonien, er war ein beliebtes Kosmetikum, was besonders den Griechen und Römern gefiel. Die weniger guten Sorten wurden als Brennöl genutzt, spez. Gew.: 0,921 - 0,924 g/ml.

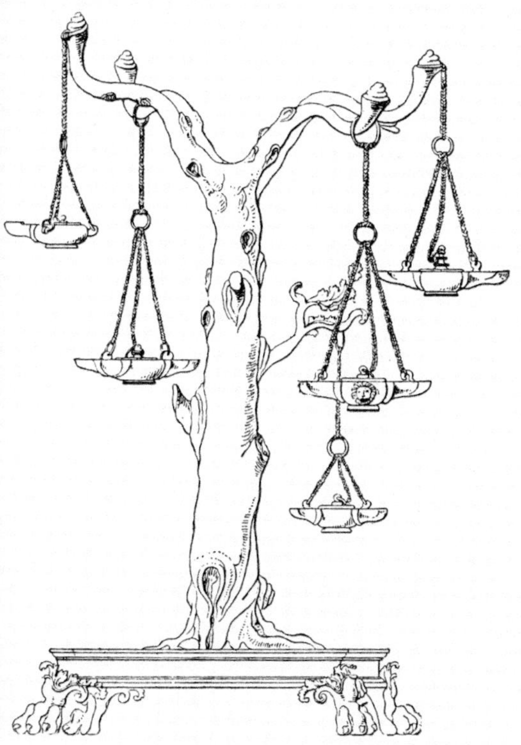

Pompejanischer Bronzekandelaber, in Baumform mit Öllampen

Die Mohnpflanze, Papaver somniferum L., aus deren Samen das Mohnöl gewonnen wird, ist seit der Jungsteinzeit nachgewiesen. Als Ölpflanze war sie den Babyloniern und Persern bekannt und in den Pfahlbauten des Neolithikums wurde Mohnsamen gefunden. Homer preist den, vor allem in den unreifen Samenkapseln enthaltenen Milchsaft, als „beglückenden Sorgenbrecher" und Hippokrates und Plinius beschreiben neben anderem die Gewinnung des Mohnsaftes, der ihnen in seiner berauschenden und schmerzstillenden Wirkung sicher nicht unbekannt war. Als Brennöl dürfte Mohnöl vorwiegend im mittleren Orient, im Bereich der Anbaugebiete genutzt worden sein. Als Lichtspender war es dem Sesamöl deutlich unterlegen. Spez. Gew.: 0,924 - 0,927 g/ml.

Das Rizinusöl wird aus dem Samen der Rizinusstaude oder des gemeinen Wunderbaumes, Ricinus communis L., oder in Anlehnung an Erwähnungen in der Bibel Palma Christi, gewonnen. Das Öl der seit ältesten Zeiten kultivierten Pflanze war schon den Chinesen bekannt, denen es zum Malen und zur Bereitung bestimmter Speisen diente. Herodot berichtet, dass die Ägypter die Rizinusstaude regelmäßig anbauten und das Öl sowohl zum Brennen in Lampen als auch zur Herstellung von Salben nutzten, was durch den Fund von Rizinussamen in ägyptischen Sarkophagen eine indirekte Bestätigung findet. Dioskurides und Plinius beschreiben die Rizinusstaude als Heilmittel, und zwar galten die Blätter als Kühlmittel bei Hautentzündungen, während das Öl innerlich als Purgans und äußerlich bei Gelenkentzündungen und Halsschmerzen verordnet wurde. Neben dem Öl enthält der Rizinussamen ein toxisches Protein (Eiweiß) mit dem Namen Rizin, wobei es sich um das giftigste aller Pflanzengifte handelt, was aber bei der Pressung nicht ins Öl übergeht, sondern im Ölkuchen verbleibt und hier seine Toxizität behält.

Das Rizinusöl hat die höchste Dichte von allen bekannten pflanzlichen Ölen, spez. Gew.: 0,9611 - 0,9736 g/ml, und eine sehr hohe Viskosität. Es brennt mit ruhiger, rußfreier, aber kleiner Flamme und wurde vorwiegend in Indien und Ägypten als Brennöl genutzt. Im Mittelalter in völlige Vergessenheit geraten, wurde die Rizinuspflanze 1764 durch den englischen Arzt Canvane neu entdeckt und das Oleum Rizini hielt bleibenden Einzug in den Arzneischatz Europas.

Die Lampendochte bestanden aus Papyrus, Binsenmark, Flachs, Hanf und den Blättern des Wollkrautes (Königskerze, Verbascum tapsiforme L.), sowie aus dem „karpasischen Flachs", bei dem es sich um faserigen Asbest gehandelt hat. Mit Letzterem wurde ja auch während der Petroleumära immer wieder experimentiert und die unbrennbaren Dochte wurden immer wieder propagiert, konnten sich letztlich aber nicht durchsetzen. Noch ein Wort zur Königskerze, die ihren Namen

durch die Tatsache erhalten haben soll, dass die Pflanze, bestrichen mit Teer oder Pech, wie eine Fackel brennt.

Die antike Lampe gab nur wenig Licht; eine Ölflamme gleicht einer Kerze bei sauberem Docht. Wenn der Docht nicht optimal eingestellt war, rauchte und qualmte die Ölflamme als Folge zu geringer Luftzufuhr zur Flamme und auch ungenügender Reinigung des Brennöles von den schleimigen Pflanzenbestandteilen, was zu einer Verstopfung der Dochtkapillaren und zu Ablagerungen an der Dochtoberfläche führte.

Herodot erwähnt, dass dem Öl zu seiner Zeit Salz zugesetzt wurde, gibt aber keine Erklärung dafür. Auch dem Leuchtpetroleum setzten die Hausfrauen im 19. Jhd. Kochsalz zu, angeblich weil dadurch die Leuchtkraft des Petroleums gesteigert werden sollte. Wahrscheinlich wurde durch das Kochsalz aber nur das im Brennstoff immer etwas enthaltene Wasser gebunden.

Pompejanischer Bronzekandelaber mit vier Öllampen

In der gesamten überschaubaren Zeit von den Höhlenfunden in Lascaux, la Mouthe und Magdalénien bis zum Mittelalter hat sich am Brennstoffbehälter der Lampen im Prinzip nicht viel geändert. Es handelte sich immer um eine mehr oder weniger flache Schale, die später mit Eintritt in die Flüssigphase der Beleuchtungsstoffe geschlossen und etwas tiefer wurde. Die antike Lampe hatte eine Tiefe von etwa 3 cm; man wusste, dass die Saugkraft der Dochte nicht ausreichte, dass relativ dickflüssige, visköse Öl wesentlich höher zu heben. Da nutzte auch die Anbringung und das weite Ausziehen der Dochtschnauze nichts. Abgesehen davon ließ sich nicht vermeiden, dass der Ölspiegel innerhalb der Lampe stetig sank, was eine schlechtere Versorgung der Flamme mit Öl zur Folge hatte und unweigerlich zum Rückgang der Lichtstärke führte. Bei den antiken Lampen und auch den Lampen der folgenden Jahrhunderte bis in die Neuzeit handelte es sich um Lampen mit sinkendem Ölniveau.

Der Restaurator des Musée départemental Arles antique, Südfrankreich, bei der Restaurierung einer römischen Öllampe mit 20 Brennstellen, wurde 2009 aus der Rohne bei Arles geborgen

Griechische Erfindungen

- Philon von Byzanz
- Heron von Alexandria
- Vogellampe
- Cassiodorus

Philon von Byzanz

Lampe des Philon von Byzanz mit intermittierendem Ölniveau

Philon von Byzanz, griechischer Mechaniker und Mathematiker (3. bis 2. Jhd. v. Chr.), Schüler von Ktesibios, konstruierte eine Lampe mit konstantem bzw. intermittierendem Ölniveau. Diese Lampe besitzt einen kugelförmigen oder ovalen Ölbehälter. Die untere Öffnung des Ölbehälters, in die ein Röhrchen senkrecht und luftdicht eingekittet ist, steht mit dem Röhrchen in einer flachen, mit Öl gefüllten Schale, der eigentlichen Öllampe, die vorn eine Dochtschnauze trägt. Der auf das Öl in der Schale wirkende Luftdruck verhindert das Ausfließen des Öles aus dem Vorratsbehälter. Erst wenn der Ölspiegel in der Schale bzw. in der Öllampe durch Verbrauch des Öles beim Brennen so tief gesunken ist, dass die untere Öffnung des Röhrchens frei wird, tritt Luft durch die freie Öffnung in den Vorratsbehälter. Das Öl kann über die zwei seitlichen Röhrchen in die Schale bzw. Öllampe nachfließen, bis die untere Öffnung des Vorratsbehälters durch den steigenden Ölspiegel wieder verschlossen wird. Dieser Vorgang wiederholt sich so oft, bis der Ölvorrat im Vorratsbehälter erschöpft ist.

Dieses Prinzip des gleichmäßigen Ölnachflusses, das für eine gleichbleibende Versorgung der Flamme mit Brennstoff und damit für eine gleichbleibende Helligkeit ungeheuer wichtig ist, scheint sich aus technischen Gründen noch nicht durchgesetzt zu haben. Es scheint offen, ob sich nicht in der Zwischenzeit Cassiodorus mit diesem Prinzip beschäftigt hat. Ansonsten ist es bis in das 16. Jhd. n. Chr. in Vergessenheit geraten. Hier entwickelte Hieronymus Cardanus die Flaschenlampe.

Den Docht selbst regulierende Öllampe des Heron

Heron von Alexandria

Ein weiterer griechischer Mathematiker, Physiker und Konstrukteur, Heron von Alexandria (zwischen 100 v. und 100 n. Chr.), hat sich mit der Verbesserung bzw. der Konstruktion von fortschrittlicheren Öllampen auseinandergesetzt, er konstruierte gleich mehrere neue Lampen. Eine Verbesserung bestand in einer den Docht selbst regulierenden Öllampe, in dem über einen Schwimmer, der ein Zahnrad bewegt, eine Zahnstange vorgeschoben wird, an der der Docht befestigt ist. Mit sinkendem Ölstand und sinkendem Schwimmer wird der Docht weiter zur Tülle geschoben. Mit dieser Vorrichtung sollte das lästige Nachziehen des Dochtes mit der Dochtnadel vermieden werden. Das einwandfreie Funktionieren dieser Mechanik steht sicher außer Zweifel. Ob sie sinnvoll war, erscheint eher unwahrscheinlich, denn bei stark sinkendem Ölspiegel bringt auch ein längerer Docht keine Vorteile, da mit abnehmender Ölzufuhr die Flamme kleiner wird, weniger Licht gibt und stärker qualmt. Obwohl die Ölbehälter relativ flach gehalten wurden, war auch Heron die abnehmende Lichtstärke der Flamme bei sinkendem Ölspiegel bekannt. Um diesem Mangel abzuhelfen, konstruierte er mehrere Lampen, mit denen eine konstantere Ölversorgung zu erreichen war. Die interessanteste Konstruktion, die Vogellampe des Heron von Alexandria, deren Funktionsprinzip im frühen 19. Jhd. bei der Entwicklung der aerostatischen Lampen wiederaufgenommen wurde, sollte man näher ansehen und wird im Folgenden genauer beschrieben.

Vogellampe

Eine konstante Ölversorgung wurde dadurch erreicht, dass eine schwerere Flüssigkeit in diesem Falle Wasser, über eine Luftsäule, die auf das Öl drückt, dieses in den Ölbehälter der Lampe fließen lässt. Die Öllampe selbst hat die Form eines auf dem Rücken liegenden Vogels, aus dessen Schnabel das Öl in den Lampenbehälter fließt, aus dessen Schwanz der Docht austritt.

Das Wasser aus Gefäß A fließt über ein Ventil V – wenn es geöffnet ist – in den Raum B. Das Wasser drückt die Luft aus Raum B über die Röhre R1 in den Ölvorratsbehälter C und übt auf das darin enthaltene Öl einen Druck aus, wodurch das Öl über die Röhre R2 kontinuierlich über den Vogelschnabel in die Lampe fließt. Diese Konstruktion dürfte den Ölspiegel ziemlich konstant gehalten haben, wobei ein gleichmäßiges Brennen der Flamme eine Voraussetzung gewesen sein dürfte, damit sich Ölverbrauch und Ölzufluss die Waage halten. Jedenfalls musste diese Lampe recht intensiv gewartet werden.

Obwohl die letztgenannten Erfindungen einen deutlichen Fortschritt in der Entwicklung der künstlichen Beleuchtung darstellen, sind sie nicht genutzt worden.

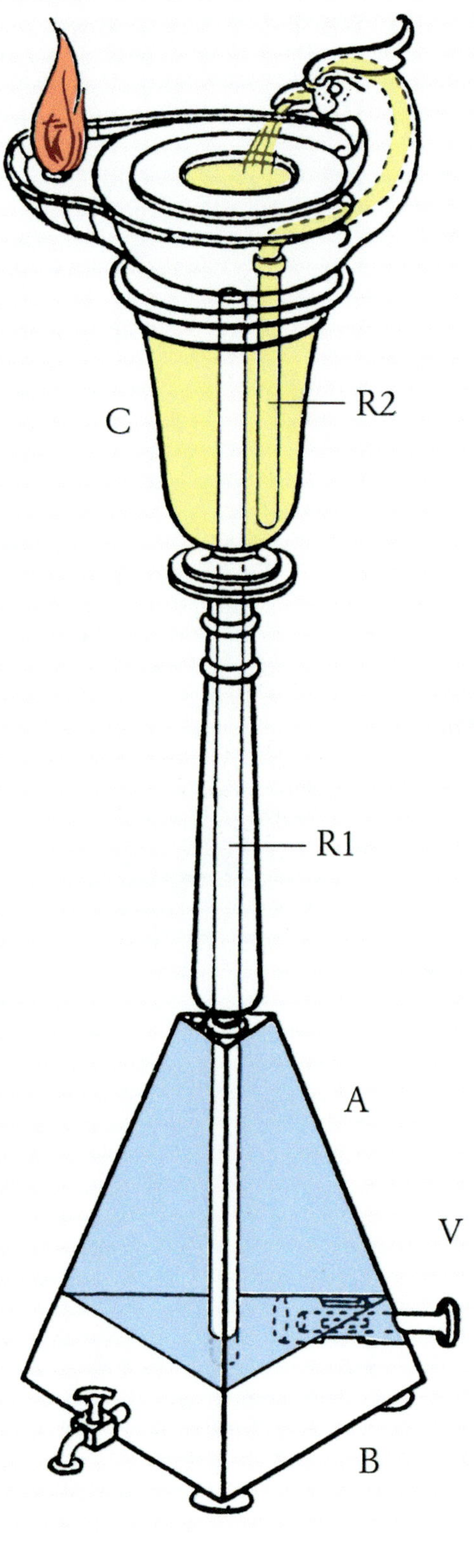

Vogellampe des Heron von Alexandria,
Vorläufer der späteren aestrostatischen Lampe

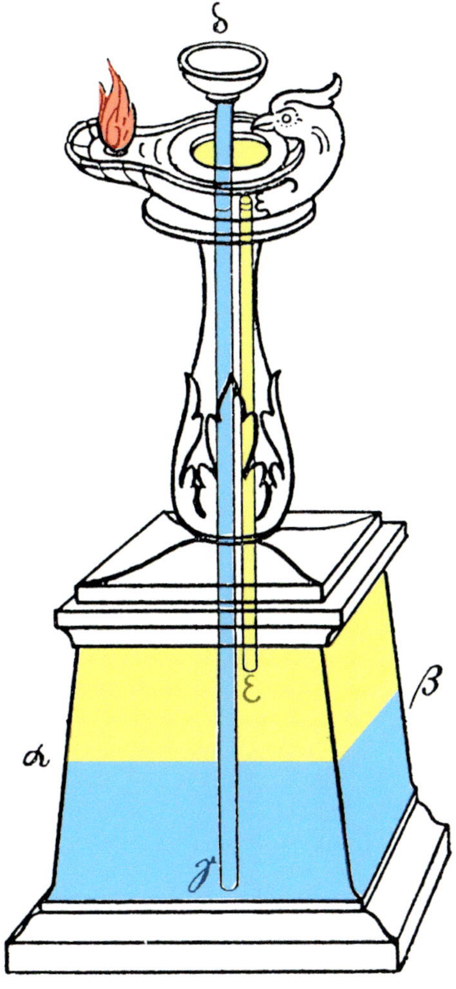

Hydraulische Lampe des Heron über ein Einfüllrohr wird Öl und anschließend Wasser eingefüllt, Öl wird durch das Wasser zum Brenner gedrückt

Die alten Griechen haben auch eine Menge guter Forschungsergebnisse auf den Gebieten der Mathematik und Physik eingebracht. Für die handwerkliche Feinmechanik war die Zeit wohl noch nicht reif, was ja auch deutlich aus der Tatsache zu ersehen ist, dass die Tonlampen derzeit in fast unveränderter Form und Ausführung bis ins 6. nachchristliche Jhd. die Töpferwerkstätten verließen, wie durch zahlreiche Funde belegt ist. Bis zum Eingang des Mittelalters hat die künstliche Beleuchtung in 4.000 Jahren praktisch keine Fortschritte gemacht. So schön die antiken Lampen auch in Bezug auf ihr Design gewesen sein mögen, so vielfältig das Material wie Ton, Marmor, Alabaster, Bronze und auch Gold, so unvollkommen waren sie in technischer Hinsicht. Die Flamme war bei relativ großem Leuchtstoffverbrauch trübe, der Docht musste gepflegt werden und die Lichtstärke hatte um kein Jota zugenommen. Der ganze Luxus in Bezug auf Beleuchtung erstreckte sich auf die kunstvolle Gestaltung der Lampen und die Verwendung von wohlriechenden Ölen, worin vor allem die Römer besondere Fertigkeiten entwickelten.

Cassiodorus

In der Spätantike scheint das Prinzip des Philon von Byzanz in einer etwas anderen Form in die Tat umgesetzt worden zu sein. Hier scheint, ein erfolgreicher, spätrömischer Staatsmann und Schriftsteller, der unter Theoderich dem Großen als Minister tätig war, wahrscheinlich die Idee des Philon von Byzanz realisiert zu haben. Cassiodorus lebte von um 485 bis um 580 nach Chr. Er gründete in späteren Jahren nach seiner politischen Tätigkeit ein Kloster und ließ hier durch die Mönche, die noch erhalten gebliebene lateinische Literatur vervielfältigen, um sie der Nachwelt zu erhalten. Ob in diesem Zusammenhang die Lampe des Cassiodorus entstanden ist, bleibt dahingestellt.

Diese Lampe gleicht fast auf's Haar der Lampe des Cardarnus aus dem 15. Jhd., wenn Cassiodorus seine Lampe wirklich selbst gebaut haben sollte, dann ist anzunehmen, das Cardarnus das Prinzip von Philon und Cassiodorus gekannt haben durfte. Jedenfalls ist die Lampe von Cassiodorus als kegelförmiger oder zylindrischer, geschlossener Glasbehälter dargestellt, der lediglich am untersten Umfang des Glaskörpers eine kleine Öffnung mit kleiner Dochtrinne aufweist. Funktion wie bei Cardarnus! Füllung der Lampe im umgedrehten Zustand. Beim Aufrechtstellen verhindert der äußere Luftdruck das Austreten von Öl aus dem Behälter. Bei sinkendem Ölspiegel in der Dochtrinne und von Öl frei werdendem Austrittsloch gelangt Luft in das Innere des Behälters. Dann läuft Öl aus und füllt die Dochtrinne erneut, sodass das Ölaustrittsloch durch das Öl in der Dochtrinne verschlossen wird.

Die Vogeltränke, die Cassidorus als Lampe genutzt haben soll

Mittelalter

- Der Brenn-Napf
- Der Tran
- Keramiklampen
- Haithabu
- Schwimmdocht-Lampe
- Blackadder Schwimmlampe von 1826
- Noch einige Bemerkungen zur Öllampe
- Aufstiegshöhe einiger Leuchtstoffe im Docht

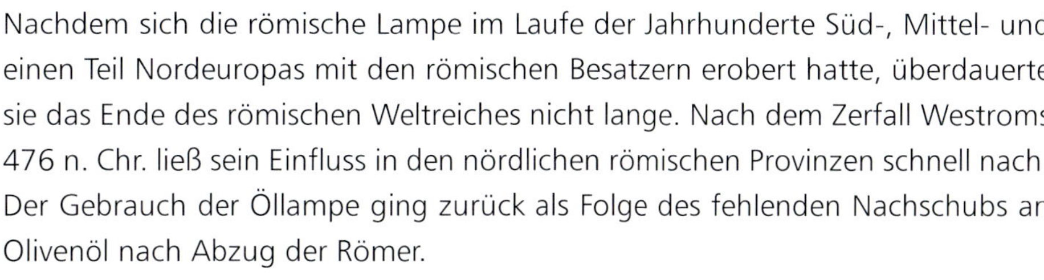

Nachdem sich die römische Lampe im Laufe der Jahrhunderte Süd-, Mittel- und einen Teil Nordeuropas mit den römischen Besatzern erobert hatte, überdauerte sie das Ende des römischen Weltreiches nicht lange. Nach dem Zerfall Westroms 476 n. Chr. ließ sein Einfluss in den nördlichen römischen Provinzen schnell nach. Der Gebrauch der Öllampe ging zurück als Folge des fehlenden Nachschubs an Olivenöl nach Abzug der Römer.

Frühmittelalterliche Feuerstätte, Über dem Feuer Aufhängerahmen zum trocknen nasser Kleidung. Rechts Feuerhut zum Abdecken des Feuers in der Nacht

Über die künstliche Beleuchtung im Mittelalter ist insgesamt wenig überliefert und das betrifft insbesondere das Frühmittelalter. Nach dem Untergang Westroms sank der allgemeine Lebensstandard deutlich und es war nicht mehr möglich, die Errungenschaften der Antike weiter zu entwickeln. Es war eine finstere Zeit und manche Autoren schreiben, dass im Frühmittelalter das Licht vorwiegend von der Sonne abhing, denn künstliches Licht war teuer. Man kam also wieder zurück auf die alten herkömmlichen Beleuchtungsmittel, das Herdfeuer, den Lichtspan, das Talglicht und die Fackel, die in den kleinen Räumen der Behausungen nicht zu gebrauchen war, wohl aber in den großen Sälen der Burgen.

Die Kerze war im frühen Mittelalter sicher nicht für jeden erschwinglich. Dagegen konnten, nachdem die christliche Lehre unter Kaiser Theodosius I. zur Staatsreligion wurde, die neu erbauten Kirchen hell erleuchtet werden, anfänglich mit Öllampen und Ampelkronen, in die eine größere Zahl passender Öllampen eingesetzt werden konnten. Die Ölbeleuchtung in den Kirchen trat im Laufe der Zeit in den Hintergrund und wurde durch die Kerze ersetzt, wobei die Kerzen nur aus reinem Bienenwachs gezogen sein durften. Die Öllampe reduzierte sich auf das Ewige Licht, welches Tag und Nacht brennen musste.

In den Mittelmeerländern und in Kleinasien bildete das Öl den gebräuchlichsten Brennstoff für Lampen, die sich konstruktiv von den antiken kaum unterschieden. In den nördlichen Ländern war zu der Zeit das Herdfeuer ein wesentliches Beleuchtungsmittel. Wegen der Schwierigkeit Feuer zu machen, ließ man das

Herdfeuer meist die ganze Nacht brennen und bedeckte es mit einem trichterförmigen, metallenen Hut, um es klein zu halten und der Brandgefahr zu begegnen. Auf diese Weise konnte man auch nachts schnell noch einmal Licht machen.

Der Brenn-Napf

Ein übliches Leuchtgerät des Mittelalters war das in der Form und in der Ausstattung sehr bescheidene „Liothfaz", Lichtfass oder Brenn-Napf. Bei diesem handelte es sich um ein rundes, tönernes Gefäß, meist mit Henkel, sowohl zum Hinstellen als auch zum Aufhängen. Als Brennmaterial wurden Talg und Fettreste verwendet, welche über Holzspäne, Binsen oder Werg die Flamme speisten. Das Brennfett setzte sich aus Küchenabfällen zusammen, Fettresten, Talg und Unschlitt, die im „Schmerkübel", der in keiner Küche fehlen durfte, aufbewahrt wurde.

Päpstliche Küche um 1570, auffallend die nicht ausreichende Beleuchtung

Fränkischer Brenn-Napf oder auch Lichtfass

Zur Erleuchtung größerer Räume wurde der Brenn-Napf hochgestellt, auf ein Holzgestell, wodurch der Flamme ein größerer Beleuchtungsraum gegeben wurde. Diese unterschiedlich großen Holzgestelle fanden unter der Bezeichnung „Lichtknecht" bis ins 19. Jhd. Verwendung. Die Brenn-Näpfe waren von unterschiedlicher Größe und wurden erstaunlicherweise auch aus Holz hergestellt, wodurch ihre an sich schon erhebliche Feuergefährlichkeit deutlich gesteigert wurde, was durch Bischof Thietmar von Magdeburg belegt ist. Dort brannten im Jahr 1017 die gesamten Gebäude des Klosters Bergen nieder, weil die große Leuchte im Schlafsaal nicht ausreichend gewartet wurde. Danach wurden die Brenn-Näpfe kleiner gehalten, mit einem Deckel versehen, der lediglich eine Öffnung für den Docht besaß. Aus Sicherheitsgründen vermischte man auch noch die Brennstoffe mit feinem Sand.

Frühchristlicher Bronze-Kronleuchter mit eingehängten Öllämpchen

Aus dem Brenn-Napf dürften sich die ampelartigen Hängeleuchten „Delphinnus", „Gabatha", „Ampulla" und „Cantharus" entwickelt haben. Diese Lampen erinnern in ihrer Form an Gebrauchsgefäße, technisch völlig unzureichend, konnten sie nur einen trüben Schein verbreiten, da sie ihr Licht nur nach oben abstrahlten. Es ist denkbar, dass diese Lampen zumindest teilweise aus Glas hergestellt wurden und mit einem Schwimm-Docht versehen ein schöneres Licht nach allen Seiten verbreiten konnten.

Die tönernen Brenn-Näpfe wurden im Laufe der Zeit durch Schalen in runder und ovaler Form sowohl aus Schmiedeeisen als auch aus Keramik ersetzt, in denen nach wie vor Fett gebrannt wurde, da das Öl bis etwa zum 15. Jhd. knapp und auch teuer blieb und für den weniger bemittelten immer noch nicht zu bezahlen war. Das Öl aus Bucheckern war zwar schon seit dem 12. Jhd. bekannt, konnte sich aber als Brennmaterial nicht durchsetzen. Ab etwa dem 14. Jhd. konnte man Öl aus „Linsaat" und „Ruobsamen" (Leinsamen und Rübsamen) herstellen, wobei das Rüböl seinen festen Platz unter den Leuchtmitteln erhielt, im Laufe der Zeit das Leuchtmittel der Wahl wurde und bis zum Ende des 19. Jhds. der Beleuchtung diente und auch heute wieder als Leuchtmittel für Öllämpchen angeboten wird.

Der Tran

Anfang des 15. Jhds. wurde der Tran als Leuchtmittel von Holland aus eingeführt. Holländer und Engländer waren zu der Zeit die wohl bekanntesten Walfänger, und besonders die Letzteren befassten sich sehr intensiv mit dem Walfang und bauten ihn sehr stark aus, als Folge dessen große Mengen an Tran anfielen. Als Leuchtstoff war der Tran nicht besonders beliebt, da er mit einer trüben, roten Flamme brannte und gleichzeitig einen widerwärtigen Geruch verbreitete. Das

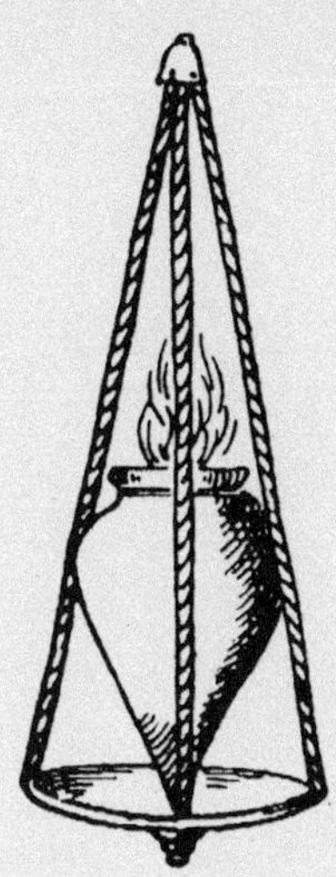

Mittelalterliche Öl-Ampeln, Delphinus, Gabatha, Ampulla und Cantharus aus einer Handschrift des 10. Jhds.

Walöl oder Spermaceti wurde später in eigenen Lampen gebrannt, über die noch zu reden sein wird. Die Öle und Fette waren zu der Zeit noch nicht raffiniert, sondern nur grob gereinigt. Als Folge dessen enthielten die tierischen Fette noch Fäulnisprodukte und Gewebereste und die Pflanzenöle noch Schleimstoffe, die beim Verbrennen für den üblen Geruch verantwortlich waren.

Keramiklampen

Im Hoch- und Spätmittelalter werden die Keramik-Lampen wieder modern, wobei sie in zahlreichen Varianten unglasiert und glasiert aus Ton hergestellt wurden. Bei meinen Recherchen konnte ich feststellen, dass die Bodenfunde aus mittelalterlicher Zeit in vielen Gegenden doch erheblich zahlreicher sind als ursprünglich angenommen. Die Objekte stehen in kleinen, örtlichen, dörflichen Museen, sind zwar beschrieben aber ansonsten der Allgemeinheit weitgehend unbekannt. Wenn sich manche Autoren Gedanken machen, dass Köln schon zur Römerzeit in Licht schwelgte, während Mitteldeutschland dunkel blieb, so kann das nur eine Vermutung sein, solange wir zu wenig über die Besiedlung in Mitteldeutschland wissen. Es waren ja auch keine Römer in Mitteldeutschland, die Olivenöl feil hielten. Wahrscheinlich liegt auch noch eine Menge Unerforschtes in tieferen Erdschichten.

Kleine Schnauzenlampe mit seitlichem Pröckelhalter, Westerwälder Keramik um 1850

Formenmäßig wurde die Mutter aller Lampen, die Schalenlampe wieder modern. Sie wurde sowohl als kleines Schälchen aber auch als größere Schale aus unterschiedlich hohem und kräftigem Fuß verwandt. Sie waren auf der ganzen Welt in irgendeiner Form zu Hause. Auch in China sollen bereits 1700 bis 1100 v. Chr. Schalenlampen in Gebrauch gewesen sein, teilweise mit zentralem Dorn. Dieser diente als Dochthalter, wobei der Docht wohl um den Dorn gewickelt wurde, insgesamt ähnlich den späteren Lampen der Römer. Im mittleren und Nahen Osten bestanden die Schalenlampen nicht nur aus Keramik, sondern auch aus Bronze und Messing.

Schalenlampe mit Fuß
Replik einer Öllampe
aus dem 10. Jhd.

Die Keramiklampen sind Repliken von Museumsoriginalen angefertigt im Keramik Studio Helmut Studer, Bretten Diedelsheim

Zur Dochthalterung bei den Keramik-Lampen diente meist eine durch Fingereindruck herausgearbeitete Auswölbung des oberen Schalenrandes, ähnlich dem eines Ausgusses, in der der Docht lag und hoffentlich nicht zurück in das Fett rutschte, und damit sein Licht verlöschen ließ. Interessanterweise hatten viele Schalen-Lampen keine Dochthalterung, der Docht lag auf dem Schalenrand und konnte ebenfalls leicht ins flüssige Fett rutschen, und es konnte viel Fett an der äußeren Schalenwand ablaufen, wozu es wahrlich zu wertvoll war. Wahrscheinlich war man aber auch zu der Zeit schon so findig, festere Fasern als Docht zu nutzen, Hanf oder Flachs, die stabiler an der inneren Außenwand standen. Zur Not reichte auch ein kleines Faserbüschel im Zentrum der Schale, wie früher beschrieben.

Haithabu

Zu den ältesten Funden in Deutschland gehören die Fußschalen-Lampen aus Schleswig und Haithabu. Die aus dem 10. Jh. stammenden Lampen haben eine Form wie ein Doppelkegel mit der Öffnung nach oben, wobei die obere Kegelöffnung in eine mehr oder weniger ausgeprägte flache oder auch etwas höhere Schale ausgebildet ist und der Aufnahme des Brennstoffes diente. Die Fuß-Schalen hatten keine Dochthalter, man konnte natürlich mehrere Dochte an den Schalenrand legen und damit die Lichtausbeute etwas steigern. Weitere Fundorte liegen meist in den Gebieten, in denen die Rohstoffe zur Herstellung der Keramik gefunden bzw. abgebaut wurden. Dazu gehören vor allem die Gegend im Rhein-Maas-Bereich, in Raeren, in Nord-West-Deutschland, im Siegerland, im Westerwald, in Baden-Württemberg usw. In Haithabu wurden auch trichterförmige Gläser ohne Fuß, d. h. ohne Standfläche gefunden, ähnlich auch in Frankreich in Villiers-le-Sec (Val-d'Oise). Diese Gläser konnten natürlich nicht stehen,

Keramiköllampen
links: Kerzenleuchter, 15.–16. Jhd.
Fundort: Speyer u. Heidelberg

Mitte: Lampe in Form eines Flötenspielers, mit roter Bemalung, 12.–15. Jhd.
Fundort: Streichen bei Balingen

rechts: Schaftöllampen, 12.–13. Jhd.
Fundort: Buoch, Marbach

sie mussten in irgendeiner anderen Form befestigt werden, d. h. sie wurden meist in einen Ring eingesetzt und dienten dann in einer Aufhängung als Hängelampe.

Schwimmdocht-Lampe

Um 1630 malte der französische Maler Georges de La Tour ein Bild mit dem Titel „La Madelaine á la veilleuse". Wie der Titel sagt, ist ein Nachtlicht dargestellt und zwar in wunderschöner Weise. Das Prinzip dieses Lichtes mit Schwimmdocht ist uralt, nur der Behälter ist der Zeit angepasst. Der Ursprung der Schwimmdocht-Lampe liegt wohl in Ägypten, man fand Zeichnungen von Schwimmdocht-Lampen an Grabwänden, deren Alter auf 3.000 Jahre berechnet wurde. Zu der Zeit dürften die Schwimmdocht-Lampen noch aus Ton hergestellt worden sein, wurden dann aber später aus Glas gefertigt, wodurch das Licht auch nach unten abgestrahlt wurde. Es war ein schönes, durch das Öl und das Wasser jeweils gebrochenes Licht mit entsprechenden schönen Lichteffekten. Der Docht wurde durch eine durchbohrte Korkscheibe, die mit dem Docht auf dem Öl schwamm, vor dem Ertrinken im Öl bewahrt. Auf dem Gemälde sehen wir ein normales

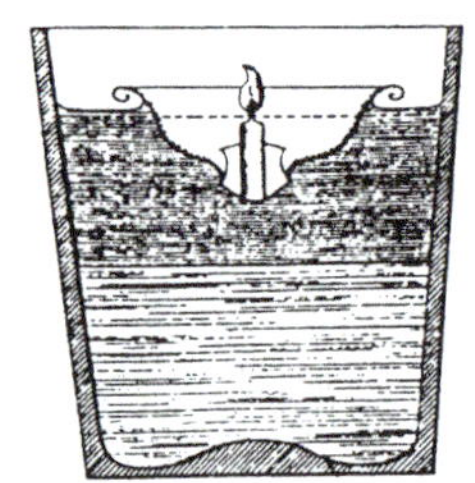

Schwimmlampe,
Schemazeichnungen der Schwimmlampe und des Blakkerderschen Nachtlichtes

links: Schwimmdochtlicht in altem Ölglas

rechts: Zubehör für Schwimmdocht-Lampen der Firma G. A. Glafey, Nürnberg

Marienaltärchen mit Schwimmdocht-Lampe

Wasserglas, welches teilweise mit Wasser gefüllt ist, auf dessen Oberfläche eine Schicht Öl schwimmt, in das ein Docht eintaucht und auf dem Öl schwimmend mit Brennstoff versorgt wird. Es fließt auch dann noch Öl zum Docht, wenn der Ölspiegel sinkt und die Flamme erlischt erst, wenn das gesamte Öl aufgebraucht ist. Ein ungeheurer Effekt der sich selbst versorgenden Flamme, der aber nie in größerem Stil umgesetzt wurde. Sehr sinnvoll war die Unterschichtung des Öles mit Wasser, da es dadurch nie zu einer Überhitzung des Glases kommen konnte, falls das Öl völlig aufgebraucht war. Aus dem gleichen Grunde wurden in den Kork seitlich auch mehrere kleine Abstandshalter hineingesteckt, damit die Flamme nicht zu nah an die äußere Glaswand kommen konnte, was zum Springen des Glases hätte führen können.

Wie in Inkunabeln zu sehen ist, war die Schwimmdocht-Hängelampe während des Mittelalters vor allem in den gehobenen klerikalen Schichten in Gebrauch. Im nahen Orient nutzte man die Schwimmdocht-Lampe ebenfalls als Hängelampe, ebenso vor allem auch in Griechenland, wo die Gläser in Bronze-Ringen

Kleine Schwimmdocht-Hängelampe, Ende 19. Jhd., Frankreich

Die klugen und törichten Jungfrauen

eingehängt wurden. In Indien und Neuguinea hat man auch Kokosnuss-Schalen als Behälter für den Schwimmdocht genutzt. In unseren Breiten hat sich die Schwimmdocht-Lampe mit Unterbrechungen bis ins 20. Jhd. sowohl in der Hausbeleuchtung als Nachtlicht, als Kranken-Licht, als sakrales Licht bei Hausaltärchen und als das Ewige Licht der katholischen Kirche bis heute erhalten. Seit 1808 stellt die Firma G. A. Glafey in Nürnberg alle Teile, die zum Betrieb einer Schwimmdocht-Lampe benötigt werden, fabrikmäßig her. Zu dem Sortiment gehören ein kleiner dreiarmiger Schwimmer aus Weißblech mit Korkfüßchen und zentralem Loch, in welches man mit Hilfe einer kleinen Pinzette einen gewachsten Docht

links: Schwimmdocht-Schälchen „Nachtlicht ohne Docht"
rechts: Blakkaders Schwimmlampe von 1826, Metallschälchen mit zentraler Glaskapillare als Brenner, um 1900

einsetzt. Nach dem Anzünden ernährt sich das Flämmchen zunächst vom Wachs des Dochtes, der anschließend das Öl zur Flamme saugt. Dieses Glafey'sche Nachtlicht wird heute noch in unveränderter Form angeboten.

Blackadder Schwimmlampe von 1826

In diesem ganzen Zusammenhang ist interessant, dass ein englischer Erfinder Henry Home Blackadder im Jahre 1826 ein kleines Lämpchen erfand, welches aufgrund physikalischer Gesetze eine bestimmte Größe nicht überschreiten durf-

Herd mit Abzug aus dem Spätmittelalter

te, denn ab einer bestimmten Größe war sie nicht in der Lage, eine Flamme zu unterhalten. Blackadder nahm eine kleine Schale aus dünnem Blech, an deren tiefstem Punkt in einem kleinen Loch ein gläsernes Kapillar-Röhrchen eingekittet war. Wenn man das Schälchen in das Öl eintaucht, schwimmt es aufgrund seiner Form und seines Eigengewichtes in der Oberfläche des Öles. Die Eindringtiefe war so austariert, dass der obere Rand des Glasröhrchens etwas oberhalb des Ölspiegels stand, als Folge dessen das Öl im Röhrchen kommunizierend hochsteigt, und hier am oberen Ende angezündet werden kann. Diese Erfindung hat sich nicht so durchsetzen können, wie die oben beschriebene alte Schwimmdocht-Lampe, da das Blackadder'sche Licht relativ schwierig zu entzünden und das Flämmchen sehr klein war. Wenn man ein Glasröhrchen mit einem größeren Durchmesser genutzt hätte, wäre es nicht möglich gewesen, die größere Oberfläche zu entzünden, dann wäre ein Docht erforderlich gewesen.

Noch einige Bemerkungen zur Öllampe

Offene oder geschlossene, mit Deckel versehene Schalen-Lampen mit einfacher Dochtrinne bzw. Dochtführung sind nie aus der Mode gekommen. Im angloamerikanischen Raum werden sie Crusie-Lampen bzw. Betty-Lampen genannt, wobei sich die Crusie sicherlich von der antiken Schalen-Lampe herleitet, die Betty sich dagegen je nach Gebrauchszweck aus der Crusie weiterentwickelte.

Klöpplerin arbeitet beim Licht einer Öllampe, nach einer französischen Zeichnung aus dem 17.Jhd. nach H. R. D'Allemagne, 1891

Aus dem englischen Ausdruck Crusie dürfte die deutsche Bezeichnung Krüsel hergeleitet sein, eine Benennung, die hierzulande weit verbreitet und ein Sammelbegriff für Öllampen wurde, in denen flüssige Fette gebrannt wurden, wozu auch die Schnauzen-Lampe gehörte. Der Ölkrüsel oder Tran-Krüsel waren gängige Bezeichnungen. Diese Bezeichnung wird auch heute noch für fast alle Öllampen verwendet, was natürlich falsch ist. Der Krüsel ist eine Weiterentwicklung der Schalen-Lampe, hat aber mit der Schnauzen-Lampe nichts zu tun. Die Schnauzen-Lampe ist eine völlig eigenständige Entwicklung und kann deshalb auch kein Ölkrüsel sein.
Der Krüsel war ebenfalls eine eigenständige Lampe mit einer oder mehreren Rinnen zum Einlegen des Dochtes, eine Dochtrinnen-Lampe. Sie hatte in der Regel eine bis vier Rinnen und war meist aus Eisenblech, in Frankreich auch aus Messing.

Es ist schon sehr erstaunlich, dass das ganze Mittelalter keinen Fortschritt in der Technik der künstlichen Beleuchtung und damit auch keine Änderung in der künstlichen Helligkeit brachte. Das gesamte Beleuchtungswesen ist während des Mittelalters nicht im Geringsten über die Errungenschaften des Altertums hinausgekommen. Selbst die erfindungsreiche Renaissance-Zeit nahm nur die antiken Lampenformen wieder auf, sodass sie teilweise äußerlich nicht von den alten Originalen unterschieden werden konnten, teilweise aber in ihrer äußeren Erscheinung prunkvoller wurden. Auch vor allem die Funktion der Lampen unterschied sich in nichts von der alten griechischen oder römischen Öllampe. Wahrscheinlich hat man zu der Zeit gar nicht einmal den Versuch gemacht, etwas zu verbessern, denn sonst könnte sich diese primitive Beleuchtungstechnik nicht noch über weitere 400 Jahre bis ins 18. Jhd. gehalten haben. Das finstere Mittelalter, geprägt von Magie, Mystik und Aberglauben, ließ wahrscheinlich eine exakte wissenschaftliche Forschung nicht zu. Die Chemie des Feuers war ja auch noch unbekannt.

Schon den alten Griechen war bekannt, dass eine gleichmäßig und ruhig brennende Lampe eine regelmäßige Brennstoffzufuhr erfordert, und es waren bereits entsprechende Vorschläge durch Philon von Byzanz gemacht worden, die aber nicht ins Praktische umgesetzt werden konnten. Bisher befand sich der Ölbehälter, aus dem das Öl hochgesaugt werden musste, unterhalb der Tülle, und um die Niveauänderung des Öles beim Brennen der Lampe möglichst gering zu halten, hatte man dem Behälter eine flache und etwas breitere Form gegeben. Man wollte die Saughöhe des Dochtes möglichst niedrig halten, denn nur wenn die Dochtflamme nicht zu hoch über den Ölniveau liegt, ist eine hinreichende Versorgung der Flamme gewährleistet.

„schwalmer Leuchter (Lichtknecht) zur Variirung der Lichthöhe.", 18. Jhd.

Der Docht ist in der Lage, das Öl selbst aufzusaugen und nach oben zur Flamme zu leiten, was Folge der Kapillarwirkung des Dochtes ist. So bildet der Docht ein weit verzweigtes Netz von Kapillaren (Haarröhrchen), in denen netzende Flüssigkeiten wie Wasser oder Öl aufsteigen. Je dünner die Kapillare ist, desto höher steigt die Flüssigkeit. Die Flüssigkeit steigt in der Kapillare hoch, weil zwischen den Molekülen der Flüssigkeit und der Wand der Kapillare Adhäsionskräfte wirken (anziehende Kräfte), die größer sind als die Kohäsionskräfte innerhalb der Flüssigkeitsmoleküle. Die Flüssigkeitssäule steigt so lange, bis Gleichgewicht zwischen Flüssigkeitssäule und Adhäsionskraft besteht. Ein wesentlicher Faktor liegt natürlich auch noch in der Viskosität der Flüssigkeit, in diesem Falle des Öles. Ideal wäre eine optimale Kapillarität des Dochtes und eine möglichst geringe Viskosität des Öles. Man sieht hieraus, dass jede Flüssigkeit nur eine bestimmte Steighöhe hat, und die liegt für fette Öle, Rüböl, Olivenöl etc. bei etwa 3 bis 5 cm je nach Reinheit und Viskosität des Öles. Wenn der Abstand der Öloberfläche zur Flamme größer wird, wird die Flamme kleiner und schließlich aus Brennstoffmangel verlöschen.

Aufstiegshöhe einiger Leuchtstoffe im Docht

Es wurden Olivenöl, Rapsöl, Petroleum und Lampenöl auf ihre Steighöhe in einem 10 ''' Flachdocht untersucht. Dabei wurden vier Erlenmeyerkolben 50 ml bis zur Halsoberkante mit Brennstoff gefüllt und die bereits montierten Dochte in kürzester Zeit in die gefüllten Gefäße getaucht. Anschließend wurde der Aufstieg der Brennstoffe in den Dochten photographisch festgehalten – nach 1, 5, 10, und 25 Min. es fanden sich folgende Werte:

Zeit in Min	Aufstiegshöhe in mm			
	Olivenöl	Rüböl	Petroleum	Lampenöl
1	14	10	58	55
5	17	12	88	76
10	27	16	117	115
25	29	25	177	170

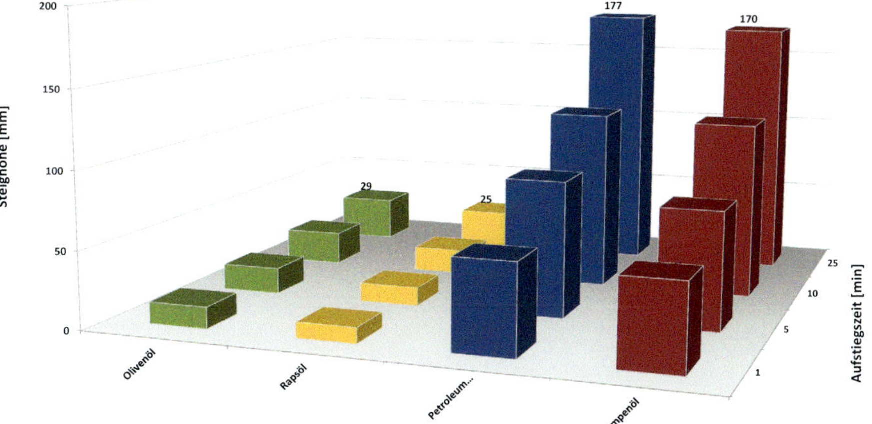

die Zahlen als Grafik dargestellt,
Dr. E. Sackers, Freiburg

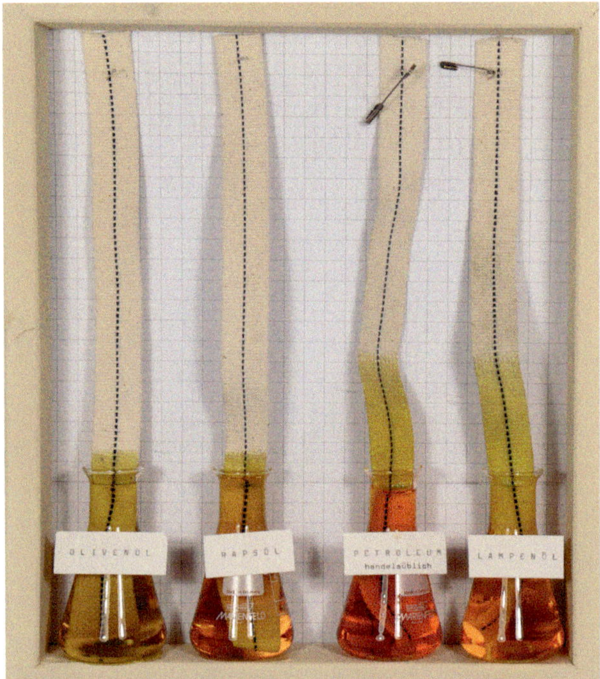

1 Minuten

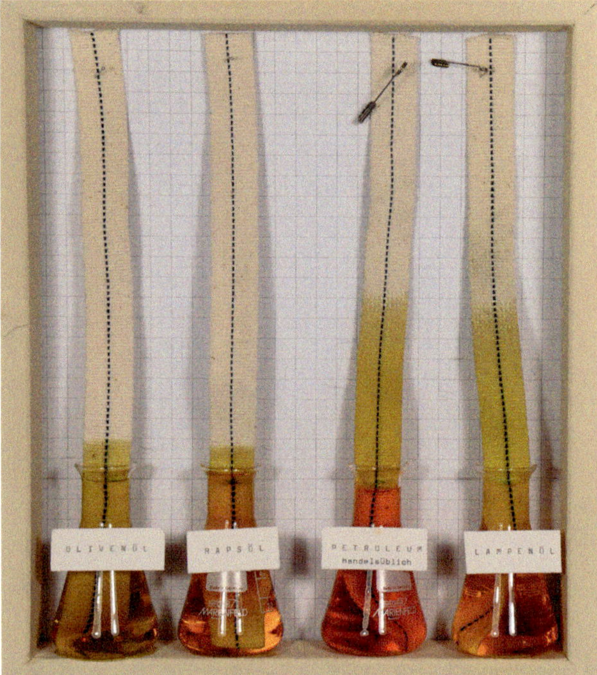

5 Minuten

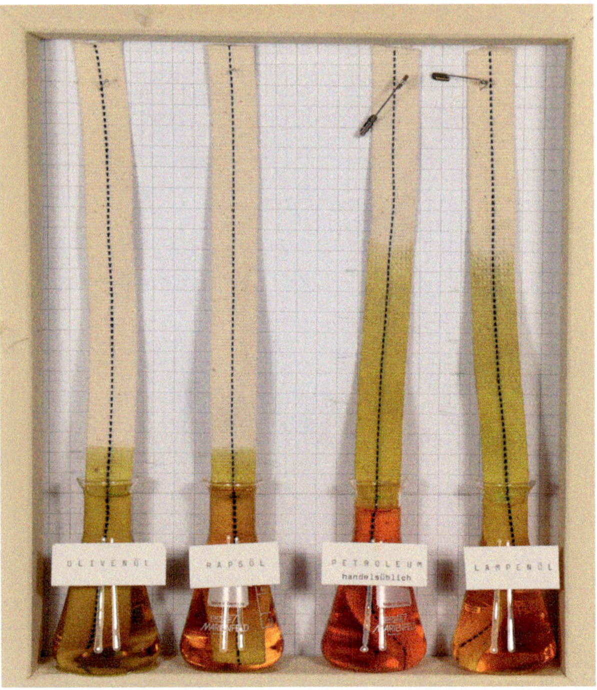

10 Minuten

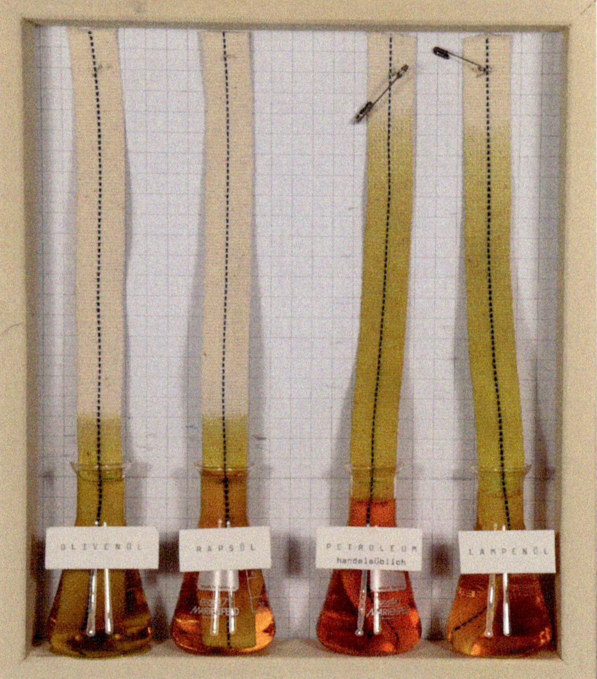

25 Minuten

Die Gesamthöhe des Ölaufstiegs liegt bei allen Brennstoffen etwas niedriger als erwartet, was an der festen Webart der Dochte liegen dürfte. Die niedrigeren Werte für Raps- und Lampenöl sind Folge der höheren Viskosität dieser beiden Brennstoffe.

Aufstiegshöhe der gebräuchlichsten Brennstoffe im Docht: Olivenöl, Rüböl, Petroleum, Lampenöl

Frühe Neuzeit

– Hieronymus Cardanus, Lucerna mirabilis
– Gesundheitslampe
– Die Pumplampe des Abbé von Perigney
– Prof. Johann Andreas v. Segner
– Die Vernichtung von Nahrungsmitteln
– Die Verbrennungstheorie
– Die Proust'sche Flasche
– Der Flachdocht von Léger
– Die Automaton-Lampe

Cardanlampe mit großem Ölbehälter, Messing getrieben und gegossen, Höhe 38 cm, 17. Jhd.

Hieronymus Cardanus, Lucerna mirabilis

Zu Beginn der frühen Neuzeit machte die Entwicklung der künstlichen Beleuchtung technologisch einen deutlichen Sprung nach vorn, der neben der Erfindung des Dochtes durch den Steinzeitmenschen als zweiter entscheidender Entwicklungssprung angesehen werden kann. Dieser bedeutete für die damalige Zeit einen erheblichen Fortschritt und muss als Wendepunkt angesehen werden. War es doch möglich, durch diese Konstruktion Lampen mit einem größeren Ölreservoir zu bauen, die ohne Nachfüllung längere Zeit brannten, die Qualität des Lichtes jedoch nicht zum Besseren beeinflusste.

Hieronymus Cardanus (1505 –1576), italienischer Arzt, Mathematiker und Philosoph, beschreibt in seiner Veröffentlichung „De Subtilitate" von 1550 seine „Lucerna mirabilis" (Wunderlampe). Er greift den Gedanken des Philon von Byzanz auf, welcher bereits um 200 v. Chr. die Theorie für diese Lampenkonstruktion, die Lampe mit konstantem Ölniveau, erfunden hatte. Cardanus konnte diese jetzt in die Praxis umsetzen. Die Lampe arbeitet nach dem „Cardan`schen Prinzip" und wurde später auch Cardan-Lampe genannt. Inwieweit Cardarnus von der Erfindung Herons und der Lampe des Cassiodorus gewusst hat, bleibt im Dunkeln (s. oben).

Cardanus schreibt: *„Nach dem folgenden Prinzip ist die Lucerna mirabilis konstruiert: Sie besteht aus einem stehenden Zylinder, der allseitig luftdicht abgeschlossen ist und nur eine Öffnung D besitzt, durch die das Öl selbst eingefüllt wird, bis der Zylinder vollständig gefüllt ist. Er ist aus einem nicht zu dünnen Zinnblech gemacht und wenn er gekippt wird kann das Öl nicht durch D austreten".*
Cardanus erklärte, dass nicht Austreten des Öles aus der damaligen Anschauung des „Horror vacui" heraus in der Annahme, dass die Natur eine unbedingte Abscheu vor der Leere habe, ein Vakuum also nicht existieren dürfe. Das Austreten

des Öles zum Docht erklärte Cardanus mit der Hitze, die von der Flamme ausgeht, die das Öl dünnflüssiger macht und sich ausdehnen lässt.

Die richtige Erklärung für das Phänomen gab Evangelista Torricelli (1608 – 1647), italienischer Physiker, Schüler und Nachfolger Galileis, fast 100 Jahre später mit der Erfindung des Barometers. Das Öl kann nicht austreten, weil an die Öffnung direkt oberhalb des Bodens des Zylinders eine Dochtrinne angelötet ist. Deren seitliche Ränder sind höher als die obere Begrenzung der Öffnung und da die Dochtrinne der Lucerna mirabilis mit Öl gefüllt ist und dieser Ölspiegel die obere Begrenzung der Öffnung am Boden der Lampe verschließt, verhindert der äußere

Schiebelampe nach Cardanus mit weit vorgezogener Schnauze, Halterung verläuft durch den Ölbehälter, Höhe des Behälters 14 cm, 17.–18. Jhd.

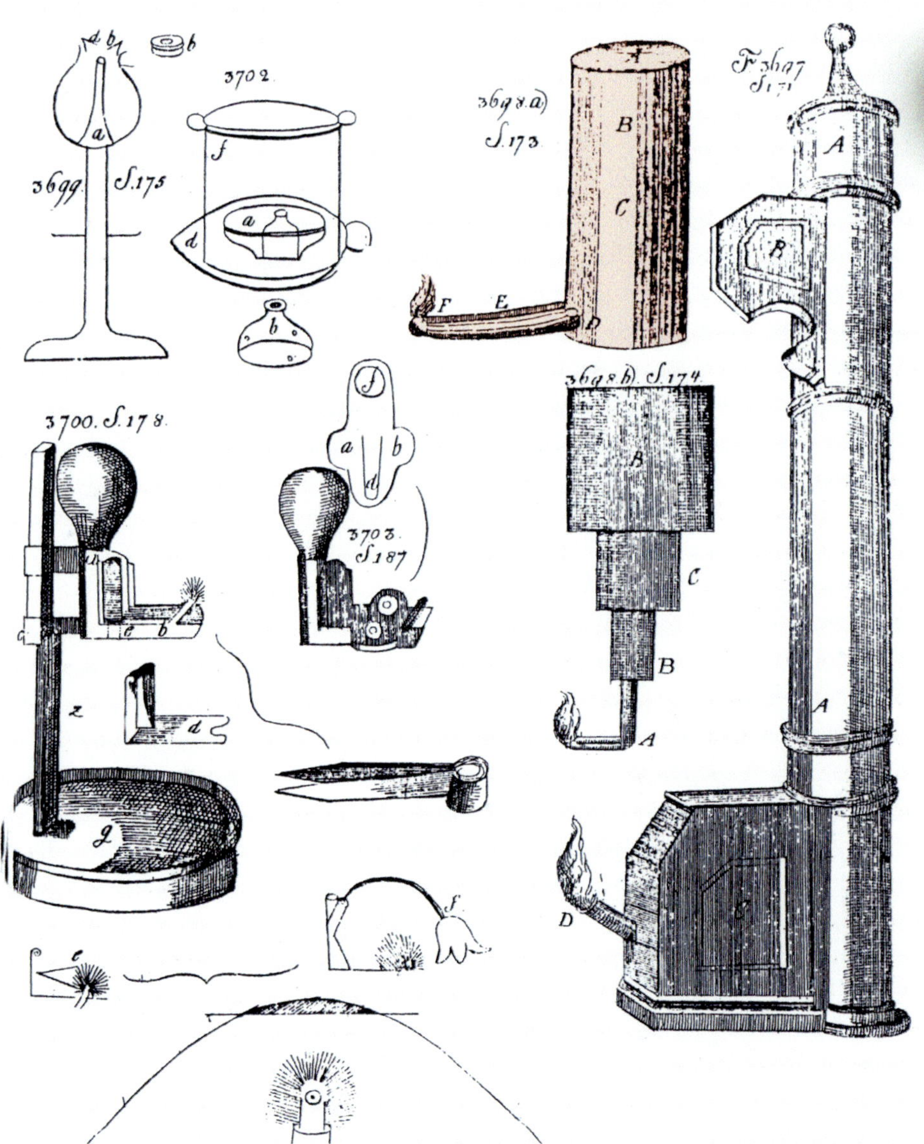

Lucerna mirabilis von Hyronimus Cardanus, 1550

Luftdruck auf den Ölspiegel in der Dochtrinne das Ausfließen des Öles. Im oberen Teil des Zylinders entsteht ein Vakuum, die „Torricelli'sche Leere".

Da der Docht beim Brennen der Lampe das Öl aus der Dochtrinne saugt, sinkt dort der Ölspiegel. Erst wenn der Spiegel soweit gesunken ist, dass die Öffnung am Boden des Zylinders frei wird, fließt Öl aus dem ansonsten geschlossenen Ölbehälter in die Dochtrinne, und Luft tritt in den Zylinder, bis die Öffnung wieder durch den höher getretenen Ölspiegel in der Dochtrinne verschlossen wird. Streng genommen fließt das Öl in kleinen Portionen nach und nicht kontinuierlich, weshalb man hier auch von einem intermittierenden Ölniveau spricht. Diese minimalen Schwankungen der Ölzufuhr sind natürlich im Vergleich mit früheren Verhältnissen so unwesentlich, dass sie kaum ins Gewicht fallen. Ein in bestimmten Abständen auftretendes Blubbern in der Sturzflasche entsteht dadurch, dass Luft durch das Öl in der Flasche hochsteigt. Es ist natürlich nicht möglich, das Loch am Boden des Zylinders beliebig groß zu machen. Ab einer bestimmten Größe würde das gesamte Öl ausfließen.

Diese Lampenkonstruktion kam anfangs nur in Italien in Gebrauch, verbreitete sich aber sehr bald über ganz Mittel- und Westeuropa. Sie wurde in vielen Formen variiert, vor allen Dingen auch in Indien und in China wurde sie Ende des 18. Jhds. und im ganzen 19. Jhd. als Sturzflaschenlampe sehr bekannt und später zur Verwendung von dünnflüssigen Leuchtmaterialien wie Petroleum eingerichtet. Die Sturzflasche dürfte ganz wesentlich zur schnellen Verbreitung der Ende des 18. Jhds. erfundenen Argand-Lampe beigetragen haben, die später noch beschrieben wird. Von der Sturzflaschenlampe gibt es bei gleichbleibendem physikalischem Prinzip technisch mehrere Möglichkeiten der Ausführung, die ebenfalls an anderer Stelle noch berücksichtigt werden.

Cardanus, kleines Nachtlämpchen, Höhe 22 cm, 18. Jhd.

Ein sehr aufschlussreicher französischer Kupferstich von Ende des 17. Jhds. zeigt einen ambulanten Klempner (Verkäufer von Blechwaren), der sich, wie es damals wohl Sitte war, sein gesamtes Warenangebot an den Leib gehängt hatte und in dieser Tracht durch die Lande zog, um seine Waren anzupreisen. Interessant ist der Warenbestand des Händlers, der außer ganz normalen Öllampen und Blakern auch mehrere Sturzflaschenlampen mit sich führt, die nach dem Prinzip der Lucerna mirabilis von Cardanus konstruiert sind.

Im 18. Jhd. entstanden interessante Varianten der Cardan-Lampe, Ölbehälter aus Glas mit darunter gelegener Dochtrinne und seitlicher Dochttülle aus Zinn. Sie dienten auch als Nachtlampen und waren zu diesem Zweck vorn oder seitlich am Ölbehälter mit einer Scala versehen. In diese Scala aus Zinn waren die Zahlen

Öllampen nach Cardanus, links: Laterneneinsatz, Eisenblech, 18. Jhd., Mitte: birnenförmige Öl-behälter aus Glas, ohne Zeiteinteilung, Zinn, 18. Jhd, rechts: indische Öllampe, Messing

von 7 bis 9 eingeprägt und mit sinkendem Ölspiegel konnten die verflossenen Stunden abgelesen werden, entsprechend den Nachtstunden. Diese Lampe lief auch unter der Bezeichnung Öluhr oder Zeitlampe.

Gesundheitslampe

Außer der nachlassenden Helligkeit der Ölflamme bei sinkendem Ölspiegel war das Qualmen und Rußen immer noch ein unangenehmer Übelstand, der kaum zu beseitigen war. Man versuchte zwar durch Anbringen eines feuchten Schwammes oberhalb der Flamme den Missstand zu beeinflussen, konnte dadurch aber keine Abhilfe schaffen, allenfalls etwas Ruß auffangen, der Qualm und der unangeneh-me Geruch änderten sich nicht. So wurde im Jahre 1786 noch für eine Gesund-heitslampe geworben, wobei es sich um eine ganz normale Öllampe handelt, mit blechernem Schirm, über dessen zentraler Öffnung ein Schwamm an einer

Uhrlampe nach dem Prinzip von Cardanus mit Zeiteinteilung von 5 Uhr nachmittags bis 7 Uhr morgens, 18. Jhd.

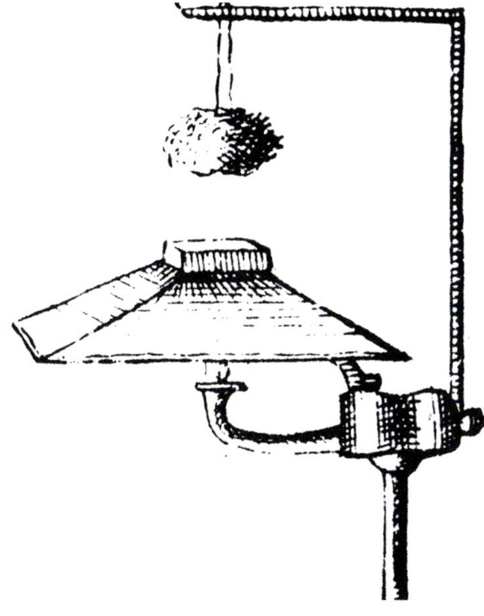

Gesundheitslampe,
Der feuchte Schwamm sollte Qualm und Ruß abhalten, um 1770–80

hakenförmigen Halterung aufgehängt wurde, wodurch Ruß und die unangenehmen Gerüche aufgefangen werden sollten.

Die Pumplampe des Abbé von Perigney

Bevor es soweit war, wurden andere Versuche gemacht, den Docht bzw. die Flamme gleichmäßig mit Öl zu versorgen oder die begrenzte Kapillarität des Dochtes zu überwinden. Dazu gehörte eine weitere Verbesserung mit der Erfindung der Pumplampe durch den Abbé von Perigney im Jahre 1748. Es wurden noch mehrere Lampen produziert, die nach dem gleichen Prinzip arbeiteten, so auch 1765 durch Grosse in Leipzig. Irrtümlicherweise wird in der Literatur Grosse häufig als Erfinder bezeichnet, was nicht korrekt ist. Die „Bougie méchaniques à huile", mechanische Ölkerze ist eine rein französische Erfindung, sie wurde in mehreren Varianten hergestellt und verbessert, so 1779 durch Hoffmann in Leipzig und 1803 durch Brochant in Paris. Diese Pumplampe hat die Gestalt eines Leuchters und ist aus Weißblech oder Zinn gefertigt. Der Fuß des Leuchters dient als Ölreservoir, der obere, kerzenförmige Teil zur Aufnahme des aufgepumpten Öles. Gleichzeitig trägt der obere Teil die Tülle, in der ein Rundvoll- oder später auch ein Flachdocht das Licht erzeugte. Wenn das Oberteil der Lampe gegen Federdruck in das Unterteil gedrückt wird, öffnet sich ein Ventil und Öl wird in das Oberteil gedrückt. Auf diese Weise lässt sich das Oberteil bis zum Dillenrand immer mit

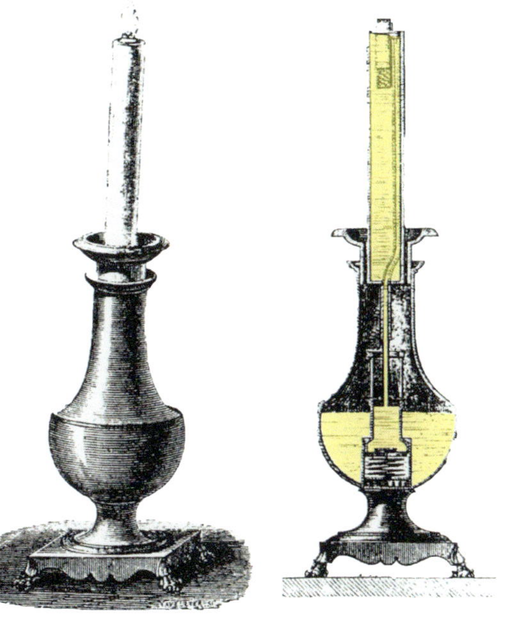

Pumplampen von Abbé Mercier von Perigney,
Frankreich, seit 1748

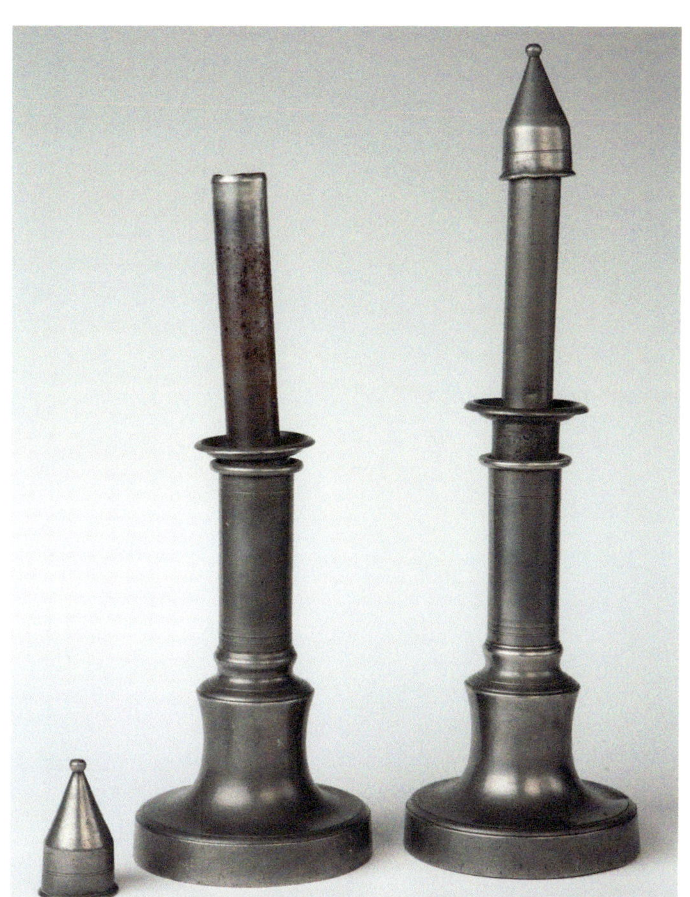

Pumplampe,
Pärchen Pumplampen mit Löschhütchen, Frankreich, um 1760

Öl gefüllt halten. Etwa zu viel aufgepumptes Öl fließt am Ölrohr hinab, wieder in den unteren Vorratsbehälter. Obwohl diese Lampen durch das bei abnehmender Flamme nötig werdende Pumpen deutliche Aufmerksamkeit verlangten und obwohl sie kein gleichförmiges Licht gaben, wurden sie vor allem in Frankreich über lange Zeit genutzt und stellten auch einen gewissen Fortschritt dar.

Andere Versuche führten zu verschiedenen, in ihrer Einfachheit außerordentlich sinnvoll konstruierten Öllampen mit mechanischer oder automatischer Regulierung des Ölniveaus. Bei geringstem technischem Aufwand war es möglich, den Aufhänge-Bügel einer Lampe so zu gestalten, dass sich die Aufhängung der Lampe im Haltebügel verschieben ließ, wodurch sich der vordere, dochttragende Teil der Lampe nach unten senkte. Den gleichen Effekt hat eine Vorrichtung, bei der durch Drehung einer Schraube ein am Ölbehälter angebrachter Zahnkranz und damit der Behälter selbst bewegt und der Ölspiegel eingestellt wird, im Sinne einer Ölniveauregulierung.

Ölniveauregulierung,
am Ölbehälter angelötete Zahnstange wird durch eine Spindel vor oder zurück bewegt, der Behälter damit um seine Querachse gedreht, Restöl fließt ins Dochtrohr

Prof. Johann Andreas v. Segner

Auch die von Prof. Johann Andreas v. Segner aus Göttingen (1704 – 1777), Arzt, Physiker und Mathematiker, empfohlene Studierlampe, eine Lampe mit parabolischem Reflektor und kaminartigem Abzug am oberen Umfang des Reflektors, über den die Abgase ins Freie geleitet werden sollten, war viel zu aufwändig und umständlich, um sich durchsetzen zu können.

Leider kannte man die Ursache für das Qualmen, die unvollständige Verbrennung des Leuchtmaterials noch nicht. Obwohl Cardanus schon eine Theorie über die Verbrennung entwickelt und die Notwendigkeit der Anwesenheit von Luft bei der Verbrennung erkannt hatte, wurden keine Folgerungen, geschweige denn irgendein Nutzen daraus gezogen.

Studierlampe mit Reflektor
und Qualm-Abzugsrohr,
nach Prof. Johann Andreas v. Segner,
Göttingen, 1743

Die Vernichtung von Nahrungsmitteln

Die Brennstoffe zur künstlichen Beleuchtung, mit denen wir uns hier beschäftigen, wie Fette und Öle, sind bei Leibe nicht nur Brennstoffe, sondern sie waren in erster Linie Nahrungsmittel bis auf das Rüböl wegen der darin enthaltenen schädlichen Erucasäure. Auch der frühe Mensch benötigte Fett zur Nahrung, wird das auch bald bemerkt haben, musste aber auch lernen, es zu verwenden und evtl. gutes Fett von schlechtem Fett zu unterscheiden. Öl und Fette können ungenießbar werden, sie oxidieren und werden ranzig. Später kamen sie in den oben beschriebenen Schmer-Kübel, um als Leuchtmaterial Verwendung zu finden. Im Übrigen fielen auch Fettreste bei der Ledergerbung an, die nicht genießbar waren, zu den schlechten Fetten gehörten, in Lampen aber gerne gebrannt wurden. Es

Wandernder Blechwarenhändler und Lampenfabrikant. Nach einem Kupferstich von Larmessin, 17.Jhd.

wurde aber auch gutes, brauchbares Fett und Öl in Lampen gebrannt, irgendwie erstaunlich, denn bei diesen Fetten und Ölen handelte es sich um Nahrungsmittel hohen Energiegehaltes.

Dazu wurden beim „Landesamt für Denkmalpflege und Archäologie Sachsen" in Halle-Saale Messungen durchgeführt, die von beachtenswerter aber auch irgendwie erwarteter Bedeutung waren.
Man untersuchte den Energieverbrauch einer normalen, nicht rauchenden Ölflamme. Diese Flamme verbrauchte in einer Stunde acht Gramm Öl, was einem „Nährwert von rund 300 kJ = 71 kcal entspricht - hochgerechnet auf 24 Stunden ergibt sich schon die stolze Summe von 7.200 kJ = 1.720 kcal, was aber deutlich zu wenig ist, den Energiebedarf eines Menschen mittleren Alters bei leichter Tätigkeit zu decken, der etwa um ein Drittel höher liegt. Insgesamt ändert sich aber nichts. Es handelt sich um Nahrungsmittel, die auch ihren Preis hatten, und da mussten sicher in vielen Familien die Kienspäne herhalten, während das wertvollere Öl oder Fett den besonderen Tagen, Gelegenheiten oder Festen vorbehalten blieb.

Ein zweiter Faktor ist sehr wichtig, der Energieverbrauch des kleinen Ölflämmchens, er beträgt 85 Watt, das heißt, dass der größte Teil der entstehenden Strahlung von unseren Augen nur zum geringsten Teil wahrgenommen werden kann, da der größte Teil der Energie in Form von Infrarot- bzw. Wärmestrahlung imitiert wird. Anschaulicher ist dabei wohl die Glühlampe, die bei normaler Betriebsspannung etwa 3 % der gesamten Strahlung in Licht umsetzt. Ein arges Verlustgeschäft insbesondere bei der kleinen Ölflamme, deren eigentliche Energiebilanz kläglich schlecht ist.

Die Verbrennungstheorie

Man benötigte über 2.000 Jahre bis die Wissenschaft von der Ur-Lehre des Aristoteles (384 – 322 v. Chr.), griechischer Philosoph, der Vier-Elementen-Theorie die endgültige Verbrennungstheorie und damit die moderne Chemie erreichte. Das Feuer wurde in der Antike neben der Erde, dem Wasser und der Luft als eines der vier Elemente angesehen, wobei jeder Körper aus den vier Elementen in wechselnder Zusammensetzung bestehen sollte. Diese Meinung galt bis ins 17. Jhd., wo sie durch die Phlogiston-Theorie abgelöst wurde. Diese Theorie wurde von Johann Joachim Becher (1635 – 1682), Arzt und Chemiker, vor allem aber von Georg Ernst Stahl (1659 – 1734), Arzt und Chemiker, begründet bzw. systematisch ausgebaut und 1697 von Stahl als gültige Theorie aufgestellt. Nach dieser Theorie enthalten alle brennbaren Körper das Phlogiston, das sie brennbar macht und das bei der Verbrennung entweicht. Erst Antoine Laurent de Lavoisier (1743 – 1794), französischer Chemiker und Begründer der modernen Chemie, fand

Weiter entwickelte Proust'sche Lampe mit Sturzflasche und Argandbrenner

die zutreffende Verbrennungstheorie. Nachdem in den Jahren 1771 – 1774 nahezu gleichzeitig aber völlig unabhängig voneinander der deutsch-schwedische Chemiker Karl Wilhelm Scheele (1742 – 1786) und der englische Naturforscher Joseph Priestley (1733 – 1804), den Sauerstoff entdeckten, erkannte Lavoisier, dass sich der Luftsauerstoff bei der Verbrennung mit der brennbaren Substanz vereinigt und der Kohlenstoff mit Hilfe von Luftsauerstoff unter Lichtentwicklung verbrennt. Er erkannte, dass es sich hier um eine chemische Reaktion handelt, bei der mehr O2 für die Flamme eine bessere Verbrennung und die Entstehung von mehr Verbrennungswärme und damit auch mehr Licht bedeutete.
Es erscheint uns heute unglaublich, dass die Wissenschaftler und Forscher des 18. Jhds. beim Licht einer Unschlittkerze oder Öllampe arbeiteten und die Ergebnisse ihrer Forschungen richtungsweisend für die nächsten zwei Jahrhunderte wurden.

Die Proust'sche Flasche

Vor dem großen Umbruch in der künstlichen Beleuchtung durch die Erfindung des Brenners mit doppeltem Luftzug durch Ami Argand konstruierte der französische Chemiker Joseph Louis Proust (1754 – 1826) noch 1780 eine Lampe, die man als Vorläufer der späteren Argand-Lampe und Kübellampe bzw. Quinquet-Lampe ansehen kann, was den Ölvorratsbehälter angeht.

Es handelte sich um eine Lampe mit gläserner Sturzflasche. Diese Lampe arbeitete mit Volldocht und war in Frankreich unter dem Namen „la vase de mariott" bekannt (erinnernd an die Mariott'sche Flasche). Bei dieser Lampe wurde auf ein relativ schlankes Oberteil des Schaftes eine kugelige Glasflasche mit Hals montiert.

Der Hals der Glasflasche, die das Öl aufnahm, wurde mit einem Kork verschlossen, in dessen Zentrum ein kurzes Glasröhrchen eingekittet war. Das lange, nach außen und oben gebogene Dochtrohr wurde in den Oberteil des Lampenschaftes eingelötet, sodass die obere Begrenzung der Dille etwas höher lag als die untere Begrenzung des Ölaustrittröhrchens. Die Funktionsweise dieser Lampe war nicht abweichend von anderen Cardan-Lampen, indem Öl aus der Glaskugel über das Röhrchen nachfloss, wenn seine Öffnung durch Verbrauch am Brenner frei wurde. Ob nun diese Konstruktion als Weiterentwicklung der Cardan-Lampe bewertet wird oder als eigene Entwicklung, mag dahingestellt bleiben. Das Prinzip wird Proust sicher nicht unbekannt gewesen sein. Jedenfalls wurde diese Art der Ölversorgung für den Argand-Brenner nur einige Jahre später komplett übernommen und dann zur Sturzflasche mit Ventil weiterentwickelt.

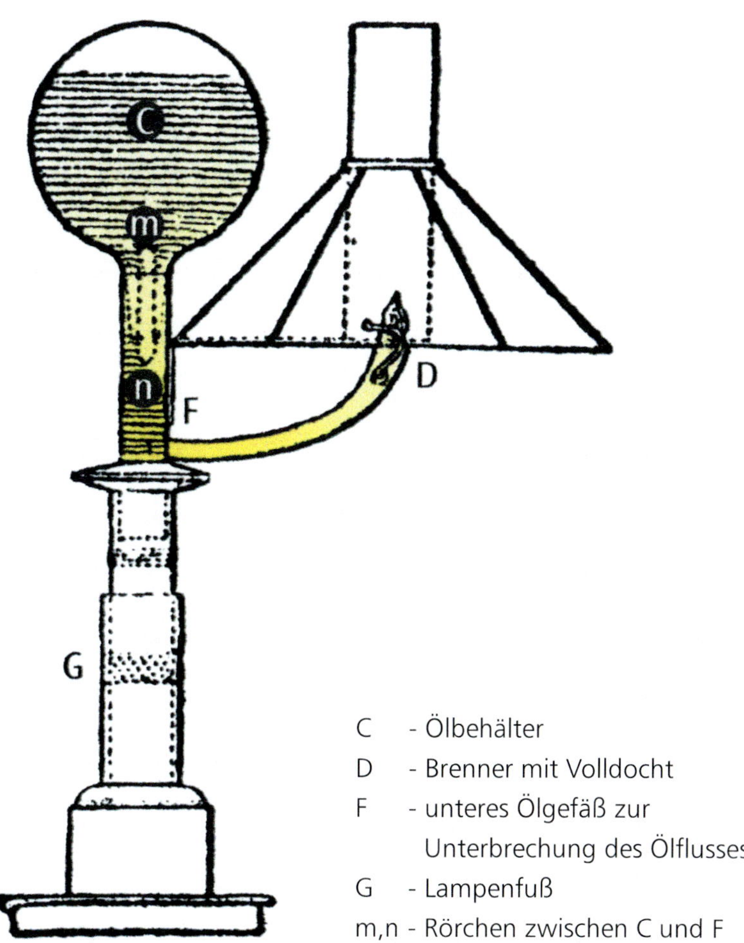

Schnittbild der Lampe nach Proust, mit Sturzflasche und Volldocht, Frankreich, 1780, Sammlung: P. Deitz, Lüttich/B

Der Flachdocht von Léger

Als erste Konsequenz aus den Erkenntnissen Lavoisiers folgte die Erfindung des bandförmigen Flachdochtes 1783 durch Léger und fast gleichzeitig durch den schwedischen Botaniker Claes Alströmer (1736 – 1794). Die geringe Dicke des Flachdochtes im Verhältnis zur relativ großen Breite hat zur Folge, dass die Luft an einer erheblich größeren Oberfläche des Dochtes wirksam werden kann, oder wie Alströmer sagt, weil *„die gedoppelte Oberfläche der Luft einen freieren Zugang gestattet"*. Bis hierhin hatte es nur runde, unterschiedlich dicke Volldochte aus Werg, aus gedrehten Pflanzenfasern, wie Leinen, Flachs oder Baumwolle gegeben. Der Volldocht saugt in seinem gesamten Querschnitt Öl auf. Dieses wird durch die Hitze der Flamme zersetzt und gelangt in Gasform zur Verbrennung, die aber je nach Dicke des Dochtes nur am äußeren Rand des Dochtes stattfindet, da die Luft nicht in die Tiefe der Flamme gelangen kann. Es erscheint also sinnvoll, dem Docht einen geringeren Durchmesser zu geben, da der Verbrennungsprozess bei einem dicken Docht unvollkommener ist und nur ein Teil des vergasten Öles der Lichtgebung dient. Es wird also Öl verbraucht, welches kein Licht gibt, sondern unverbrannten Kohlenstoff, also Qualm.

Der lichtgebende Körper in der Flamme ist, wie bereits gesagt, der Kohlenstoff. Der Kohlenstoff gibt eine umso hellere und leuchtendere Flamme, je höher die Temperatur der Flamme ist, mit der der Kohlenstoff verbrennt. Die Temperatur ist aber wiederum abhängig von der Sauerstoffmenge, die der Flamme zugeführt wird. Wenn die kohlenstoffhaltigen Dämpfe der inneren Flamme unverbrannt frei werden, qualmt die Flamme, sie rußt und verbreitet einen unangenehmen Geruch. Gleichzeitig sinkt die Temperatur der Flamme, sie brennt nicht weiß, sondern gelb-rot, ein Helligkeitsverlust ist die Folge.

Es setzen sich unverbrannte Kohlenstoffteilchen an der Dochtoberfläche als Dochtschnuppen ab, verstopfen die Kapillaren des Dochtes und die Helligkeit der Leuchtflamme geht weiter zurück, wie der römische Dichter Vergil (70 – 19 v. Chr.) schreibt:

„Wie Schwamm anwuchsen die Schnuppen . . .".

Um die Helligkeit wieder zu verbessern, bleibt keine andere Wahl, als den Docht zu reinigen, die Schnuppen müssen beseitigt werden. Dazu dienten bereits im Altertum kleine Häkchen und Nadeln, auch pinzettenartige Gebilde, mit denen man auch den Docht in seiner Höhe regulieren konnte, wobei sich diese Utensilien bis in die Neuzeit gehalten haben und genutzt wurden.

Dochtschnuppen,
Docht setzt Kohle an

Rumford-Lampe, halbrunde Dochtführung und Dochttrieb der Kastenlampe, Frankreich, 1. Hälfte 19. Jhd.

Der oben beschriebene Effekt ist umso ausgeprägter, je dicker der Docht ist. Der von Léger erfundene Flachdocht gibt aufgrund seiner größeren Verbrennungsoberfläche ein helleres und gleichmäßigeres Licht und es setzten sich deutlich weniger Dochtschnuppen ab. Auch dem Flachdocht hängen einige Unvollkommenheiten an: Die Flamme ist als Folge ihrer dünnen, breiten Gestalt in hohem Grade dem Einfluss der Luft und dem Flackern ausgesetzt, wodurch die Lebhaftigkeit der Verbrennung gestört und die Lichtentwicklung vermindert wird. Außerdem verbreitet sie die Lichtmenge nur nach zwei Richtungen. Diese Übelstände werden umso größer, je breiter der Docht ist. Dem letzten Fehler versuchte man dadurch zu begegnen, dass man dem Docht eine mehr oder weniger gekrümmte Dochtscheide gab, welche vom Viertelkreis bis zum Halbkreis gefertigt wurde. Diese halbrunden Dochte konzentrierten die dünnen Flammen auf einen kleineren Raum und gaben ihnen dadurch mehr Stetigkeit und eine gleichmäßigere Verteilung des Lichtes. Zusätzlich halten sie die Wärme fest und schützen den Docht vor unnötiger Abkühlung.

Die Automaton-Lampe

Trotz der relativ weiten allgemeinen Lampenentwicklung erhielt der Engländer Porter noch 1804 ein Patent auf seine „Automaton-Lampe", die bei exzentrischer Aufhängung durch ein kleines Gegengewicht im vorderen Teil so austariert war, dass sie sich je nach Ölfüllung automatisch so einstellte und sich der Ölspiegel immer in Brennerhöhe hielt.

Das Prinzip von Porter`s Automatonlampe, 1824

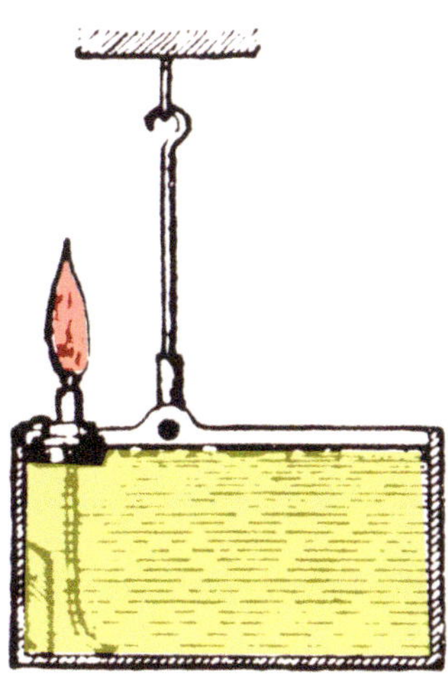

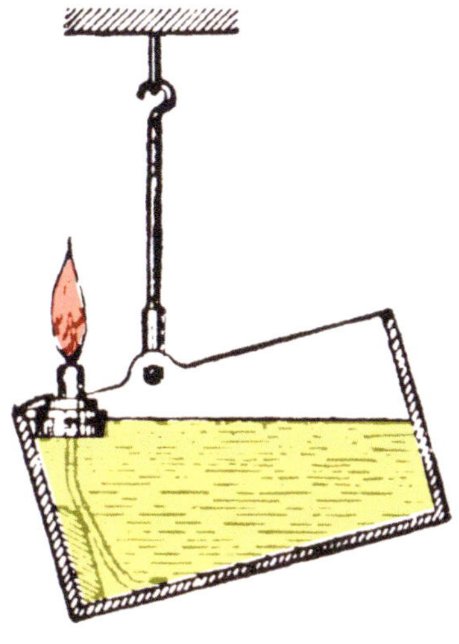

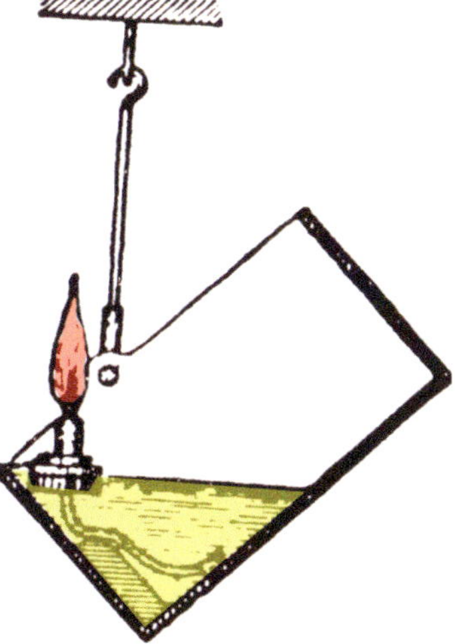

„La Madelaine a la veilleuse", Musée du Louvre, Paris, George de la Tour, 1593–1652

Frühe Neuzeit-Moderne

- François Pierre Ami Argand
- Schwierigkeiten in Frankreich
- Die Dochtbewegung
- Die Rieß'sche Lampe
- Die Schiebelampe

In den letzten Jahrhunderten hatte man sich zwar Gedanken um die künstliche Beleuchtung gemacht und hatte prinzipiell Verbesserungen erreicht, auch wenn diese teilweise auf früheren Erkenntnissen fußten. Die wesentlichen Nachteile der vorhandenen Lampen, die geringe Leuchtkraft, Qualmen, Rußen und Gestank, wirkten sich unverändert nachteilig aus. Sie waren auch durch die Einführung des Flachdochtes durch Léger zwar etwas zu verbessern aber nicht zu beseitigen.

François Pierre Ami Argand

François Pierre Ami Argand

Den optimalen Brenner mit optimalem Docht, einem röhrenförmigen Runddocht, der richtungsweisend für die folgenden hundert Jahre werden sollte, erfand François Pierre Ami Argand, geb. am 05.07.1750, gestorben am 14.10.1803. Er studierte Physik in Genf und ging dann nach Paris, wo er unter Prof. Lavoisier und Prof. Fourcroy arbeitete und sich speziell mit der Alkohol-Destillation beschäftigte. Dadurch bekam er Gelegenheit, in Südfrankreich eine Destillieranlage einzurichten. Dort soll er eines Tages an einem Ofen gestanden und über die hellen Flammen gestaunt haben, die, angefacht durch die Luft eines Blasebalgs, hell aufloderten. Hier könnte ihm der Gedanke gekommen sein, Luft in die Mitte einer Ölflamme zu leiten und als Schüler Lavoisiers muss ihm klar gewesen sein, dass durch die vermehrte Sauerstoffzufuhr die Flamme heißer und damit die Leuchtkraft zunehmen und sich andererseits die Rauchentwicklung mindern würde.

Er setzte den Gedanken in die Tat um und unter seiner Anleitung ließ er durch seinen Bruder ein Modell anfertigen, das nach einigen Verbesserungen den erwarteten Effekt erbrachte. Argand stellte seine Lampe mit doppeltem Luftzug am 15.08.1883 in Paris vor und erstaunte sein Publikum mit der blendenden Helligkeit.

Er hatte einen Metallzylinder mit einer doppelten Wand konstruiert, die unten verschlossen war. Das Zentrum des inneren Zylinders war offen, damit von unten Luft eintreten konnte. In die hohle Wand des Zylinders wurde der röhrenförmige Docht installiert und auch das Öl geleitet, womit der Docht gespeist wurde. Nun konnte die Luft sowohl von außen als auch durch den inneren Zylinder an die Flamme, der auf diese Weise die doppelte Menge Sauerstoff zugeführt wurde.

Argandlampen mit Ölbehälter nach Proust
im Stil des Empire, Frankreich, um 1810

Das hatte einen Anstieg der Verbrennungstemperatur zur Folge, in der weitere Kohlenstoffpartikel verbrennen und so mehr Licht entstehen konnte. Eine weitere Steigerung der Leuchtkraft erreichte Argand durch einen Zylinder, den er kurz oberhalb der Flamme anbrachte, wobei durch die Kaminwirkung (Zugwirkung) des Zylinders die Luft angesogen und an die Flamme geleitet wurde. Da die Zylinder anfangs aus Blech waren und einen Teil der Flamme bedeckten, ging viel Licht verloren, was Argand veranlasste, nach Zylindern aus Glas zu suchen, die er aber erst im Januar 1784 anlässlich eines Besuches in England von einer Londoner Fima geliefert bekam. Die ersten Glaszylinder hatten eine rein zylindrische Gestalt. Im März und Juli 1784 erhielt Argand englische Patente auf seine Lampe, die zu der Zeit in England hergestellt und in großen Stückzahlen verkauft wurde, wobei auch hier mit den Herstellern erhebliche Schwierigkeiten auftraten.

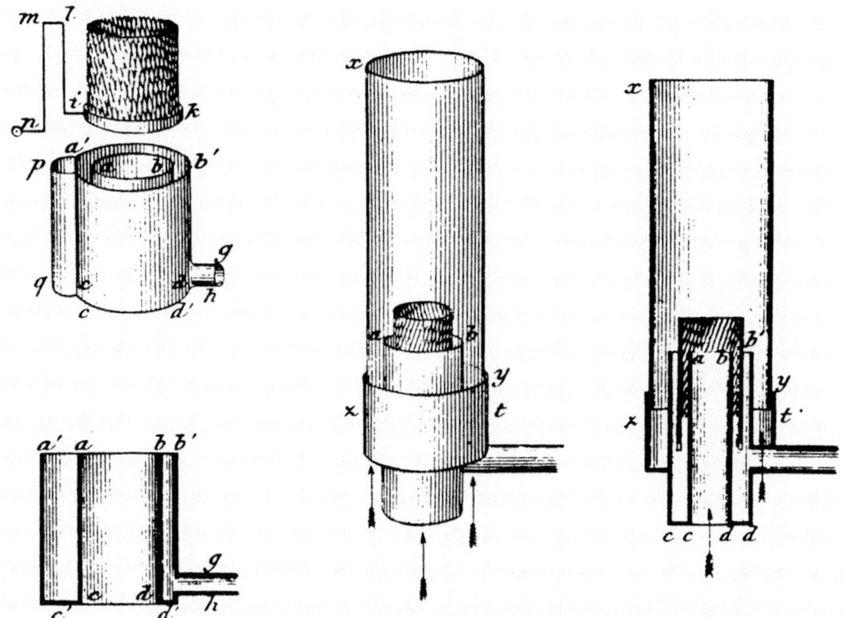

Das Prinzip des Argandbrenners

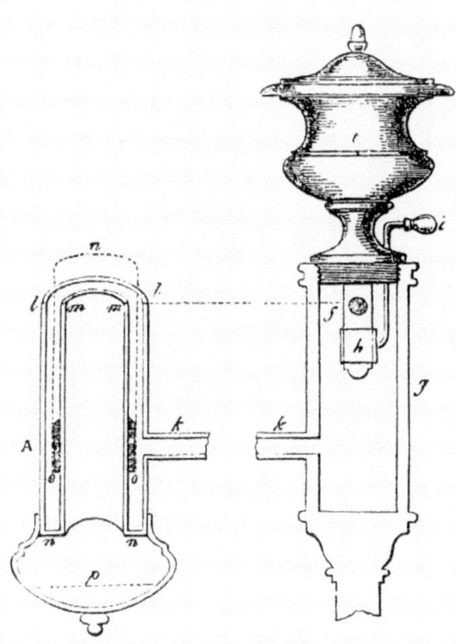

Ölzufluss zum Argandbrenner aus der Proust'schen Flasche, Schieber zur Schließung des Ölflusses

Schwierigkeiten in Frankreich

Zwischenzeitlich machte man Argand in Frankreich die Rechte auf seine Erfindung streitig. Hier hatten der Apotheker Antoine-Arnoult Quinquet (1745–1803) und der Gewürzhändler Ambroise Bonaventura L'Ange Kopien der Lampe anfertigen lassen, nachdem Argand ihnen vor seiner Abreise nach England anscheinend zu viele Informationen über die technischen Innovationen seiner Lampe gegeben hatte. Durch ausgesprochen unehrliches und hinterhältiges Handeln gelang es Quinquet sich als Erfinder darzustellen und fortan wurden die Argand'schen Lampen „Quinquets" genannt, eine Bezeichnung, die in Frankreich heute noch für Schiebelampen gebräuchlich ist.

Argandlampen mit Proust'scher Flasche als Ölbehälter, England, um 1820

Die Angelegenheit endet in einem langen Rechtsstreit, an dessen Ende die Patentrechte Argand und L'Ange zu gleichen Teilen zugesprochen wurden, wenngleich L'Ange ebenfalls nicht den geringsten Verdienst an der Konstruktion der Lampe hatte. Er konnte lediglich den Glaszylinder früher als Argand auf den Brenner setzten, da es ihm gelang, in Paris einen Glasbläser zu finden, der ihm die Zylinder anfertigte, bevor Argand damit in England Erfolg hatte. Eine Verbesserung des Zylinders ist L'Ange allerdings nicht abzusprechen, indem er ihn kurz oberhalb des Dochtrandes verengte und dem Zylinder damit eine Schulter gab. Dadurch wurde der äußere Luftstrom noch stärker zur Brennstelle geleitet und der Zug wurde verstärkt, was zu einer neuerlichen Helligkeitszunahme führte.

Frühe Hängelampe mit Argand-Brenner

Hatte es früher schon kleine Blechschirme gegeben, die oberhalb der Flamme angebracht wurden, um das Licht zu konzentrieren, so war es nach der Erfindung der Argand'schen Lampe ein Anliegen, die ungewohnte Helligkeit des Lichtes zu mildern, um die Augen zu schonen. Das Licht erschien den Menschen so hell, dass sie Angst hatten, es könne ihren Augen schaden. Neben Metallschirmen setzte man mattierte Glaskugeln über den Glaskamin oder versuchte, mit Gaze oder Papier die Flamme zu verdecken und das Licht zu streuen. Blau getönte Glaszylinder konnten sich nicht durchsetzen, obwohl ihnen nachgesagt wurde, dem Licht und den beleuchteten Gegenständen eine natürlichere Farbe zu geben.

Die Sturzflasche war ja schon erfunden, das Prinzip durch Philon von Byzanz, die Anwendung durch Hieronymus Cardanus und die Weiterentwicklung durch

Argandt mit Proust'scher Flasche und Spiraldochtregler, dunkelbraun patiniert, wahrscheinlich England, 1. Hälfte 19. Jhd.

Joseph Louis Proust, der die Proust'sche Flasche entwickelte, nichts anderes als die cardanische Flaschenlampe.

Anfänglich war bei der Argand-Lampe der Ölbehälter ohne Sturzflasche seitlich des Brenners angeordnet. Bald aber wurde die Lampe nach dem cardanischen Prinzip mit Öl versorgt, in dem Argand die Proust'sche Flasche übernahm und sie seitlich des Brenners in einem Abstand zur Lampe montierte. Es konnte auch ein kleiner Hahn eingebaut werden, um den Ölfluss zu stoppen. Nach der Erfindung der Sturzflasche mit Ventil, wurde der Behälter in einem weiteren Abstand zur Lampe verlegt. Durch die Verbindung des Brenners mit der Sturzflasche durch ein Rohr konnte die Einheit an einer senkrechten Stange hoch und nieder geschoben werden. Einen Nachteil hatte der seitliche Behälter. Er warf auf einer Seite einen deutlich größeren Schatten und bei weniger starken Lichtquellen ist der Schatten deutlich störender als bei einer intensiven Lichtquelle. Trotzdem hat sich diese Art der Schiebelampe fast 100 Jahre gehalten.

Die Dochtbewegung

Zur Bewegung des Schlauchdochtes innerhalb des Argand'schen Dochtrohres wurde zu Anfang eine Dochtnadel genutzt. Dann entwickelte Argand einen hakenförmigen Drahtbügel, der angelötet an einen Dochtmitnehmer, diesen mit Docht auf- und abwärts bewegen konnte. Diese Dochtverstellung wurde weiter verbessert durch Verbindung des Drahtbügels, mit einer Zahnstange und einem Zahnrädchen, mit dem sich der Docht sehr weich und gleichmäßig bewegen ließ. Diese Zahnstange konnte sowohl außerhalb des Brandrohres oder im Brandrohr liegen. Diese Vorrichtung muss vor 1790 entstanden sein, denn die nachgebaute Lampe von Rieß, lässt diesen Mechanismus deutlich erkennen.

Die Rieß'sche Lampe

Die Argand'schen Lampen wurden auch im Ausland recht bald kopiert, vor allem in England, nachdem Argand das Land verlassen hatte. Schon 1790 warb Zacharias Conrad Rieß aus Frankfurt am Main für seine verbesserte Argand-Lampe. Interessanterweise wurde die Einfuhr der Lampen von Rieß in die preußischen

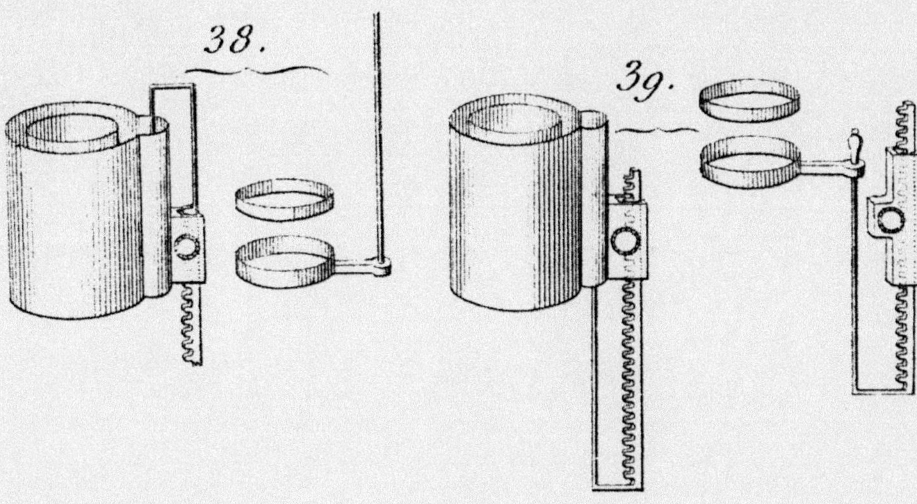

Dochtbewegung mittels
Drahtbügel und Zahnstange

Provinzen östlich der Weser durch königliche Kabinettsorder vom 12.05.1791 verboten.

Publicandum,
wegen verbothener Einbringung sogenannter Rießschen Lampen.
De dato Berlin, den 12. May 1791.
Da Se.kön.Maj. von Preussen etc. Unser allergenädigster Herr, in Betracht, daß die bisher aus der Fremde eingegangenen sogenannten Rießschen Lampen von den hiesigen Klempnern in vollkommener Güte verfertigt werden, die Einbringung der fremden Lampen dieser Art in Höchstdero sämtlichen Provinzen diesseits der Weser, mittelst Cabinets=Ordre v. 6. dieses Monaths verbothen haben, auch sämtliche Accise=Ämter darnach bereits instruiret sind; so wird solches dem Pubilco hiermit zur Nachricht bekannt gemacht.
Signatum Berlin, den 12. May 1791

Auf Spezial=Befehl
v. Blumentahl. Frh. v. Heinitz. v. Werder. v. Arnim. v. Voß

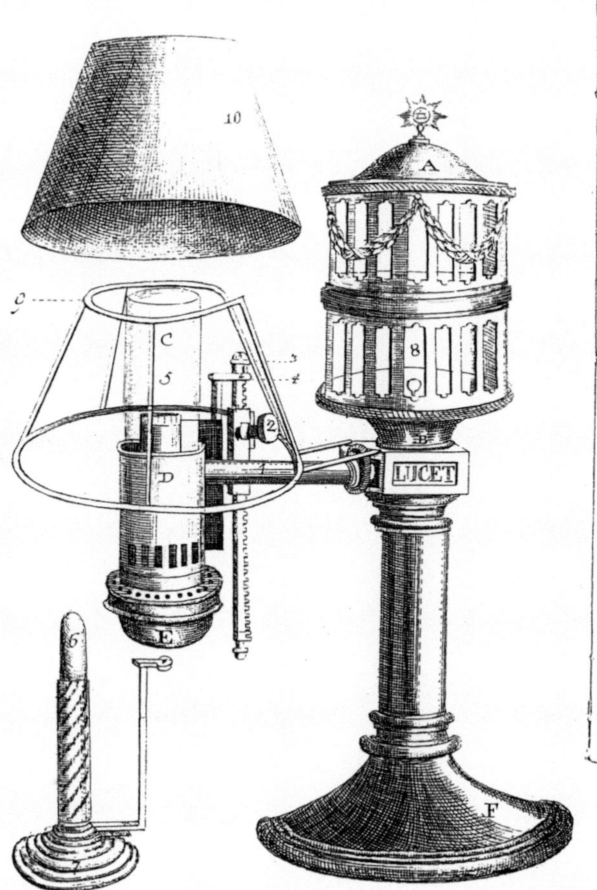

Zacharias Conrad Rieß
Handelsmanns und der Mechanik Beflissenen zu Frankfurt am Mayn
Kurzgefaßte
Anleitung
zum
nützlichen und bequemen
Gebrauch
einer neuen verbesserten
Argandschen Lampe
als eine
zur schicklichen Behandlung derselben
nöthige Zugabe
nebst einer Abbildung.

L'active & rapide lumiere
Perce les ombres de la nuit.
Mr. de ROZOI.

Frankfurt am Mayn, 1790.

Nachbau der Argandlampe durch Zacharias Conrad Rieß in Frankfurt, 1790

Mit der Argand-Lampe brach ein neues Zeitalter der Beleuchtungstechnik an. Die Argand'schen Erfindungen brachten die große Wende in der künstlichen Beleuchtung und der Argand-Brenner wurde Vorbild für alle nachfolgenden Brennerentwicklungen bei Verwendung flüssiger Leuchtstoffe. Alle späteren Konstruktionen leiten sich von ihm ab, auch vor allem die Rundbrenner der Petroleumära.

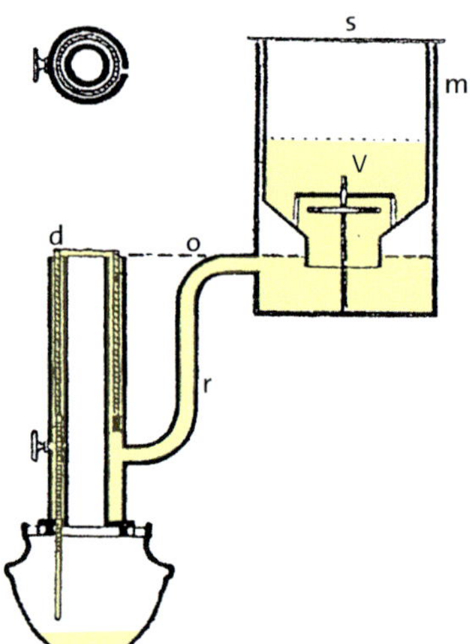

Konstruktionsprinzip der Sturzflasche
s Sturzflasche
m Mantelgefäss
v Ventil
r Rohrverbindung zum Argandbrenner
d Docht

Sammlung: Dr. H. G. Müller
Herisau / CH

Die Schiebelampe

In einem Leserbrief, veröffentlicht im Genfer Journal vom 20.02.1790, spricht ein Leser, nachdem er Argands Lampenlager in Versoix besucht hatte, der Argand-Lampe seine besondere Anerkennung aus. Er lobt besonders die Lampen mit Fuß, die man höher und tiefer stellen und bei denen man das Licht in eine angenehme Richtung drehen kann! Hier lässt sich ableiten, dass zu dieser Zeit eine Lampe existierte, deren Licht höher und tiefer gestellt werden konnte, eine Schiebelampe. Damit dürfte belegt sein, das Argand die Schiebelampe in welcher Art auch immer, mitentwickelt hat. Bei dieser Schiebelampe, die später weiter entwickelt und in großen Stückzahlen zunächst für Öl, dann auch für Photogen und Petroleum, bis ins letzte Viertel des 19. Jhds. hergestellt wurde, lässt sich, wie oben bereits erwähnt, die Leuchteinheit an einer senkrechten Stange höher und tiefer stellen. Diese Lampe erfreute sich besonderer Beliebtheit und war unter den verschiedensten Namen wie Studierlampe, Goethe-Lampe, Sturzflaschenlampe, Kübellampe und Schiebelampe allgemein bekannt. In Frankreich nannte man sie und nennt sie auch heute noch schlicht und einfach Quinquet, wenn auch Quinquet mit der Konstruktion dieses Mechanismus' nichts zu tun hatte.

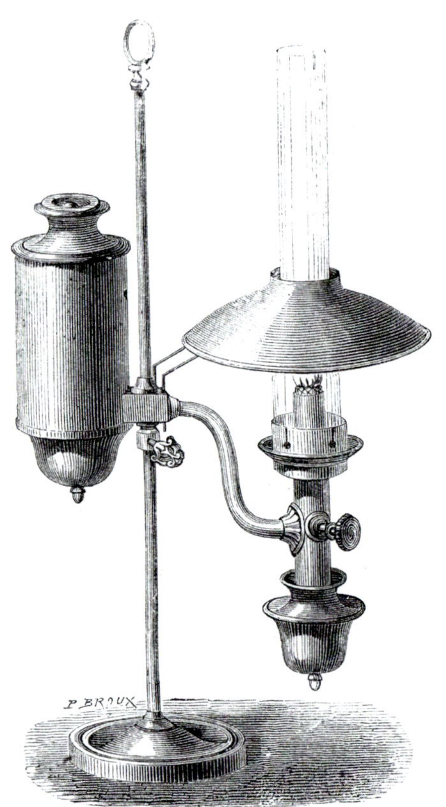

Schiebelampe mit Sturzflasche
wie sie über lange Jahre hergestellt wurde

Bei der Schiebelampe sind Ölbehälter und Argand-Brenner voneinander getrennt und durch eine Röhre miteinander verbunden. Die Röhre ist an einem Stativ der-

Lesen bei der Goethelampe

Schiebelampe mit Sturzflasche, Darstellung des Gleichstandes von Öl im Brenner und in der Sturzflasche

art befestigt, dass sich die Einheit Ölbehälter/Brenner an dem Stativ hoch und tief stellen sowie durch eine Schraube feststellen lässt. Das Prinzip der Ölzufuhr durch die Sturzflasche sei hier noch einmal kurz erklärt. In dem Ölbehälter steckt eine umgekehrte Blechflasche mit kurzem Hals, der durch ein Kugelventil innen verschlossen werden kann. Wenn die Blechflasche, auf ganz normale Weise mit Öl gefüllt, umgedreht wird, verschließt das Ventil den Hals der Flasche und sie kann in den Blechbehälter der Lampe eingeschoben werden, ohne dass Öl ausfließt (Sturzflasche!). Wenn die Blechflasche ganz in den Behälter eingeschoben ist, öffnet sich das Ventil dadurch, dass ein Stift die Kugel des Ventils hochdrückt und Öl in den unteren Teil des Ölbehälters fließen lässt und von dort über das Verbindungsrohr in den Brenner. Es fließt solange Öl bis der Sturzflaschenhals vom steigenden Ölspiegel verschlossen wird, wobei der äußere Luftdruck ein weiteres Nachfließen verhindert. Wenn der Ölspiegel im Brenner etwas unterhalb der Brennermündung steht, dann stehen der Ölspiegel im Ölbehälter und im Brennerrohr gleich hoch. Jetzt kann die Lampe angezündet werden. Sobald aber durch Verbrennen des Öles am Docht der Spiegel im Behälter sinkt und der Flaschenhals frei wird, kann Luft in das Innere der Ölflasche gelangen und Öl solange austreten, bis der Flaschenhals durch den gestiegenen Ölspiegel wieder verschlossen wird. Das

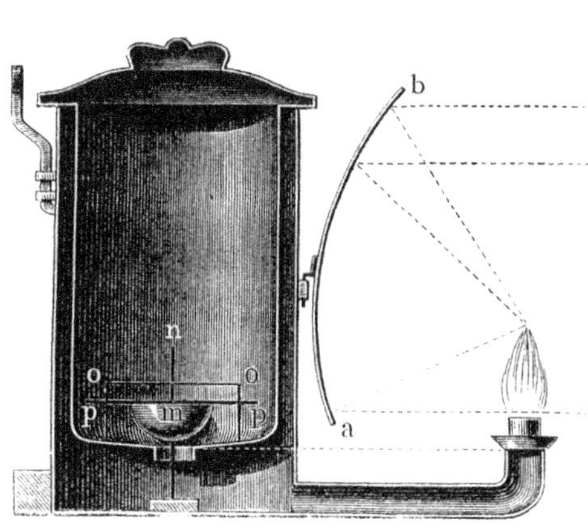

Schnittzeitung einer Wandlampe mit Sturzflasche und Volldocht

Sturzflaschenlampe für Öl,
links mit Zahnstangendochttrieb,
rechts mit Spiraldochtregler

wiederholt sich solange, bis der Ölbehälter leer ist. Durch diese Vorrichtung wird der Ölstand nur auf einem gering schwankenden Niveau gehalten, und es ergibt sich ein recht gleichmäßiges Licht.

Es gibt einschließlich der Sturzflasche mehrere Möglichkeiten, das cardanische Prinzip bei der Herstellung von Öllampen mechanisch umzusetzen. Bei allen Konstruktionen wird das Prinzip des Philon von Byzanz bzw. von Cardanus beibehalten, wobei lediglich die Art des Öleinfüllens vereinfacht bzw. die Bedienung etwas geändert wird. Wie oben bereits erwähnt, ist die Öl-Uhr ebenfalls eine Cardan-Lampe, in der am sinkenden Ölspiegel die verstreichende Zeit abgelesen werden konnte. Die Öl-Uhren soll es schon zu Anfang des 17. Jhds. gegeben haben. Als letzte und beste Lösung des cardanischen Prinzips konnte sich die sowohl mit Öl als auch später mit Petroleum zu bedienende Sturzflasche der Schiebelampe behaupten.

Diese moderne Lampen-Entwicklung war zu der Zeit natürlich noch längst nicht Allgemeingut. Brannten in den meisten Haushalten, vor allem auch auf dem Land, natürlich noch die recht einfachen offenen oder geschlossenen Schalen-Lampen, so warnt Krünitz 1794 in seiner Enzyklopädie vor den Mäusen, die manchmal aus den mit Öl oder Fett angefüllten und frei hingestellten Lampen die brennenden Dochte herausziehen, in die Mauselöcher schleppen und dadurch eine Feuersbrunst auslösen:

„Man tut wohl, wenn man bei Stellung offener Nachtlampen gute Behutsamkeit dagegen anwendet, und sie etwann in einem metallenen Topf, oder in ein irdenes Gefäß, sich hineinstellt".

Entwicklung der Beleuchtung nach Argand

– Die Carcel-Lampe
– Die Uhrwerklampe nach Rimbert
– Die statische Lampe
– Die aerostatische Lampe
– Die hydrostatische Lampe
– Die Astral-Lampe
– Die Sinumbra-Lampe (Sine Umbra = ohne Schatten)
– Die Rumford-Lampe
– Die Moderateur-Lampe
– Die Solarlampe
– Die Raffination der fetten Öle

Guillaume Bertrand Carcel

Es ist interessant, die weitere Entwicklung zu beobachten und mit der Vergangenheit zu vergleichen, vor allem das Verhältnis der Lichtqualität mit der Entwicklungszeit der einzelnen Qualitätsstufen. Erinnern wir uns: Am Anfang war die offene Schalen-Lampe, dann wurde die Schale etwas größer, tiefer und wurde geschlossen, in unendlich vielen Varianten hergestellt, ohne dass sich die Technik änderte. Bei diesen Lampen befand sich der Ölbehälter in der Regel unterhalb und etwas seitlich der Flamme. Bei dem kärglichen Licht, welches durch das kleine Flämmchen verbreitet wurde, war eine auffallende, harte Schattenbildung gar nicht bzw. kaum wahrzunehmen, das Licht reichte gar nicht so weit. Dann folgte die Lampe mit seitlichem Ölbehälter (Cardanus), die etwas mehr Schatten gab. Erst nachdem es Argand gelungen war, der Flamme in ausreichender Menge Sauerstoff zuzuführen, womit eine bis dahin völlig unbekannte Helligkeit in der Beleuchtung erzielt werden konnte, traten die Schatten deutlicher hervor. Mit zunehmender Helligkeit wurde der Schatten sichtbar. Um diese Erfahrung zu machen, hatten die Menschen 2.000 Jahre gebraucht, im Verhältnis zu den Fortschritten der folgenden 100 Jahre eine ungeheuer lange Zeit. Den jetzt störenden Schatten galt es natürlich zu beseitigen und in diese Richtung wurde in den nächsten Jahrzehnten geforscht und experimentiert. Um dies zu erreichen, musste der Ölbehälter wieder unter die Flamme verlegt werden. In der Regel befindet er sich innerhalb des Lampen-Fußes und verursacht deshalb einen geringen zirkulären Schatten um den Fuß. Allein aufgrund der Konstruktion des Argand-Brenners war ein Transport des fetten Öles an die Brennstelle nur durch die Saugkraft des Dochtes allein nicht mehr möglich, zumal die Höhe des Ölbehälters den Abstand zwischen Dochtrand und Ölniveau weiter vergrößerte. Eine ziemlich gleichmäßige Versorgung seines Brenners mit Öl erreichte Argand schon durch die Verwendung des cardanischen Prinzips mit der Proust'schen Flasche. Trotzdem musste noch eine Vorrichtung geschaffen werden, die dem Docht für

die gesamte Zeit des Brennens ständig, reichlich und gleichmäßig Brennstoff zuführte, um so ein gleichmäßiges Brennen der Flamme zu erreichen.

Die Carcel-Lampe

Dies gelang als Erstem dem Pariser Uhrmacher Bertrand Guillaume Carcel (1750 – 1812), dem die oben beschriebene Pumplampe von Perigney wohl als Anregung gedient haben könnte. Im Patent vom 24.10.1800 für Carcel ist auch Louis Careau erwähnt, der sich rein finanziell an der Entwicklung beteiligte und Carcel immer wieder ermunterte weiterzumachen.

Uhrwerklampen in der Version von Rimbert, mit doppelt wirkender Membranpumpe, Bronzeguss, ehemals vergoldet, Frankreich, 30er-Jahre 19. Jhd.

Carcel installierte im untersten Teil eines zylindrischen Lampengehäuses unterhalb des Ölbehälters ein Uhrwerk, welches eine Miniaturpumpe mit doppelt wirken-

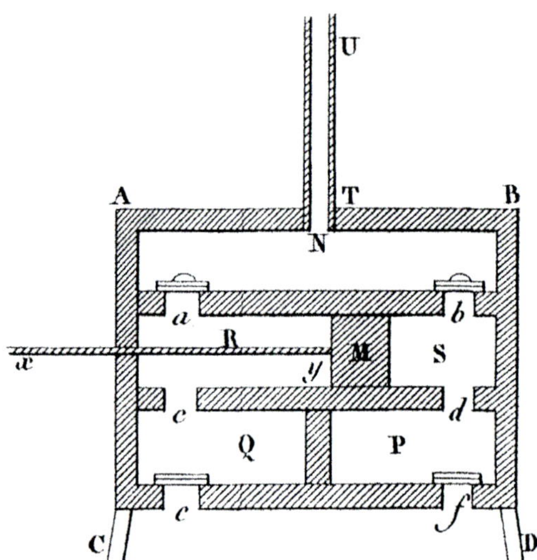

Mechanik der Ölpumpe der Carcellampe

dem Kolben und Ventilen antrieb. Die Pumpe selbst war im Ölbehälter montiert und beförderte ständig Öl über ein Röhrchen aus dem Behälter zum Docht. Das überschüssige Öl floss am Dochtrohr hinunter und in den Vorratsbehälter zurück, sodass das Ölniveau im Brenner stets gleich blieb und die Flamme immer gleich hell. Die von Carcel gebaute Lampe hatte ein Pumpwerk mit einem Kolben aus Glas, wobei das Pumpwerk am Boden innerhalb des Ölbehälters montiert war. Die ersten Uhrwerke wurden horizontal am Boden der Lampe aufgezogen, später wurde der Aufzug des Uhrwerkes auf den unteren seitlichen Umfang verlegt.

Das Uhrwerk der Carcel-Lampe läuft mit einem Federaufzug 12 bis 18 Stunden. Der Gang des Uhrwerkes bleibt dadurch in den ersten 7 bis 8 Stunden relativ gleichmäßig und die Zeit entspricht wohl der längsten Zeit des Gebrauches der Lampe an einem Abend. Die Pumpe transportiert bei vollem Federaufzug mehr als das Doppelte der Ölmenge, die von der Flamme zu ihrer Unterhaltung benötigt

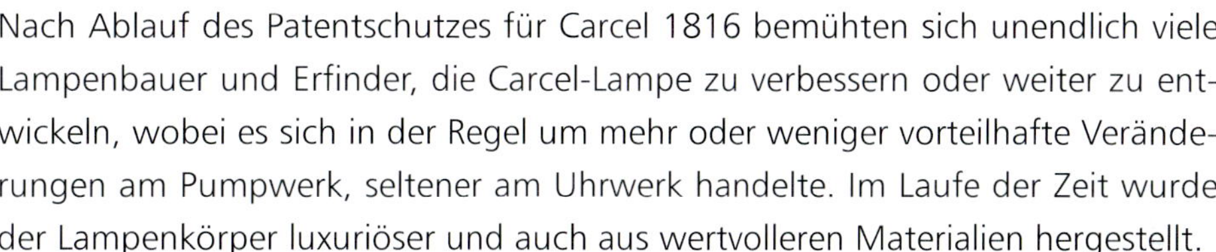

wird. Selbst in der 15. Stunde, nach Aufzug der Uhrfeder, wird noch etwas mehr als die benötigte Ölmenge an den Docht transportiert.

Die ständige Zirkulation des Öles hat den Vorteil, dass einerseits das zurückfließende Öl etwas vorgewärmt wird, wodurch die Brennfähigkeit des Öles gesteigert, andererseits der Docht am Brenner etwas abgekühlt wird. Das Öl kann nicht mehr zu heiß werden und Reizstoffe freisetzen. Dadurch, dass der Docht ständig mit nachfließendem Öl befeuchtet wird, verbrennt das Öl am Docht, der so nicht mehr verkohlt.

Uhrwerklampe in Glas mit Messingfuß, Uhrwerk direkt unter dem Brenner, Pumpe unten im Glasgefäß

Nach Ablauf des Patentschutzes für Carcel 1816 bemühten sich unendlich viele Lampenbauer und Erfinder, die Carcel-Lampe zu verbessern oder weiter zu entwickeln, wobei es sich in der Regel um mehr oder weniger vorteilhafte Veränderungen am Pumpwerk, seltener am Uhrwerk handelte. Im Laufe der Zeit wurde der Lampenkörper luxuriöser und auch aus wertvolleren Materialien hergestellt.

Die Uhrwerklampe nach Rimbert

Unter den vielen später entwickelten Modellen der Uhrwerkslampe sollte jedoch noch ein Pumpwerk Erwähnung finden, was in größerer Zahl gebaut wurde, die Lampe von Rimbert. Statt einer Ein-Kolben-Pumpe wie bei Carcel, arbeitet die Lampe nach Rimbert mit einer Zwei-Membran-Pumpe, die weniger störanfällig war und mit zwei Pumpen arbeitete. Die Pumpmembranen bestanden aus Goldschlägerhaut. Da die Bewegung der Membranen weniger Kraft erforderte, konnte das Uhrwerk einfacher gehalten werden. Bei der Goldschlägerhaut handelt es sich um das Bauchfell (Serosa) des Rinderblinddarmes, das allem Anschein nach durch die Öleinwirkung zu einer hauchdünnen Ledermembran gegerbt wurde. Die Lampe nach Rimbert ist wohl über die längste Zeit bis weit ins 19. Jhd. gebaut und auch benutzt worden.

Trotz der gleichmäßigen Helligkeit konnte sich die Uhrwerkslampe jedoch nicht allgemein durchsetzen. Für den normalen Bürger war sie recht kostspielig in der Anschaffung und wegen des komplizierten Uhrwerkes relativ störanfällig, was ihr einen häufigen Besuch beim Uhrmacher sicherte. Diese hatten auch damals schon die Gewohnheit, jede Reparatur mit Datum in das Uhrgehäuse einzugravieren. So auch bei den Uhrwerken der Lampen, die sich heute dadurch zeitlich gut einordnen lassen.

Nachdem nun auch dem Letzten klar geworden war, wie wichtig die stetige und gleichmäßige Ölzufuhr zum Docht für eine konstant und ruhig brennende Flamme war, wurde natürlich auch auf andere Weise versucht, das Problem der

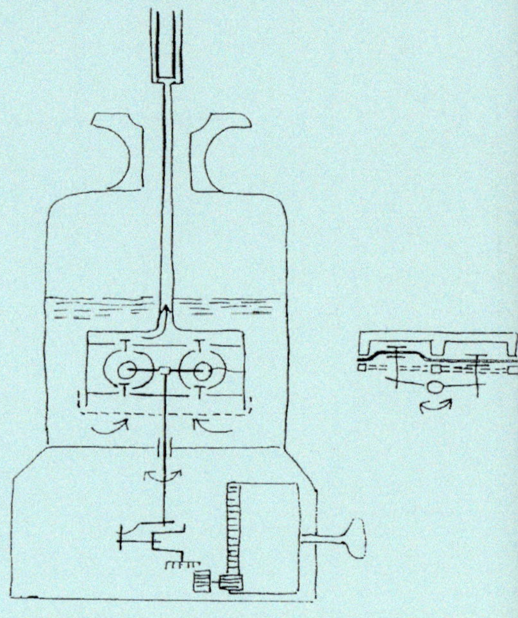

Schnittzeichnung der Uhrwerklampe nach Rimbert

oben links: Uhrwerk und Ölpumpe von Rimbert. Das Uhrwerk liegt ausserhalb, die Membranpumpe innerhalb des Ölbehälters. Die kleinen Stempel bewegen die Pumpmembranen. Über das Steigrohr wird das Öl zum Brenner transportiert. Das Uhrwerk ist gemarkt 1838

gleichmäßigen Ölzufuhr zum Docht zu lösen. Dazu gehörte eine Gruppe von Lampen, bei denen das im Lampenfuß liegende Öl durch eine mehr oder weniger hydraulische Vorrichtung an den Brenner befördert wird.

Man kann diese Lampen in drei Kategorien aufteilen:

1. die statischen Lampen
2. die aerostatischen Lampen
3. die hydrostatischen Lampen

Die statische Lampe

Bei den statischen Lampen besorgt das Gewicht eines festen Körpers die Hebung des Öles (Schwimmer-Lampe von Hooke 1680). Das Öl wurde z. B. in einen dichten Sack aus Leder gefüllt und durch den Druck eines Gewichtes zum Brenner gehoben. Hier kann natürlich von Gleichmäßigkeit keine Rede sein.

Die 1803 von Edelkranz gebaute Lampe mit etwas mehr Anspruch besteht aus drei verschiedenen Medien in drei konzentrischen Zylindern, die im Gleichgewicht zueinander stehen. Zwei Zylinder sind mit flüssigen Stoffen wie Öl und Quecksilber gefüllt. Der dritte konzentrische Ring ist das Druckgewicht, welches das Öl zum Brenner drückt. Obwohl das Quecksilber direkt mit dem Öl in Verbindung steht, hat es lediglich die Funktion, den Luftzutritt zu verhindern. Es wurden noch ähnliche Lampen konstruiert, von denen keine in allgemeinen Gebrauch kam.

Heronsbrunnen,
Das Wasser aus A drückt die Luft aus B nach C, durch den zunehmenden Druck in C wird die Flüssigkeit über den einzig möglichen Weg über f nach außen gespritzt

Die aerostatische Lampe

Die aerostatischen Lampen arbeiteten nach dem physikalischen Prinzip des Herons-Brunnen, den Heron von Alexandria im 1. Jhd. n. Chr. erfand (s. oben). Unter einem Herons-Brunnen versteht man eine künstliche Fontäne, bestehend aus drei Gefäßen. Dabei drückt das ins untere Gefäß einfließende Wasser die Luft über eine Röhre in das mittlere Gefäß, in dem der zunehmende Druck der komprimierten Luft auf das im mittleren Gefäß befindliche Wasser wirkt und dieses über eine Röhre fontänenartig nach oben spritzen lässt, wo es im obersten Gefäß aufgefangen wird. Heron arbeitete natürlich nur mit Wasser und Luft. Bei den aerostatischen Lampen war zwischen Öl und Druckflüssigkeit ein Luftvolumen zwischengeschaltet, welches auf den Ölspiegel drückte und das Öl durch das Steigrohr zum Brenner transportierte. Es wurden zahlreiche Varianten entwickelt, von denen einigen die Luft eingeblasen oder eingepumpt wurde, anderen Quecksilber zur Kompression diente. Philippe Girard entwickelte 1804 eine Lampe, in der ein spezifisch schwereres Öl als Druckmittel diente. Hier fließt das Drucköl langsam über ein Rohr in den hohlen Fuß der Lampe, aus dem die Luft in den oberen Teil der Lampe entsprechend dem Vorratsbehälter geleitet wird. Die komprimierte Luft drückt auf den Ölspiegel im oberen Behälter, das Öl steigt über den einzig möglichen Ausgang zum Brenner.

Aerostatiosche Lampe, Lampe Silvant Öllampe nach Phillipp Girard, bei der als Druckmittel Öl mit höherem spezifischem Gewicht verwendet wurde, Höhe 60 cm, Frankreich, um 1840

Die hydrostatische Lampe

Die hydrostatische Lampe arbeitete nach dem Prinzip der kommunizierenden Röhren, wobei es sich um Röhren handelt, die unten miteinander verbunden, oben aber offen sind. In diesen Röhren, gefüllt mit Wasser oder Öl, steht der Flüs-

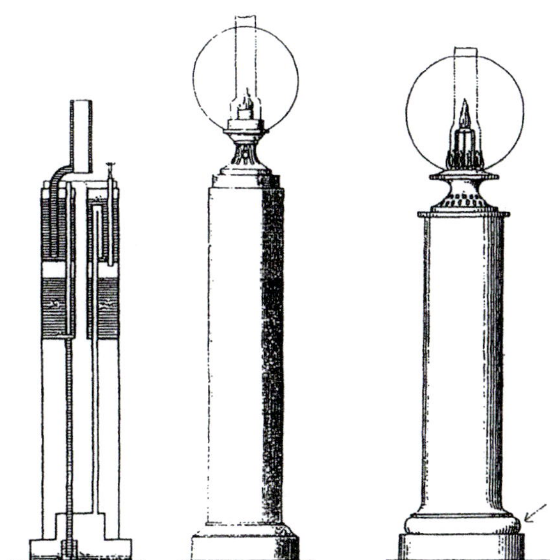

Aerostatische Lampe von Girard, verwendet als Druckflüssigkeit ein spezifisch schweres Öl

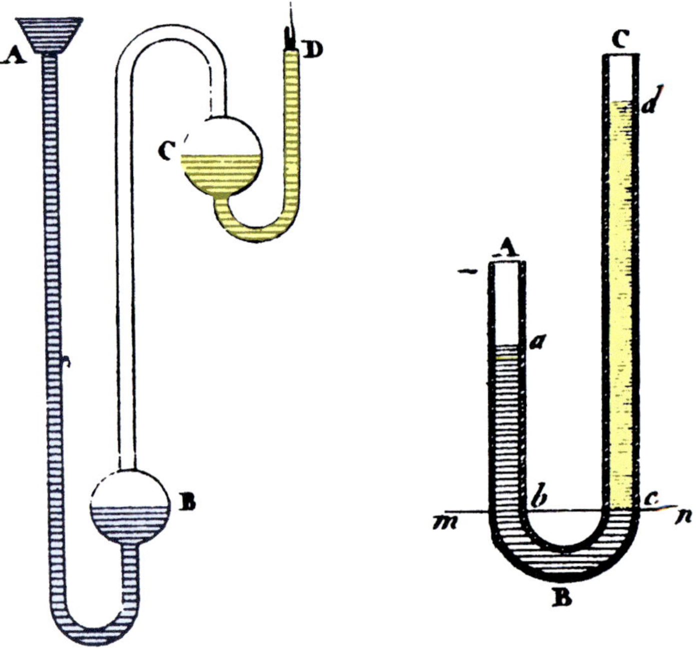

Funktionsprinzip

der aerosstatischen Lampe der hydrostatischen Lampe

sigkeitsspiegel in beiden Schenkeln gleich hoch. Gibt man nun in einen Schenkel der kommunizierenden Röhren eine spezifisch schwerere Flüssigkeit, so drückt diese die leichtere im anderen Schenkel oder auch im anderen Gefäß hoch im umgekehrten Verhältnis ihrer spezifischen Gewichte. Bei Öl einerseits und Quecksilber als drückende Flüssigkeit andererseits würde beispielsweise der Ölspiegel etwa 15 mal höher stehen als der Quecksilberspiegel. Als Druckflüssigkeit verwendet man folglich immer eine Flüssigkeit, die spezifisch schwerer sein muss als Öl. Die ersten Versuche machte Kier 1787 in London mit Kochsalzlösung, was allerdings nicht erfolgreich war, da die Kochsalzlösung gegenüber Öl nicht schwer genug ist. In der Folge wurden Lampen mit den unterschiedlichsten Flüssigkeiten als Druckmedium gebaut, von denen sich nur die wenigsten bewährt haben. Lange arbeitete 1804 mit Sirup, Morel 1828 mit Chlorcalcium, Edelkranz 1804 mit Quecksilber, andere nutzten spezifisch schwere Öle als Druckmedium. Die wohl beste hydrostatische Lampe wurde 1825 von Charles Thilorier entwickelt, der als Druckflüssigkeit eine Lösung von Zinksulfat verwendete, welches sich als sehr geeignet erwies, da es sehr reaktionsarm war und die Metallteile der Lampen, die aus Weißblech gefertigt wurden, am wenigsten angriff. Aus diesem Grunde konnte sich die Thilorier'sche Lampe am längsten und besten halten.

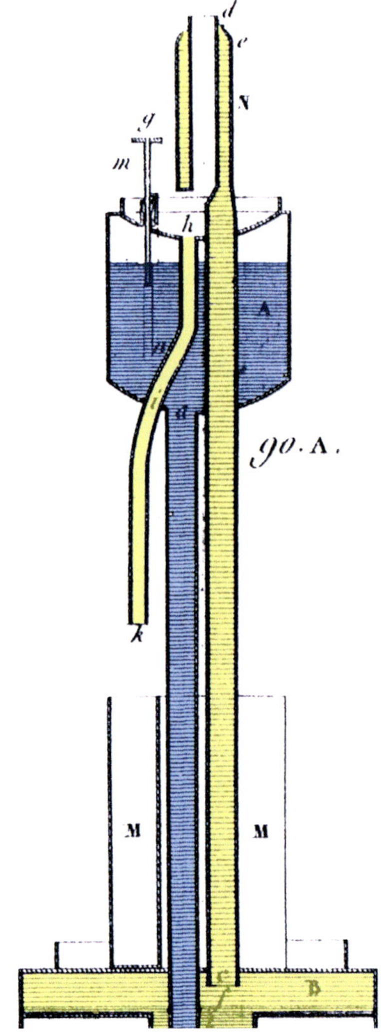

Hydrostatische Lampe von Thilorier, verwendet als Druckflüssigkeit eine Lösung von Zinksulfat

Die hydrostatischen und aerostatischen Lampen fanden weniger Zuspruch als die Uhrwerkslampen, obwohl sie preisgünstiger waren. Aber sie wiesen nicht zu übersehende Nachteile auf. Die Lampen waren sehr bewegungsempfindlich, sie vertrugen das Umhertragen nicht, bei dem sie sehr leicht verlöschten. Zusätzlich

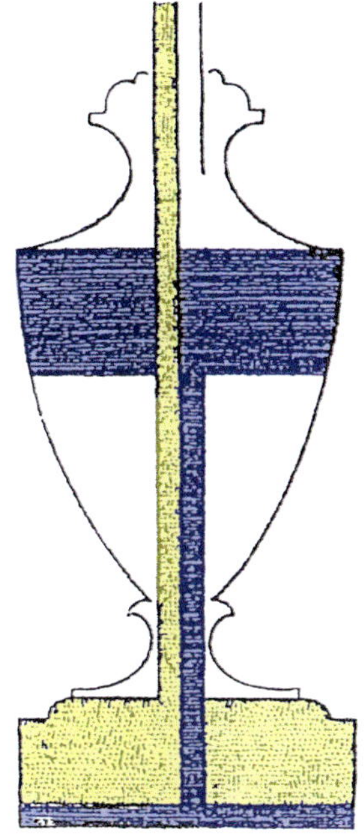

Hydrostatische Lampe von Kier, verwendet Salzwasser als Druckflüssigkeit

machten sich atmosphärische Störungen negativ bemerkbar. Bei unterschiedlichem Luftdruck und schwankender Außentemperatur veränderte sich das komprimierte Luftvolumen, was wiederum die Ölzufuhr zum Brenner beeinflusste, mit den entsprechenden Folgen.

Auf die Bedeutung, welche die Lage des Ölbehälters zum Brenner und die Zuführung des Leuchtstoffes zur Flamme für den zu erzielenden Leuchteffekt hat, ist bereits hingewiesen worden. Argand installierte bei seiner Lampe mit doppeltem Luftzug das Ölgefäß seitlich des Brenners. Die Folge war, dass der Raum hinter und auch unterhalb des Ölbehälters im Schatten lag. Wenn sich das Ölreservoir seitlich, aber über dem Niveau des Brenners befindet, fällt der Schatten mehr zur Decke hin und die Belästigung ist geringer. Der Schatten wird auch weiter gemildert, wenn ein Schirm oberhalb des Brenners angebracht wird und der Ölbehälter außerhalb des Schirmes liegt.

Die Astral-Lampe

Argand hatte in Versoix bei Genf eine Lampenfabrik gegründet und den Vetter seiner Frau Isaak Bordier-Marcet (1768 – 1835) in den Betrieb aufgenommen. Dieser übernahm nach Argands Tod im Jahre 1803 die Leitung der Fabrik. Schon Argand hatte sich sehr für die Möglichkeit der Beleuchtung von oben und damit der Beleuchtung größerer Räume und Plätze interessiert und daran experimentiert. Er baute Lampen mit parabolischen Reflektoren, die größere Flächen beleuchten sollten und reichte hierzu im Jahre 1802 eine Denkschrift an die Regierung ein. Nach Argands Tod führte Bordier-Marcet die Forschungen und Versuche weiter und stellte im Jahre 1804 seine Kranzlampe vor, der er den Namen Astral-Lampe gab. Dieser bezeichnende Name war ein Hinweis auf ihren Verwendungszweck. Sollte sie ihr Licht doch, von der Decke ausgehend, über einen größeren Raum verbreiten, ähnlich dem Licht der Sterne und des Mondes. Diese Lampe unterschied sich in ihrer Konstruktion bis auf den Brenner ganz wesentlich von allen früheren Modellen.

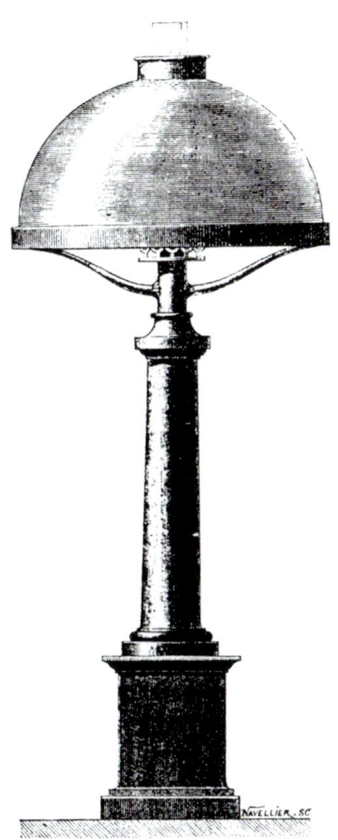

Astrallampe 1804

Bordier-Marcet brachte im Zentrum eines ringförmigen Ölbehälters einen Brenner mit doppeltem Luftzug an. Dieser wurde von zwei Röhren gehalten, die mit dem Ölbehälter verbunden waren. Über eine dieser Röhren floss das Öl zum Brenner, dessen Oberkante zwei Linien (= 4,2 mm) oberhalb des kranzförmigen Ölbehälters stand.

Der ringförmige Ölbehälter hatte einen quadratischen oder auch einen rechteckigen Querschnitt und der Außenrand des Kranzes diente gleichzeitig auch als Halterung für einen Schirm aus Glas oder Blech. Da der Behälter aber eine

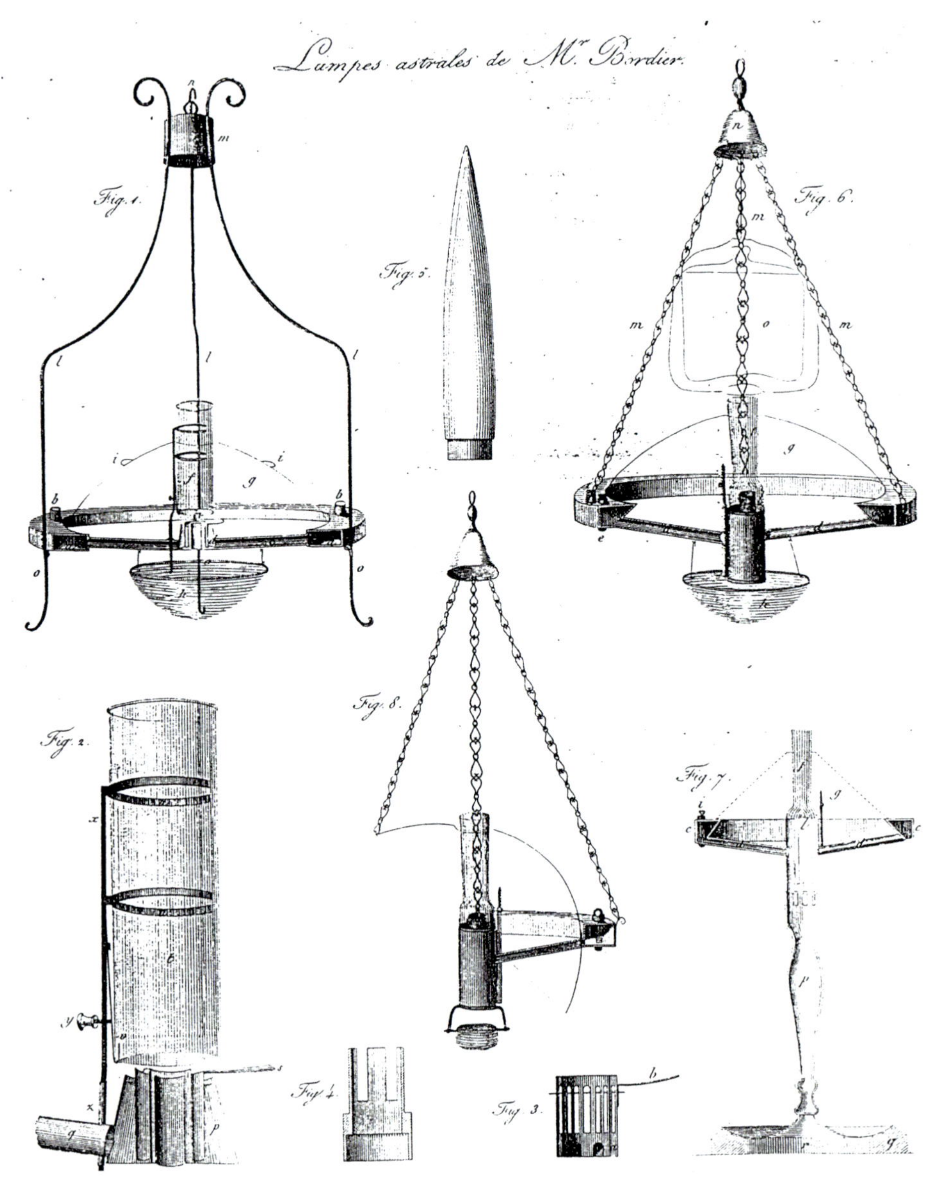

Entwürfe für Astrallampen von Bordier Marcet

Astrallampe,
Messing und Weissblech, 1. Hälfte 19. Jhd.

große Oberfläche hatte, änderte sich das Niveau des Ölvorrates nur sehr langsam, was ein gleichmäßiges Licht zur Folge hatte und ein Nachfüllen während einer Brenndauer kaum erforderlich machte. Eine Ölfüllung reichte in der Regel für 20 Stunden Brenndauer. Die Astral-Lampen waren zur Beleuchtung größerer Räume entwickelt worden und wurden 1805 in einem Theater in Lyon erprobt, entsprachen hier aber nicht den Erwartungen und wurden stattdessen gern als Tischlampen benutzt, aber auch als kleinere Hängelampen. Während sie sich als Letztere bewährten, hatten sie in der Verwendung als Tischlampen einen großen Nachteil, der darin bestand, dass der kranzförmige Ölbehälter einen ringförmigen

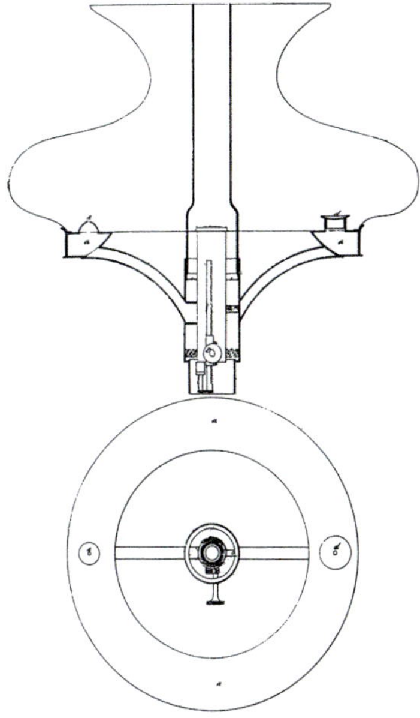

Astrallampe,
Längs- und Querschnitt

Schatten warf, der meist auf die Gesichter der um den Tisch sitzenden Personen fiel und die Gesichter ins Dunkel tauchte, was für eine Tafelrunde nicht unbedingt von Vorteil war. Man suchte deshalb nach etwas Besserem.

Die Sinumbra-Lampe (Sine Umbra = ohne Schatten)

Die auf der Astral-Lampe aufbauende Sinumbra-Lampe wurde nach heutigen Erkenntnissen in England durch George Phillips und Samuel Parker entwickelt. Wenn auch in der Literatur viele Versionen über die Entstehung der Sinumbra-Lampe veröffentlicht wurden, so steht nur fest, dass Samuel Parker am 15.06.1820 das britische Patent auf die Sinumbra-Lampe erhielt.

Der Nachteil der Astral-Lampe konnte durch eine sinnvolle Änderung des Ölbehälters weitgehend beseitigt werden. Der Ölbehälter wurde niedriger und auch etwas breiter, damit er genug Öl aufnehmen konnte. Man gab ihm eine Keilform, wobei die Spitze des Keiles nach innen zur Flamme gerichtet und die Unterfläche des Keiles ganz flach gewölbt war. Ober- und Unterfläche des Ölbehälters verliefen schräg zueinander, während sie bei der Astral-Lampe parallel zueinander verliefen. Durch diese Keilform wird den entstehenden Lichtstrahlen wenig Oberfläche geboten, die Ober- und Unterfläche des Behälters divergieren nach außen ähnlich wie die Lichtstrahlen, die von der Flamme ausgehen. Die oberhalb und unterhalb des Behälters verlaufenden Lichtstrahlen treffen sich schon etwa 10 cm außerhalb des Kranzes, bilden hier den Kernschatten und gehen anschließend in den Halbschatten über, der natürlich nicht mehr so störend empfunden wird, weil er zur Peripherie hin immer schwächer wird. Zusätzlich streut der speziell

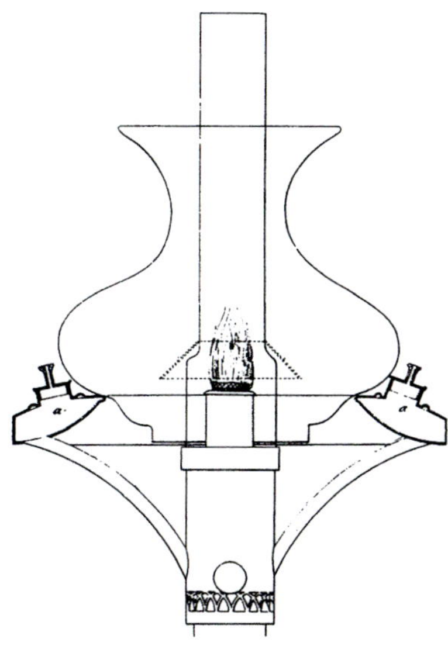

Sinumbralampe,
Längsschnitt

Sinumbralampen,
1. Hälfte 19. Jhd.

konstruierte, mattierte Glasschirm, der innen bis unterhalb des Kranzes hinunterreichte, die Lichtstrahlen, so dass eine sehr milde, fast schattenlose Beleuchtung entstand. Aus diesem Grunde ist auch der Name Sinumbra-Lampe (Sine umbra = ohne Schatten) gerechtfertigt.

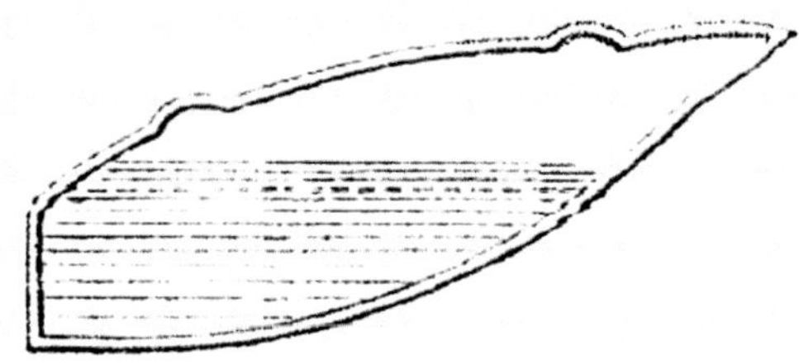

Querschnitt des ringförmigen Ölbehälters der Sinumbra-Lampe

Als Dochttrieb erhielt die Sinumbra-Lampe einen Spiraldochtregler, später auch Sinumbra-Winde genannt, der im Prinzip 1802 durch den Engländer James Smethurst und den Schweizer Nicholas Paul erfunden und 1802 patentiert wurde. Er arbeitet in der Form, dass auf dem inneren Dochtrohr ein steiler Schraubengang eingeschnitten ist, in den ein Stift des Dochthalters eingreift, wobei der Docht durch Drehen des Dochthalters mit der Zylindergalerie auf und nieder bewegt wird.

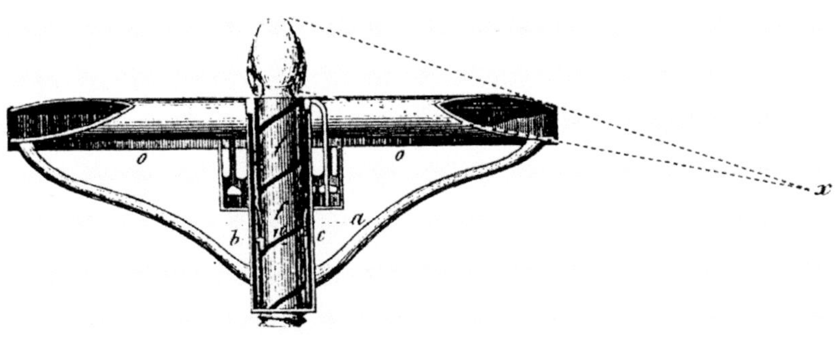

Sinumbralampe,
Darstellung des Kernschatten etwa 20 cm außerhalb des ringförmigen Ölbehälters

Am 22.09.1820 wurde von Seiten der Franzosen eine Importerlaubnis für die Sinumbra-Lampe erteilt, die dann auch in Frankreich nachgebaut wurde. Insgesamt wurde diese Lampe auch in Deutschland zu einem beliebten Beleuchtungsmittel. In England und in Amerika wurde die technische Konstruktion recht häufig variiert und mehr Wert auf das äußere Erscheinungsbild der Lampe gelegt, was zur Folge hatte, dass von dem *sine umbra* nicht allzu viel übrig blieb. Wie überhaupt die Bezeichnung der Lampentypen in Amerika und England nicht so genau genommen wurde. Es herrscht auch heute noch ein rechter Wirrwarr in der Benennung, wobei die Lampen häufig mit den primären Konstruktionen nicht mehr viel gemein haben.

Die Rumford-Lampe

Neben den letztgenannten Lampen existierten zu der Zeit noch einige Lampentypen, deren Erfindung dem Grafen Rumford zugeschrieben wird, von denen die Bekannteste unter dem Namen Leselampe, Kastenlampe, Studier-Lampe, bekannt wurde. Heute wird diese Lampe in Sammlerkreisen als Rumford-Lampe bezeichnet.

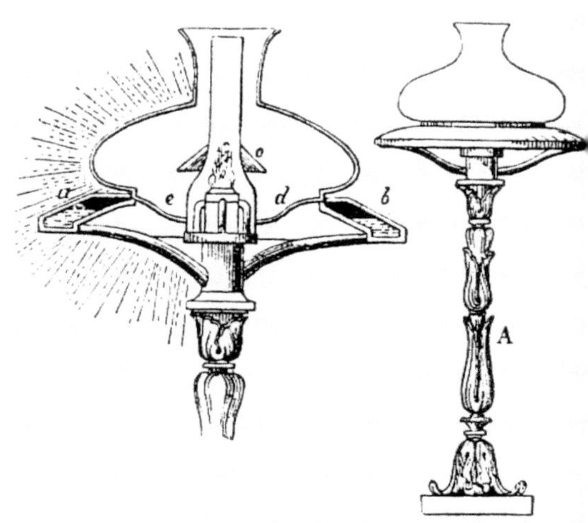

Lichtverteilung der Sinumbralampe durch einen speziell geformten Glasschirm

Geschichte der Beleuchtung

Graf Rumford (1753 – 1814) war geborener Amerikaner Benjamin Thomson of Woburn, Massachusetts, und stand in Amerika auf Seiten der Briten, obwohl er Amerikaner war, was ihm natürlich viel Ärger einbrachte und ihn veranlasste, nach England und dort in den Staatsdienst zu gehen. Nach einem Angebot des Münchener Kurfürsten Karl Theodor, in seinen Dienst zu treten, wurde Thomson durch König Georg III. von England zum Ritter geschlagen und 1783 zum Count of the Holy Roman Empire ernannt. In München wurde Rumford Kriegsminister und Polizeipräsident und in dieser Eigenschaft sorgte er erst einmal für Ordnung. Die Armee wurde reorganisiert, er ließ Armenhäuser errichten, damit die vielen Bettler von der Straße kamen, was auch angenommen wurde. Ferner ließ er den Englischen Garten anlegen, der auch heute noch von den Münchenern gerne genutzt wird, und zu seiner Ehre wurde in diesem Englischen Garten ein Denkmal errichtet. Ansonsten war er ein schwieriger Zeitgenosse, der rücksichtslos seine Ziele verfolgte, recht häufig mit undurchsichtigen Mitteln, auf seinen Vorteil bedacht. Wissenschaftlich beschäftigte er sich mit der Wärmetheorie, mit lichttechnischen und photometrischen Untersuchungen. Er hat auch Lampen konstruiert, von denen Zeichnungen existieren.

Seine ersten Versuche mit Lampen dürften in die Zeit um 1790 fallen. Zu der Zeit war er in München mit der Errichtung der Armenhäuser beschäftigt, wofür preiswerte Lampen erforderlich waren. Möglicherweise ist ihm dort der Gedanke gekommen, eine Lampe zu konstruieren, was aber nicht belegt ist, hat er seine Lampen doch nicht patentrechtlich schützen lassen. Sobald es sich um Belange der Lampenentwicklung handelt, wird seine Rolle sehr fragwürdig. So auch mit der Kranzlampe, die er konstruiert haben will, obwohl bekannt war, dass die Idee der „Beleuchtung von oben" bereits auf Argand zurückging und Argand bereits 1802 ein Memorandum über die Astral-Lampe bei der Regierung einreichte. Nach Argands Tod 1803 hat Bordier-Marcet die Arbeiten weitergeführt, verbessert und vervollständigt.

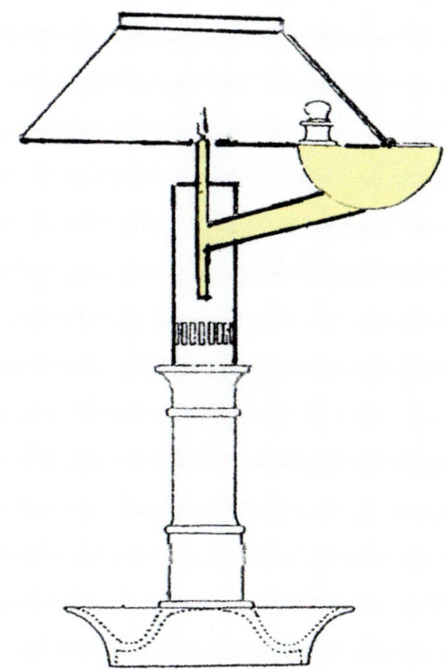

Rumfordlampe, Ölversorgung des Flachdochtes der Rumfordlampe

Die Zeiten überdauert hat lediglich eine Hand- oder kleine Tischlampe, die von Rumford selbst entwickelt und von entsprechenden Lampisten hergestellt worden sein dürfte. Diese Rumford-Lampe konnte mit einem flach- bis halbrund oder auch kreuzförmigen Docht betrieben werden, wobei die Flamme nur von außen belüftet wurde, es handelte sich also nicht um einen Brenner mit doppeltem Luftzug.

Die Kastenlampe war ganz aus Weißblech und konnte recht einfach von jedem Klempner hergestellt werden. Darin lag auch wohl ein Grund für die vielen Änderungen und Vereinfachungen der Lampe, denn jeder Hersteller gab seiner Lam-

pe etwas mit, was er für besser hielt. In einem am unteren Rand perforierten Blechrohr ließ sich ein flacher oder halbrunder Docht mittels eines Zahnstangentriebes in einem Dochtrohr bewegen. Die Perforation am unteren Umfang des Rohres diente der Luftzuführung zum Docht, die durch einen ganz einfach über der Tülle an einem kleinen Häkchen aufgehängten Zylinder verstärkt wurde. Der niedrige Ölbehälter war seitlich neben der Flamme des Brenners installiert und über ein Zuführungsrohr mit dem Dochtrohr verbunden. Er gab relativ wenig Schatten, konnte aber auch nur wenig Brennstoff fassen. Die ursprüngliche Kastenlampe hatte einen Blechschirm, der innen weiß gestrichen und mit einem Scharnier aufklappbar an der Oberfläche des Ölbehälters befestigt war. Durch das nach unten reflektierte Licht wurde nur ein relativ kleiner Kreis ausgeleuchtet, was den Namen Lese- oder Studierlampe rechtfertigen müsste.

Rumfordlampe,
kleine Lampe von 12 cm Höhe,
Eisenblech bemalt, Schirm erneuert

Diese recht einfachen Rumford-Lampen waren von so simpler Bauweise, dass sie von jedem Klempner hergestellt werden konnten, sie waren deutlich billiger als eine Argand-Lampe und gaben mehr Licht als eine einfache Öllampe. Die späteren Rumford-Lampen waren in ihrer Bauweise und auch im Material etwas anspruchsvoller; sie trugen einen Glasschirm und gewannen deutlich an Qualität, allerdings bei gleichbleibender Lichtausbeute. Vieles spricht dafür, dass diese

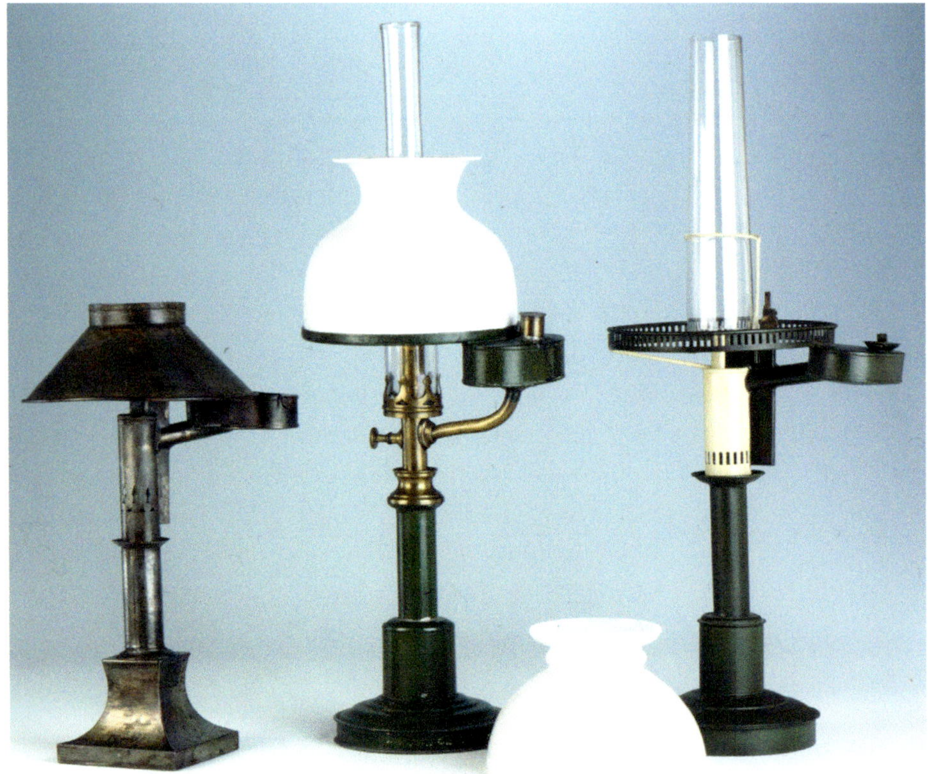

Rumfordlampen,
auch unter dem Namen Kasten-, Lese- und Studierlampe bekannt.
links: Kastenlampe aus Weissblech mit Blechschirm, um 1800,
rechts und Mitte: Weiterentwicklungen in Form der Görzschen- und Fränkschen-Lampe, vor Mitte 19. Jhd.

Charles Louis Felix Franchot

Pärchen Moderateur-Lampen, Körper in typischer Form, auffallend mit plastischem Rankwerk dekoriert, Trépied, Régul und Messing, Frankreich, um 1860

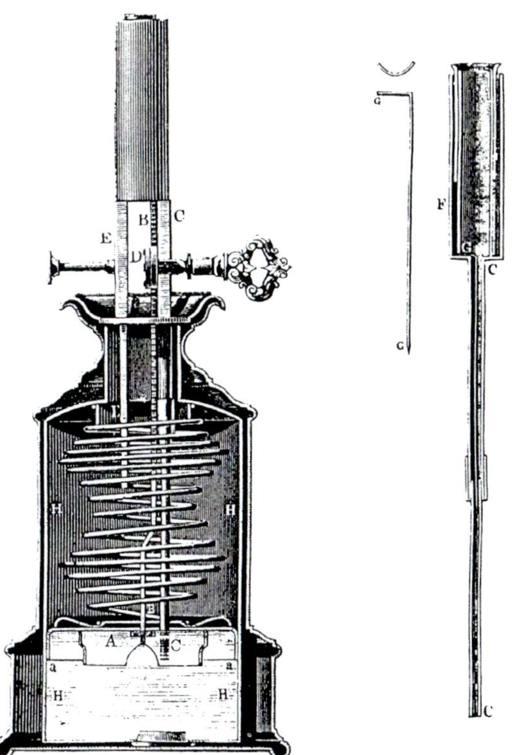

Moderateurlampe, Längsschnitt durch die Lampe und den Brenner mit Steigrohr, G ist der Moderateur

Lampe eine deutsche Weiterentwicklung war, was natürlich nicht belegt ist. Sie liefen in Deutschland unter dem Namen Fränk'sche und Görz'sche Lampe. Sie waren sehr beliebt und wurden in Deutschland während des ganzen 19. Jhds. genutzt und stellenweise noch nach 1900 in Kleinarbeit von örtlichen Klempnern hergestellt.

Die Moderateur-Lampe

Es gibt auch die Möglichkeit, das Öl durch den Druck eines Kolbens aus dem Gefäß im Fuß der Lampe in die Höhe zu treiben. Die älteste Vorrichtung dieser Art ist die Fontänen- oder Schwimmer-Lampe von Hooke aus dem Jahre 1674. Hooke verwandte einen halbkugeligen Schwimmer von einem bestimmten Gewicht, in dessen Zentrum sich ein Röhrchen mit einem Docht befand. Dieser Schwimmer drückte auf das in einem Gefäß befindliche Öl. Durch den Druck des Schwimmers wurde das Öl in das Röhrchen und in den Docht gedrückt und konnte an dessen Spitze angezündet werden. Diese Lampe arbeitete nach dem Prinzip des Archimedes (um 287 bis 212 v. Chr.), griechischer Mathematiker, Physiker, Ingenieur, welches besagt, ein Körper steht soweit über der Oberfläche einer Flüssigkeit, bis sein Eigengewicht gleich dem Gewicht der verdrängten Flüssigkeit ist. Hier drückt das Eigengewicht des Körpers das Öl in Nähe der Brennstelle.

Einfache Moderateurlampe, im aufgeschnittenen Ölbehälter die Spiralfeder mit Pelotte

Moderateurlampe in blau, Opaline mit vergoldeten Messinggarnituren

Moderateurlampe im Stil Napoleon III, Messingteile vergoldet, Frankreich, 1860-70

Moderateurlampe, Brenner, zwei Schlüssel, zur Bewegung des Lederkolbens über die Zahnstange und des Dochtes über den Dochttrieb, vorne: Rohrverbindung von Ölbehälter zum Dochtrohr

Die Anzahl der hergestellten Lampen, die die Herstellungszahlen aller anderen übertrifft, ist die Moderateur-Lampe, die praktisch die Nachfolge der Carcel-Lampe, antrat. Sie konnte erheblich preiswerter hergestellt werden, mit einfacherer, weniger anfälliger Mechanik und damit weniger reparaturbedürftig und letztlich einfacher in der Bedienung. Mit Argand-Brenner ausgestattet, gehörte sie in die damalige Spitzengruppe, weshalb ein Vergleich mit der Rumford-Lampe von vornherein irrelevant ist. Bereits 1787 waren durch Stokes und 1803 durch Philippe de Girard und 1828 auch noch von anderen Lampisten Kolbenlampen erfunden und gebaut worden, die alle nicht den gewünschten Erfolg brachten.

Charles Louis Felix Franchot (1809 – 1881) konnte alle diese Nachteile beseitigen. Die Lampe bestand aus einem zylindrischen Ölbehälter. In diesem Ölbehälter drückte eine Spiralfeder auf einen Kolben, bestehend aus einer ringsum kappenartig nach unten umgekrempelten Lederscheibe, deren Rand aufgrund seiner Elastizität ein wenig nach außen strebt und sich so dicht schließend an die Wandung des Zylinders anlegt. Der Boden dieser ledernen Kappe wird durch zwei Blechscheiben verstärkt, die ihm die nötige Festigkeit verleihen. Der Lederkolben wird durch eine Zahnstange mit Schlüssel und Getriebe gegen den Druck der Spiralfeder gehoben, wodurch unterhalb des Kolbens ein Vakuum entsteht und

Moderateurlampe, Frankreich, 19. Jhd.

das Öl nach unten angesaugt wird. Umgekehrt drückt die Spiralfeder die Pelotte wieder nach unten auf den Ölspiegel und drückt das Öl in das Steigrohr, welches aus zwei ineinander, teleskopartig verschiebbaren Röhrchen besteht, von denen das obere weiter ist, damit sich das untere bei Bewegung des Kolbens in das obere hineinschieben kann. Der wesentliche Vorzug dieser sog. Moderateur-Lampe besteht darin, dass der Ausfluss des Öles zum Docht bei ganz gespannter Feder oder hochstehendem Kolben genauso gleichmäßig erfolgt, wie wenn die Feder entspannt ist und den Kolben nach unten gedrückt hat.

Dieser gleichmäßige Ölfluss wird durch einen besonderen Regulator erreicht. In den oberen Teil des Steigrohrs wurde ein schmaler Stift von besonderer Form eingesetzt, der je nach Höhe des Ölstandes das Steigrohr mehr oder weniger einengt und dem Ölfluss einen Widerstand entgegensetzt, der bei stark gespannter Feder am größten ist und mit abnehmender Spannung kleiner wird. Diesen Regulator nannte Franchot „Moderateur" (Mäßiger, Regler), nach dem die Lampe ihren Namen erhielt. Das Verhältnis des Widerstandes des Moderateurs zur Kraft der Feder war so abgeglichen, dass in etwa immer gleich viel Öl an den Docht gefördert wurde. Hier war die treibende Kraft die Spiralfeder und der Regulator, der sog. Moderateur. Die Brenndauer einer Lampenfüllung lag bei etwa zwei bis neun Stunden je nach Ölvorrat.

Die ursprüngliche Franchot'sche Konstruktion hat im Laufe der Jahre Verbesserungen erfahren. Man hat Zeiger angebracht, die den jeweiligen Stand des Kolbens erkennen lassen, um den Zeitpunkt des Wiederauffüllens sichtbar zu machen. Zusätzlich wurde auch ein Glockensignal eingebaut, welches dem gleichen Zweck diente. Neuburger lässt den Kolben die ganze Höhe des Ölbehälters durchlaufen, wodurch eine etwa doppelt so lange Brennzeit erzielt wurde, da bei der Franchot'schen Lampe der Kolben nur die Hälfte des Zylinders durchläuft. Gauthier stellte Moderateur-Lampen mit drei Dochten von unterschiedlichem Durchmesser her, welche einzeln oder auch zugleich benutzt werden konnten, wobei der kleinste Docht für den Gebrauch als Nachtlampe gedacht war.
Die Dauerhaftigkeit und Preisgünstigkeit der Moderateur-Lampe kam dem Bedürfnis breiterer Bevölkerungsschichten sehr entgegen, nachdem sich die Uhrwerklampen nur die wohlhabenden Schichten leisten konnten. Die Moderateur-Lampe war die am weitesten verbreitete und über den längsten Zeitraum produzierte Lampe, die in Frankreich sogar bis in die Anfänge des 20. Jhds. hergestellt wurde. Sie fand aber auch in den übrigen europäischen Staaten ihre Liebhaber. In den Lampenzentren Berlin und Wien gehörte die Moderateur-Lampe bis zur Einführung des Petroleums als Brennstoff zum ständigen Repertoire der Firmen Stobwasser und Wild & Wessel in Berlin sowie zur Firma Ditmar in Wien.

Die Solarlampe

Zum Abschluss der modernen Öllampen-Entwicklung in der ersten Hälfte des 19. Jhds. soll der Vollständigkeit halber noch eine Erfindung genannt werden, die in den 40er-Jahren des 19. Jhds. allem Anschein nach in England entwickelt, in Frankreich weiterentwickelt und in den USA längere Zeit genutzt worden sein soll. Hier soll die französische Version, 1840 von Neuburger auf den Markt gebracht, kurz beschrieben werden, da von ihr Konstruktionsmerkmale mit in die nachfolgende Ära der Mineralöl-Lampen übernommen wurden.

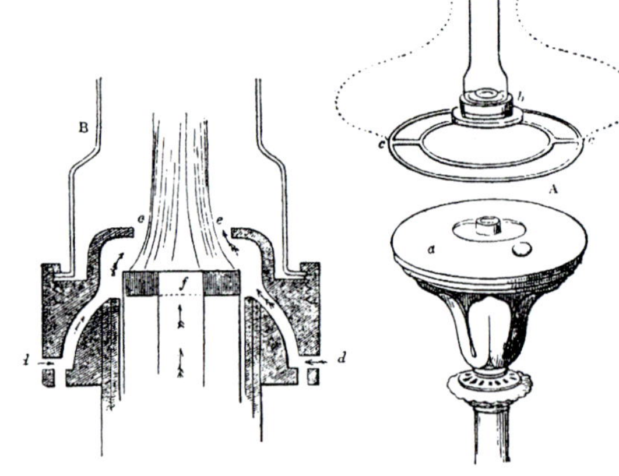

Sprengzeichnung der Solarlampe und Längsschnitt durch den Brenner, der den Luftstrom von seitwärts über den Deflektor auf den Docht deutlich werden lässt

Das Ölgefäß hat eine auf der Spitze stehende konische Form, in deren Boden das Luftrohr des Argand-Brenners eingelötet ist, dem der innere Luftzug durch ringförmig angebrachte Löcher direkt oberhalb des Lampenfußes vermittelt wird. Das Brandrohr zieht durch den ganzen Lampenkörper und der Docht wird durch einen Spiraldochtregler bewegt. Das Interessante an diesem Brenner ist die Zuführung des äußeren Luftzuges. Über dem verschlossenen Ölbehälter, der vom Docht um knapp 1 cm überragt wird, liegt ein flachgewölbter Deckel, der an seinem äußeren Umfang Löcher aufweist, durch die von allen Seiten Luft zur Flamme gelangen kann. Im Zentrum des Deckels ist oberhalb des Dochtes eine Öffnung, die etwas kleiner ist als der Dochtdurchmesser. Dadurch wird der Docht

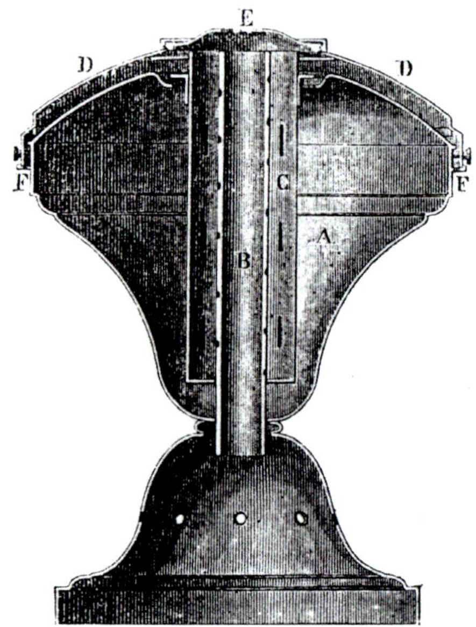

Zeichnung der Solarlampe im Längsschnitt

Solarlampe, Messing, Zinkguss, Mitte 19. Jhd.

Leuchtflamme und Zylinder der Solarlampe, Sammlung Ara Kebapzioglu, Paris

teilweise durch die Kante der Öffnung etwas abgedeckt. Die durch die seitlichen Öffnungen des gewölbten Deckels eintretende Luft wird durch die Lochkante im Zentrum des Deckels, die wie ein Deflektor wirkt, direkt auf den Dochtrand

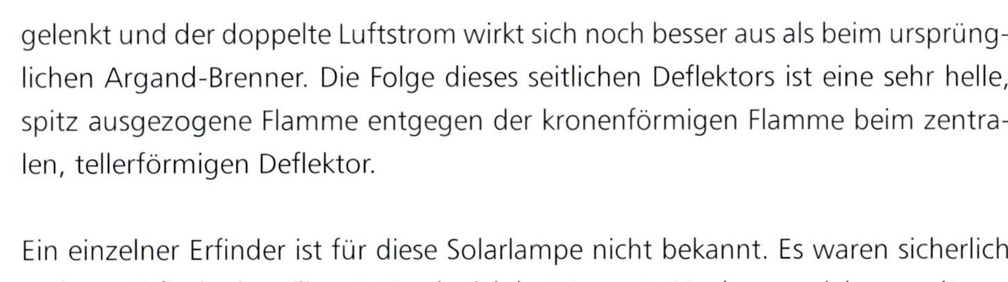

gelenkt und der doppelte Luftstrom wirkt sich noch besser aus als beim ursprünglichen Argand-Brenner. Die Folge dieses seitlichen Deflektors ist eine sehr helle, spitz ausgezogene Flamme entgegen der kronenförmigen Flamme beim zentralen, tellerförmigen Deflektor.

Ein einzelner Erfinder ist für diese Solarlampe nicht bekannt. Es waren sicherlich mehrere Erfinder beteiligt. In Frankreich hat Auguste Neuburger viel zur weiteren Entwicklung beigetragen. Unter anderem stammt ein Spiraldochtregler mit seitlicher Bedienung über ein Treibrädchen von Neuburger. Obwohl die Lampe ein schönes weißes Licht gab, war sie nur wenige Jahre gefragt und verlor schnell an Bedeutung, was nicht zuletzt als eine Folge der Einführung der Petroleumbeleuchtung angesehen werden muss.

Solarlampe, Frankreich, 1840-50

Die Raffination der fetten Öle

Nachdem man in den ganzen Jahrhunderten das Brennöl, so wie es aus der Ölpresse gekommen war, ungereinigt bzw. grob gereinigt als Leuchtmittel benutzt hatte, machte der Engländer Gowen 1792 die Entdeckung, dass man mit Schwefelsäure die im Öl enthaltenen Schleimstoffe und Eiweiße entfernen kann, indem sie durch die aggressive Säure verkohlt werden. Der französische Chemiker Louis Thénard (1774 – 1857) baute das Schwefelsäureverfahren weiter aus, indem er eine zweite Reinigung und Neutralisation der Säure mit einer Lauge anschloss. Damit war die Raffination des Öles gelungen, wie sie später auch in die Mineralölindustrie übernommen wurde und heute noch üblich ist. Die Beseitigung der Ballaststoffe aus dem Brennöl hatte nicht nur eine sauberere und hellere Flamme

Dr. Schliemann berichtet im Schein von Moderateurlampen vor der Society of Antiquaries in London über seine Entdeckungen in Mykene

Moderateurlampe, Porzellan, Bronzeapplikationen, Frankreich, um 1860-70

zur Folge, es war auch der üble Geruch, der die brennende Öllampe immer begleitet hat, beseitigt und es machte Spaß, beim mittlerweile relativ hellen Schein der Öllampe seine Abendrunde zu halten. In der sich damals erst entwickelnden und aufstrebenden Lampenindustrie begann eine erfolgreiche Entwicklungstätigkeit, die sich auch in der Zahl neuer Lampenmodelle niederschlug. Dazu gehörten vor allem die mechanischen Lampen, die weiter oben schon beschrieben sind.

Übergang von der Ölbeleuchtung zur Petroleumlampe

- Die Lampen für flüchtige Öle
- Das Camphin
- Der Leuchtspiritus oder Burning Fluid
- Die Lüdersdorf'sche und Robert'sche Dampflampe
- James-Youngs-Vesta-Lampe
- Die Mineralöle
- Das Coal Oil, Photogen, Solaröl
- Die frühen Rundbrenner
- Der Anbinde-Rundbrenner
- Die verbesserte Hydrocarbür- oder Photogen-Lampe von B. C. Blok

Während die Moderateur-Lampe, die technisch sicher den Höhepunkt der Öllampen-Entwicklung darstellt, noch dabei ist, sich ihr Feld zu erobern, beschäftigte man sich in der Lampenindustrie schon mit der Erprobung neuer Leuchtstoffe. Diese fanden zunächst nur langsam Eingang, leiteten später aber einen revolutionären Umschwung ein.

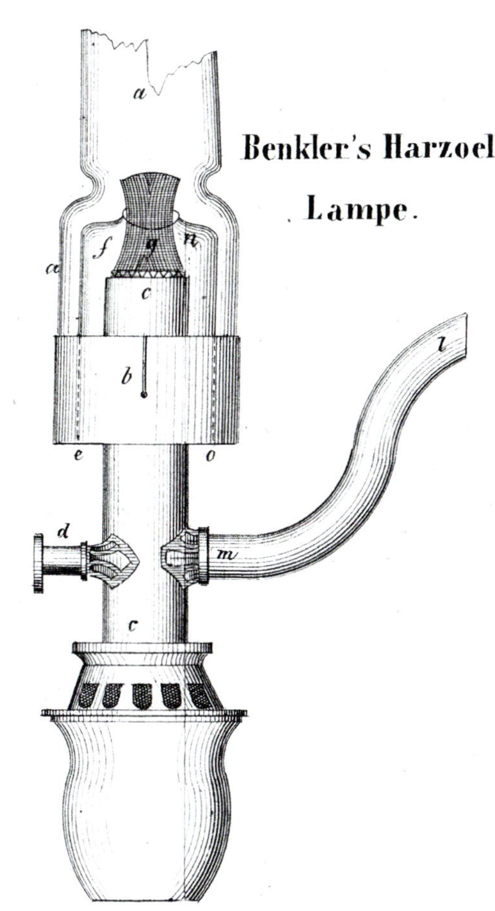

Benkler's Harzöllampe, Besonderheit: gläserne Brennkapsel f, n, über dem Dochtrohr zur besseren Mischung der Öldämpfe mit erhitzter Luft, Hannover, Pat. 1855

Die Lampen für flüchtige Öle

Es handelt sich um die flüchtigen Öle, die in Folge ihrer geringen Viskosität von den Kapillaren des Dochtes viel schneller und auch höher gehoben werden. Deshalb können diese Brennstoffe in den sog. Sauglampen gebrannt werden, in denen das Öl nur durch die Saugkraft des Dochtes an die Flamme gefördert wird, eine eigene Vorrichtung zum Transport des Brennstoffes jedoch nicht mehr erforderlich ist.

Im Rahmen der Besprechungen der flüchtigen Brennstoffe wird immer wieder von Ölen gesprochen! Diese Ausdrucksweise ist nicht exakt, da es sich bei diesen Stoffen chemisch nicht um Öle und Fette also um Fettsäure-Triglyceride handelt, sondern um Kohlenwasserstoffe, die nur aus Kohlenstoff und Wasserstoff bestehen, also keinen Sauerstoff enthalten. Wegen des fehlenden Sauerstoffes bei größerem Kohlenstoffgehalt qualmen und rußen diese Brennstoffe bei normaler Luftzufuhr, wo fette Öle ohne Rußen verbrennen würden. Deshalb muss den Kohlenwasserstoffen stets reichlich Luft zugeführt werden, durch entsprechend konstruierte Brenner und entsprechend geformte Zugzylinder. Dann aber brennen die Kohlenwasserstoffe mit intensiv weißer Flamme, was für alle Kohlenwasserstoffe bis hin zum Petroleum gültig ist. Die fetten Öle müssen erst durch die Hitze der Flamme zersetzt werden, bevor sich brennbare Dämpfe entwickeln. Dagegen brauchen die flüchtigen Öle nur verdampft zu werden, um eine Flamme zu un-

terhalten. Einige flüchtige Brennstoffe, vor allem die leichteren Erdöl-Destillate verdampfen bereits bei Zimmertemperatur.

Da in der älteren Literatur auch bei den flüchtigen Lampenbrennstoffen von Ölen gesprochen wird, hatte sich diese Ausdrucksweise weitgehend durchgesetzt, und man sprach von Ölen obwohl es keine waren. Wenn auch die Bezeichnung Öl für Kohlenwasserstoffe wissenschaftlich nicht korrekt ist, wird in dieser Veröffentlichung insgesamt von Ölen gesprochen werden, da sich diese Bezeichnung im Allgemeinen durchgesetzt hat und für den Leser verständlicher ist.

Das Camphin

Eines der ersten flüchtigen Lampen-Öle war das Camphin, ein hoch gereinigtes, rektifiziertes Destillat aus Terpentin, dem frischen noch nicht durch Luftsauerstoff verharzten Balsam, der aus verschiedenen Pinus- und Abies-Arten gewonnen wird und landläufig als Harz bekannt ist. Chemisch bestehen die Harze im Wesentlichen aus zyklischen Kohlenwasserstoffen wie den Pinenen und Terpenen. Durch Destillation erhält man daraus ein sehr flüchtiges Terpentinöl oder wie früher genannt Camphin. Das spez. Gew. lag bei 0,860 bis 0,877 g/ml. Das 1834 von England aus eingeführte Camphin gehört zu den ätherischen Ölen, die sich dadurch auszeichnen, dass sie verdampfen, ohne einen Rückstand zu hinterlassen. Wenn man einen Tropfen auf ein Blatt Papier gibt, entsteht zunächst ein Fleck, der wie ein Fettfleck aussieht, der dann aber vollständig verschwindet, weil das Öl verdunstet.

Unter Einwirkung des Luftsauerstoffes oxidieren diese Kohlenwasserstoffe sehr leicht, sie verharzen und verkleben damit den Docht. Deshalb war es unbedingt nötig, sie in luftdicht verschlossenen und stets vollgefüllten Gefäßen aufzubewahren. Um das Qualmen der Camphin-Flamme weitestgehend zu vermeiden, benötigte man also einen Brenner, welcher der Flamme genügend Luft zuführte, damit sie so heiß wurde, dass sie in der Lage war, den Kohlenstoff völlig zu verbrennen.

Lampe für Leuchtspiritus mit zwei langen, englumigen Tüllen

Der Leuchtspiritus oder Burning Fluid

Hiervon ausgehend entwickelte man den Leuchtspiritus oder Burning Fluid. Dieses Gemisch aus einem Vol. Camphin und vier Vol. Alkohol von mindestens 90 % wurde in England erfunden und es wurde in ganz einfachen Lampen aus Glas, Zinn oder Blech gebrannt. Diese Lampen hatten lange spitz ausgezogene Tüllen ohne Docht, meist zwei, die ein sehr helles Licht gaben. Die Nachteile des Burning Fluid waren seine Feuergefährlichkeit und der hohe Preis des Alkohols. Trotzdem wurde es in England und Amerika sehr häufig gebrannt. Auf dem europäischen Kontinent war der Leuchtspiritus weniger gefragt.

Die Lüdersdorf'sche und Robert'sche Dampflampe

Bei Anwendung von flüchtigen Leuchtstoffen ist es möglich, die Verdampfung des Leuchtstoffes außerhalb der Flamme in einem bestimmten Teil des Brenners durch leichte Erwärmung zu bewirken. In diese Richtung forschend erfand Friedr. Wilh. Lüdersdorf 1834 die nach ihm benannte Dampflampe zur Verwendung von Leuchtspiritus. Von relativ einfacher Bauart hatte diese Lampe einen dicken Docht, der ein langes Dochtrohr ausfüllte, wobei das Dochtrohr in einem hohlen runden Kopf endete, dessen unterer Umfang mit zahlreichen kleinen Löchern versehen war. Der Kopf wurde kurz erhitzt, der Brennstoff verdampfte und der aus den Löchern austretende Dampf des Brennstoffes entzündete sich und durch die Wärme des Kopfes wurde die Verdampfung fortlaufend erhalten. Ein großer

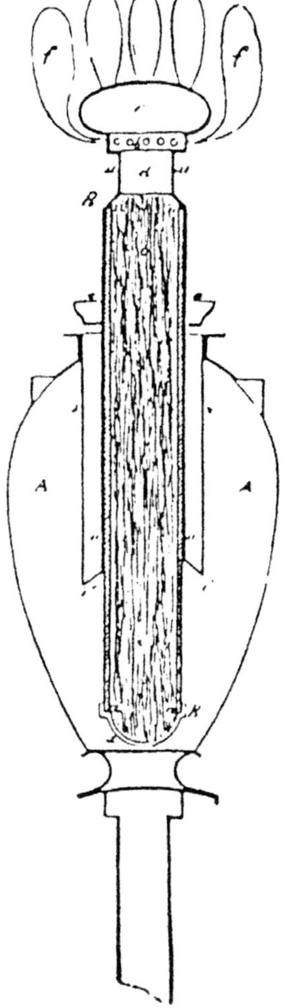

Lüdersdorf'sche Dampflampe zur Verwendung von Burning Fluid, 1834

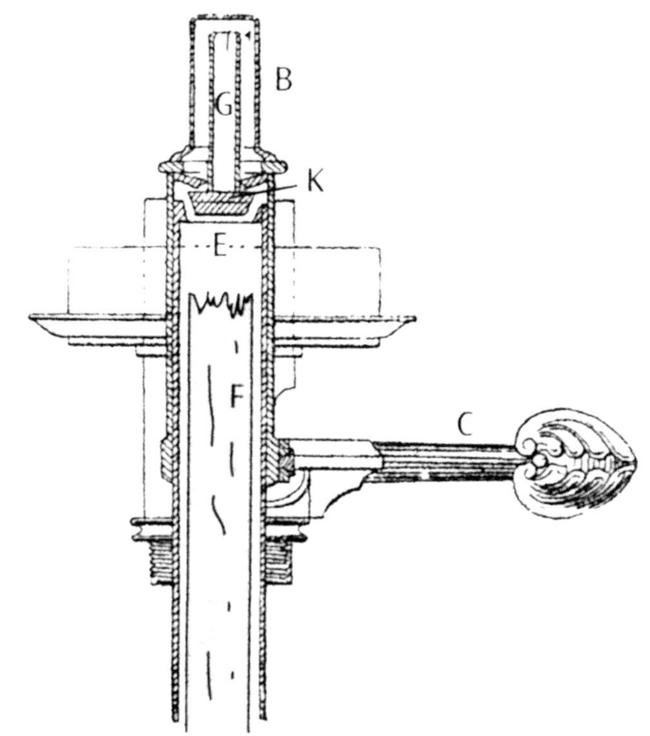

Verbesserte Dampflampe von Robert mit regulierbarem Docht

Nachteil dieser Lampe war natürlich, dass sie nicht regulierbar war. Robert, in Paris, verbesserte diese Lampe dadurch, dass er den Brenner so konstruierte, dass die Flamme regulierbar wurde und beim Verlöschen keinen Geruch verbreitete. Später ersetzte er den Leuchtspiritus durch flüchtige Kohlenwasserstoffe. Der hohe Preis für Leuchtspiritus war Anlass, nach anderen Stoffen zu suchen. Versuche mit Holzgeist (Methanol) und Äther ergaben keine brauchbaren Ergebnisse. Es folgten die leichtflüchtigen Kohlenwasserstoffe.

James-Youngs-Vesta-Lampe

James Young (1811 – 1883) englischer Chemiker. Seine Lampe von 1840 brannte reines Camphin. Der Brenner war dabei so fortschrittlich, dass man alle späteren Brennstoffe darin hätte brennen können. Diese Lampe war mit einem Hohldocht versehen, der 1 Inch unterhalb seiner Oberkante des Dochtrohres in ganzer Länge geschlitzt war, damit er den Lufteinlass für den inneren Luftzug nicht verdeckte. Ferner war der Brenner mit einer kleinen Metallscheibe in der Mitte der Flamme, oberhalb des Dochtoberrandes versehen. Man nannte diese Scheibe den Liverpool-Button. Es handelte sich um die gleiche Vorrichtung wie an der Schieferöl-Lampe von Selligue, nämlich um einen Deflektor, eine Flammscheibe, wie

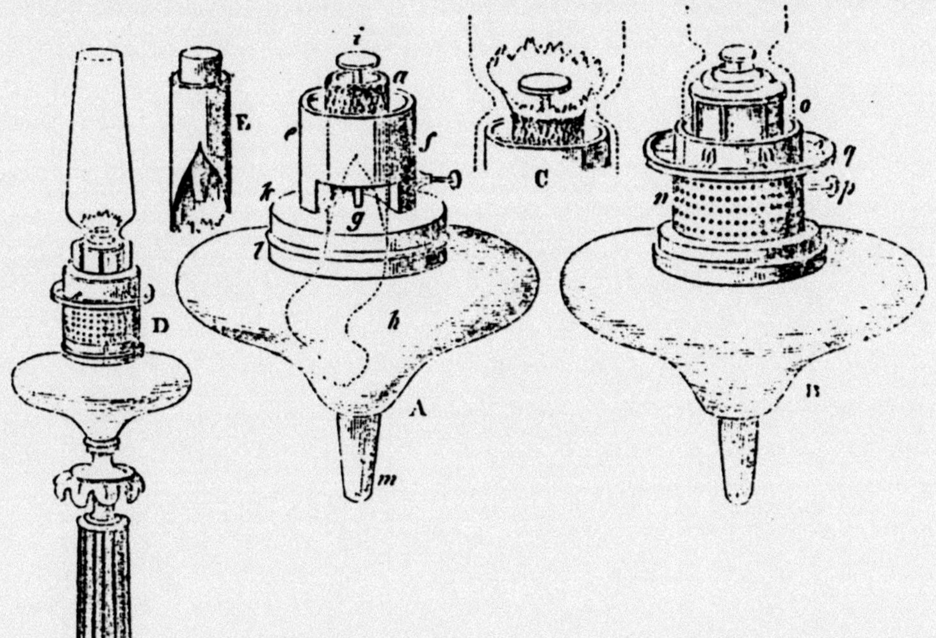

James-Youngs-Vesta-Lampe für Camphin

sie später genannt wurde, die den inneren Luftstrom auf den Dochtrand lenken und damit eine erhebliche Verbesserung der Sauerstoff-Versorgung des kohlenstoffreichen Camphins erreichen sollte. Was ja auch gelang, da der Deflektor mehr Luft und damit mehr Sauerstoff auf den Docht umleitete, in der heißeren Flamme mehr Kohlenstoff verbrannte, deutlich mehr Licht abstrahlte und weniger Ruß entstand. Dafür wurde die Kohlendioxidmenge natürlich größer, was damals aber sicherlich weniger Bedeutung hatte als heute.

Der Deflektor, die Flammscheibe oder die Brandscheibe zum Argand-Brenner war schon eine großartige Erfindung, was ja auch durch die weitere Verwendung der Brandscheibe für ein ganzes Jahrhundert bestätigt wird, und das vor allem während der Petroleumzeit, in der alle fortschrittlich größeren Brenner mit einer Brandscheibe versehen waren. In ähnlicher Weise arbeiteten auch die komplizier-

teren Lampen anderer Konstrukteure. Aber insgesamt war auch ihnen wenig Erfolg beschieden. Die Dampflampe gewann mehr an Bedeutung nach Darstellung der leicht flüchtigen Destillate aus dem Erdöl.

Wenn auch das Camphin-Licht über ein Drittel heller war als das Rüböl-Licht, hat es sich nicht so durchsetzen können wie man gehofft hatte, da die Preise für Camphin zu hoch waren, die Instandhaltung viel Aufmerksamkeit und Mühe erforderte und letztlich wegen der hohen Entzündlichkeit des Camphins das tägliche Umgehen damit nicht frei von Gefahr war.

Ein weiteres Harzöl mit dem Namen Pinolin, welches aus amerikanischem Fichtenharz destilliert wurde, war auch eine zeitlang in bestimmten Gegenden als Beleuchtungsmittel in Gebrauch, hat sich aber ebenfalls nicht halten können, da die Lampen einen sehr unangenehmen Geruch verbreiteten und gleichzeitig stark qualmten.

Schieferöllampen aus den frühen vierziger Jahren des 19. Jhds.

Die Mineralöle

Im Gegensatz zu den leicht flüchtigen Ölen hatte man bei den Arbeiten an den Mineralölen, die teilweise parallel liefen, doch deutlich mehr Erfolg. Unter Mineralöl darf man natürlich nicht unser heutiges Erdöl oder Rohöl verstehen, das war zu der Zeit noch nicht aktuell. Der Name Mineralöl leitet sich von der Tatsache her, dass eines der ersten Öle aus bituminösem Schiefer gewonnen wurde und Schiefer ist nun mal ein Mineral. Deshalb der Name Mineralöl, der sich auch auf andere ähnliche Öle ausdehnte.

Insgesamt kann auf diesem Gebiet Alexandre François Selligue, 1784 – 1845, französischer Ingenieur, als der Begründer der Schieferöl-Industrie angesehen werden. Er erhielt 1838 und 1839 Patente auf die Destillation bituminöser Schiefer zur Gewinnung von Leuchtölen. Diese Schiefer wurden in Autun/Frankreich abgebaut. Es handelt sich bei ihnen um maritime Formationen, in denen sich vor Jahrmillionen ganz dünne Schichten von mineralischen Stoffen gemeinsam mit riesigen Mengen von Tieren und Tierresten niedergeschlagen haben, die die Grundlage für die Bildung der bituminösen Substanzen, für die Kohlenwasserstoffe, abgeben. Selligue destillierte bereits mit überhitztem Wasserdampf und fraktionierte zwei Öle, die sich als Leuchtmaterial eigneten.
Wie er selbst sagt:
„Ein Mineralöl, ganz klar, beinahe geruchlos, zum Brennen in gewöhnlichen Lampen mit hochgestelltem Behälter und doppeltem Luftstrom, wobei eine einfache Änderung der Form des Brenners und des Zylinders notwendig ist, und das Öl mit animalischen und vegetabilischen Ölen gemischt werden kann".

Sellique ließ die ersten Schieferöl-Lampen nach eigenen Plänen bauen. Er übernahm den Argand-Brenner ebenfalls unter Verwendung des Liverpool-Buttons und die zentrale Luftzufuhr erfolgte über eine durchbrochene Galerie, die um das Brennerrohr installiert war, in dem ein Loch für den zentralen Luftzug vorhanden war. Die Galerie trug auch den Zylinder.

Selligue soll noch ein weiteres Modell der Schieferöl-Lampe mit einer zentrale Luftzuführung gebaut haben, bei der das Luftrohr den ganzen Lampenkörper durchzog, ähnlich wie bei der oben beschriebenen Solarlampe. Nach den vorliegenden Unterlagen scheint die Brenner-Krone relativ gering perforiert, sodass die Frage offen ist, ob dieser Flamme genug Sauerstoff zugeführt werden konnte.

Das Coal Oil, Photogen, Solaröl

Etwa zu gleicher Zeit und auch etwas später versuchte man, parallel auch aus anderen organischen Stoffen Leuchtöle zu gewinnen. Diese Entwicklungen dürften in die 40er-Jahre des 19. Jhds. zu datieren sein. Zu den Rohstoffen gehörten außer dem oben bereits genannten bituminösen Schiefer vor allem Kohle und insbesondere die schottische Boghead- und Cannel-Kohle und ferner Braunkohle und Torf. Ende der 40er- und Anfang der 50er-Jahre brachten zahlreiche Schiffe die genannte Kohle von Schottland nach Amerika, wo zahlreiche Schwel- und Destillations-Anlagen entstanden, die die Kohlen verschwelten und den gewonnenen Teer destillierten.

Photogenlampe mit Anbinde-Rundbrenner

Die genannten Rohmaterialien wurden einer trockenen Destillation oder Verschwelung unterzogen. Dabei wurde ein mehr oder weniger dickflüssiger Teer gewonnen, der unter langsam steigender Temperatur erneut destilliert wurde. Aus allen genannten Rohstoffen wurden zwei Leuchtstoffe gewonnen, von denen das bei der Destillation zuerst übergehende unter dem Namen Photogen oder Hydrokarbür in den Handel kam bei schwankendem spezifischen Gewicht von 0,74 bis 0,835 g/ml und einem ebenfalls schwankenden Flammpunkt von 25 bis 40 °C, ein relativ leicht entzündlicher Leuchtstoff. Wagenmann, der Besitzer einer Photogen-Fabrik in Beuel bei Bonn, warnt wegen der Explosions-Gefahr vor dem Gebrauch von Photogen mit niedrigem spezifischen Gewicht.

Das zweite brauchbare Destillat, Solaröl, hatte eine deutlich höhere Viskosität und es war bei höherem spezifischen Gewicht von 0,825 bis 0,855 g/ml und einem Flammpunkt von 45 bis 55 °C weniger feuergefährlich. Es benötigte aber ausreichend Luft, um eine gute Leuchtflamme zu geben. Im Gegensatz zu Photogen brannte Solaröl nicht ohne Docht, was auch nur bedingt richtig ist, denn bei genügender Erhitzung brennt auch normales Pflanzenöl ohne Docht! Was

dann übrig blieb, als dickflüssiges und wenig entzündliches Destillat, wurde als Schmiermittel verwandt. Die beiden Destillate dienten als Leuchtstoffe und das bis Ende der 50er-Jahre des 19. Jhds. Sie wurden dann durch das Petroleum aus dem Markt verdrängt.

Bei den drei aus dem Teer gewonnenen Destillationsprodukten handelt es sich jeweils um ein Gemenge mehrerer Kohlenwasserstoffe. Die in der Literatur angegebenen Zahlen für das spezifische Gewicht für Photogen und Solaröl scheinen das zu bestätigen. Bei der Durchsicht mehrerer wissenschaftlicher Veröffentlichungen aus den 50er-Jahren des 19. Jhds. fanden sich in allen Fällen unterschiedliche Angaben für das spezifische Gewicht. Aus heutiger Sicht erscheint mir die Tatsache auch verständlich, es gab keine genormte Arbeitsmethode, jeder Fabrikant arbeitete auf seine Weise und auch mit seinen Messgeräten, weshalb eine einheit-

Katalogblatt der Firma Philipp Wagner, Frankfurt, 1854, Mehrere Flachbrenner und Rundbrenner mit quer geschlitztem Docht

liche Bewertung wohl nicht möglich war. Hinzu kommt, dass die Destillate aus verschiedenen, natürlichen, aber unterschiedlichen Ausgangsstoffen stammten, womit sich Schwankungen im Endergebnis erklären lassen.

Der Gehalt an brauchbaren Kohlenwasserstoffen war bei den verschiedenen Kohlearten sehr unterschiedlich und es wurde gerne Boghead- und Cannel-Kohle aus Schottland verwandt, da diese hohe Anteile an bituminösen Stoffen aufwiesen und aus dem Teer dieser Kohlen größere Mengen an brauchbaren Leuchtölen gewonnen werden konnten. Das Gleiche galt für den Braunkohlen-Teer, der ebenfalls gute Leuchtöle lieferte, die weniger Aromaten enthielten. Zusätzlich produzierte man aus allen Teeren auch Paraffin, welches als Grundstoff zur Kerzenherstellung diente.

Die frühen Rundbrenner

Die zu den Mineralölen gehörenden Lampen glichen äußerlich schon sehr den Petroleumlampen und die Art des Leuchtstoffes verlangte einen Brenner, der dem Petroleumbrenner nicht nur ähnlich sah, sondern fast gleich war. Benutzte man in Deutschland doch den Anbinde-Rundbrenner, der in die Petroleumzeit übernommen und hier auch genutzt wurde. Auch der für Mineralöl konstruierte Flachbrenner hat seine Form bis auf winzige Kleinigkeiten beibehalten. In das Ende der 40er- und den Anfang der 50er-Jahre dürfte die Konstruktion der speziellen Mineralöl- bzw. Photogen-Brenner zu datieren sein.

Der Anbinde-Rundbrenner

Dieser Brenner zeichnete sich dadurch aus, dass er zwei Dochte benötigte, einen Hohldocht als Brenndocht und einen Flachdocht als Saugdocht. Der Brenndocht wurde über den oberen Teil des Brandrohres gezogen, an den der schmalere Saugdocht angebunden wurde in der Form, dass der vordere Teil des unteren Brandrohres frei blieb, damit die Luft durch die an dieser Stelle gelegene Öffnung des Brandrohres in das Innere strömen konnte. Das innere Brandrohr war hier zur Öffnung um 90 Grad abgewinkelt. So konnte der Brenndocht den Saugdocht mit Hilfe eines Zahnstangengetriebes auf und ab bewegen, ohne die Luftzuführung zu beeinträchtigen. Die Bedienung dieses Brenners war natürlich umständlich. Um einen neuen Brenndocht einzuziehen, musste die ganze Verschnürung gelöst werden.

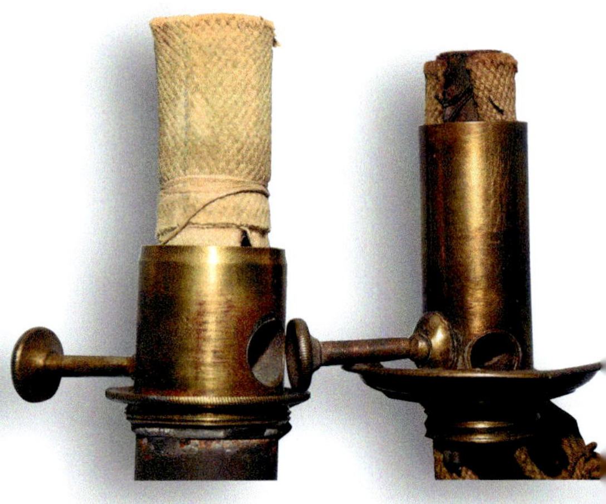
Anbinde-Rundbrenner,
rechts angebundener Brenndocht,
links zum Runddocht vernähter Flachdocht

Als weitere Möglichkeit das Luftloch freizuhalten, hat man den Hohldocht geschlitzt oder gefältelt, um so den Lufteintritt zu ermöglichen. Als interessanteste und eleganteste Lösung galt wohl die Querschlitzung des Hohldochtes in Höhe des unteren Brandrohres, wobei man den oberen Teil des Hohldochtes über das Brandrohr ziehen konnte und der untere Anteil des gesamten Dochtes als Saug-

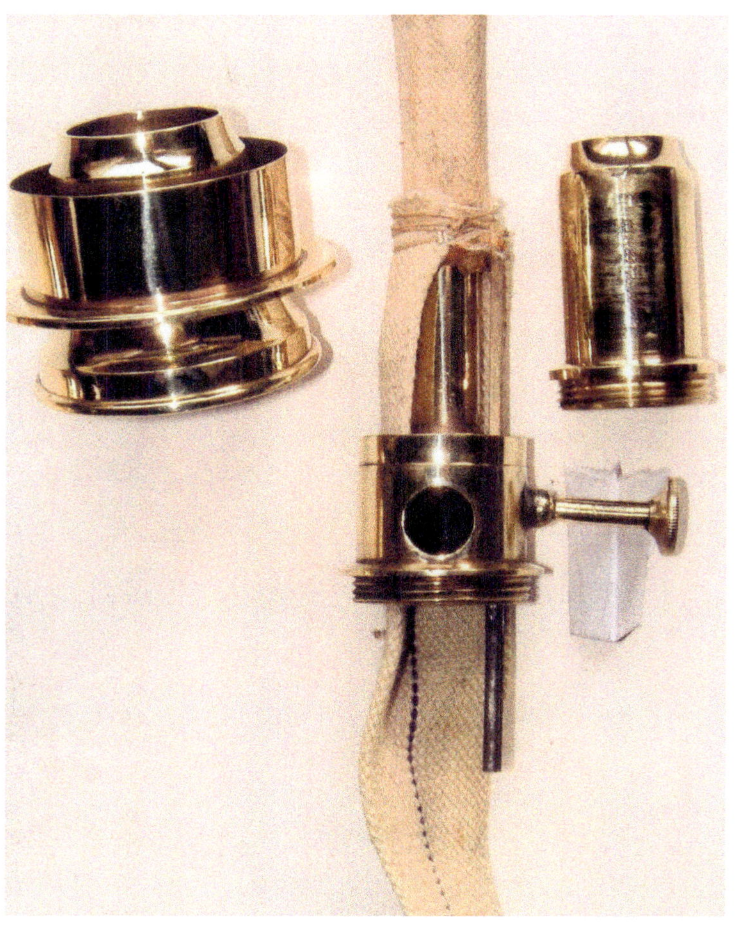

Anbinde-Rundbrenner, Saugdocht (Flachdocht) angebunden an den Brenndocht (Hohldocht), relativ kleine Öffnung für den inneren Luftzug

docht diente, der nach hinten in das Bassin reichte. Auf diesen Prinzipien beruhten die meisten Brenner dieser Zeit bis zur Erfindung des konischen Rundflachbrenners 1865 durch die Firma Wild & Wessel in Berlin.

In Deutschland gab es eine Anzahl Photogen- und Solaröl-Fabriken, von denen die bekannteste die Firma Nobel ihren Sitz in Hamburg hatte, die ihre Produkte an Schiefer- und Kohlen-Öl bis nach Wien lieferte, bis diese Lieferungen durch das galizische Petroleum verdrängt wurden. In einer Bemerkung von 1855 wird die bekannte Lampen-Fabrik von E. A. Stobwasser & Co., Berlin, gelobt für die Anfertigung vorzüglicher Lampen für den neuen Leuchtstoff Photogen, der dadurch in den Wohnzimmern festen Fuß gefasst hat. Die Firma hat in ihrem Preiscourant von 1854 nicht weniger als 196 verschiedene Mineralöl-Lampen zum Preise von 1,0 bis 126,0 Thaler das Stück aufgeführt.

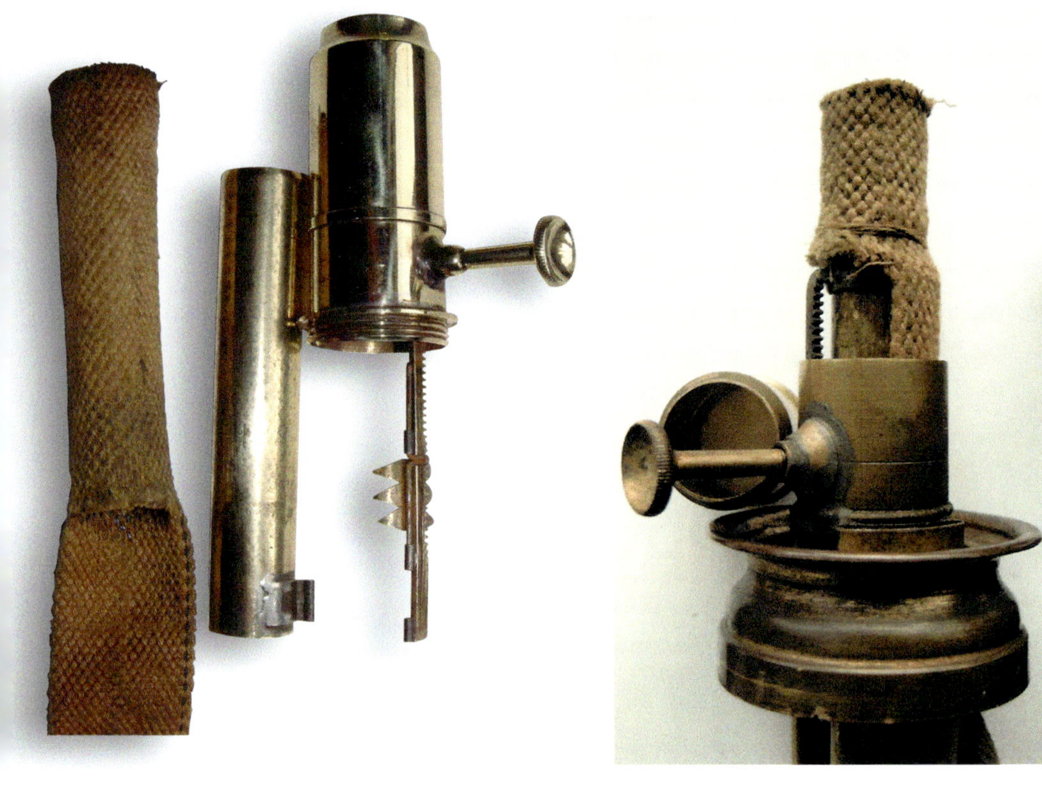

links: Photogenbrenner ohne Brennerkrone mit quergeschlitztem Hohldocht, links Mechanismus der Dochtbewegung mit Zahnstange und Dochtmitnehmer

rechts: Anbinde-Rundbrenner mit Zahnstangen-Dochttrieb

Die verbesserte Hydrocarbür- oder Photogen- Lampe von B. C. Blok

Die hier abgebildete Photogenlampe von B. C. Blok wird in der alten Literatur nicht nur als Photogenlampe beschrieben, sondern auch als Lampe zur Verwendung von Petroleum.
Daraus ist ersichtlich, dass der Übergang von den Mineralölen zum Petroleum aufgrund der engen Verwandschaft der Leuchtstoffe, fließend war. Es wird bestätigt durch eine Bemerkung in der Technologischen Enzyklopädie von Prechtel, 1865: Zum Brennen des amerikanischen Erdöls sind, je nach dem man mit mehr oder weniger flüchtigen Sorten dieses Produktes zu tun hat, dieselben Lampen brauchbar, welche zu Photogen und Solaröl dienen. Am meisten wendet man die mit flachem Docht an.

Diese Lampe wurde 1855 für das Königreich Hannover patentiert. In der Beschreibung der Blok'schen Lampe wird besonders darauf hingewiesen, dass ein eingeschürtes Zugglas angewendet wird, womit die sonst übliche Blechkapsel über den Brenner überflüssig wird, in dem der Kniffzylinder die Funktion der Brennkapsel übernimmt.

Die zuletzt besprochenen Leuchtstoffe waren allerdings nur noch befristet auf dem Markt, wurden sie doch schon 1861 – 1862 in Deutschland durch das von Amerika aus eingeführte Petroleum ersetzt. Es ist bekannt, dass in dieser Zeit viele neue Patente angemeldet wurden, sowohl was die Beleuchtung mit fetten als auch mit flüchtigen Ölen betrifft, und dass ein reger Gedankenaustausch zwischen dem europäischen Festland, England und Nordamerika stattfand. Es ist nur zu verständlich, dass sich unter diesen Umständen viele Lampentypen doch sehr ähnlich sahen, bei weitem aber nicht gleich waren, weil wieder einmal der eine oder andere Fabrikant irgendein ihm sinnvoll erscheinendes Detail oder eine Veränderung mit in seine Konstruktion übernahm. Daraus folgerte häufig eine Verwirrung in der Bezeichnung der Lampen, in dem die alten Namen für neue Konstruktionen beibehalten wurden, deren Besonderheiten aber nicht mehr wirksam waren. So wurden in Amerika und auch in England Sinumbra-Lampen produziert, die mit dem Sine-Umbra-Prinzip nichts mehr gemein hatten. Es fragt sich jedoch, ob das, was wir heute als Durcheinander oder Verwirrung empfinden, von den damaligen Käufern ebenso registriert wurde. Es ist anzunehmen, dass sie froh waren, eine Lampe zu besitzen, die ihnen etwas mehr Licht spendete.

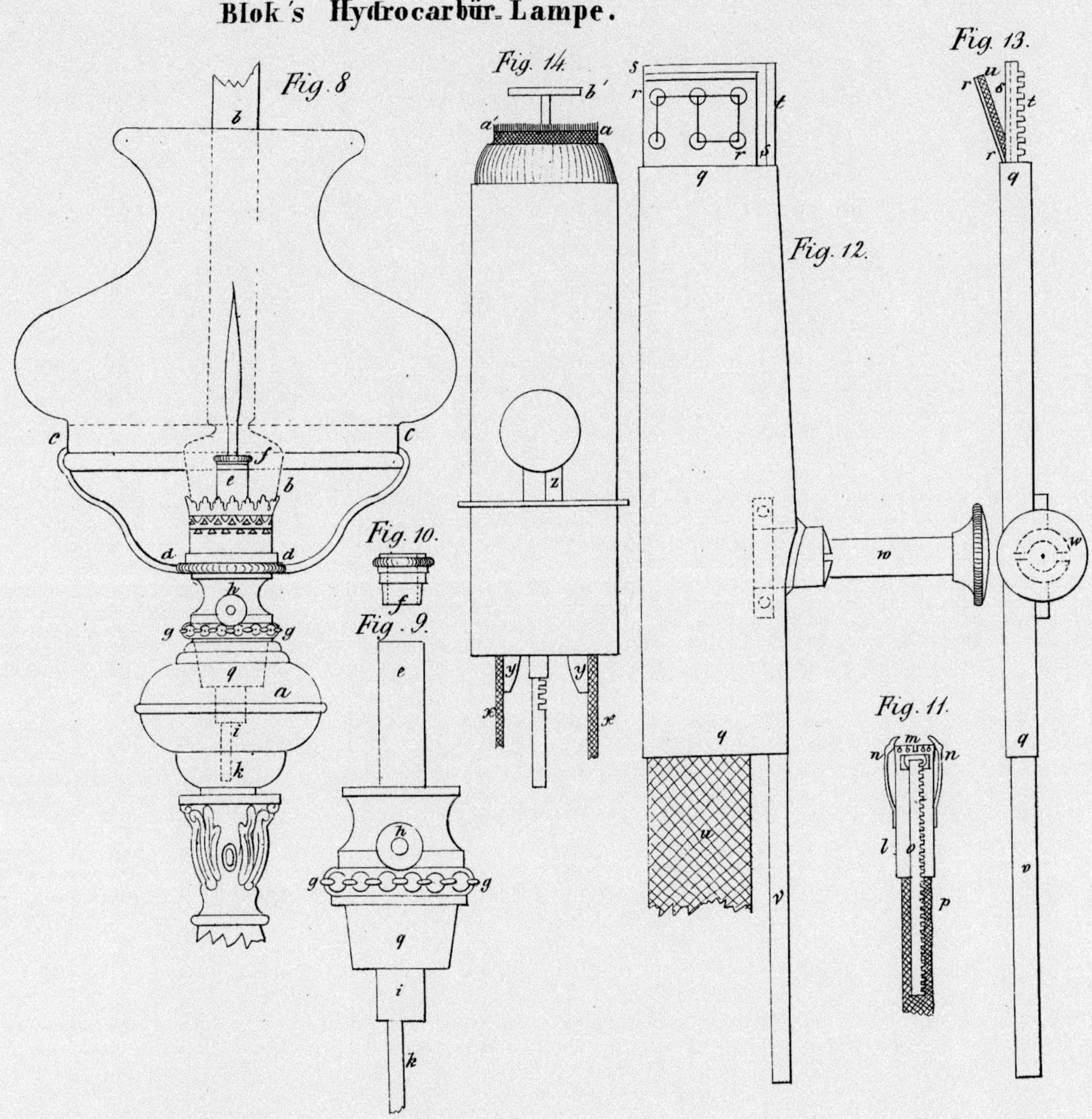

Block`s verbesserte Hydrocabür- oder Photogenlampe
mit Voll-, Flach- und Hohldocht, mit Flammscheibe wurde 1855 im
Königreich Hannover patentiert

Die Näherin, Thans, 1849

Die Vielzahl der Öllampen – ein bildlicher Überblick

Leider ist es nicht möglich alle Lampentypen, die im Laufe der Jahrhunderte entwickelt und genutzt wurden, im Rahmen dieser Veröffentlichung vorzustellen. Es gibt zu zahlreiche beleuchtungstechnisch benutzte Geräte, die nicht richtungweisend, aber mit viel Einfallsreichtum entwickelt und in der Mehrzahl der Haushalte im Gebrauch sind. Deshalb im Folgenden ein kurzer, bildlicher Überblick über die Öllampen, von denen zahlenmäßig weitaus mehr gefertigt wurden, als von den mechanischen Lampen des 18. u. 19. Jhds.

Gleichzeitig soll mit dieser Auswahl eine differenziertere Namengebung der einzelnen Öllampen erfolgen. Hiermit hätte man eine bessere Übersicht, sowohl über die fortschreitende Entwicklung, als auch über den zeitlichen Verlauf der Ölbeleuchtung. Schließlich hat der Mensch weit mehr als 2.000 Jahre seine Bleibe durch die Verbrennung von Öl oder Fett beleuchtet.

Schalenlampe

Älteste bisher bekannte und erhaltene Lampenform der Welt, man schätzt auf 20000 bis 30000 v. Chr. gefundene Steinschalen aus den Höhlen in Südwest-Frankreich um etwa 15000 Jahre v. Chr.; anfangs Steinschalen mit flacher Vertiefung, später mit Dochtrinne und Griff, weiterhin aus Ton und Metall, Brennstoff anfangs Fett später Öl

Dochtrinnenlampe

Nachfolger der Schalenlampe, vorwiegend aus Metall, aber auch aus Stein, mit ein bis vier Dochtrinnen. Früheste Formen 2000 v. Chr., Hauptverbreitung 14.–19. Jhd., meist aus Eisen aber auch aus Messing. Brennstoff Öl und Fett. Diese Lampe wurde ursprünglich als Krüsel bezeichnet, sie sollte diesen Namen auch behalten

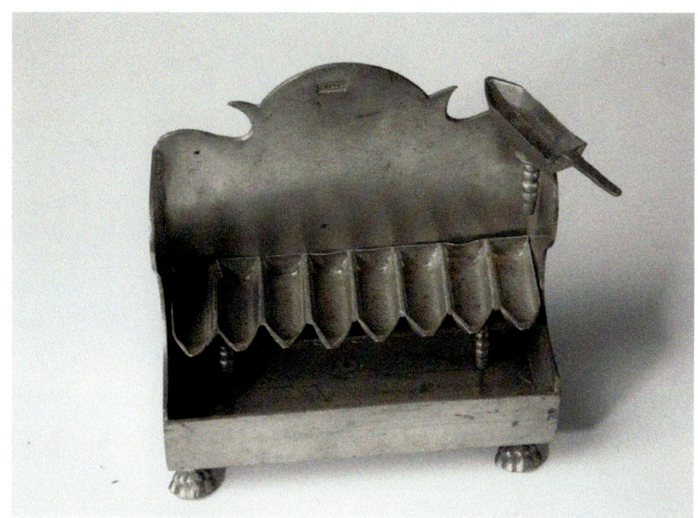

Chanukkalampe

Dochtrinnenlampe mit acht kleinen Ölnäpfchen und einem neunten, dem Diener, von diesem aus die anderen acht angezündet werden. Diese Lampe wurde 168 v. Chr. zur Wiedereinweihung des Tempels in Jerusalem gestiftet, sie wird heute noch zum achttägigen, jüdischen Tempelweihfest im Dezember angezündet

Dochthalter-lampe offen

Weiterentwicklung aus der Dochtrinnenlampe, an Stelle der Rinne übernahm ein Dochthalter in Form eines Röhrchens oder Halbröhrchens die Fixierung des Dochtes. Bedeutende Verbesserung ab etwa 1500 Zwei Formen: offen ohne Deckel und geschlossen mit Deckel

Talglampe

offene Schalenlampe mit sehr niedrigem Rand als Talgteller, soll auf 800. n. Chr. zurückgehen, meist aus Eisen oder Bronze, Brennstoff Talg, Unschlitt, mehr verbreitet im Alpengebiet

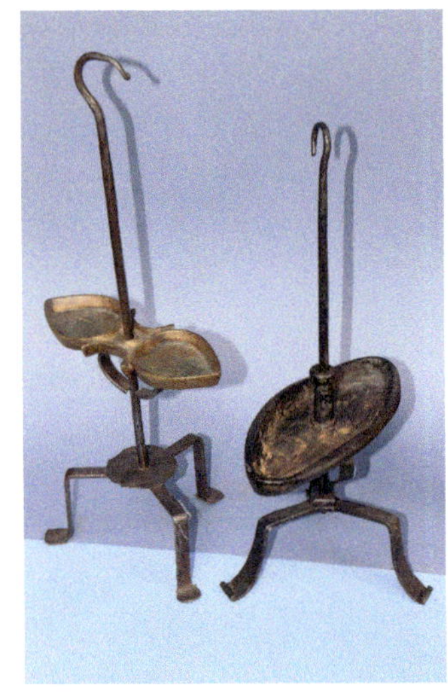

Dochthalterlampe

geschlossen, mit Klapp- oder Schiebedeckel, zahlreich in Eisen oder Messing, vom 15. Jhd. bis ins späte 19. Jhd.

Bettylampe

Eine etwas vornehmere Ausführung der Dochthalterlampe, meist mit flacherem Ölbehälter in dekorativer Form mit Bügel und Helebardenhaken zum Aufhängen

Schnauzenlampen
Zinn

Florentiner Lampe
vierflammig mit Lichtschirm, zweiflammig mit Ölniveauregulierung, Lichtschirm und Pröckel zur Dochtpflege

Schnauzenlampen mit Tropfrinne

Schnauzenlampen

Weiter Abstand zwischen Brennstelle und Ölbehälter, bessere Lichtverteilung durch Freistellung der Flamme. Wahrscheinlich Entwicklung aus der geschlossenen Dochthalterlampe

Florentiner- oder Römische Lampe, meist als Schiebelampe mit ein bis fünf Schnauzen, evtl. Ölniveaulierung, Messing oder Bronze gegossen, von Südeuropa

Schnauzenlampen aus Zinn, ein-, selten zweischnauzig, von unterschiedlicher Höhe, mit Deckel, selten aus Eisenblech, bezeichnet in Deutschland als Märkische Lampe, Katzenkopf, Rabbinerlampe, ein kleiner Kragen an der Dille mit Verbindung zum Dochtrohr sollte Tropföl vermeiden

Schnauzenlampe aus Messing, in der Regel einschnauzig, selten mehrschnauzig, in vielfältigen Formen und Grössen, mit Deckel, Ursprung wahrscheinlich Flamen

Schnauzenlampe mit Tropfrinne, ein etwas grösseres, offenes Gefäss umgibt den Ölbehälter und das Dochtrohr, fängt Tropföl auf. Schnauzenlampen sind etwa seit dem 17. Jhd. in Gebrauch

Schnauzenlampe
Eisenblech, interessante Möglichkeit das Tropföl auf zufangen

Kleine Schnauzenlampe in glasierter Keramik, China, 19. Jhd.

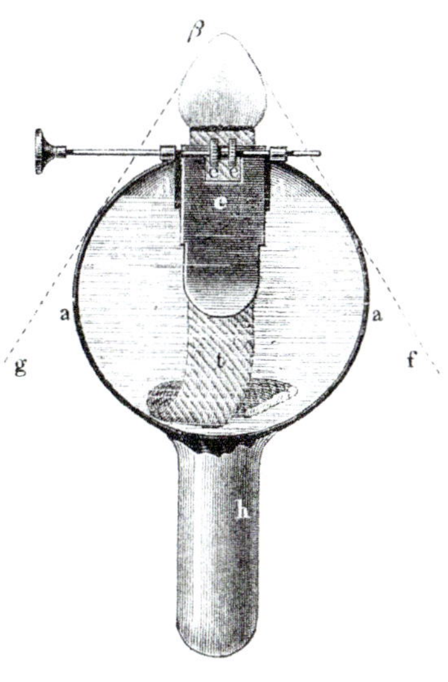

Einlegedochthalter-Lampen

Kugelförmiger Ölbehälter, in der Regel aus Glas mit Fülloch am oberen Pol, in das der Dochthalter aus Eisenblech eingelegt wird. Im frühen 19. Jhd. mit primitivem Flachdochtbrenner als Wormser Lampe bekannt

Tüllenlampe

lässt sich als offene Dochthalterlampe einreihen, charakteristisch: kleiner rohrartiger Stutzen am Boden der Lampe, durch den der Docht geführt und fixiert wird, geht zurück auf Rom im 1. Jhd., wo die Art schon hergestellt wurde. Die abgebildete Lampe stammt aus China

Tiegellampe
Kleine Öllampe aus Zinn mit zentralem Brenner, Volldocht oder Flachdocht, mit seitlichem Holzgriff

Arbeitslampe
mit Flachdocht und Zylinder, Eisenblech, frühes 19. Jhd.

Schmalzlampe
Schmalzgefäß, damit verbunden Brenngefäß, durch Flügelschraube mit Kolben wird Fett in das Brenngefäß gedrückt, hier durch einen wärmeleitenden Dochthalter verflüssigt und vom Docht aufgenommen, Weissblech, um 1850

Walöllampe
Einflammige Messinglampe mit dickem Docht zum Brennen von Walöl (Spermazeti), England, um 1840

Dreiflammige Öllampe
nach cardanischem Prinzip, Zinn, frühes 19. Jhd.

Vogellampe
nach cardanischem Prinzip, Indien, Bronze gegossen, Bronze gegossen, Indien, Anfang 20. Jhd.

C
A

Geschichte der Erdölnutzung

Erdölentstehung

- Mendelejew
- Engler
- Namensgebung

Im Laufe der letzten 100 Jahre sind eine Vielzahl von Entstehungstheorien für das Erdöl aufgestellt worden. Der gesamte Bildungsprozess hat sich über viele Jahrmillionen hingezogen, sodass im Nachhinein eine Rekonstruktion des Vorganges nur sehr schwer möglich ist; nimmt man doch an, dass sich das jüngste Rohöl vor etwa 10 Mio. Jahren gebildet hat, das älteste aber 440 Mio. Jahre alt sein dürfte.

Mendelejew

Dimitri Mendelejew (russ. Chemiker 1834 – 1907) vertrat die Meinung, das Erdöl sei mineralischen Ursprungs, und habe sich durch Zersetzung der im Erdinneren vorkommenden Metallcarbide (Metall-Kohlenstoffverbindungen) gebildet.

Engler

Seit langem schon steht die organische Entstehungstheorie nach Engler an erster Stelle. Die Engler'sche Theorie besagt (Karl Engler, deutscher Erdölchemiker, 1842 – 1925), dass das Erdöl aus den Fettüberresten von Lebewesen aller Art durch Zersetzung unter hohem Druck entstanden sei. Diese Hypothese wird durch seine Versuche gestützt, wobei es ihm gelang, durch die Destillation von Fetten bzw. von freien Fettsäuren unter Druck ein Gemisch von Kohlenwasserstoffen zu erhalten, die die Haupteigenschaften der natürlichen Erdöle aufwiesen. Da man im Erdöl aber Chlorophyll-Derivate (Grüner Pflanzenfarbstoff) nachgewiesen hat, dürften pflanzliche Stoffe bei der Entstehung mitbeteiligt gewesen sein.

Nach der heute am meisten verbreiteten Meinung ist das Erdöl aus den Resten niederer Tiere und Pflanzen entstanden. Die Kohlenwasserstoffe dürften sich über einen sehr langen Zeitraum unter anaeroben Bedingungen, also bei fehlendem Sauerstoff, unter erhöhtem Druck, unter Mitwirkung der Erdwärme gebildet haben, wobei Katalysatoren, Bakterien und evtl. virusartige Wirkstoffe eine unterstützende Rolle gespielt haben könnten. Erdöl ist häufig mit Salzlagerstätten vergesellschaftet, es findet sich nicht in Erstarrungsgesteinen sondern nur in den Sedimenten, Ton, Sand und Kalk.

Bevor man einige Blicke auf die Erdölgeschichte wirft, kommt man nicht umhin, sich auch mit der Benennung und Bezeichnung der verschiedenartigen, natürlich vorkommenden Erdölprodukte zu befassen. In der frühen Zeit der Erdölgeschich-

te, von der wir heute etwa 5.000 Jahre mehr oder weniger überblicken, gab es keine einheitliche Auslegung technischer Begriffe und man wusste die Erdölprodukte auch nur so zu nutzen, wie sie gewonnen werden konnten, eben als Rohprodukte. Bei Fehlen einer einheitlichen Terminologie bzw. einer entsprechenden Verständigungsmöglichkeit, musste es zu einer Begriffsverwirrung kommen, die sich ins 19. bis ins 20. Jhd. fortgesetzt hat.

Früher verstand man unter Bitumen alle gasförmigen, flüssigen oder festen, in der Natur vorkommenden Kohlenwasserstoffe. Alle Bitumina haben die gleiche Entstehungsweise und die festeren Stoffe sind teilweise durch Verdunsten der leichteren Anteile, teilweise durch chemische Umsetzung aus den leichteren entstanden.

Gase:	Erdgas	
Flüssigkeiten:	Erdöl, Bergöl, Steinöl:	flüssig von hellgelber bis fast schwarzer Farbe, grünlich fluoresreszierend und mehr oder weniger dickflüssig.
	Bergteer, Erdteer:	meist von dunkler Farbe, zähflüssig.
Feste Stoffe:	Erdwachs, Bergwachs, Ozokerit:	gelbbraun, bis grünlich schwarz, wachsartig knetbar bis fest
	Asphalt, Erdpech:	braun-schwarz, starr, in der Kälte hart und spröde, in geringer Wärme knetbar

Die Bitumina kommen in der Natur auch als Gemenge mit Kohle, als Braunkohle und als Steinkohle vor, sowie auch mit anorganischen Substanzen wie Schiefer, Kalk und Sandstein, wobei auf diese jedoch nicht näher eingegangen werden soll.

Namensgebung

Man nimmt an, dass sich das Wort Naphtha vom arkadischen Wort Naptu ableitet und schon bei den Griechen und Römern galt es als Bezeichnung für Erdöl, teilweise auch in Russland und Galizien. Die Römer bezeichneten damit wie Plinius beschreibt, die hellen, leicht flüchtigen Naturöle, und im Laufe der Zeit

bürgerte sich der Name Naphtha für die leichter flüchtigen Anteile des Erdöls allgemein ein.
Mit Erdöl, Bergöl oder Steinöl bezeichnete man ein Gemisch verschiedener Kohlenwasserstoffe hellgelber bis fast schwarzer Farbe, die eine grünliche Fluoreszenz aufweisen und von dünn- oder dickflüssigerer Konsistenz sind. Die zähflüssigen Sorten wurden früher Erdteer oder Bergteer genannt. Von diesen Begriffen hat sich nur Erdöl gehalten, womit jetzt allgemein das flüssige Rohprodukt bezeichnet wird. Das Gemisch besteht je nach Herkunft entweder vorwiegend aus Paraffinen (Alcanen) oder aus Naphthenen (Zykloalcanen) mit geringeren Anteilen an aromatischen Kohlenwasserstoffen (Benzolen und seinen Abkömmlingen).

Der Begriff Petroleum (Petros = Fels, Gestein, Oleum = Öl) wurde früher und teilweise auch heute noch in einzelnen Ländern synonym mit Erdöl gebraucht, in Deutschland war und ist es jedoch ein allgemein gültiger Ausdruck für ein Destillat aus dem Erdöl im Sinne des Leuchtöles oder des Leuchtpetroleums. In den USA laufen die Leuchtöle unter dem Namen Kerosin oder Kerosen, ebenso auch in Russland. In Großbritannien nennt man sie Paraffin. Der Name Kerosen (aus dem griechischen Keroselaion = Wachsöl) wurde von Dr. Abraham Gesner, einem kanadischen Arzt und Geologen, für das von ihm 1846 aus Pechkohle destillierte Leuchtöl eingeführt und es wurde später als Name für Leuchtöl aus Erdöl vielfach üblich. Unter diesem Namen kam das Leuchtpetroleum 1861 aus den USA nach Europa zunächst nach England, danach 1861 – 1862 nach Deutschland.

Den Ausdruck Asphalt gebraucht schon Herodot (480 – 424 v. Chr.) griech. Historiograph und Geograph, im Zusammenhang mit der Beschreibung von Bitumenmörtel als Baumaterial in Babylon. Asphalt leitet sich vom griechischen Wort *asphaltos* = fest, unveränderlich, ab. Die natürlichen Asphalte sind aus Erdöl-Kohlenwasserstoffen, nach Verdunstung der leicht flüchtigen Anteile durch Polymerisation, Kondensation und Oxidation entstanden, sind dickflüssig, fest oder hart und spröde.

Heute versteht man unter Bitumen die bei der Destillation bestimmter Erdöle verbleibenden Rückstände nach Entzug der leichten und schweren Öle. Durch entsprechende fraktionierte Destillation lassen sich Bitumen verschiedener Härteeinstellungen gewinnen. Chemisch besteht Bitumen aus hochmolekularen Kohlenwasserstoffen, die auch von Säuren und Laugen nicht angegriffen werden. Der Ausdruck Asphalt wird heute ausschließlich für ein Gemisch von Bitumen mit Mineralstoffen (Stein, Split, Sand) gebraucht, entweder als Naturasphalt, natürlich vorkommend oder als Mischprodukt, wie z. B. Walzasphalt für den Straßenbau, der ja allgemein bekannt ist.

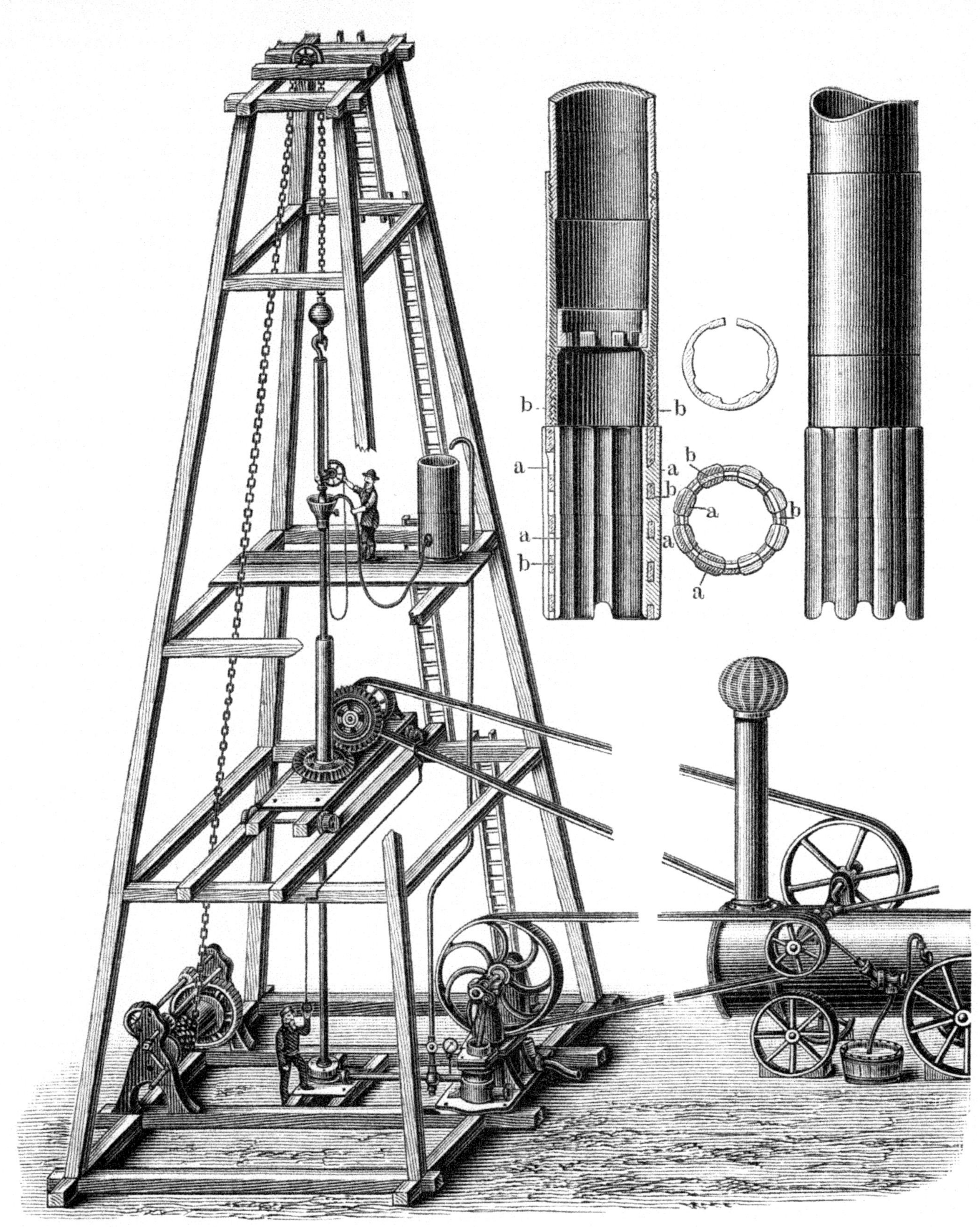

Erdöl-Bohranlage
aus dem letzten Drittel des 19. Jhds.

Erdöl im Altertum

- Sumer
- Gilgamesch
- Bibel
- Babylon
- Überlieferungen aus der Antike
- Araber

Der wohl älteste uns bekannte Kulturkreis von hoher Entwicklung ist der der Sumerer, die vom 4. bis 1. Jahrtausend v. Chr. das südliche Mesopotamien besiedelten. Das Herrschaftsgebiet reichte vom Persischen Golf bis gegen das spätere Babylon, wobei die Herkunft der Sumerer noch ungeklärt ist. Ihre größte kulturelle Leistung war die Erfindung der Keilschrift. Sie benutzten Bitumen und Sand schon als Mörtel und Asphalt als Bodenisolierung. Hatten sie es doch nicht nötig, das Erdöl auf schwierige Art zu gewinnen, im Zweistromland trat es an vielen Stellen aus Erdspalten und –rissen und sammelte sich in kleinen Tümpeln und Seen, es brauchte nur abgeschöpft zu werden.

Aus dieser Zeit stammt das Epos vom Gilgamesch, das erste Werk der Weltliteratur, in Keilschrift auf Tontafeln geschrieben, in dem auch über die große Flutkatastrophe, die Sintflut berichtet wird und zeitlich deutlich früher als im Alten Testament. Ein Auserwählter baut ein Schiff, um *„jetzt allerlei Lebenssamen zu retten"*. Das Schiff wird außen und innen mit Bitumen gestrichen und abgedichtet, wobei wir hier zum ersten Mal erfahren, dass ein Erdölprodukt handwerklich genutzt wird. Den Sumerern muss ein Zusammenhang zwischen Erdöl und Bitumen bereits bekannt gewesen sein, da sie ein leichtes Erdöl und das schwerere Bitumen unterschieden.

Bedeutend später berichtet die Bibel im Alten Testament über die Sintflut. Im Buch Moses spricht Gott zu Noah: *„Mache Dir einen Kasten von Tannenholz und mache Kammern darin und verpiche ihn mit Pech innen und außen"*. Wenn man heute annimmt, dass die Flutkatastrophe damals um etwa 4.000 v. Chr. tatsächlich stattgefunden hat, so geht aus den Überlieferungen eindeutig hervor, dass Bitumen nicht nur bekannt war, sondern auch genutzt wurde, in diesem Falle als Dichtmasse. Die Bibel erzählt auch, dass das Schilfkästchen, in dem Moses ausgesetzt wurde, mit Erdpech vor dem Eindringen des Wassers geschützt war.

Noah' s Arche,
Edward Hicks 1846

Sumer, Gilgamesch, Bibel, Babylon

Die Ruinen Babylons sprechen eine beredte Sprache über die Verwendung von Erdöl und Bitumen. Da Babylon aus dem Land Sumer und dem Land Akkad hervorging, war den Bewohnern die Erdölindustrie nichts Unbekanntes, sie übernahmen sie und benutzten die Produkte als Baustoffe zur Isolierung, zur Dichtung und zum Anstrich. Bitumen diente in Verbindung mit Sand und Kies als Mörtel, es wurden Prachtstraßen damit gebaut, Bäder, Kanalisationen und Sickerschächte damit isoliert bzw. abgedichtet und Türen damit gestrichen, zur Isolierung bzw. Konservierung des Holzes.

Zu der Zeit dürften flüssige Erdölprodukte auch zur Beleuchtung genutzt worden sein, und zwar in oben offenen rohrförmigen Behältern von unterschiedlichem Durchmesser, die mit leichten Ölen gefüllt wurden und als Fackel dienten. Ob diese leichten Erdöle auch in Schalen-Lampen mit Docht gebrannt wurden ist nicht bekannt. Es erscheint eher unwahrscheinlich, denn die dünnflüssigen Öle enthalten viele leicht flüchtige Anteile, die unschwer Feuer fangen und die ganze Schale in Brand setzen können. Die Flamme würde nicht nur auf den Docht beschränkt bleiben, sie würde die gesamte Flüssigkeitsoberfläche mit Sicherheit in Brand setzen, sodass eine recht große Flamme entstehen würde. Abgesehen davon darf nicht vergessen werden, dass brennendes Erdöl, in welcher Form auch immer, ungeheuer viel Qualm und Ruß erzeugt.

Im alten Ägypten gab es keine Erdölquellen, es fanden sich nur einzelne Sickerstellen an der Westküste des Roten Meeres, aus denen geringe Mengen Erdöl gewonnen und in der Umgebung der Fundstellen zu Beleuchtungszwecken verwendet wurden. Das Erdöl wurde im Wesentlichen importiert. Erst im 16. Jhd. vor Chr. (18. Dynastie 1555 v. Chr.) wurden die Leinenbinden der Mumien mit Bitumen präpariert, der Beginn der Verwendung von Erdölprodukten zur Mumifizierung.

Überlieferungen aus der Antike

Bei den griechischen und römischen Schriftstellern von Herodot bis Plinius finden sich zahlreiche Hinweise auf Bitumen und Erdöl. Ersterer beschreibt die Anwendungstechniken in Babylon im Baugewerbe, die Gewinnungsmethoden leichterer Erdöle in Persien, im Verein mit Salzsohle und auch der schwereren Öle, die mit einem Schlauch statt eines Eimers aus dem Brunnen gezogen wurden. Er erwähnt auch die Guffah, flache, kreisrunde aus Pflanzenfasern geflochtene Boote, die mit Bitumen abgedichtet wurden. Der griechische Geschichtsschreiber Diodor (1. Jhd. v. Chr.) beschreibt ausführlich das Tote Meer, den Lacus Asphaltides, in dem Lebewesen wegen des großen Salz- und Bitumen-Gehaltes trotz des Süßwasserzuflusses aus einigen Flüssen nicht existieren können. Er schildert die inmitten des Sees schwimmenden anfänglich ganz weichen, später an der Oberfläche fest werdenden Bitumen-Inseln und den furchtbaren Gestank, der vom Wind ins Land getrieben wird und alle Metalle, ausgenommen Gold, an der Oberfläche „rostig" werden lässt.

Vom römischen Dichter Vergil (70 – 19 v. Chr.) hören wir über die Anwendung von Bitumen gegen Krätze als äußere Therapie und innerlich durch Schlucken des Bitumens gegen Darmkatarrh. Es findet Verwendung als Schädlingsbekämpfungsmittel und von zähen Bitumina als Fliegenfänger und als besonderen Clou

die äußere Behandlung von Hühnern mit Erdölprodukten und Kräutern, wonach sie größere Eier legen sollen.

Sowohl Plinius der Ältere (24 – 79 n. Chr.), Historiker, als auch Plinius der Jüngere (62 – 113 n. Chr.), römischer Politiker, schreiben ausführlich über Vorkommen, Gewinnung und Anwendung von Erdöl und Bitumen, wobei Letzterer berichtet, dass zu jener Zeit in Rom der Bedarf an Leuchtölen sehr groß und durch Olivenöl nicht ganz zu decken gewesen sei, weshalb leichtere Erdölprodukte aus Kleinasien nach Rom hätten eingeführt werden müssen. Er gibt Naphtha als üblichen Lampenbrennstoff an. Er erwähnt auch, dass man Naphtha wegen seiner leichten Entzündbarkeit mit Pech verfälscht habe. Damit wurde der Flammpunkt insgesamt etwas heraufgesetzt und die leichte Entzündbarkeit wurde gemindert.

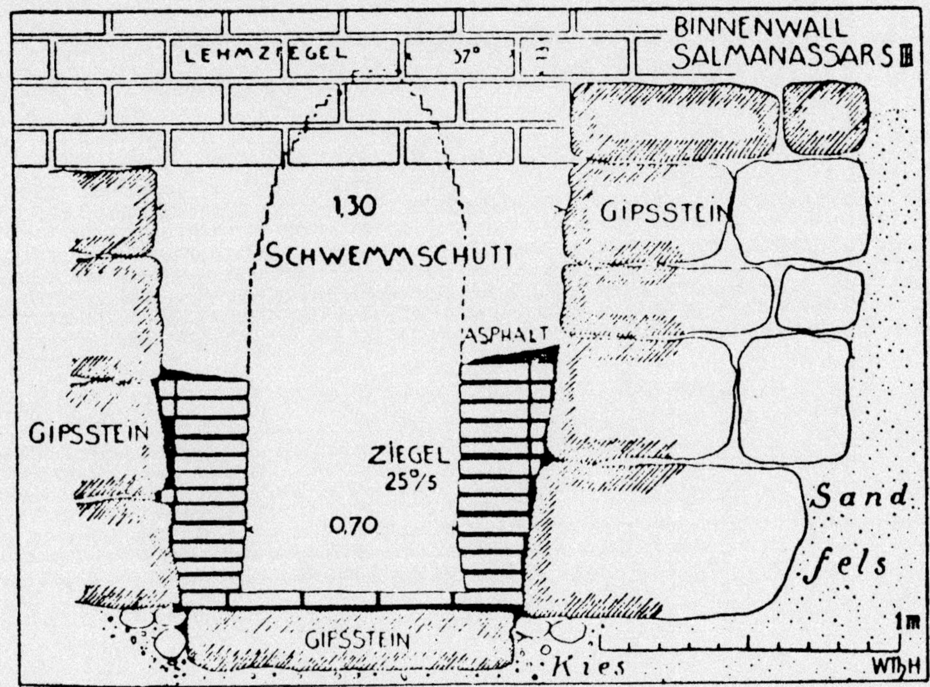

Abwasserkanal in Assur, Abdichtung mit Bitumen

Es besteht jetzt wohl kein Zweifel mehr, dass in der Antike überall dort, wo Erdöl oberflächlich in sog. Ausbissen oder Sickerstellen auftritt, deren es in Kleinasien reichlich gab, Erdöl zur Beleuchtung ohne vorherige Bearbeitung genutzt wurde. Plinius der Jüngere überliefert, dass Naphtha als Lampenbrennstoff üblich gewesen sei, vor allem die leichteren Öle. Es wird ferner berichtet, dass in den höheren Kreisen in Rom die Zahl der Lampen zunahm und es üblich war, die Lampen abends nicht zu löschen, sondern aus Glaubensgründen ausbrennen zu

lassen. Der Bedarf an Leuchtölen stieg natürlich im Laufe der Zeit erheblich an, was zu Engpässen führte. Um den großen Bedarf an Leuchtöl zu decken, wurde leichtflüssiges (niederviskoses) Naphtha aus Kleinasien eingeführt.

Aristoteles (384 – 322 v. Chr.) bekanntester griechischer Philosoph, schreibt, dass große Mengen an brennbaren Ölen aus dem Boden Persiens austreten und in kleineren Mengen auch aus dem Boden Siziliens.

Dioscurides (1. Jh. nach Chr.), römischer Militärarzt und bedeutender Pharmakologe, schreibt über ein flüssiges Bitumen in Acragantium (Acrigent) auf Sizilien, welches an Stelle des Olivenöles in Lampen gebrannt wird. Die Bevölkerung nannte diesen Brennstoff „Sizilianisches Öl".

Strabo (etwa 63 vor bis 23 n. Chr. griechischer Geograph und Historiker, berichtet über den Transport von Erdöl von Babylon nach Ägypten, wo es zu Mumifizie-

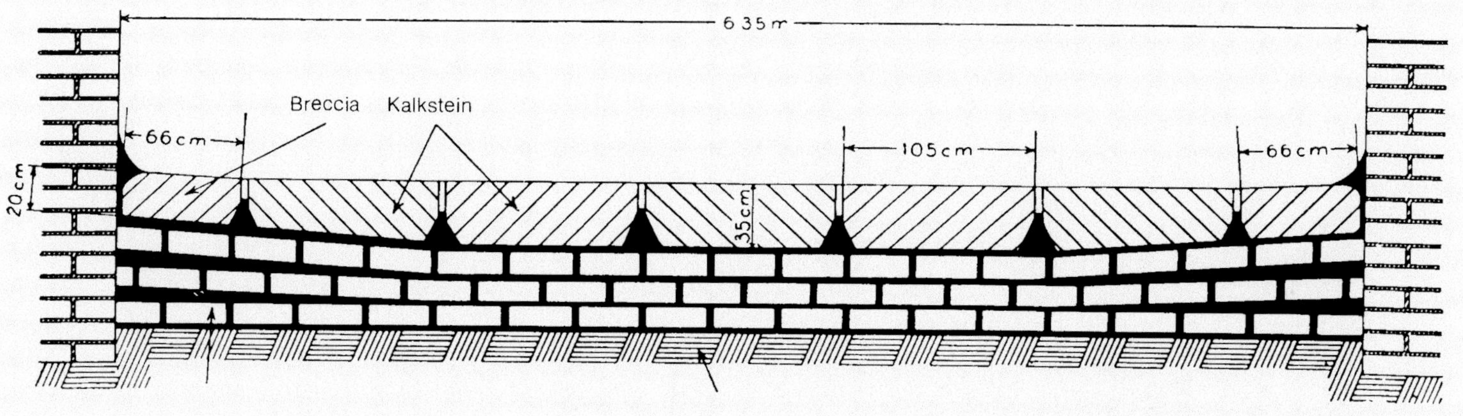

Prozessionsstraße im alten Babylon, Straßenbelag mit Bitumen

rungszwecken gebraucht wurde. Er beschreibt weiter, dass in Babylon Erdöl zur Straßenbeleuchtung verwandt wird, und er erwähnt auch, dass sich zähflüssiger Asphalt durch Vermischen mit Olivenöl weich machen lässt.

In diesem Zusammenhang ist es auch ganz interessant, eine Methode zu erwähnen, über die Plinius berichtet, die leichter flüchtigen Anteile des Erdöles von den schwer flüchtigen zu trennen im Sinne einer primitiven Destillation. Man erhitzte Erdöl in Kesseln, über denen Tierfelle ausgespannt waren, in deren Haaren die leicht flüchtigen Anteile des Erdöles kondensierten und anschließend durch auswringen der Felle gewonnen wurden.

Araber

Durch Mohammeds Einführung des Islam wurde die arabische Welt geeint und zentralisiert. Das brachte der arabischen Welt deutliche Erfolge in Politik, Kultur und Wissenschaft, deren Höhepunkte zwischen 900 bis 1400 n. Chr. lagen.

Interessanterweise gelang es den Arabern Destillationstechniken zu entwickeln, die im Prinzip heute noch gültig sind und in ähnlicher Weise angewandt werden. Die Destillationsgeräte waren in der Regel aus Ton, Steinzeug und später aus Glas, sie waren mit Aufsätzen und Vorlagen bestückt, in denen die Dämpfe kondensierten und über Abläufe aufgefangen wurden. Als Kühlmittel dienten nasse Tücher und Schwämme. Die Destillationsgefäße wurden entweder direkt durch ein Kohlenfeuer oder aber in einem Wasserbad erhitzt und die Leitungen wurden mit Lehm oder Kitt abgedichtet. In der Umgebung von Damaskus sollen schon um 950 n. Chr. die ersten Destillationsanlagen eingerichtet worden sein, die im Wesentlichen auf Naphtha destillierten, das als Leuchtöl diente. Schon 300 n. Chr. bezeichneten die Araber mit Naphtha vorwiegend die leichten Erdölfraktionen und nicht nur die Rohöle.

Es ist bemerkenswert, dass in mehreren Ländern Europas bereits vor der Neuzeit und auch der frühen Neuzeit Erdöl an einzelnen kleineren Fundorten gefördert und auch destilliert wurde. Die Quellen bei Agrigent auf Sizilien, oben erwähnt, wurden schon in der Antike von den Römern genutzt. Um 1650 wird über Erdöl bei Modena berichtet. Später kamen am Jano in Norditalien, Ferrara und Piacenza dazu. Bereits aus Modena ist bekannt, dass man in kupfernen Apparaten auf Leuchtöl destillierte bzw. weiße Öle herstellte, also Destillate aus der Benzin- und Petroleumreihe. Vor dem Einsetzen der großen Ölflut im 19. Jhd. gab es in Europa also schon kleinere Betriebe, die Erdöl vorwiegend auf Leuchtöl verarbeiteten.

Über die Geschichte des Erdöles in alten Kulturen und im Altertum ließe sich noch viel Interessantes berichten, vor allem auch aus China und Indien. Im Rahmen dieser Arbeit erscheint es jedoch sinnvoll, sich mit der Geschichte der Erdölverarbeitung in einigen Ländern zu befassen, die wesentlich zur Weiterentwicklung des Leuchtöles aus Erdöl beigetragen haben.

Erdöl in den USA

- Prof. Silliman sen.
- Kohlenöl-Industrie in Amerika
- Prof. Silliman jun.
- Die Erfindung der Petroleumlampe

In den Vereinigten Staaten soll im Jahre 1627 das erste Mal über Erdölvorkommen berichtet worden sein, durch den französischen Missionar Joseph de la Roche d'Allion, der eine Quelle in Kuba im Sharp du York beschrieb. Aus der Mitte des 18. Jhds. ist bekannt, dass die Seneca-Indianer das Öl seit langen Zeiten zu ihren Zeremonien bei Anbetung des Großen Geistes verwenden, in dem sie das Öl auf dem Wasser eines Flusses schwimmend entzünden, um damit der Verehrung einen besonderen Ausdruck zu verleihen. Gleichzeitig benutzten und verkauften die Indianer das Erdöl auch als Heilmittel. Das „Seneca-Öl" wurde als Heilmittel gegen Rheuma, Verstauchungen, Brandwunden und auch Husten empfohlen. Bereits 1792 wurde Indianisch-French-Creek-Seneca-Spring-Oil in Philadelphia als vortreffliches und bewährtes Medikament angepriesen und verkauft.

„Nicht nur für Menschen, nein, dieses Öl ist auch für Pferde und Rindvieh vortrefflich heilsam, vor allerlei Verwundungen, Verrenkungen, Geschwulsten und dergleichen Zufällen mehr".

Neben diesen an der Erdoberfläche gefundenen bzw. gewonnenen Ölen nächst dem Seneca-See und im Alleghany-County fanden sich Öl-Beimengungen bei der Sohle-Gewinnung zur Herstellung von Speisesalz in Pennsylvanien. Dort traten neben der Sohle in bestimmten Zeitabständen Gase und flüssige Erdöle aus, wodurch das Salz ungenießbar wurde. Schon 1814 war diese Beeinträchtigung, die ja auch einen erheblichen geschäftlichen Nachteil mit sich brachte, sehr lästig geworden, *„Öl war eine Plage"*.

Der Apotheker Samuel M. Kier aus Pittsburgh verkaufte 1850 *„Petroleum or Rockoil"* als Medikament, wirksam gegen fast alle Krankheiten, ließ das Öl aber schon bald analysieren und auf seine Brauchbarkeit als Leuchtmaterial prüfen, mit positivem Ergebnis. Zwischenzeitlich destillierte er das Rockoil selbst und verkaufte es für 1 bis 1,5 Dollar pro Gallone, wozu er auch noch eine taugliche Lampe geliefert haben soll. Kier soll sein Destillat Carbonoil genannt haben.

Prof. Benjamin Silliman sen.

Um 1830 bereist Prof. Benjamin Silliman sen., 1779 – 1864 Prof. der Chemie am Yale College in New York, die Öl-Distrikte Pennsylvaniens. Er destillierte das Erdöl in einer Glasretorte und erhielt als Destillat *„eine Naphtha von lichtstrohgelber Farbe"*. Der Geologe Dr. Hildreth, der ihn begleitete, hat wohl den Wert des Steinöls vorausgesehen und schrieb zur gleichen Zeit, dass das Öl dort, wo es reichlich vorkommt, statt Spermaceti in Lampen gebrannt wird und ein glänzendes Licht gibt, begleitet jedoch von einem starken Geruch, der durch Holzkohle-Filtration sehr gemildert werden konnte. Im Jahre 1833 scheint Silliman sen.

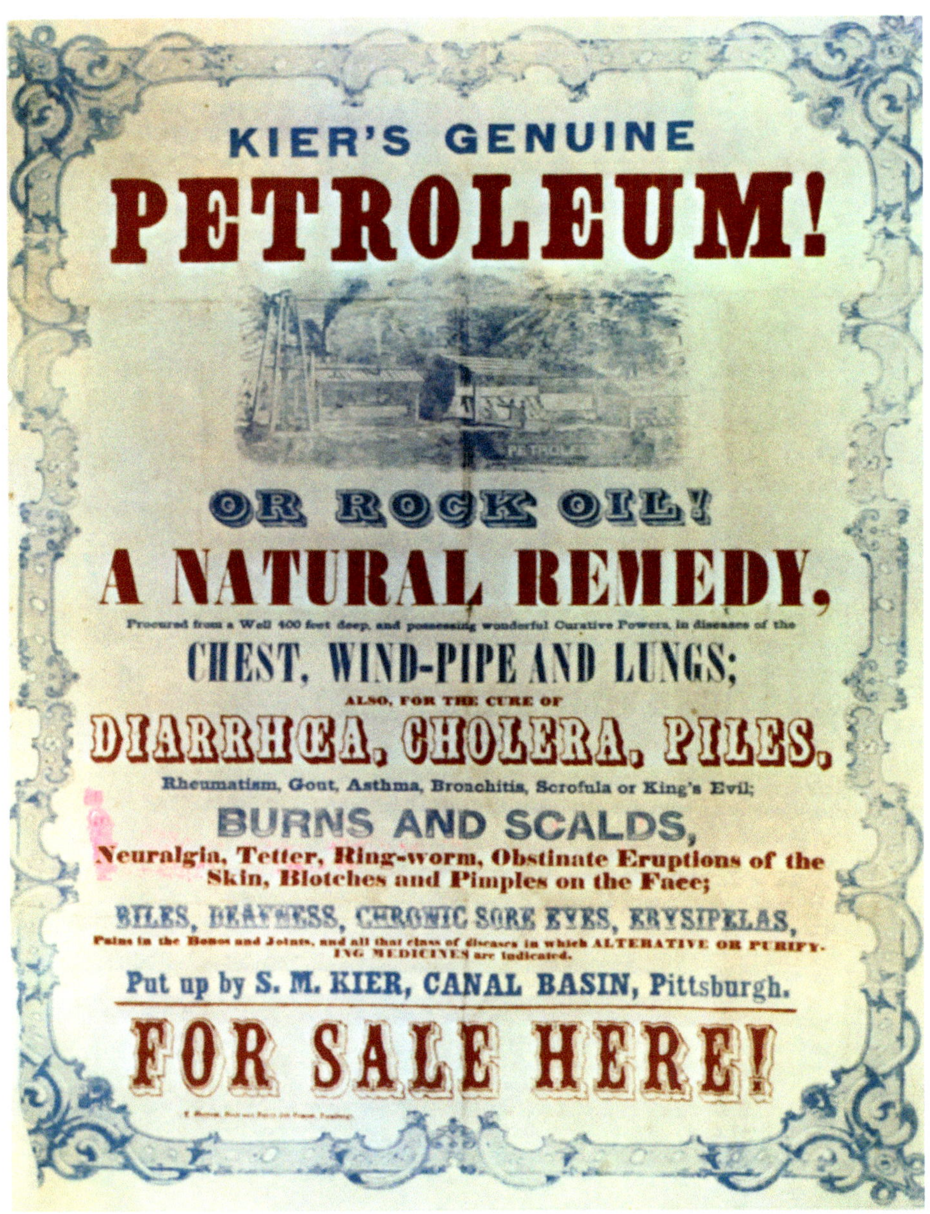

Reklame des Apothekers Samuel Kier für das von ihm als Medikament verkaufte Rock Oil, Pittsburgh, USA, 1850

das Rohöl labormäßig weiter destilliert und auch als Leuchtöl genutzt zu haben. Der ursprüngliche Zweck der Destillationsversuche Sillimans war der, einen Stoff zu finden, der zur Aufbewahrung von Natrium und Kalium geeignet war, um es vor Oxidation durch den Luftsauerstoff zu schützen. Dass dieser Stoff, den er gefunden hatte, gleichzeitig als ausgezeichnetes Leuchtöl dienen konnte, ist ihm wohl erst später klar geworden. Denn sowohl die Allgemeinheit als auch die Industrie nahmen relativ wenig Notiz von den neuen Entwicklungen.

Die Kohlenöl-Industrie in Amerika

Bohrtürme am Oil-Creek

Zwischen 1840 und 1850 boomte in Amerika die Kohlenöl-Industrie und sie erreichte ihren Höhepunkt zwischen 1850 und 1860. Da man noch nicht in der Lage war, das Destillat aus Erdöl so zu raffinieren, dass der üble Geruch erträglich wurde, war man zunächst noch zurückhaltend. Im Übrigen war zu der Zeit auch noch nicht genug Erdöl greifbar, da es sich immer noch um Oberflächen-Öl handelte. In der Hauptsache wurden die Brennöle aus Boghead- und Cannelkohle, die aus Schottland eingeführt wurde, hergestellt. Der Schotte James Young hatte ein neues Verfahren zur Destillation der Leuchtöle aus Kohle entwickelt und bekam 1850 ein englisches und 1852 ein amerikanisches Patent auf seine Verfahren. Young ist auch der Begründer der fabrikmäßigen Herstellung von Paraffin, nachdem Karl Freiherr von Reichenbach (1788 – 1869), österreichischer Chemiker, das Paraffin im Jahr 1830 im Buchenholzteer entdeckt hatte.

Prof. Benjamin Silliman jun.

Selbst im Jahre 1856 wurde das Leuchtöl in Amerika fast ausschließlich aus schottischer Steinkohle hergestellt, da die Erstehungskosten für Erdöl relativ hoch und die Qualität der daraus gewonnenen Leuchtöle noch zu schlecht waren. Die Brennöle aus Erdöl waren zu wenig raffiniert. Außer dem bereits oben erwähnten störenden Geruch und dem Qualmen während des Brennens, war das Brennöl leicht entzündlich und es ging in seiner Leuchtkraft sehr schnell zurück. Um dem abzuhelfen, verschnitt man die Erdöldestillate mit Coal Oil oder Harzöl, wodurch eine wesentliche Verbesserung der Qualität jedoch nicht erreicht werden konnte.

Auch durch das Gutachten von Prof. Benjamin Silliman jun., (1816 – 1885), über Petroleum konnte sich die Gesamtsituation kurzfristig nicht ändern. Silliman jun. war wie sein Vater Professor der Chemie am Yale College in New York und erhielt von einigen Geschäftsleuten eine Probe Steinöl aus dem Venango County zur Untersuchung auf seinen wirtschaftlichen Wert. Er erstellte das Gutachten unter dem 16.04.1855.

Anhang I.

Professor Sillimans Gutachten über Petroleum [1]).

Herren Eveleth, Bissel und Reed.

Meine Herren! Im nachfolgenden teile ich Ihnen die Resultate meiner etwas ausführlichen Untersuchungen über das Steinöl oder Petroleum von Venango County, Pennsylvanien, mit, welches Sie mir zur Untersuchung auf seinen wirtschaftlichen Wert übermittelt haben.

Tabelle der Leuchtkraft verschiedener künstlicher Lichtquellen, verglichen mit Judds Patentkerzen als Einheit.

Lichtquelle	Verhältnis zur Kerze 1
Gas in einer schottischen Fischschwanzlampe, Konsum 4 Kubikfuß per Stunde	1 : 5,4
Gas in einer schottischen Fischschwanzlampe, Konsum 6 Kubikfuß per Stunde	1 : 7,55
Gas in einer Korneliuslampe, Konsum 6 Kubikfuß per Stunde . .	1 : 6,3
Gas im engl. Argandbrenner, Konsum 10 Kubikfuß per Stunde. .	1 : 16
Ein Steinölbrenner in einer Kamphenlampe mit einzölligem Docht bei einem Verbrauch von 1¾ Unzen Flüssigkeit per Stunde . .	1 : 8,1
Carcels mechanische Lampe mit bestem Walratöl 2 Unzen Flüssigkeit per Stunde, ⅞ Zoll Dochtstärke	1 : 7,5
Carcels mechanische Lampe mit Kolzaöl, 2 Unzen Flüssigkeit per Stunde, ⅞ Zoll Dochtstärke	1 : 7,5
Kamphenlampe (von der gleichen Größe wie die Steinöllampe oben) bei einem Verbrauch von 4 Unzen besten Kamphens per Stunde	1 : 11
Diamond Light Lamp, mit 1½ Zoll Docht, per Stunde 4 Unzen Sylvicöl konsumierend	1 : 8,1.

Aus dieser Tabelle ist ersichtlich, daß die Leuchtkraft der Steinöllampe die der Carcellampe gleicher Größe, welche das teuerste aller Öle brennt, etwas übertrifft. Ebenso war sie der Diamondlampe von der um die Hälfte größeren Leuchtkraft gleich, und daher, auf eine Lampe gleicher Leuchtkraft zurückgerechnet, derselben überlegen. Die Kamphenlampe übertrifft sie ferner um ein Fünftel, aber andererseits übertrifft die Steinöllampe die Kamphenlampe um mehr als die Hälfte, wenn man den Konsum berücksichtigt, d. h. sie verbraucht dem Volumen nach nicht die Hälfte soviel und brennt konstanter. Verglichen mit dem Sylvicöl und Walratöl gab das Steinöl auf dem Milchglasdiaphragma das weißeste Licht, während andererseits das Kamphenlicht weißer als das Steinöllicht war. Durch Verwendung von Schirmen aus verschieden gefärbtem Glas wurden alle Farbenungleichheiten bei Verwendung des Photometers kompensiert, so daß die Intensität des Lichtes genau verglichen werden konnte. Mit Gas verglichen, gab das Steinöl mehr Licht als irgendein Brenner, ausgenommen den kostspieligen Argandbrenner, der 10 Kubikfuß Gas per Stunde verbraucht. Um die Kosten der verschiedenen Materialien miteinander vergleichen zu können, sei der Preis der verschiedenen Leuchtmaterialien, der allerdings an verschiedenen Orten schwankt, angegeben. So kostet in Newhaven Gas 4 Doll. per 1000 Kubikfuß, in New York 3,50 Doll., in Philadelphia 2 Doll. und in Boston ungefähr dasselbe. Walratöl, wie wir es benutzen, kostete 2,50 Doll. die Gallone, Kolzaöl ca. 2 Doll., Sylvicöl ca. 50 Cents und Kamphen 68 Cents, wohingegen für das rektifizierte Steinöl kein Preis angesetzt worden ist.

Resümee. Resümierend, meine Herren, finde ich Ursache genug zur Ermutigung, in der Überzeugung, daß Ihre Gesellschaft ein Rohmaterial besitzt, aus dem sich durch ein einfaches und nicht kostspieliges Verfahren sehr wertvolle Produkte herstellen lassen werden. Es ist bemerkenswert, daß nach meinen Versuchen nahezu die ganze Menge des Rohmaterials ohne Verlust verarbeitet werden kann, und dies allein durch ein wohl durchgeführtes Verfahren, welches praktisch eines der einfachsten aller chemischen Verfahren darstellt. Vorschläge praktischer Natur im Hinblick auf die Ökonomie ihrer Fabrikation, falls Sie bereit sein werden, eine solche aufzunehmen, werde ich mit Vergnügen machen, sofern mich die Gesellschaft um dieselben angeht.

Inzwischen verbleibe ich, meine Herren, als Ihr gehorsamster Diener

B. Silliman jun.,
Professor der Chemie am Yale College.

New York, 16. April 1855.

Ausschnitte aus dem Gutachten über Petroleum von Prof. Silliman jun. vom 16.04.1855

Da Silliman jun. den Verdacht hatte, dass das Rohprodukt aus verschiedenen Kohlenwasserstoffen mit unterschiedlichen Siedepunkten besteht, unterzog er das Rohöl einer fraktionierten Destillation. Das heißt, er destillierte mit langsam steigender Temperatur sowohl in einem Wasserbad als auch in einem Leinölbad und konnte so eine Mischung unterschiedlich hoch siedender Anteile voneinander trennen und die einzelnen Fraktionen getrennt auffangen und untersuchen. Die Fraktionierung erfolgte in einem Temperaturbereich von 100 – 270 °C, gerade dem Bereich der Leuchtöle, wobei noch bei 100 °C Schwer-Benzine mit übergehen.

Er stellte fest, dass die Öle keinen Sauerstoff enthalten und dass die Destillate bei steigendem Siedepunkt auch steigende Dichten aufweisen. Er fragte sich, ob die erhaltenen Öle einfach durch den Destillationsprozess voneinander getrennt worden waren oder ob sie nicht erst durch die Hitze während des Destillationsprozesses entstanden waren, in Form einer Änderung der Konstitution; ein früher Hinweis auf den später Routine werdenden Crack-Prozess.

Das Hauptaugenmerk bei der Untersuchung der einzelnen Fraktionen lag aber auch auf der Verwendbarkeit als Leuchtöl, wobei ein recht großer Prozentsatz der Destillate als brauchbar angesehen wurde. Silliman fand nur eine einzige Lampe, in der das Öl mit Erfolg gebrannt werden konnte, das war die Camphin-Lampe (Lampe für rektifiziertes Terpentin), eine Lampe mit Brandscheibe (Deflektor).

Erfahrene, unabhängige Lampenfabrikanten bestätigten die Qualität des Lichtes, der Ölverbrauch war ökonomischer und die Gleichmäßigkeit des Lichtes war größer als bei Camphin. Da die Petroleum brennende Lampe 12 Stunden ohne merklichen Helligkeitsverlust und rauchlos brannte, dürfte Silliman eine sehr exakte Fraktionierung durchgeführt haben. Anhand photometrischer Messungen wurde das Petroleumlicht, welches durch einen Steinöl-Brenner in einer Camphin-Lampe erzeugt wurde, mit den seinerzeit üblichen Beleuchtungsmitteln verglichen, so mit Walratöl, Colza-Öl, Camphin und Gas. Es konnte festgestellt werden, dass das Camphin-Licht dem Steinöl nicht in der Leuchtkraft überlegen war, andererseits war der Verbrauch an Petroleum um mehr als 50 % niedriger im Vergleich zu Camphin, und die Flamme gab ein deutlich konstanteres Licht.

Letztlich urteilte Prof. Silliman jun.: *„Ich muss nur meine Genugtuung über den Ausfall dieser fotometrischen Versuche wiederholt betonen, da sie bewiesen haben, dass das Öl einen viel höheren Wert als Leuchtmaterial besitzt als ich dies im Voraus zu hoffen gewagt hatte"*, an anderer Stelle: *„Das es sich um ein Rohmaterial handelt, aus dem sich durch ein einfaches und nicht kostspieliges Verfahren sehr wertvolle Stoffe herstellen lassen werden"*, womit er wahrlich recht behalten sollte.

Prof. Silliman spricht in seinem Gutachten beim fotometrischen Vergleich der einzelnen Lampen von einem Steinöl-Brenner in einer Camphin-Lampe, den er für seine Versuche einsetzte. Dabei dürfte es sich um einen Flach-Brenner gehandelt haben, denn der war zu der Zeit bereits im Handel. Er erwähnte aber mit keinem Wort, dass dieser Brenner von ihm entwickelt worden sei. Andererseits nennt er ausdrücklich das verbesserte Fotometer, welches er für diese Versuche speziell entwickelt hatte. Von der Konstruktion einer Lampe spricht er nicht.

Bohrtürme in Nordamerika

Die Erfindung der Petroleum-Lampe

Nun scheint auf Grund dieses Gutachtens irgendwer, irgendwann den Schluss gezogen zu haben, Prof. Silliman jun. habe die Petroleumlampe erfunden. Dieser Behauptung begegnet man mit einzelnen Ausnahmen in der gesamten diesbezüglichen Literatur auf Schritt und Tritt, auch in wissenschaftlichen Abhandlungen und vor allem in namhaften Nachschlagewerken, von denen eine gewisse Genauigkeit verlangt werden sollte. Sowohl auf Grund des Gutachtens als auch auf Grund intensiver Nachforschungen in alten Veröffentlichungen besteht nicht der geringste Hinweis darauf, dass Silliman eine Lampe erfunden hat. Er konnte sie gar nicht erfinden, denn zu der Zeit, in der sein Gutachten erschien, brannten bereits

seit langer Zeit in unterschiedlichster Form an den verschiedensten Orten der Erde mit mehr oder weniger Erfolg Lampen, gespeist mit den unterschiedlichsten Erdöl-Destillaten, mehr oder weniger lichtspendend!

Ist denn nun die Petroleumlampe überhaupt erfunden worden oder existierte sie nicht schon längst in irgendeiner Form, die wir nicht kennen? Es muss wohl so gewesen sein, denn Naphtha wurde überall dort, wo die leichten Öle direkt gewonnen wurden oder schwerere destilliert werden mussten, zur Beleuchtung genutzt. Silliman sagt eindeutig, dass die meisten Destillate am besten in der Camphin-Lampe brennen, und die war zu der Zeit auch schon etliche Jahre alt, war aber fast so konstruiert wie unsere späteren Petroleumbrenner. Mir erscheint es sinnvoll, bei der Petroleumlampe grundsätzlich nicht von einer Erfindung zu reden, sondern eher von einer Entwicklung. Zusätzlich scheint es sinnvoll, nicht von einer Lampen- sondern von einer Brenner-Entwicklung zu sprechen, denn der Brennstoffbehälter war ja vorhanden, und auch der Flachbrenner und vor allem der Argand-Brenner waren bereits erfunden. Sie mussten nur geringfügig geändert werden, damit dem Leuchtöl, welches ja keinen Sauerstoff enthielt, genügend Luft von außen der Verbrennung zugeführt werden konnte. Wenn man sich diese Tatsache klarmacht und sich dann noch etwas mit der entsprechenden Literatur befasst, dann dürften der lange schwelende Streit und der Anspruch auf die Erfindung der Petroleumlampe müßig sein. Die Petroleumlampe wurde nicht erfunden, weder in den USA, noch in Polen und schon gar nicht in Deutschland.

Trotz des Silliman'schen Gutachtens tat man sich in Amerika zunächst noch schwer mit der Einführung des Petroleums als Leuchtmittel. Einerseits waren die Produktionskosten immer noch relativ hoch, und andererseits war die Qualität des Leuchtpetroleums nach wie vor schlecht, sodass man lieber Coal Oil brannte. Zu einer Wende kam es dann doch, nachdem Colonel Edwin L. Drake (1819 – 1880), am 27.08.1859 als erster am Oil Creek in Titusville in Pennsylvanien in 21 Meter Tiefe eine Erdölquelle erbohrte, die in den ersten Tagen zehn Barrel pro Tag lieferte. Dieser Tag war der Geburtstag der amerikanischen Erdölindustrie. Er löste ein wahres Ölfieber aus, mit der Folge, dass überall mit Erfolg gebohrt und so viel Erdöl produziert wurde, dass der Preis deutlich sank. Jetzt stellten sich auch die zahlreichen Fabriken an der Westküste, in denen Kohlenöl destilliert wurde, um und verarbeiteten Erdöl, und es gelang ihnen endlich auch durch Einführung neuer Raffinationsmethoden, ein brauchbares Leuchtöl herzustellen.

Hochschiessende, unter Druck
stehende Erdölfontäne,
Zeitungsdruck, 19. Jhd.

Erdöl in Galizien

– Josef Hecker
– Ignaz Lukasiewicz

In Galizien, das Anfang des 19. Jhds. zur K.u.K-Donau-Monarchie gehörte, scheint das Erdöl ebenfalls schon länger bekannt gewesen zu sein. Im Jahre 1506 wird Erdbalsam erwähnt und Gasquellen am Fuße der Karpaten waren schon seit 1721 bekannt. Ende des 18. Jhds. war Erdöl ein gängiger Bedarfsartikel und es werden etliche Verwendungsarten genannt. So wurde Erdöl zum Kochen benutzt, als Lösungsmittel für Ölfarben, zur Behandlung der Krätzemilben und als Wagenschmiere. Der Preis für ein Barrel Rohöl lag um diese Zeit bei 14 fl. 61 kr. (österreichische Währung), während in Pennsylvanien Anfang des 19. Jhds. für ein Barrel Erdöl 1.343 fl. 50 kr. bezahlt wurden. Während in den USA das Erdöl noch mehr als Kuriosum angesehen wurde, war es in Galizien ein weit verbreiteter Bedarfsartikel für häusliche Zwecke.

Josef Hecker

Seit 1810 gewannen der kaiserliche Salinenkontrolleur Josef Hecker aus Prag und sein Mitarbeiter Johann Mitis bei Truskawiecz Bergöl und destillierten dieses in kupfernen Branntweinkesseln auf Naphtha (Leuchtöl) und Schmieröl. Man geht nicht fehl in der Annahme, dass Hecker und Mitis in der Neuzeit die ersten waren, die Erdöl kleinfabrikmäßig, aber in schon recht großer Quantität, zu Leuchtöl destillierten. Die von Hecker 1816 angestellten Beleuchtungsversuche vor der hohen Hofkammer im Münz- und Bergwesen in Wien und die öffentlichen Beleuchtungsversuche in Prag erhielten großen Beifall. Nach der günstigen Probebeleuchtung schloss der Magistrat der Stadt Prag 1816 einen Vertrag auf Lieferung von 300 Zentnern Naphtha zur Straßenbeleuchtung. Das Ratsprotokoll spricht von einer namhaften Einsparung gegen die Kosten des Leinöls und der Dochte, die deutlich kleiner sein konnten, ein doppelt so helles Licht gaben, wobei man sich das Putzen der Dochte gänzlich sparen konnte. In Folge widriger Umstände konnte der Vertrag nicht erfüllt werden, was den Produzenten ruinierte und die galizische Erdölindustrie für lange Zeit lahmlegte.

Ignaz Lukasiewicz

Das seinerzeit gewonnene Erdöl oder auch Bergöl wurde insgesamt fast ausschließlich auf Stiefel- und Wagenschmiere verarbeitet. Dazu wurde es in Kesseln erhitzt und eingedampft, wobei die niedrig siedenden Anteile ausgetrieben wurden. Zurück blieben die spezifisch schweren Öle, eben die Schmieröle, während die leichten Öle ungenutzt entwichen. Bei solch einer Tätigkeit entdeckte Abra-

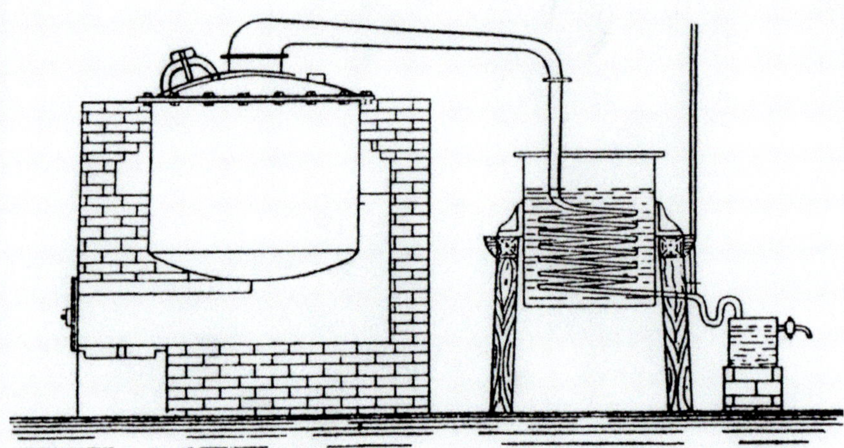

Destillationsanlage nach Mitte 19. Jhd., mit eingemauerter, eiserner Destillationsblase

ham Schreiner im Jahre 1853 innen am Deckel seines Kessels Tropfen eines gelben Öles, welches sich dort kondensiert hatte, und das von Baumwolle aufgesaugt, gut brannte. Eine Probe des Destillates gab er dem Apotheker P. Mikolasch in Lemberg, dessen Provisor Ignaz Lukasiewicz das Destillat analysierte und er identifizierte es als Bergöl. Lukasiewicz erkannte den Wert des Materials und auf der Entdeckung Schreiners aufbauend, destillierte und raffinierte er Erdöl und gilt seitdem als Begründer der galizischen Erdölindustrie. Im Jahre 1853 gelang es ihm, ein Leuchtöl herzustellen, welches leuchtkräftiger war als das gebräuchliche Photogen, welches aus Hamburg teuer importiert werden musste und noch im gleichen Jahr wurde das allgemeine Krankenhaus in Lemberg mit Petroleum von Lukasiewicz beleuchtet.

In Polen ist man mächtig stolz auf eine Petroleumlampe, die Lukasiewicz seinerzeit konstruierte. Es handelt sich bei dieser Lampe um einen einfachen zylindrischen Glasbehälter, mit einem Durchmesser von etwa 5 cm und einer Höhe von 11 cm. Die Lampe hatte einen Vertikalbrenner mit 10 mm Volldocht ohne Dochttrieb. Auf dieses Unterteil wurde das Oberteil, welches die gleiche Form und die gleichen Abmessungen aufwies, aufgeschraubt. Es besaß eine Abdeckung aus Metall, dessen Seiten mit zahlreichen Löchern versehen waren, um den Zug zu gewährleisten, der durch Löcher am unteren Umfang des Oberteils möglich wurde. Technisch handelte es sich um eine sehr einfache Konstruktion, vor allem, wenn man sie mit den oben beschriebenen Schieferöl- und Camphin-Lampen vergleicht, die längst im Gebrauch waren. Im Rahmen der gesamten Entwicklung war diese Lampe den bereits existierenden Flachbrenner-Lampen deutlich unterlegen, und damit kann es auch nicht die erste Petroleumlampe gewesen sein.

Replikat der Petroleumlampe von Ignatz Lukasiewicz, Polen, 1853

Erdöl im Kaukasus

- Feueranbetung in Baku
- Marco Polo
- Jakob Lerche
- Gebrüder Dubinin

Kleiner Feueraltar in Baku

Feueranbetung in Baku

Die Erdölquellen des Kaukasus erstrecken sich vom Nordrand bis zum Südrand des Kaukasus, wobei Baku als der Mittelpunkt angesehen wird. Baku war nicht nur bekannt durch seine Erdölquellen, sondern vor allem auch durch die immer brennenden heiligen Feuer, die schon seit dem 6. Jhd. v. Chr. gebrannt haben sollen und dem Kultus der Feueranbetung in sehr früher Zeit dienten. Angeblich soll Zarathustra, ein Alt-Iranischer Priester, dessen Lebenszeit bis heute nicht eindeutig festliegt, diesen Kultus der Verehrung des ewigen, heiligen Feuers begründet haben, oder aber durch die Baku-Feuer zu diesem Feuerkult angeregt worden sein. Schon vor der Zeitenwende sollen Tausende von Pilgern die Feuertempel auf der Halbinsel Apscheron an der Westküste des Kaspischen Meeres (Gouvernement Baku) besucht haben, um den Feuern ihre Verehrung darzubieten. Diese Feuer wurden aus Erdgasquellen gespeist, das direkt aus dem Boden trat und teilweise durch Röhren in die Tempel geleitet wurde. Die Feuer brannten noch bis Anfang der 80er-Jahre des 19. Jhds., die russische Regierung verbot den Kult 1881.

Feuertempel, Tempel des Feuers, Feueraustritt aus dem Boden in Baku

Marco Polo

Der Venezianer Marco Polo (um 1254 – 1324), venezianischer Händler, der in der 2. Hälfte des 13. Jhds. Innerasien bereiste, berichtete, dass man dort große Brunnen mit Öl fand, was zur Speise unbrauchbar war, sondern als Salbe zur Heilung von Hautkrankheiten und anderen Übeln genutzt wurde. Auch zum Brennen wäre es gut, und die Anwohner nutzten nichts anderes als Brennstoff in ihren Lampen.

Jakob Lerche

Eine interessante Beschreibung lieferte auch Johann Jakob Lerche (1708 – 1780), deutscher Arzt in russischen Diensten, der Baku 1734 besuchte. Er wies darauf hin, dass es einen dicken, schwarzen Nepht (Naphtha) und einen dünnen Nepht gebe, der auf dem Wasser der Brunnen schwimme und in Lampen gebrannt würde. Hören wir, was Lerche selbst dazu schreibt:

„Von dem dicken Rauch des Nephts, sind alle Häuser von Fern schwarz anzusehen. Der Nepht ist auch an sich nicht ungesund: Er wird äußerlich viel gebraucht im Skorbut und Gliederschmerzen; ja ich habe gesehen, dass verschiedene Leute selbigen, in Sonderheit den weißen, anstatt eines Schälchens Branntweins getrunken, wider Stein- und Gliederschmerzen, item in Gonorrhö etc. und sich wohl dabey befunden haben. Ich will kürzlich melden, wie die Einwohner den schwarzen Nepht (denn der weiße ist rarer) anstatt des Holzes gebrauchen. In allen Häusern hat man in den Küchen ein oder zwei steinerne Behältnisse mit Nepht angefüllet, daraus schöpfet man mit eisernen Löffeln, und gießet ihn auf den Heerd unter den Kessel, wo man kochen will, auf den darunter gelegten trockenen Sand oder Erde, und zündet ihn mit Papier oder Stroh an, so brennet er mit einer starken Flamme."

Feuertempel Baku

Lerche war fest davon überzeugt, dass der schwarze Rauch, der aus allen Kaminen quoll, die Pest fernhielt. An keinem Ort in Russland sei die Luft gesünder gewesen.

Was da in den Lampen, den sog. Tscheräks, gebrannt wurde, war ein leichtes Erdöl aus der Petroleumreihe, welches dort aus dem Boden trat, es war kein Destillat. Bei den Tscheräks handelte es sich um einfache Tonschalen mit einem gedrehten Baumwolldocht, die zum Brennen in die landesüblichen Kamine gestellt wurden. Wie das gequalmt haben dürfte, kann man sich leicht vorstellen und ist durch eigene Versuche bewiesen. Dass die Häuser in Baku schwarz vom Rauch gewesen sein sollen, ist ebenfalls denkbar.

Gebrüder Dubinin

Sicher ist, dass die Gebrüder Dubinin ihr erstes Erdöl im Jahre 1823 auf Leuchtöl destillierten. Die Brüder errichteten im Dorfe Mosdok im Nordkaukasus eine Destillationsanlage mit einer eisernen Blase, die 40 Eimer fasste und in einen Ziegelofen eingemauert war. Aus 60 Eimern Erdöl erhielten sie 40 Eimer Destillat, welches nicht mehr weiterverarbeitet, sondern als Leuchtöl nach Nischni-Nowgorod und Moskau verkauft wurde. Der dickflüssige Rückstand diente als Lederpflegemittel und Wagenschmiere. Auch diese Anlage konnte sich auf die Dauer ohne

staatliche Unterstützung nicht halten, der Betrieb wurde eingestellt und bis in die 50er-Jahre tat sich nicht viel in der russischen Erdölindustrie. Die erste Bohrung nach Erdöl erfolgte erst im Jahre 1869.

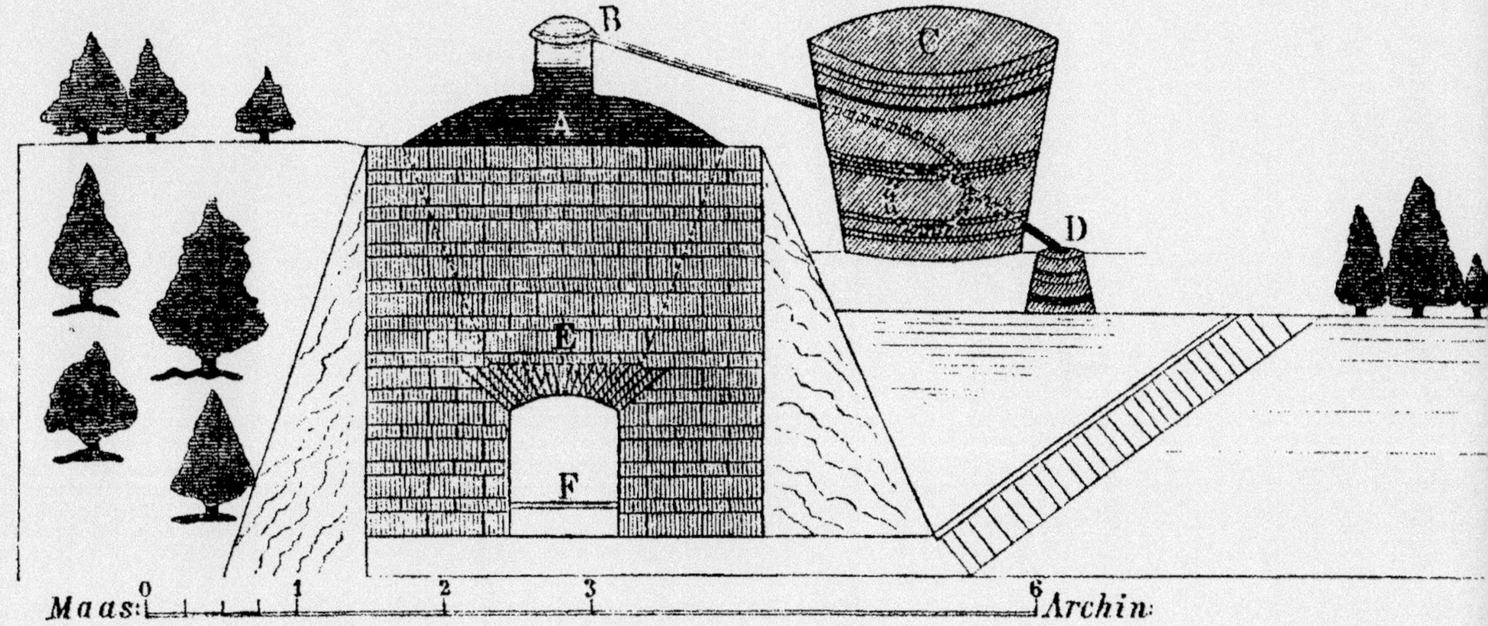

Zeichnung der Destillationsanlage der Gebrüder Dubinin in Mosdok, 1823

Erdöl in Deutschland und Frankreich

- Kloster Tegernsee
- Agricola
- Förderung in Deutschland
- Frankreich, Elsass

Kloster Tegernsee

Gegenüber den oben beschriebenen Erdöl fördernden Ländern nehmen sich die geringen Erdölvorkommen in Deutschland eher mager aus. Die erste schriftliche Erwähnung erfolgt 1430 mit Beschreibung der Quelle bei Kloster Tegernsee. Die Mönche des Klosters schöpften aus dieser Quelle, die nach dem heiligen Quirinus benannt war, etwa 42 Liter Öl pro Tag, welches unter dem Namen Quirinus-Öl als Heilmittel für Mensch und Tier verkauft wurde. 1803 ging der Besitz des Klosters an den bayerischen Staat über und auch die Quelle, die sich bei einer Jahresproduktion von etwa 800 Liter im Jahr 1838 wahrlich nicht rentierte, weshalb der Betrieb eingestellt wurde.

Agricola

Im Jahre 1550 veröffentlichte der Universalgelehrte Georgius Agricola (Georg Bauer, 1494 – 1555) sein Werk *De re metallica*, die erste systematische Abhandlung über Berg- und Hüttenkunde. Agricola war Naturwissenschaftler, er hatte

Austreibung der leichten Öle durch Erhitzung von Gefäß ohne Deckel

Destilation per des descensorium, auf einem in der Erde eingeschlossenen Gefäß steht ein weiteres mit durchlöchertem Boden, im unteren Behälter kondensieren die durch Feuer aus dem bituminösen Gestein ausgetriebenen Bitumina, nach Agricola

Ursprung, Wirkung, und Gebrauch des sogenannten heiligen Quirin-Oeles,

welches bey Kloster Tegernsee in Ober-Bayern aus der Erde hervor fließt.

Zwey Gebether bey dem Gebrauche dieses heilsamen Oeles.

Heiliger Martyrer und auserwählter Freund Gottes Quirinus! ich bitte dich mit demüthigem Herzen, erhalte mir bey Gott durch deine Fürbitt, daß er mir durch den Gebrauch dieses Oels die Gesundheit des Leibes, Wohlfahrt der Seele, Verzeihung meiner Sünden, ein glückseliges Sterbstündlein, und nach diesem zergänglichen Leben die ewige Freud und Seligkeit verleihen wolle. Durch unsern Herrn Jesum Christum, der mit dem Vater und heiligem Geiste lebet und regieret von Ewigkeit zu Ewigkeit. Amen.

S. QUIRINUS MARTYR TEGURII THAUMATURGUS.

Heiliger Quirinus! der du wegen Verachtung zeitlicher Hoheit von Gott durch das wundersame Wasser, welches unter deinem heiligen Leibe entsprungen, durch dein heiliges Blut, so aus deinem über 400 Jahre unverwesenen heiligen Leibe miraculoser Weise geflossen, und durch das heilsame Oel, so durch deine Fürbitt erfunden, und noch fließt, herrlich und glorreich auf der Welt gemacht zu werden verdienet: erwerbe uns das Wasser reumüthiger Bußzähren, und so steifen Vorsatz, daß wir eher Leib und Leben, Gut und Blut aufsetzen, als Gott mit einer einzigen freywilligen Sünde beleidigen, und erlange uns hiedurch das Oel des Heils, damit wir Gott in dir, und dich in Gott loben, ehren und preisen, mögen in alle Ewigkeit. Amen.

Dieses wunderbare Oel fließt nicht weit von dem See jenseits des am Ufer stehenden St. Quirinbrunnkirchleins (in deßen Mitte der unter dem Wagen, wo der Leib des heiligen Martyrers im Jahre 752. von Rom übersetzet worden, zu Nachts entsprungene nicht minder heilsame Wasserbrunn noch zu sehen ist) aus der Erde auf einer kleinen Wasserquelle hervor. Die erste Erfindung geschahe um das Jahr 1430 unter dem frommen und gottseligen Abt Kaspar. Es ergoß sich nämlich dieses Oel bey der Urquelle durch ein kleines Gräblein mit dem herabfließenden Wasser in den See, und floß in einer geraden und glänzenden Straße gemeldten Kirchleins als gleichsam ihrem Urheber dem heiligen Quirino zu: absonderlich, da die über 300 Jahre gemachten Churen die Kräfte eines pur natürlichen Petrolei weit übersteigen. Ueber diese Urquelle wurde eine Behältniß gebauet, wo es noch beständig fließt, und andächtig gesammelt wird.

Die wunderbarliche Kraft dieses Oeles wurde gleich anfangs in Heilung der Lamen und Gichtbrüchigen, besonders aber der durch das Feuer Beschädigten an Tag geleget. Mit der Zeit hat man erfahren, daß es auch in folgenden Umständen nicht so fast aus ihrer natürlichen Kraft (indeme es wegen ihrer Tröckne und Wärme durchdringet, resolvirt, und verzehret) als absonderlich aus einem kräftigen Vertrauen auf Gott und dem heil. Quirin geholfen hat. Und zwar:

1. Wider das Hauptwehe, Hauptgeschoß, Hauptdürre, Tob- und fallende Sucht ein oder mehrere Tropfen im Wein, Wasser oder anderem Getränke eingenommen, in die Nase, Schläfe, Haupt, Würbel und Puls angestrichen, stärket auch das Hirn. 2. Wider die Flüße, Röthe, Ueberfelle und erblindete Augen mit einem Federlein ein oder andern Tropfen eingestrichen, verzehret die Felle, bringt wieder das Gesicht. 3. Für Flüße und andere Verstopfungen des Gehöres, nimmt man eine Baumwolle, verstopft damit das Ohr, am welchen man übel höret, leget sich darauf, und läßt sich ein oder andere Tropfen in das gesunde Ohr gießen, so fließt es durch das schadhafte Ohr hinaus, und bringet wieder das Gehör. 4. Wider das Zahnwehe, eine Baumwolle in das Oel eingetunket, und inwendig das Zahnfleisch damit bedecket. 5. Wider das Keichen, so von der Kälte herkömmt, und Husten, die Brust damit geschmieret. 6. Für Eitersucht, Lungen- und Leberfäule einige Tropfen im Wein, Meth, oder andern Getränke eingenommen. 7. Hilft zur Verdauung, und erwärmet den Magen, welcher auch von außen kann geschmieret werden. 8. Wider das Grimmen ein- oder andern Tropfen eingenommen, auch über den Nabel etliche warme Tropfen in einer Baumwolle übergebunden. 9. Für die Gelbsucht etliche Tropfen eingenommen. 10. Wie auch wider die Würme bey Jungen und Alten in der Milch oder Wein eingenommen. 11. Wider die Harnwinde, Grieß, Stein und Lendwehe zwey oder mehrere Tropfen im Wein eingenommen, wie auch selbige Theile, Lenden und Kreuz warm damit geschmieret. 12. So eine Frau von der Leibsfrucht, oder Nachgeburt nicht kann erlediget werden, einige Tropfen im warmen Wein eingenommen. 13. Wider das Aufstoßen der Gebährmutter den Rauch in die Nasen eingelassen. 14. In vergiften Contagiosen, als Petetschen, und Pestilenzzeiten frühe nüchtern 1, 2 bis 3 Tropfen davon eingenommen, und so etwann eine Person solche Zeichen hätte, dieselbe im Wein getrunken, und darauf geschmieret. 15. In Podagra, Chiragra, Zitrachen, Rauden und Grind, Flecken am Leibe oder Angesicht, Schwachheiten der Glieder, oder Gliedersucht rc. öfters warm angestrichen. 16. Ist es auch gut wider alle Geschwulsten, altlöcherige, faule und würmige Schäden an Menschen und Viehe, bringet die Milch wieder. 17. Hilft auch den Pferden für die Würme. 18. Bey Briefen und Kleidern in den Truhen aufbehalten, vertreibt die Milben und Schaben. 19. Wer die Hände mit diesem Oele, darinn Ganfer zerrieben, einschmieret, darf sicher und ohne Schaden alle giftige Nattern, Eydexen und Mollwürme fangen und angreifen.

Gedruckt zu Kloster Tegernsee.

Flugblatt zum Quirinus-Öl in Tegernsee

Philosophie, Philologie, Theologie und Medizin studiert, wurde Stadtarzt in Joachimsthal und Chemnitz, beschäftigte sich intensiv mit der Mineralogie und mit Heilmitteln, die aus dem Mineralbereich stammten.

In *De re metallica* beschreibt er die Gewinnung von Bitumen aus bituminösen Gewässern und gemischten Materialien. Er zeigt die Gewinnung von Öl aus einer bitumenhaltigen Quelle und das Eindicken des Öles durch Kochen in kupfernen oder eisernen Gefäßen und auch eine „Destillatio per descensorium", einer Gewinnung von Bitumen durch Ausschmelzen aus Gestein, eine Methode, die die Araber bereits vor ihm angewandt hatten. In seiner Veröffentlichung *De Natura Fossilium* berichtet Agricola über die Verwendung von Erdöl zur Beleuchtung, als Leuchtstoff für Fackeln und als Schmiermittel.

Destillationsanlage aus dem 16. Jhd.

Agricola waren auch die Erdölvorkommen in Niedersachsen bei Schöningen und Burgdorf bekannt. Es gab also einige Fundstätten in Deutschland, aus denen Erdöl gewonnen wurde, deren Ergiebigkeit aber immer sehr gering war. Die Teerkuhlen bei Edemissen in Niedersachsen werden 1563/64 in einem Einwohnerverzeichnis erwähnt und die Hannoverschen Herzöge erhoben 1580 einen Förderzins auf die Gewinnung von Teer aus den Gruben von Edemissen und Hänigsen. Die niedersächsischen Bauern verwendeten das Erdöl außer zum Schmieren ihrer Wagen auch zur Beleuchtung in einfachen Lampen. Zur Festbeleuchtung nutzen sie es als Fackeln, indem sie trockene Pflanzenstängel, vor allem Königskerzen, in das Öl tauchten und anzündeten und als Pechfackeln nutzten.

Förderung in Deutschland

Vor allem während der 2. Hälfte des 19. Jhds. hat man versucht, fündig zu werden, konnte aber erst 1899 bei Wietze (Lüneburger Heide) Quellen erbohren. In den Teerkuhlen in Wietze wurde 1858 die erste Bohrung auf Braunkohle unter Leitung von Prof. Hunäus niedergebracht, weil man glaubte, hier Braunkohle zu finden. Statt Braunkohle floss allerdings Öl aus dem Bohrloch, und das noch kurz bevor Colonel Drake in Pennsylvanien seine erste Bohrung durchführte. Die Ausbeutung der Wietzer Quellen lohnte sich aber erst Ende der 90er-Jahre des 19. Jhds., waren dann aber recht ertragreich. Die Förderung wurde 1963 eingestellt.

Bohrtürme an der Aller (Hannover)

Eine im Jahre 1860 in Salzbergen bei Lingen erbaute Photogenfabrik zur Ausbeutung der dort vorkommenden bituminösen Schiefer führte bereits 1862 Erdöl aus Amerika ein, zur Weiterverarbeitung auf Leuchtöl. Im Jahre 1866 wurde die Schieferölgewinnung völlig eingestellt und es wurde nur noch amerikanisches und später deutsches Erdöl verarbeitet. Das erste Emsland-Öl konnte freilich erst 100 Jahre später, im Jahre 1942 bei Lingen, erbohrt werden.

Die deutsche Förderung betrug im Jahre 1871 267 Tonnen und im Jahre 1904 89.620 Tonnen. Der jährliche Petroleum-Konsum (Leuchtöl) lag in der Zeit von 1866 – 1870 in Deutschland pro Kopf bei 1,87 Kilogramm. Er stieg bis zum Jahre 1904 auf 17,35 Kilogramm pro Kopf der Bevölkerung. Angesichts dieses großen Konsums war die Produktion der deutschen Erdölindustrie, wobei es sich ja um Rohöl handelte, welches noch auf Leuchtöl destilliert werden musste, sehr gering und hätte den Eigenbedarf nicht decken können. Die Hauptfördergebiete liegen heute in Schleswig-Holstein und Niedersachsen, es werden zurzeit aus in-

Erdölgebiet Pechelbronn im Elsass

ländischen Quellen jährlich etwa 2,7 Mio. Tonnen Erdöl und 20 Mrd. Kubikmeter Erdgas gefördert. Das erste Erdöl aus Amerika wurde 1862, nach einigen Autoren auch schon 1861, nach Deutschland importiert.

Frankreich, Elsass

Die erste Erwähnung des Erdöls im Elsass erfolgte bereits im Jahre 1498. Das Erdölgebiet Pechelbronn, Lampertsloch, liegt etwa 50 km nördlich von Straßburg. Die Elsässer Quellen lieferten dickflüssige, schwarze Öle, die nach Ausscheidung des im Öl enthaltenen Sandes nur für grobe Schmierzwecke Verwendung fanden und unter dem Namen „Straßburger Schmiere", „Graisse de Straßbourg" eine weit verbreitete Handelsware bildete. Um 1625 veröffentlichte Johann Volk eine kleine Schrift über den Erdbalsam, der von besonderer Kraft sei und der natürlich auch als Arznei und zur Ungezieferbekämpfung empfohlen wird. *„Für die Würm im Leib ..: in einer Fleischbrühe oder Honigwasser eingenommen und den Bauch äußerlich geschmiert, ist eine probierte und unfehlbarliche Arzney"*. Wenn auch an noch vielen anderen Stellen des Elsass Ölvorkommen längst bekannt waren und teilweise auch verwertet wurden, so hat doch das Pechelbronner Gebiet allein stets etwa 90 % der elsässischen Gesamtproduktion geliefert. 1735 übernahm der griechische Arzt Eyrinis de'Eyrinis das Ölfeld und baute zunächst Ölsand ab, anfänglich oberflächlich dann aber durch Vortrieb eines Stollens auch in

Destillationskolonne der Raffinerie Pechelbronn

Raffinerie Pechelbronn

tieferen Schichten. Der Ölsand wurde mit Wasser gekocht, wobei sich das Öl an der Oberfläche abschied und abgeschöpft werden konnte. Eyrinis soll auch schon Erdöl in kleinen Mengen destilliert haben. Unter Leitung von Antoine Le Bel, der für das Ölfeld in der 2. Hälfte des 19. Jh. die Hauptkonzession erwarb, entwickelte sich der Betrieb innerhalb von vier Generationen zu einem Industrieunternehmen. Man förderte das Öl sowohl im Schachtverfahren als auch im Bohrverfahren und gab später die Verarbeitung des Ölsandes auf. Der erste Bohrturm stand bereits 1813 in Pechelbronn, es war der erste Bohrturm der Welt. Das Öl wurde in eigenen Raffinerien weiterverarbeitet, bis der gesamte Betrieb 1889 an eine Gesellschaft verkauft wurde. Dieser Brunnen arbeitete weiter bis 1970 und wurde dann geschlossen.

Es ist sehr interessant, den gesamten zeitlichen Ablauf der Erdölgewinnung und –verarbeitung zu verfolgen. In der Regel nimmt der allgemeine Betrachter doch an, Erdöl und seine Produkte seien eine Errungenschaft der Neuzeit, was nur teilweise stimmt. Die Gewinnung des Rohöls erfolgt schon seit einigen Tausend Jahren, die Aufbereitung des Rohöls im Sinne einer Destillation und Zerlegung in unterschiedlichste Kohlenwasserstoffgemische ist eine Angelegenheit, die sich über zweitausend Jahre hingezogen hat. Abgesehen davon, dass die Natur unterschiedliche Kohlenwasserstoffgemische als grobes Endprodukt schon selbst produzierte – schwarzer Nepht – haben auch die späteren Nutzer auf zwei Produkte hingearbeitet – Leuchtöl und Schmieröl – und das vom Altertum bis in die Neuzeit.

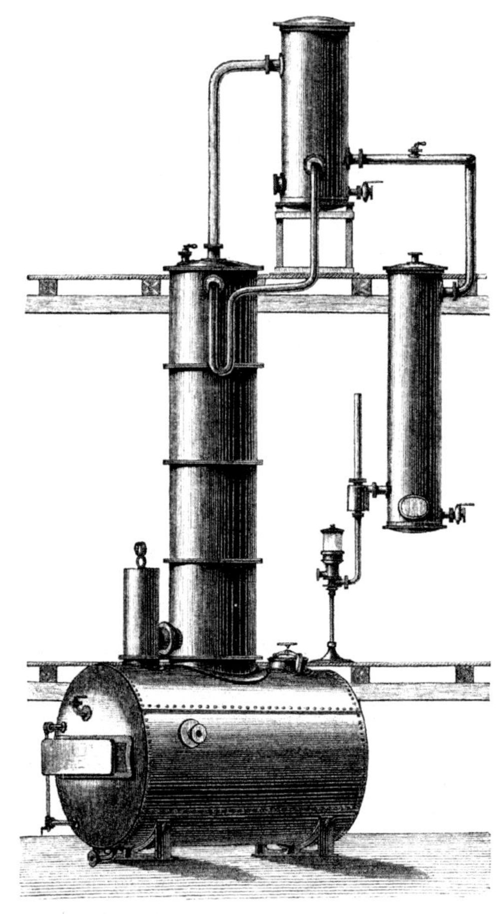
Naphtadestillator zur Fraktionierung der Essenzen, 2. Hälfte 19. Jhd.

Sollte man die ersten Jahrzehnte des 19. Jhds. doch als eine Wende ansehen, da in dieser Zeit eine ernsthafte Forschung auf dem Gebiet des Erdöls begann und trotz vieler Rückschläge relativ konsequent und dauerhaft verfolgt wurde. Das erste Erdöldestillat der Neuzeit wurde um 1816 in der Umgebung von Drohobycz in Galizien zur Beleuchtung genutzt. Der erste Bericht aus dem Kaukasus stammt aus dem Jahre 1823 und der erste Bericht aus Amerika aus dem Jahre 1833 von Prof. Benjamin Silliman sen., der Erdöl nur labormäßig destillierte, nicht um einen Leuchtstoff zu finden, sondern ein Aufbewahrungsmittel für Natrium und Kalium. Dass dieses Aufbewahrungsmittel für die beiden Alkali-Metalle auch ein gutes Leuchtmittel darstellte, war ein angenehmer Nebeneffekt, und das Ausmaß der Chance für dieses Material als Beleuchtungsmittel dürfte doch im Wesentlichen von Dr. Hildreth und von Prof. Silliman jun. erkannt worden sein.

Brennversuche mit nativem Erdöl

– Erdölschale
– Rohrlampe

Wenn man sich mit der Geschichte des Erdöls befasst und immer wieder liest, dass in früheren Zeiten natürliches Erdöl als Beleuchtungsmittel verwendet worden sein soll, bekommt man halt so seine Zweifel, denn wir wissen ja, wie Erdöl in seiner natürlichen Form brennt. Wir wissen, wie Qualm, Rauch und Gestank entstehen und vor allem, was sich an dickem, fettem Ruß bildet, der sich überall absetzt. Man weiß, dass früher, bevor man in der Lage war das Rohöl zu destillieren, auch leichtes Öl in Sickerstellen gewonnen werden konnte. Es ist anzunehmen, dass dieses im Wesentlichen der Beleuchtung diente. Trotzdem fragte man sich, wie ist man früher mit den unangenehmen Nebenerscheinungen fertig geworden.

Um ein angedeutetes Bild von den Nebenerscheinungen bei der Verbrennung auch kleinerer Mengen Erdöl zu bekommen, hat der Verfasser versucht, eine Lampe nach altem Vorbild mit unbehandeltem Erdöl zu betreiben und das nicht zuletzt in der Meinung, dass die alten Autoren und Berichterstatter nur in den wenigsten Fällen persönliche Zeugen bei der Verwendung von Erdöl als Leuchtmittel waren und aus diesem Grunde über die äußeren Begleitumstände der Erdölverbrennung gar nicht voll informiert sein konnten.

Erdölschale

Bei den Brennversuchen ließ sich sehr wohl feststellen, das Erdöl, auch in kleineren Portionen, ausnehmend gut brennt, verständlicherweise aber bei weitem nicht so zahm ist wie fettes Öl. Die unangenehmen Nebenerscheinungen sind erheblich gravierender als bei der Verwendung von tierischen oder pflanzlichen Fetten und Ölen. Eine kleine, offene Schale, an deren Rand ein geflochtener Baumwolldocht lag, bot sich u. a. als Versuchslampe an. Die Ergebnisse seien hier kurz zusammengefasst.

Der Docht saugt sich sehr schnell voll. Nach dem Anzünden entsteht zunächst eine kleine Flamme, die aber sehr schnell größer wird und nach etwa 30 – 40 Sek. die ganze Öloberfläche erfasst, die dann langsam abbrennt. Bei Verwendung eines dicken Dochtes ist der Gesamtablauf etwas foudroyanter als bei der Verwendung eines dünnen Dochtes. Durch die Erhitzung der Schale und des Inhaltes verdampfen die leichter flüchtigen Bestandteile und die entweichenden Dämpfe werfen kleine Blasen und brennen natürlich ohne Docht. Auf den Docht begren-

zen lässt sich die Flamme nur, wenn die Schale weitestgehend abgedeckt wird, und auch dann kommt es an den Rändern zum Dampfaustritt und zur Bildung kleiner Flämmchen.

Abgesehen von der starken Qualm- und Rußentwicklung wird der Eindruck erweckt, man stünde am Auspuff eines alten Autos der 20er-Jahre. Insgesamt hat die Erdölflamme eine dunkelrote Farbe und gibt logischerweise wenig Licht. Da

Brennversuch mit nativem Erdöl, in kleiner Schale wie in Baku gebräuchlich

sich die Luftzufuhr bei dieser Lampe nicht steuern lässt, hängt das Ausmaß der störenden Verbrennungsprodukte – Qualm, Ruß, Gestank – im Wesentlichen von der Flammengröße ab, aber selbst bei kleiner Flamme ist die Bildung von Verbrennungsprodukten groß genug.

Rohrlampe

Beim Studium der alten Literatur stößt man auf den Hinweis, dass auch rohrförmige oder zylindrische Gefäße als Lampe gedient haben könnten, wobei auch immer darauf hingewiesen wird, dass es sich bei dem Rohstoff für Innenbeleuchtung um ein leichteres Rohöl gehandelt hat. Daraufhin wurden nochmals Brenn-

Brennversuch mit nativem Erdöl unter Verwendung eines rohrförmigen Gefäßes

versuche durchgeführt, die ganz interessante Ergebnisse erbrachten. Zur Verwendung kamen Gefäße unterschiedlicher Form und Größe. Dabei sollte die Flamme kontrollierbar werden und auch bleiben und ohne weiteres in einem Wohnraum hätte brennen können. Es stellte sich heraus, dass ein bestimmter Durchmesser des Gefäßes nötig war, um eine brauchbare Flamme zu erhalten. Ist der Durchmesser des zylindrischen Behälters zu klein, dann tut sich nichts. Die Flamme erlischt nach kurzer Zeit, weil zu wenig Sauerstoff an die Flamme gelangt. Ein weiter zylindrischer Behälter wird zum Feuerwerk, was einem Wohnraum nicht zuträglich wäre. Eine kleine Konservendose von etwa 8 cm Durchmesser entpuppte sich als die „ideale" Lampe, deren Flamme ohne störenden Luftzug beherrschbar war, die auch etwas Licht spendete und natürlich auch Ruß und Gestank. Daraus ist ersichtlich, dass der Durchmesser und die Höhe des Brennstoffbehälters sehr voneinander abhängen. Wird der Brennstoffbehälter zu groß, entsteht eine Flamme, die eventuell nicht mehr beherrschbar ist. Bei größerer Höhe des Behälters muss der Durchmesser ebenfalls größer sein. Nachzutragen ist noch, dass zu den Versuchen unbehandeltes Erdöl verwendet wurde, wobei es sich früher in Kleinasien und im Zweistromland um ein leichtes Öl ohne die schweren Anteile gehandelt hat. Dieses leichtere Öl trat ja in unterschiedlichen Zeitintervallen als sogenannte Springer aus der Erde, die dann von der Bevölkerung zum Schöpfen genutzt wurde.

Nun mag man wohl einiges in Kauf nehmen, wenn man im Dunkeln sitzt und ein kleines, stinkendes Flämmchen in der Lage ist, etwas Licht in die deprimierende Dunkelheit zu bringen. In einigen Gegenden wird selbst Unschlitt wertvoller als Erdöl gewesen sein, denn Letzteres war wertlos und konnte aus einer Pfütze hinter dem Haus geschöpft werden, Ersteres war dagegen als Speisefett wohl verwendbar. Unter bestimmten Verhältnissen störten Ruß und Qualm sicherlich weniger als Dunkelheit und man nahm Ruß an den Händen oder auf den Speisen wahrscheinlich als eine Notwendigkeit hin, die wir uns heute nicht im Geringsten vorstellen können.

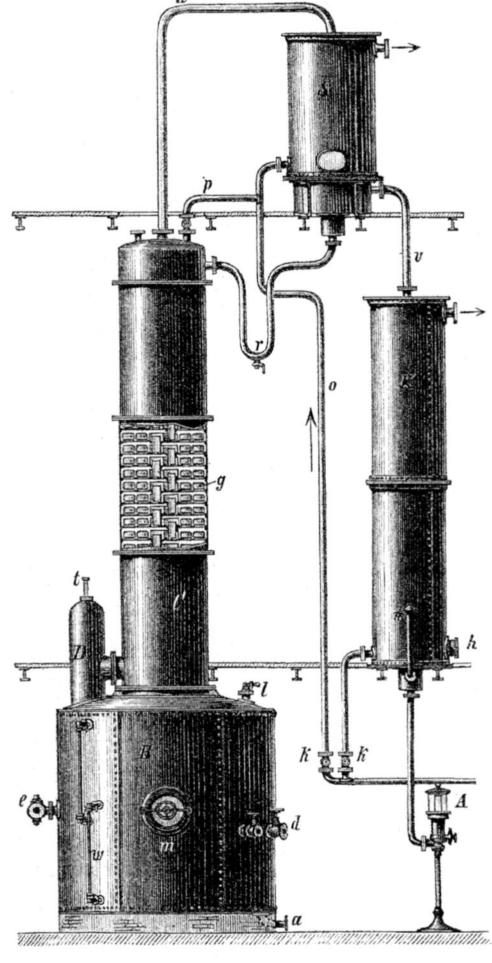

Destillationskolonne zur fraktionierten Benzindestillation, 2. Hälfte 19. Jhd.

Die Petroleum-Beleuchtung

Einführung

Bevor wir uns nun ausführlicher mit der Petroleumbeleuchtung befassen, noch eine Rückblende auf die erste Petroleum-Lampe, dazu eine Legende, die nicht unerwähnt bleiben sollte.

„Es ist jetzt eine ganze Weile her, dass ein Milchhändler in Boryslaw in Galizien, namens Schreiner, durch einen Zufall das Rohöl als Leuchtstoff entdeckte. Der Boden Boryslaws zeichnete sich seit jeher dadurch aus, dass er eine teerartige Flüssigkeit hervorbrachte, die als Arzneimittel und zum verfertigen von Wagenschmiere und Siegellack verwendet wurde. Schreiners Hütte lag in einer Talsenkung und in seinem Keller befand sich eine Ölquelle. Schreiner stellte aus der festen Masse eine Stiefelwichse her und für einen Scheinkreuzer konnte sich jeder bei ihm seine Stiefel schmieren. Im Spätherbst des Jahres 1852, als Schreiner in seiner Hütte eingeschneit war und sein erloschenes Öllämpchen ihn zwang, im Finstern zu sitzen, kam er auf den Gedanken, die fette Erdmasse aus seinem Keller auf ihre Verwendbarkeit als Leuchtmaterial zu prüfen. Er riss einige Fäden aus seiner Barchend-Weste, rollte sie zusammen und knetete um den so erhaltenen Docht eine Kugel aus Schlamm. Die Baumwollfäden sogen die Fettigkeit ein und als er sie anzündete, erhellte eine rote Flamme die Stube! Das war die erste Petroleumlampe!“

Damit dürfte dann auch die Diskussion um die erste Petroleumlampe und deren Erfindung abgeschlossen sein!

Flüssige Kohlenwasserstoffe hatten, wie bereits ausführlich erwähnt, schon in den 40er-Jahren des 19. Jhds. Einzug in die Beleuchtungstechnik gehalten. Man hatte auch entsprechende Lampen entwickelt und auch die Vorzüge der Mineralöle gegenüber den schweren vegetabilischen und animalischen Ölen und Fetten erkannt. Die Mineralöle wurden infolge ihrer Dünnflüssigkeit viel leichter vom Docht aufgesaugt und, was wichtiger war, ergaben ein erheblich helleres Licht, wenn auch die ursprüngliche Öllampe durch die vorausgegangenen Erfindungen – Öltransport durch den Docht, Flamme, Sauerstoffzufuhr zur Flamme, Flach- und Hohldochte sowie Zylinder – an Helligkeit gewonnen hatte. Das war wahrscheinlich auch ein Grund für die nur zögerliche Einführung der Mineralöle. Ein weiterer Grund dürfte im hohen Preis zu suchen sein, der in der Anfangszeit den des Rüböles deutlich überstieg. Die aus bituminösem Schiefer, Stein- oder Braunkohle gewonnenen Brennöle waren in Deutschland auch nicht in der erforderlichen Menge greifbar, da es nicht genug Produktionsstätten gab und diese wahrscheinlich technisch auch wohl nicht optimal ausgestattet waren.

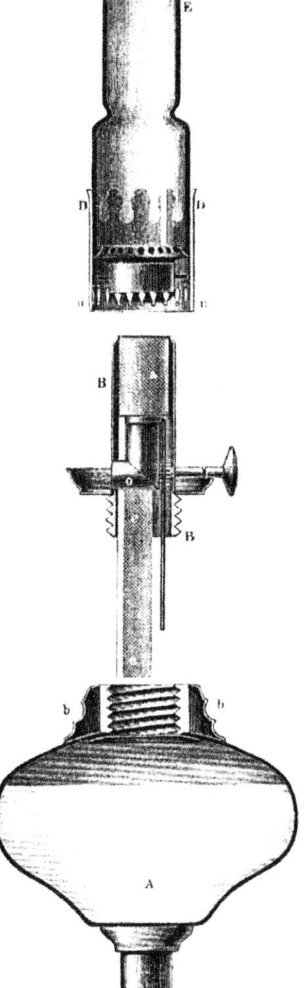

Petroleumlampe
mit Anbinde-Rundbrenner, um 1860

Das änderte sich natürlich mit der Erschließung der ertragreichen, natürlichen Erdölquellen, womit auch eine rasante Weiterentwicklung der industriellen Verarbeitung des Erdöles auf Leuchtöl Hand in Hand ging. Man lernte recht schnell, das Erdöl auch in größerem Maßstab zu destillieren und zu raffinieren, sodass der anfangs scheußliche Gestank beim Brennen der Lampen erträglicher und im Laufe der Zeit weitgehend gemindert werden konnte. Das alles waren Dinge, die dazu beitrugen, den neuen Leuchtstoff bekannter zu machen und die anfänglich ablehnende Haltung der Bevölkerung günstig zu beeinflussen.

Und Licht wurde gebraucht, Licht war einfach notwendig, denn man stand am Beginn des Industriezeitalters, welches durch die Fortschritte in der technischen Entwicklung und die Erfindungen des 18. und 19. Jhds. eingeleitet wurde. Industrielle Herstellungsmethoden verlangen einfach mehr Licht und sorgfältige und maßgenaue Arbeit kann ohne eine gute Beleuchtung nicht auskommen.

Durch eine hellere, künstliche Beleuchtung konnte die Arbeitszeit wesentlich verlängert werden, was sowohl industriellen als auch kulturellen Zwecken sehr dienlich war. Selbst an den kürzesten Tagen des Jahres konnte die Arbeit über den Einbruch der Dunkelheit fortgesetzt werden und das nicht nur bei der Hausarbeit, sondern vor allem in Produktionsbetrieben konnte man den ganzen Tag, bis weit in die Nacht hinein tätig sein. Das hellere Licht beeinflusste alle Lebensbereiche sowohl im privaten als auch im öffentlichen Raum.

Zu der Zeit waren auch schon die Beleuchtungsmittel Gas und Elektrizität im Vormarsch, sie waren jedoch noch nicht so weit entwickelt, als dass sie eine Jedermann-Beleuchtung hätten sein können. Wenn auch der Engländer William Murdock seine Fabrik schon 1784 mit Steinkohlengas beleuchtete, wenn auch der Optiker Heinrich Goebel, Deutsch-Amerikaner in New York, bereits 1854 die erste elektrische Glühbirne herstellte und damit das Schaufenster seines Geschäftes beleuchtete, und wenn auch die elektrische Bogenlampe bereits 1854 Baustellen in Paris während der Nacht beleuchtete, so änderte das nichts daran, dass die Mehrheit der Bevölkerung noch bei der Rüböl-Lampe und auch noch beim Kienspan ihrer Tätigkeit nachging bzw. ihre frühen Abendstunden verbringen musste. Ändern konnte sich dieser Zustand nur, wenn ein preiswerter Brennstoff in ausreichender Menge zur Verfügung stand, der ein Licht von bis dahin nicht gekannter Helligkeit verbreitete.

Gas und Elektrizität waren einfach noch zu unhandlich, zu unbeweglich, zu starr und viel zu aufwändig. Es mussten Gasanstalten gebaut und Rohre verlegt werden, die auch wirklich dicht waren, um Unfälle zu vermeiden. Zum Betrieb einer Bogenlampe waren zahlreiche galvanische Elemente erforderlich, die natürlich auch ihren Preis hatten und an Umständlichkeit und Schwierigkeit in der Bedienung sicher nicht zu überbieten waren. Die Zeit war für die Allgemeinheit einfach noch nicht reif, um zwar hellere aber auch deutlich kompliziertere Beleuchtungsanlagen zu akzeptieren.

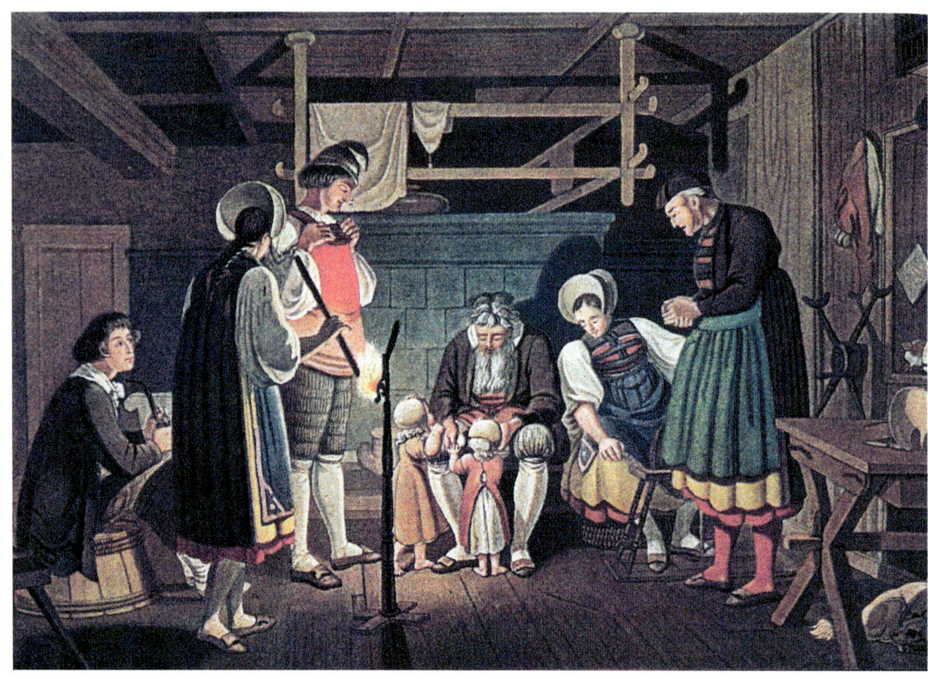

Kienspanbeleuchtung
im 19. Jhd. in einer Schwarzwälder Bauernstube

In diese Zeit des kulturellen und industriellen Umbruches kam das Petroleum als Leuchtmittel gerade recht! Durch die Einführung des Leuchtpetroleums kam es auch innerhalb der einzelnen Handwerkszweige zu Verschiebungen. War es doch über Jahrhunderte ein Vorrecht der Klempner und Spengler gewesen, mehr oder weniger gute Lampen herzustellen oder nachzubauen, so nahm sich jetzt die Industrie der Lampenfabrikation an, und in relativ kurzer Zeit wurde die Petroleumlampe zum Massenartikel, der zwar in unendlicher Vielfalt und in unendlicher Zahl aber recht uniform produziert wurde. Fehlte dem einzelnen Stück doch oft bei aller Schönheit die Handschrift seines Herstellers. Wurde früher bei der Lampenfertigung durch den Handwerker vielleicht eine Serie von zehn Lampen aufgelegt, jede mit eigenem Charakter, so wurden bei der industriellen Fertigung in einer Serie gleich einige Hundert oder Tausend Stück produziert, die alle das gleiche Profil zeigten.

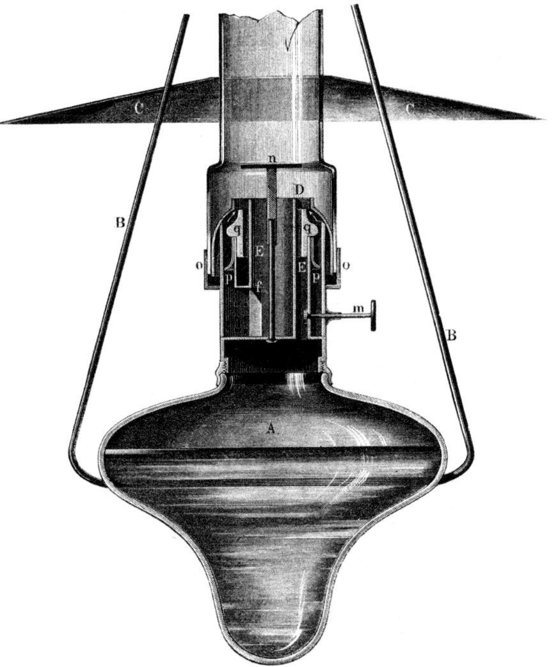

Mineralöl-Hängelampe mit geschlitztem Docht und Flammscheibe, um 1860

Die Petroleumlampe war die letzte künstliche Beleuchtungsart, die mit flüssigem Brennstoff und mit offener Flamme betrieben wurde. Im Gegensatz zur Fett- und Ölbeleuchtung, die etliche Jahrtausende die Felsenhöhlen, Behausungen und auch Paläste der Menschen mit einer eher trüben Helligkeit erfüllt hatte, war der Petroleumbeleuchtung nur eine Hochzeit von 40 – 50 Jahren beschieden. Ab 1861 mit steilem Anstieg sich weltweit verbreitend, beginnt bereits kurz nach 1900 der langsame aber stetige Abbau der Petroleumbeleuchtung, die dann konsequent durch die Gasbeleuchtung und die Elektrizität ersetzt wird, wobei über mehrere Jahrzehnte alle drei Beleuchtungsarten parallel in Verwendung waren.

Vor allem in ländlichen Gebieten, die nie an die Gasversorgung angeschlossen und erst sehr spät elektrifiziert wurden, konnte sich die Petroleumbeleuchtung bis nach dem Zweiten Weltkrieg halten.

Interessant ist auch, dass die Forschung auf beleuchtungstechnischem Gebiet, was Petroleum betrifft, außer der Glühlicht-Beleuchtung mit flüssigen Kohlenwasserstoffen, nach 1900 relativ schnell nachlässt. Es wird weniger über diese Beleuchtungsart publiziert, es werden weniger Patente eingereicht, es gibt nichts Besseres mehr zu erfinden, da der wirkliche Fortschritt auf dem Gebiet der Elektrizität liegt. Zu diesen Veränderungen gehört auch die Qualität der Erzeugnisse, wobei diese deutlich nachlässt. Das Messingblech der Brenner wurde deutlich dünner, es brach leichter, und die Teile waren schlechter verarbeitet. An anderen Teilen der Lampen sind ebenfalls deutliche Mängel nachzuweisen. Erst jetzt beginnt sich die Chemie intensiver mit dem Erdöl und dessen Destillaten zu befassen, war doch bis fast zur Jahrhundertwende im Gegensatz zu heute die Gewinnung von Leuchtöl der Hauptfabrikationszweck der Erdöldestillation. Die wenigen Automobilbesitzer mussten sich das nötige Benzin in der Apotheke in Flaschen kaufen.

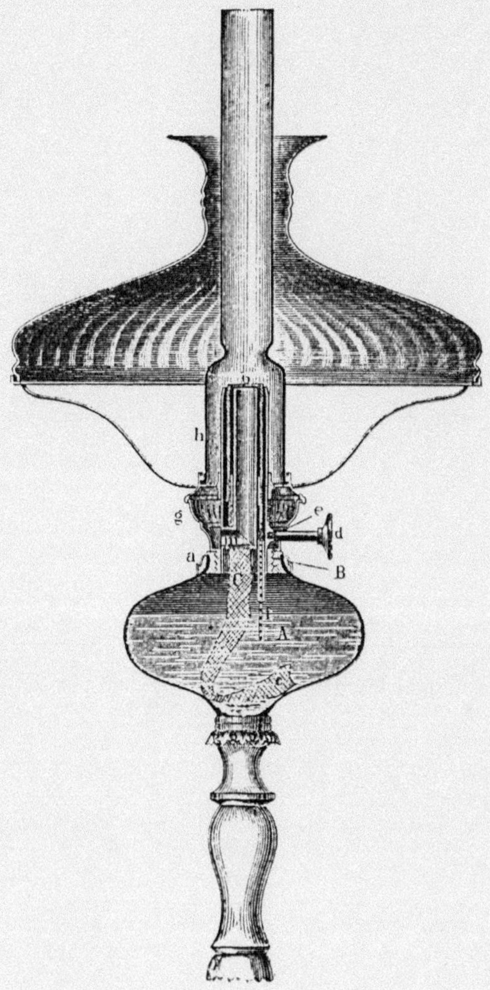

Frühe Petroleumlampe mit Anbinderrundbrenner, um 1860

Im Prinzip war die Petroleumlampe bereits vorhanden, als die Erdölflut einsetzte. Die oben beschriebene Photogen-Lampe war der direkte Vorgänger der Petroleumlampe, handelte es sich bei den Mineralölen doch ebenfalls um Kohlenwasserstoffe, bei denen das Verhältnis von Kohlenstoff zu Wasserstoff allenfalls etwas anders war als bei den Leuchtöl-Destillaten des Erdöls. Insofern war es für die Lampenindustrie nicht schwierig, sich auf den neuen Brennstoff einzustellen und in Amerika, England, Deutschland und Österreich arbeitete man daran, bessere Lampenbrenner zu konstruieren.

Die Petroleumlampe gehört wie alle Mineral-Öllampen zu den Sauglampen, das heißt, der Docht saugt den Brennstoff allein aufgrund seiner Kapillarität, ohne Hilfsmittel auf und führt ihn an den Ort der Verbrennung. Als Folge der dünnflüssigen Beschaffenheit bzw. der geringen Viskosität des Petroleums wird es vom Docht schneller aufgesaugt und auf eine größere Höhe gehoben. Das Leuchtpetroleum ist in der Lage, im Docht etwa 20 cm aufzusteigen und dann noch eine Leuchtflamme zu unterhalten. Beim schwerfälligen Rüb- oder Olivenöl schrumpfte, wie bereits gesagt, diese Entfernung auf etwa 3 – 4 cm je nach Dochtbeschaffenheit. Über die genannten Entfernungen hinaus reicht der Brennstoffnachschub als Folge zunehmender Reibung und abnehmender Geschwindigkeit des Brennstoffstromes nicht mehr aus, die Leuchtflamme zu speisen.

Die Petroleumlampe, ihr Aufbau und ihre Entwicklung

- Spezifizierung des Lampenangebotes
- Die Vase
- Der Lampenfuß und -schaft
- Die Lampenform in Deutschland und weitere Themen

Erstmals waren die Menschen in der Lage, das Licht, das ihre Wohnstube oder ihren Arbeitsplatz erleuchtete, zu regulieren. Bisher hatte man nur Acht darauf geben müssen, dass die Helligkeit möglichst gleich blieb und nicht geringer wurde. Während in all den Jahrhunderten vorher eine einzige Öllampe der Beleuchtung bei den verschiedensten Tätigkeiten diente, konnte die Petroleumlampe der Tätigkeit angepasst werden. Es war zwar möglich, die Öllampe an ein Hal oder

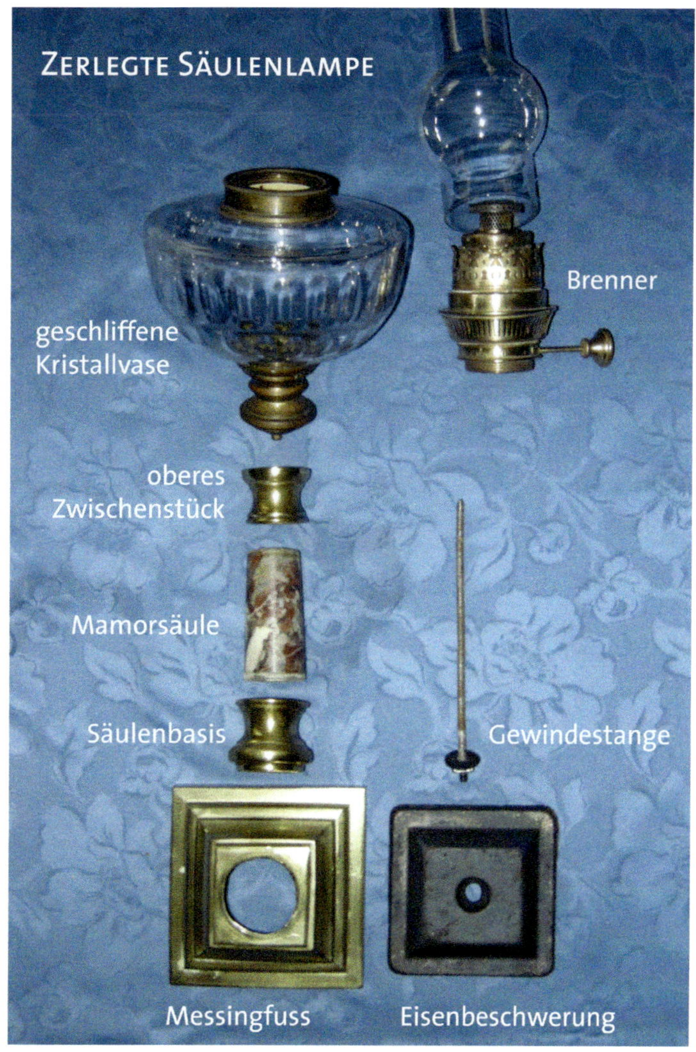

Aufbau der Petroleumlampe, links: Vase mit Einsatz, rechts: Säule mit Bassin, Brenner mit Schirmreif, Zylinder und Schirm

Kronleuchter mit 12 Petroleumlampen, Gusseisen, Deutschland, 1900

an die Wand zu hängen oder sie auch mit in ein anderes Zimmer zu tragen, das Licht aber blieb immer gleich. Es war zwar möglich, den Docht etwas weiter aus der Tülle zu ziehen, man bekam auch vielleicht eine Spur mehr Licht, lief aber gleichzeitig Gefahr, dass die Flamme blakte.

Bei der Petroleumlampe war es erstmals möglich, die Lampe den Lichtbedürfnissen des Menschen anzupassen, indem man hier bei weniger Lichtbedarf einen kleineren Brenner verwenden konnte, dort, wo mehr Licht gewünscht war, eine Lampe mit einem großen, mehr Licht gebenden Brenner einsetzte. Dazu kam der bisher nicht gekannte Vorteil, die Flamme des Brenners regulieren zu können, sie hoch und niedrig zu stellen, womit man die Helligkeit der entsprechenden Situation angleichen konnte. Auf diese Weise konnte man auch den Brennstoffverbrauch niedrig halten, man konnte sparen. Davon leitet sich auch der Ausspruch ab, „Dreh mal das Licht niedriger", der Docht konnte ja mit dem Dochtschlüssel niedriger geschraubt werden, damit die Flamme kleiner wurde.

Reiselampe in einem Blech- oder Holzkästchen, mit allem, was einer ausreichenden Beleuchtung dient, auslaufsicher untergebracht

Spezifizierung des Lampenangebotes

Erst während der Petroleumzeit kam es zu einer besonderen Differenzierung und Spezifizierung der Lampen, wobei sich die Anpassung nicht nur auf die Lichtausbeute erstreckte. Auch das Äußere wurde den verschiedenen Tätigkeiten und Verwendungszwecken angeglichen. Das regulierbare, helle Petroleumlicht war von sich aus dazu angetan, sich einen Verwendungszweck nach dem anderen zu erobern. Wenn auch anfangs die Verwendung als allgemeine Zimmerbeleuchtung im Vordergrund stand, angefangen mit dem kleinen Nachtlicht, der Kü-

Hellblaue Glasfäden auf Eisglas

chenlampe, der Flurlampe und der einfachen Tischlampe. Bald gab es schon die Klavierlampe, die pompöse Salonlampe, die große, ausziehbare Stehlampe mit und ohne Tischchen, die sowohl in der Wohnung als auch in Geschäftsräumen und Bibliotheken Verwendung fanden. Auch die Hängelampe entwickelte sich in unendlichen Variationen, vor allen Dingen auch mit der Weiterentwicklung der Brenner zu größerer Lichtausbeute. Von der kleinen Lyra-Lampe mit abnehmbarem emaillierten Blechschirm und einhängbarer Glas- oder Porzellanvase bis hin zur großen, ausziehbaren Hängelampe aus Gusseisen, Messing oder Bronze mit sehr viel Zierrat und einer Anzahl an Kerzenhaltern. Für große Räume und Säle gab es die mehrarmigen Hängelampen aus Eisenguss, deren drei bis zwölf Arme jeweils mit einer Petroleumlampe ausgestattet waren. Die weitere Spezifizierung erstreckte sich dann auf die Konstruktion von Lampen, die für bestimmte Tätigkeiten entwickelt wurden.

Es gab Arbeitslampen in jeder Form und Größe und spezielle Bürolampen, die ihr Licht nur auf den Arbeitsplatz konzentrierten. Die Hausfrau hatte ihre Küchenlampe und auch eine besondere Nähmaschinen-Lampe. Das Klavier zierte eine Klavier-Lampe, bei der mit Hilfe von Linsen und Spiegeln das Licht auf die Klaviatur gelenkt wurde; in den Kerzenhaltern des Klaviers steckten noch kleine Stift-Lampen zur Beleuchtung der Notenblätter.

Der Backofen des Bäckers wurde mit einer speziellen Backofen-Lampe erleuchtet, und der Fotograf arbeitete mit seiner Photolabor-Lampe, die ihm rotes, grünes oder gelbes Licht gab, je nach Empfindlichkeit seines Aufnahmematerials. Der Geflügelzüchter hatte seine Eierprüflampe und die Brutlampe und für die Medizin entwickelte man spezielle Lampen mit Linsensystemen, um kleinere Flächen gut ausleuchten zu können. Abends, nach Feierabend, saß man mit der Gartenlampe, deren Flamme gegen Wind und Regen geschützt war, im Garten und legte sich anschließend mit Beleuchtung durch die kleine Nachtlampe zur Ruhe nieder. Das war alles nur möglich, weil die letzte Lampe mit offener Flamme, die Petroleumlampe, eine bis dahin nicht gekannte Helligkeit ausstrahlte, und vor allen Dingen, weil die Helligkeit regulierbar war. Die Methode der Lichterzeugung blieb jedoch in allen Fällen gleich, weshalb sich am Grundaufbau der Lampe nichts änderte.

Die Vase

Als Vase bezeichnete man früher den Petroleumbehälter. Die Vasen waren von unterschiedlicher Größe, je nach Verwendungszweck der Lampe und je nach Größe des Brenners. Ursprünglich war der Petroleumbehälter von flach ovaler Form, er glich einer flachgedrückten Kugel – womit, wie schon mehrfach erwähnt – das schnelle Sinken des Brennstoffspiegels vermindert werden sollte. Die Petroleum-

behälter wurden überwiegend aus Glas hergestellt, dessen Vorteile auf der Hand lagen. Es war für Petroleum undurchlässig, die Füllung war immer erkennbar und sie konnten als Ganzes ohne Naht hergestellt werden. Nachteile waren allerdings die Empfindlichkeit gegen hohe Temperaturen und die leichte Zerbrechlichkeit. Die Zweckform des Petroleumbassins wurde mit der Verbesserung des Brennstoffes und mit zunehmenden Ansprüchen verändert, wobei die normale Vasenform den einfachen und preiswerten Lampenausführungen überlassen blieb. Bei diesen wurde der Petroleumbehälter von einem mehr oder weniger großen Fuß getragen. Bald aber schon wurde die Petroleumvase in die Gesamtform der Lampe integriert, indem man dem Lampenkörper die Form einer Vase, eines Zylinders, einer Kugel oder eines anderen Fantasiegebildes gab, in dessen Inneren der Petroleumbehälter untergebracht wurde und, da nicht mehr sichtbar, in einfachster Form aus Glas oder Blech gehalten werden konnte. Gleichzeitig wurden die offenen Vasen aus edleren Materialien hergestellt, insbesondere aus geschliffenen Kristallgläsern und aus Überfangglas mit aufwändigen Schliffmustern sowie auch aus bemaltem Glas, Porzellan, Majolika und aus Bronze. Auch die Form der Vase änderte sich im Laufe der Zeit, sie wurde halbkugelig oder getreppt, und um die Wende zum 20. Jhd. fällt eine deutliche Größenzunahme auf, was außer stilistischen Beweggründen auch einer zunehmenden Verbesserung der Petroleumqualität – in Sinner einer besseren Raffination – zuzuschreiben sein dürfte.

Glasmanufaktur Loetz, Vase aus grünlich-blaubraun lüstriertem Glas mit grünlich lüstrierter Tulpe

Gleichzeitig kamen auch die Edelgläser der hochrenommierten Glasmanufakturen, Loetz-Witwe und Pallme-König, beide in Böhmen ansässig, in Gebrauch, wobei es sich schon damals nicht um Massenprodukte, sondern um Kleinauflagen handelte, die schon ihren Preis hatten und gewiss nicht auf jedem Wohnzimmertisch standen. Heute werden diese Lampen teilweise zu horrenden Preisen im Antikhandel angeboten und es taucht immer wieder die Frage auf, aus welchen Kriterien sich diese Preise errechnen. Ich habe noch keine befriedigende Antwort gehört. Dessen ungeachtet bleibt von Wichtigkeit, dass die Vase trotz all ihrer Schönheit oder auch Hässlichkeit die Funktion hat, den Brennstoff aufzunehmen, der nicht ungefährlich ist, weshalb der Vorratsbehälter dicht sein muss, damit kein Petroleum auslaufen kann.

Glas der Manufaktur Pallme-König Böhmen, blau lüstriert mit eingelegten rot-braunen Glasfäden und weisslich-roten Blüten, Anfang 19. Jhd.

Um die Vase fest mit einem Fuß verbinden zu können, befindet sich am Boden der Vase ein Glasstift oder Glaszapfen, der in eine entsprechende Halterung eingegipst werden kann, deshalb auch der Ausdruck Stiftvase oder Zapfenvase, im Gegensatz zur Schraubvase, deren Glasstift in eine konische Messingtülle mit Gewinde eingekittet war, die sich in ein entsprechendes Gewinde am Lampenfuß einschrauben ließ.

Rinne am äußeren Rand der Vasenoberfläche zum Auffangen übergelaufenen Öles

Eine interessante und zweckmäßige Einrichtung war die sog. Steckvase, deren Glaszapfen in einen zylindrischen Metallring, wie in einen Schuh, eingegipst war. Diese Steckvase ließ sich nun in jede Halterung einstecken, die erreichbar war, und den entsprechenden Durchmesser hatte, sei es nun ein Handleuchter, sei es ein Kerzenleuchter oder ein Klavierleuchter. Diese Lampen, auch speziell für die Beleuchtung des Klaviers produziert und als Klavier-Lampen angeboten, waren sehr beliebt. Im anglo-amerikanischen Raum waren diese Lampen unter der Bezeichnung Peg-Lamp bekannt und gefragt. In einigen Gegenden Frankreichs soll dieses kleine Stecklämpchen als „Armenlampe" gegolten haben, da es, mit einem kleineren Brenner ausgestattet, erheblich preiswerter gewesen sein muss und es leicht von Zimmer zu Zimmer getragen und hier in einen Halter gesteckt werden konnte.

Gegen Ende des 19. Jhds. führten einzelne Lampenfirmen eine praktische Neuerung an den Glasvasen ein. Die Glasmanufakturen stellten Vasen her, die im äußeren Bereich der Vasenoberfläche eine mehr oder weniger auffällige Rinne erhielten. Diese Rinne sollte das häufig etwas daneben gelaufene oder ausgeschwitzte Petroleum auffangen und so das Äußere der Vase vor Verschmutzung schützen. Eine zweite Möglichkeit, die aber nur die Stehfläche der Lampe schützte, gab es in Form einer kleinen Metallschale, die am Übergang von der Glasvase zum Fuß oder der Säule angebracht war, um das am Bassin nach unten laufende Petroleum aufzufangen. Damit war der Behälter aber schon kontaminiert. Aus diesem Grunde und auch weil die Konstruktion relativ aufwändig war, hat sich dieses Konzept nicht lange gehalten. Auch die Rinne an den Glasvasen kam schon bald wieder aus der Mode.

Frühe Lampenfüße aus den 60er- und 70er-Jahren des 19. Jhds., links: Zinn, rechts: Zink, Wild & Wessel, Berlin

Der Lampenfuß und -schaft

Der Fuß einer Tischlampe diente in erster Linie dem festen Stand der Lampe. Danach bestimmte sich auch die Größe des Fußes, wobei der Fuß auch der Gesamtgröße der Lampe angepasst sein musste. Sehr leicht kann durch ein Missverhältnis zwischen Fußgröße und Vasengröße die Harmonie einer Lampe gestört werden. Die leichteren Lampenfüße wurden innen mit einer Eisen- oder Bleiplatte beschwert, hingegen die gegossenen Füße aus Zink, Eisen, Messing oder Bronze einer Beschwerung nicht bedurften, da sie genug Eigengewicht besaßen. Die Vase der Lampe konnte in unterschiedlicher Höhe über dem Fuß installiert werden, was durch Zwischenschalten eines Schaftes, in welcher Form und Höhe auch immer, erreicht wurde. Es war nun mal unerlässlich, dass der Brennstoffbehälter direkt unterhalb des Brenners lag, da der Docht die „Pumpe" für den Brennstoff bildete, deren Kraft nicht besonders groß war. Die Größe der ausgeleuchteten Fläche, die durch die Lampe erhellt werden sollte, hing vom Abstand der Lichtquelle zur Standfläche ab. Je höher der Abstand, desto größer der ausgeleuchtete Lichtkreis, desto geringer auch der Schatten der Vase aber auch die Leuchtdichte, da die Helligkeit mit dem Quadrat der Entfernung abnimmt. Bei der für unsere heutigen Verhältnisse recht bescheidenen Lichtstärke der Petroleumlampe gab es begreiflicherweise nicht viel Spielraum, und damit nicht zu viel Licht für den Tisch verloren ging, durfte eine bestimmte Höhe der Lampe nicht überschritten aber auch nicht unterschritten werden. Der Sinn und Gebrauch der Lampe spielte natürlich auch eine wesentliche Rolle.

Tischlampe,
Maskarons auf reliefiertem, verschlungenem Dreibein tragen ein geschlossenes Bassin, insgesamt aus Zinkguss, bronziert, Brillant-Meteor-Brenner, Ditmar, Wien, Österreich, 1895

Unten: Petroleumlampen-Füsse letztes Drittel 19. Jhd.

Frankreich, Regul

Deutschland, Zinkguss

England, Eisen

Verfärbung eines Majolika-Lampendeckels durch längere Petroleumeinwirkung

Im Anbeginn der Petroleumlampen-Produktion entwickelte man Füße mit kurzem oder längerem Schaft, die das Aussehen von mehr oder weniger verzierten Kerzenhaltern hatten, in deren Tülle die Stiftvase eingekittet wurde. Doch bereits in der 2. Hälfte der 60er-Jahre des 19. Jhds. wurden die Unterteile der Lampen anspruchsvoller, sie hatten das Aussehen antiker Vasen oder Amphoren und waren ornamental verziert und es kamen auch schon die ersten Figurenlampen in Form kleiner Zwerge oder Putten auf, denen man das Bassin in irgendeiner Form zu tragen gab. Bald wurden die figürlichen Lampenträger größer und die plastische Technik wurde ausgefeilter, so dass man an der Qualität der Figuren erkennen konnte, dass Künstler an den Entwürfen beteiligt waren. Die Firma Wild & Wessel, Berlin, gibt in einer ihrer Schriften sogar die Namen der Bildhauer bekannt, die bestimmte Lampenkörper für die Firma entworfen haben. Den plastisch gegossenen Figuren wie Rittern, Schlangenbändigern, orientalisch oder antik gewandeten Damen, Puttos, Zwergen etc. gab man die Halterung für das Bassin als Fackel in die Hand, stellte ihnen die Halterung auf den Kopf oder die Schulter oder ließ sie die Vase mit beiden Händen tragen. Die Mehrzahl dieser Figurenlampen waren aus Zinkguss, da sich dieses besonders gut gießen ließ und sehr preiswert war, so dass eine Zinkguss-Lampe nur den achten Teil des Preises einer Bronze-Lampe kostete. Besonders in Frankreich wurden Figurenlampen bis weit ins 20. Jhd. angeboten. Von feiner und zartgliedriger Gestalt, handelte es sich bei den französischen Lampen meist um allegorische Darstellungen, die Namen trugen wie „Arbeit", „Friede", „Wachsamkeit" etc.

Petroleumlampen-Füße letztes Viertel 19. Jhd.–Anfang 20. Jhd., von links nach rechts: Deutschland, Porzellan / Deutschland, Messing / Österreich, Zinnguss / Deutschland, Zinkguss

Aus der frühen Zeit stammen auch die zylindrischen Unterteile, wie sie von der einfachen Moderateur-Lampe bekannt waren. Angelehnt an die alte Form handelte es sich aber um eigenständige Kreationen. Nicht zu verwechseln mit den umgebauten Moderateur-Lampen, ein Ausweg, den die Lampenfabrikanten nutzten, um die bereits produzierten aber nicht mehr verkäuflichen Öllampen einer nützlichen Verwendung zuzuführen. Durch Einpassen einer Steckvase in den Hals der Moderateur-Lampe konnte diese in eine recht passable Petroleumlampe umgebaut werden. Die Schöpfung dieser Lampen mit zylindrischem Körper war Folge der Gewöhnung der Käufer an die alte Moderateur-Lampe, bei der der Ölbehälter im Lampenkörper gelegen war.

Majolika-Lampe
mit unsauberem Farbauftrag

Den geringsten Einfluss auf die stilistische Entwicklung der Petroleumlampe hatte wohl das Biedermeier (1810 – 1848), denn dieses war mit der Revolution von 1848 vorüber. Zu der Zeit gab es noch kein Leuchtpetroleum. Es wurden zwar Mineralöle angeboten, diese konnten aber die fetten Öle nicht so schnell verdrängen, zumal die Mineralöle in Deutschland später eingeführt wurden und längst nicht so weit verbreitet waren wie z. B. in Amerika. Eine üble Unart sollte man kennen! Es ist immer wieder zu erleben, dass Trödler oder auch Antikhändler versuchen, ahnungslosen Kunden eine Biedermeier-Petroleumlampe zu verkaufen. Da es während der Biedermeierzeit aber kein Leuchtpetroleum gab, kann es schlechterdings auch keine Petroleumlampe geben, die aus der Biedermeierzeit stammt. Es gibt allenfalls Lampen aus späterer Zeit, in deren Formgebung Anklänge an Biedermeierformen zu finden sind.

Russland, Eisenguss / Frankreich, Majolika, Messing / Frankreich, Marmor, Messing / Frankreich, Messingguss

Die Lampenform in Deutschland

Die Lampenform mit dem im Lampenkörper integrierten Ölgefäß wurde in Deutschland für die nächsten Jahrzehnte vorherrschend. Dabei waren die Körper der Lampen urnen-, kelch- oder vasenförmig gestaltet. Vorherrschendes Material waren Zinkguss aber auch Bronze und Messing. Porzellan und Majolika, geschliffene Glaskörper mit den absonderlichsten Bronzegarnituren wurden große Mode.

Glaslampen, die typisch deutsche Petroleumlampe von nicht besonders eleganter Form

Patriotische Gedächtnislampe zur Erinnerung an den Sieg von 1870/71

Der Historismus mit seinem Stilpluralismus, der alle vorausgegangenen Stile zur Dekoration zuließ, in dem er Kredit aufnahm bei allen Kunstrichtungen vom Altertum bis in die frühe Neuzeit, beeinflusste das Äußere der Petroleumlampe ganz entscheidend. Besonders in der eigentlichen Gründerzeit nach 1870 nimmt die Fülle der Applikationen in Form von aufgesetzten Putten, Stier-, Löwenköpfen, Karyatiden und Delfinen sowie Maskarons und Medaillons deutlich zu, sodass manches Teil stark überladen wirkt. Insgesamt entbehren die Lampen aus dieser Zeit dennoch nicht eines gewissen Reizes.

Damals war es nicht unüblich, dass sich europäische Völker bzw. deren Herrscher wegen lächerlicher Kleinigkeiten, den Krieg erklärten und damit unsägliches Leid über ihr Volk und andere Völker brachten, ohne selbst im Geringsten betroffen zu sein. Dieser widerliche Nationalismus, der sich natürlich auch auf die Bürger übertrug, brachte es auch zu Auswüchsen in der Lampenindustrie, indem man Lampen in den Handel brachte, die auf Grund ihrer Form ständig an den Krieg erinnerten oder den Gegner in übelster Weise verhöhnten. Das Eiserne Kreuz galt in Deutschland als gutes und häufig gebrauchtes Dekorationsemblem. Bei

mir laufen diese Erzeugnisse unter der Bezeichnung „Patriotische Gedächtnislampen". Zum Deutsch-Dänischen Krieg 1864 entwarf die Firma Wild & Wessel, Berlin, eine Lampe mit einem breiten, stelenartigen Schaft, versehen mit dem Bildnis von König Wilhelm von Preußen, der umkränzt von Lorbeer über dem Eisernen Kreuz thronte. Nach dem Krieg 1871 produzierte die Firma Stobwasser in Berlin ähnliche Lampen, allerdings in Eisenguss (die W. & W.-Lampen waren nur aus Zinkguss). Bei einer dieser Lampen wird das Petroleumbassin von drei Karabinern getragen, unter denen ein verwundeter Soldat auf einer geborstenen Kanone sitzt, den Lorbeerkranz auf dem erhobenen Haupt tragend und stolzen Blickes, wahrscheinlich seines Herrschers gedenkend! Selbst wenn man versucht, die ganze Angelegenheit aus einer völlig anderen Zeit heraus zu sehen, lässt sich ein schaler Beigeschmack nicht vermeiden.

Figurenlampe Korbträgerin, Petroleumbassin im Rückenkorb, Zinkguss, Kosmosbrenner, Signum in der Plinthe „L. Hottel", Österreich, um 1890

Glaslampen aus böhmischem Glas transparent-farbig oder opal-farbig, geschliffen oder bemalt waren immer beliebt und aktuell. Gegen Ende des vorletzten Jahrzehnts vor der Jahrhundertwende wurde dann die Fayence in Form von Majolika in das Fertigungsmaterial der Petroleumlampe mit aufgenommen und erreichte eine hohe Blüte bis weit ins 20. Jhd. In unendlich vielen Formen, in allen Größen, mit gekonnter und kitschiger aber auch stilgerechter Bemalung wurden diese Steinguttöpfe in großen Stückzahlen hergestellt und bildeten einen ganz wesentlichen Verkaufsartikel der Lampenindustrie. Nach der Qualität der handwerklichen Ausführung der Majolika-Malerei kann man bei einem Großteil der heute noch angebotenen Majolika-Lampen grob auf die Entstehungszeit schließen. Nach der Jahrhundertwende lässt die exakte Ausführung der Malerei deutlich nach. Die Farben sind nicht mehr so klar voneinander abgesetzt, wie es sich für eine gute Arbeit gehört, selbst bei reliefartigem Hervortreten einzelner Dekore verlaufen die Farben. So kann es sein, dass die grüne Farbe eines Blattes ins Rot einer Blüte fließt. Auch wenn diese kleinen Patzer die Qualität des Lichtes nicht beeinflussten, so wird der Gesamteindruck doch gestört. Im Abschnitt über die Pflege der Petroleumlampe wird darauf hingewiesen, den Deckel der Lampenkörper bzw. des Bassins sauber zu halten und das übertropfende Petroleum abzuwischen. Das war besonders wichtig bei den Ma-

Keramik-Lampe, ockerfarbig, streng dekoriert, matte Farben, Messingfuß, Flammscheibenbrenner, Deutschland, um 1910

jolika-Lampen, denn das Petroleum war in der Lage, die weiche Bleiglasur der Majolika-Deckel zu durchdringen, die Farben der Bemalung zu verändern und den Grundton erheblich dunkler werden zu lassen, was dem Ansehen der Lampe nicht zuträglich war.

Die Majolika-Lampen waren meist aus mehreren Teilen zusammengesetzt. Die einzelnen Teile waren nicht gemarkt, sodass es heute kaum möglich ist, sie bestimmten Manufakturen zuzuordnen. Es ist erstaunlich, dass die Teile lediglich mit Tinte nummeriert sind oder dass Nummern eingeprägt wurden, und selten findet man auch mal einen Namen eingeschrieben. Diese Markierungen dienten lediglich der Zuordnung der einzelnen Teile zueinander. Majolika gab es in allen Formen und in allen Zusammenstellungen. Alle Majolika-Lampen hatten einen Fuß, entweder aus Majolika, Zinkguss, Messing oder selten aus Bronze. Der Übergang zum Körper konnte durch ein Zwischenstück aus Metall aufgelockert oder komplett aus Majolika hergestellt sein. Zwischen Körper und Deckel der Lampe war häufig ein Messingring angebracht, der einmal der Fixierung des Deckels diente, wodurch die Lampe andererseits nicht so steif wirkte. Vasenring, Majolika-Deckel und Lampenkörper bildeten eine Einheit, indem die Vase mit Majolika-Deckel in den Vasenring eingegipst wurde und somit das gesamte Oberteil einschließlich Brenner herausgenommen werden konnte. Diese Methode wurde bei Zinkguss- und anderen Lampen gleicher Bauart ebenfalls angewandt. Noch ein Wort zur Majolika-Lampe mit Zinkdeckel. Sie wurden von einigen Firmen hergestellt, hatten nur selten einen Schaft und wirkten dadurch gedrungener. Der Deckel passte exakt in die Halterung des Lampenkörpers. Bei Angeboten immer aufpassen, ob der Deckel auch zu der übrigen Lampe passt! Es ist noch wichtig, darauf hinzuweisen, dass bei allen Lampen mit Deckel, ob Metall oder Keramik, das Muster des Fußes sich in der Regel im Deckel wiederholt.

Auch die bedeutenden Porzellan-Manufakturen ließen sich das Lampengeschäft nicht entgehen. An erster Stelle stand die älteste europäische Manufaktur Meissen, gegründet 1710 in Dresden. Unter der anfänglichen Leitung des Erfinders des europäischen Hartporzellans Johann Friedrich Böttger. Gemarkt sind die Teile mit den bekannten gekreuzten Schwertern in unterglasurblau. Die Porzellan-Manufaktur Berlin wurde 1763 durch Friedrich den Großen von einem Vorbesitzer übernommen, der in Schwierigkeiten geraten war. Von da ab nannte sie sich Königliche Porzellanmanufaktur und seit 1918 Staatliche Porzellanmanufaktur. Nach der Übernahme kümmerte sich Friedrich der Große persönlich um die Manufaktur. Sie wurde durch ihn gefördert und überwacht. Seit 1763 führt die Berliner Manufaktur das Zepter in unterglasurblau als Porzellanmarke.

Salonlampe
dunkelblaues, gebauchtes Majolika-Gefäß steht in einer dreifüßigen, reliefierten Zinkgusshalterung auf schwarzer Marmorplatte, Zylinderhütchen aus Messing, 20''' FS-Brenner, Deutschland, um 1880

Gleichzeitig wurden in Deutschland auch Säulen-Lampen modern, die in Frankreich und England schon länger im Handel waren. Auf mehr oder weniger schönen, stilähnlich verzierten oder strengen, getreppten Füßen standen mehr oder weniger lange Säulen aus Onyx, Serpentin und den verschiedensten Sorten Marmor in unterschiedlichsten Farben und Formen. Oder aber die Säulen waren bei den einfacheren Lampen aus gezogenem Messingrohr, und bei den wertvolleren Lampen waren die Schäfte aus Messing oder Bronze gegossen mit glatter, kannelierter oder ziselierter Oberfläche in zylindrischer, leicht konischer oder ballustrierter Form. Sehr reizvoll waren auch die bemalten oder gebeizten Porzellan-Säulen, die nicht nur in Frankreich beliebt, dort aber häufiger anzutreffen waren.

Den Abschluss der Säule bildete in der Regel ein mehr oder weniger stilähnliches Kapitell, in das die Vase meist über ein Zwischenstück eingeschraubt wurde. Diese Säulen-Lampen wurden in allen Größen und für jeden Geldbeutel angeboten, wobei die ausgefallenen Stücke, in Größen bis zu 70 cm als besonders auserlesene Salon-Lampen die Gesellschaftsräume der oberen Schichten zierten. Solche teilweise vergoldeten Prunkstücke trugen auch dann so gut wie nie einen Milchglasschirm, sondern sie waren üblicherweise mit ganz besonders schönen, handwerklich farblich verzierten Kugeln oder Tulpen ausgestattet. Äußerst prunkvoll wirkten die in den frühen 90er-Jahren in Mode kommenden Spitzenschirme aus Seide.

Mittlerweile gehen wir deutlich auf die Jahrhundertwende zu. In Frankreich hat sich die Zeit des Art Nouveau etabliert und in Deutschland tauchen vereinzelt Stilelemente des Rokoko (Ludwig der XIV.) bei den Lampenprodukten auf, was auch als Übergang zum Jugendstil gedeutet wird. Des ungeachtet war es aber auch der erste Versuch, den bisherigen überladenen, staatlichen Repräsentationsstil zu überwinden, aber Deutschland steckte wahrscheinlich zu tief in den Vorstellungen der Gründerzeit. Die Situation stark beeinflussend kam hinzu, dass Kaiser Wilhelm keine Beziehung zum Jugendstil hatte, als Folge davon der Stil sich auch nicht ausreichend entwickeln konnte, denn die Potentaten nahmen doch erheblichen Einfluss auf die kulturelle Entwicklung, was meist nicht zum Besten war. Bis auf wenige Ausnahmen entwickelte sich in Deutschland ein sehr abgemilderter Jugendstil, der nach relativ kurzer Zeit ins Art Deco überging.

Beim Studium alter Kataloge der Lampenindustrie lässt einen der Eindruck nicht los, dass sowohl die Lampenfabrikanten als auch deren Formgestalter ungeheuer konservativ gewesen sein müssen, laufen sie doch mit dem Lampendesign den eigentlichen Stilrichtungen hinterher, wobei sie sich entweder nicht trauen, etwas Neues zu kreieren oder sich nicht von den althergebrachten Formen lösen kön-

Historismus-Salonlampe, auf einem quadratischen Fuß steht ein aufwendiges Zwischenstück, dekoriert mit vollplastischen Löwen und Delphinen, geschliffenes Kristallbassin, 20''' Flammscheibenbrenner mit Heber und Löscher, Deutschland, um 1880

Kleine Handlampe, Messing, Kosmosbrenner, mit Streichholzdosenhalter, Deutschland, frühe 20er-Jahre 20. Jhd.

nen. Bis weit ins erste Jahrzehnt des 20. Jhds. werden die Zinkguss-Deckellampen in der Form meist unverändert, teilweise mit leichten Änderungen, lediglich im Dekor etwas angepasster, hergestellt, versehen mit diskreten floralen Jugendstilemblemen. Ähnlich ist es auch bei den Majolika-Lampen, die eine neue Blüte erleben, in der Dekoration deutlich fortschrittlicher sind, in der Qualität erheblich nachgelassen haben. In Frankreich und England kann man sich bis in die späten 20er-Jahre nicht von den Säulen-Lampen trennen, hier von den Marmor-Säulen, dort von den strengen Messingsäulen. Erst in der 2. Hälfte des ersten Jahrzehnts bringen dann die deutschen Firmen eigene Jugendstilformen, indem man z. B. den runden Standfuß in zwei- oder mehrgliedrig aufgeteilte, zartere, teils in florale Halterungen auflöst und so der deutschen Lampe einen Teil ihrer fundamentalen Klotzigkeit nimmt. Es hat wunderschöne, ansprechende Ausführungen gegeben, deren Entwurf man eher aus einem Nachbarland erwartet hätte. So wurden zwar neue Formen geschaffen, die aber leider zum Großteil nur neben den altbewährten Modellen herliefen. Das betrifft auch das Art Deco, welches mit seiner strengeren Formgebung das Aussehen der Petroleumlampe nur am Rande streifte. Was neben den alltäglichen Gebrauchslampen an Besserung und typischeren Exemplaren auf den Markt kam, würde man heute als Designer-Stücke bezeichnen und von diesen wurden jeweils nur wenige Exemplare hergestellt. Überhaupt waren die Entwürfe der damaligen Designer ihrer Zeit deutlich voraus, denn sie zeigten schon Ende des ersten Jahrzehnts des 20. Jhds. strenge Gestaltungsformen, die allenfalls dem Ende des deutschen Jugendstils aber nicht der Leichtigkeit des allgemeinen Jugendstils zuzuordnen sind.

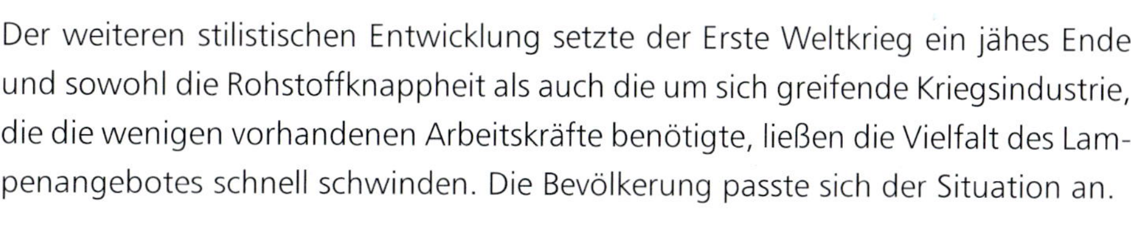

Der weiteren stilistischen Entwicklung setzte der Erste Weltkrieg ein jähes Ende und sowohl die Rohstoffknappheit als auch die um sich greifende Kriegsindustrie, die die wenigen vorhandenen Arbeitskräfte benötigte, ließen die Vielfalt des Lampenangebotes schnell schwinden. Die Bevölkerung passte sich der Situation an.

Durch die zunehmende Elektrifizierung und die Verwendung von Leuchtgas, vor allem in den größeren Städten, ließ die Nachfrage nach Petroleumlampen nach dem Ersten Weltkrieg deutlich nach, die Lampenproduktion ging zurück. So bestand auch von Seiten der Industrie kein Interesse, teure Entwürfe zu honorieren. Bei den ausgefallenen Stücken der 20er-Jahre handelte es sich meist um Kleinserien, die auch nur von einer bestimmten Käuferschicht gewünscht wurden.

Wandlampe mit Spiegelreflektor

Ein Vergleich der Lampenkreationen einzelner Länder ist sicher sehr interessant aber auch sehr schwierig. Nach meiner Übersicht wurde in Deutschland die Petroleumlampe sehr früh durch Gas und Elektrizität ersetzt, wenn auch in bestimmten Gegenden bis nach dem Zweiten Weltkrieg Petroleum gebrannt wurde. Insge-

samt aber hat die Petroleumlampe in Frankreich und auch in England länger der Beleuchtung gedient, was sich durch den Vergleich unterschiedlich alter Kataloge deutlich beweisen lässt.

Die deutsche Lampe ist zu Ende besprochen, sie bedarf aber noch einer abschließenden Meinung! Die deutsche Petroleumlampe erscheint schlicht und einfach germanisch! Sie ist in der Regel für ihre Zwecke ein wenig zu groß, um nicht zu sagen zu wuchtig. Sie dominiert ihr Umfeld und lässt ab einer bestimmten Größe nur noch wenig neben sich gelten. Insgesamt ist sie zu ernst und nicht leicht genug, was dem Wesen des Deutschen wohl entgegenkommen, ihm aber nicht zu Nutzen und Frommen sein dürfte. Sobald die deutsche Lampe kleiner wird, ist sie gefälliger, netter und ansehnlicher, ohne gleich niedlich zu wirken, aber das ist ja auch nicht die deutsche Art. Insgesamt gibt die deutsche Lampe aber das beste Licht, waren die Deutschen in der Brennerentwicklung und Brenner-Konstruktion doch führend, und es wurden riesige Stückzahlen an Brennern nicht nur nach Frankreich und England, sondern in die gesamte Welt exportiert. Allein die Berliner Lampenindustrie produzierte im Jahr etwa 12 Mio. Stück Lampenbrenner.

Die Lampenform in Frankreich

Frankreich kam wegen des hohen Importzolles auf Petroleum recht spät zur Petroleumlampe. Die Franzosen konnten von ihrer geliebten Moderateur-Lampe, die ja auch wirklich funktionierte, nicht lassen. Hat die Moderateur-Lampe doch fast 100 Jahre natürlich neben anderen Beleuchtungsmitteln ihren Dienst verrichtet.

Glaslampen in unterschiedlichen Farben, Frankreich, letztes Drittel 19. Jhd.

Kleine Nachtlampe, Jugendstil, Frankreich, um 1900

Die Petroleum-Beleuchtung

Zweiflammige Jugendstil-Lampe in floralem Aufbau, mit grünen, in Ringen hängenden Petroleumvasen, Kosmosbrenner, Frankreich, Anfang 19. Jhd.

Nachdem die Franzosen anfangs einen Großteil der Lampen einführten, entwickelten sie aber sehr schnell eine eigene Petroleumlampenindustrie. Fußend auf den Erfahrungen mit der Moderateur-Lampe, die zwischenzeitlich pompöse und prunkvolle Formen annahm, konnte man durch den Wegfall der gesamten Mechanik die Lampe kleiner halten, was sich sehr vorteilhaft auswirkte. Die französische Lampe war in der Regel kleiner, sie war fein und geschmackvoll. Bei einer klaren, häufig auch verspielten Linie wirkte sie so gut wie nie plump. Selbst die Zinkguss-Lampen, in Frankreich Régule genannt (Mischmetall), wirkten bei aller Schwere des Materials immer gefällig und angenehm.

Die einfachen Glaslampen, komplett aus Glas, in unterschiedlichen oder kombinierten Farben waren von so klarer, ausgeglichener und angenehmer Form, sodass sie sich überall einfügten, ohne zu stören. Die deutschen Glaslampen wirkten dagegen fast wie Totschläger. Die etwas besseren französischen Glaslampen kamen aus Manufakturen in Clichy oder sie waren aus Baccarat-Kristall, was heute immer besonders erwähnt wird und sich auf den Preis niederschlägt. Gern griff man nicht nur bei der Gestaltung der Lampenfüße vor allem der Säulen-Lampen, aber auch des Lampenkörpers auf die Dekore der Könige des 18. Jhds. zurück,

Säulenlampen, Marmorsäulen in weiß und grün, Vasen Baccarat-Kristall, Gold eingelegt, geschliffen, Kosmosbrenner, Frankreich, Ende 19. Jhd.

Jugendstil-Lampe,
auffallend gebogter, zierlicher Schaft mit Reliefdekor, Régul, vernickelt, Kosmosbrenner, Frankreich, nach 1900

wobei auch das Empire einen wesentlichen Teil beitrug und natürlich in Abwandlungen wohl am häufigsten kopiert wurde. Heute bezeichnet man diese Lampen in Frankreich mit „second Empire". Nicht vergessen werden dürfen die kleinen Bijoux-Lampen, die in zahlreichen Variationen sowohl in Form als auch in Material die Boudoirs der Damen schmückten. Hier zeigte sich auch ein eleganter und angenehmer Jugendstil. Bis weit ins 20. Jhd. hielten sich auch die Figurenlampen aus Régule, Messing oder Bronze, die, vom kleinen Amor bis zur Sonnenkönigin, von der freizügigen, wohlproportionierten Jugendstildame bis zur Siegesgöttin dazu auserkoren waren, ein schweres, mit Petroleum gefülltes Bassin zu tragen. Auf der Schulter ist das sicherlich kein Problem, aber auf einem hoch ausgestreckten Arm kann es doch zum Problem werden. Den Mut der Fondeure habe ich immer bewundert, so zarte Arme solche Gewichte tragen zu lassen. Wenn auch mancher Leuchtkörper dem Kitsch sehr nahe kam, so tat er auch das mit einem gewissen Charme. An ausgefallenen Techniken ließen die Franzosen das Cloisonné (Stegemaile) und das Champlevé (Grubenschmelz) wiederaufleben. Die Messingmonturen waren häufig feuervergoldet. Die französische Lampe nimmt alles etwas leichter, sie ist beschwingter, sie hält sowohl den Menschen als auch seine Umgebung dazu an, das Schwere etwas abzuschütteln.

Büro-Schiebelampe,
Porzellan einfarbig, grün überfangener Milchglasschirm, Peignet-Changeur, Paris, vor 1900

Bijoux-Lampe,
Champlevé in Messingguss, kurzer, dreibeiniger Fuß auf Alabasterplatte, Kosmosbrenner, Frankreich, vor 1900

Bijoux-Lampe,
Cloisonné-Technik auf Messing, reliefierter Messingfuß, Kosmosbrenner, Frankreich, um 1900

Beistelllampe,
kleiner Putto trägt auf den ausgestreckten Armen ein eiförmiges Petroleumgefäß in Champlevé, insgesamt patinierte Bronze mit Alabasterfuß, Kosmosbrenner, Frankreich, 1895

Die Lampenform in England

Baby-Lampe, Jasperware der Firma Wedgwood & Sons, Staffordshire, England, Keramik, vor 1900

Die englische Petroleumlampe hatte schon Gemeinsamkeiten mit der deutschen Lampe. Die Entwicklung hatte wie in Deutschland schon recht früh begonnen, da ja auch Geschäftsverbindungen über James Youngs Coal Oil Co. nach Amerika bestanden und das erste Petroleum aus Amerika schon vor 1860 nach England geliefert worden ist. Es dürfte deshalb außer Zweifel stehen, dass in England zunächst Flachbrenner von Amerika aus übernommen und weiterentwickelt und später der Rundbrenner von Deutschland aus eingeführt wurde. Die englische Durchschnittslampe war von schlichter Einfachheit, manchmal vielleicht etwas streng. Wenn auch schon mal das Bildnis von Edward VII. und Queen Alexandra auf einem Lampenfuß verewigt wurde, so trieb man insgesamt nicht viel Pomp, man war englisch korrekt.

In der frühen wilhelminischen Zeit allerdings waren die Lampen deutlich dekorativer und der deutschen Gründerzeit ähnlicher, insgesamt aber deutlich zurückhaltender als die deutschen Lampen. Die Metall-Lampen aus dieser Zeit waren schon deutlich aufwändiger mit Applikationen versehen, während die Kristall-Lampen einen ausgeprägten und aufwändigen Schliff aufwiesen, wobei die das Bassin tragenden Teile nicht nur aus Plated sondern nicht selten aus massivem Silber gearbeitet waren. Majolika und Porzellan waren genauso vertreten wie im übrigen Europa, sie wurden in erheblicher Anzahl aus dem Ausland eingeführt. Recht schwer wirkende, gegossene und dekorierte Eisenfüße erhielten dann aber ein geschliffenes Kristallbassin, was sie wieder vornehm erscheinen ließ. Die zahlreich angebotenen Säulenlampen aus Messing in allen Größen in unterschiedlichster Ausführung der Säulen waren recht attraktiv, hatten aber häufig einen Tonfuß, der sehr schwer war und plump wirkte.

Kaminanzünder für Petroleum, England, vor 1900

Neben den besonders beliebten japanischen Porzellanlampen darf die bedeutendste Keramikfabrik Englands nicht vergessen werden, die Wedgwood Pottery, die 1759 gegründet wurde. Diese stellte sehr schöne Lampenkörper aus Steinzeug her, die berühmte „Jasperware“ mit Reliefdekor in Weiß auf blauem oder grünem Grund, sehr ausdrucksvoll werden sie heute auch von deutschen Sammlern sehr geschätzt. Rein in Kupfer und in Messing arbeitete die Firma W. A. S. Benson, die 1883 in London eine Fabrik für kunstvolle Metallwaren eröffnete, in der wunderschöne Lampen handwerklich hergestellt wurden. Bensons Firma produzierte neben Haushaltsutensilien ausgesprochen interessante Petroleumlampen in der Art des englischen Jugendstils, die teilweise auf Grund ihres zarten, fast filigranen Designs in Form und Konstruktion den neuen Typus der Petroleumlampen bildeten. Trotz der erlesenen, gelungenen Ästhetik, die manche Lampe fast schweben lässt, fehlt auch hier nicht ein Hauch britischer Strenge. Jedenfalls übersteigen

heute die Preise für eine Lampe der Firma Benson häufig das monat liche Gehalt eines ganz normalen Zeitgenossen. Der am häufigsten verwendete Brenner war der Flachbrenner und insbesondere der von Hinks in Birmingham erfundene Duplex-Brenner, der in vielen Spielarten im Wesentlichen aber unverändert bis in die 30er-Jahre des 20. Jhds. gebaut wurden.

Protector-Safety-Lamp,
House Lamp der Protector Lamp and Lighting Company, Manchester,
England, um 1880

Lampen der Firma W. A. S. Benson, London,
Messing und Kupfer, vor und nach 1900,
Antiquitätentage Münster,
The Lamp Gallery,
P. Wiebe / Th. Sahlender

Die Lampenform in Amerika

Amerika, das Land von dem der eigentliche Petroleumboom ausging, der mit seinen ungeheuerlichen Konsequenzen die ganze Welt erfasste, hat bei aller wegbereitender Entwicklung der Technik eins nicht geschafft: bei Unmengen an Brennstoff, auf denen man saß, hat Amerika keine fortschrittliche Petroleumlampe hervorgebracht. Mit fortschrittlich ist natürlich eine Lampe gemeint, die ein strahlend helles Licht erzeugt, wobei es im Prinzip ja nicht um die Lampe, sondern um den Brenner geht, denn der erzeugt das Licht.

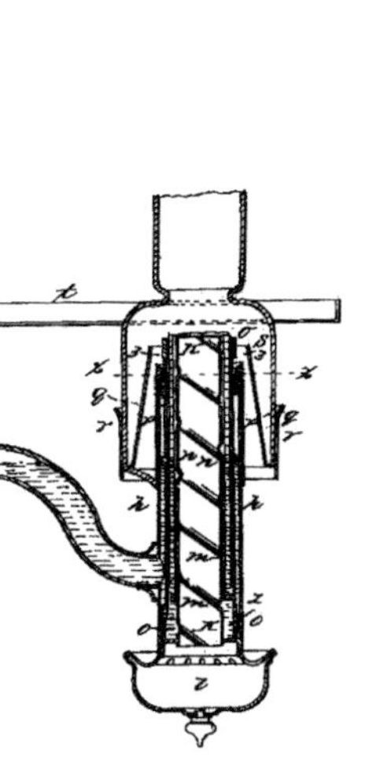

Schiebelampe zur Verwendung von Petroleum, Patentzeichnung des amerikanischen Patentes für C. A. Kleemann, Erfurt, vom 10. März 1863

In Amerika wurde in den 40er-Jahren des 19. Jhds. viel Camphin gebrannt und nach Darstellung des Coal Oils wurde dieses in zunehmendem Maße als Lampenöl genutzt. Wegen des hohen Kohlenstoffgehaltes des Camphins nutzte man für die Lampe einen Rundbrenner. Da zu gleicher Zeit auch Schmalz und Schmalzöl mit zu den gebräuchlichen Brennstoffen gehörte, dürften aus dieser Baureihe auch Flachbrenner für Coal Oil genutzt worden sein und zwar nach Entfernung des Anwärmbleches. Die Schmalzlampen hatten ein längliches, dünnes Blech an den Brenner gelötet, welches in das Schmalz gesteckt wurde und als Wärmeübermittler diente, um das Schmalz zu verflüssigen. Die ersten wohlkonstruierten Flachbrenner in Amerika stammen aus den Jahren 1856/57, welche dann auch für Coal Oil verwendet wurden, denn der Kerosin-Boom begann ja erst ein paar Jahre später. Hier begann man dann auch mit der Entwicklung von Rundbrennern, die aber nie die ungeheure Differenziertheit, die Qualität und die Lichtausbeute erreicht haben dürften wie in Deutschland. Da stand Europa und vor allem Deutschland an der Spitze und die Amerikaner haben sich in Europa zuweilen Rat geholt.

Zweifelsfrei trieb man in Amerika einen gewissen Aufwand mit dem Lampenkörper, der vorwiegend aus Glas gefertigt, dann aber mit allen seinerzeit bekannten Techniken mehr oder weniger verschönert wurde. Vom einfachen Pressglas, über Kristallglas bis zu denen in einer oder in mehreren Farben überfangenen und geschliffenen Gläsern. Auch die Schäfte der Lampen wurden häufig in Überfangglas hergestellt, teils waren sie doch aus Pressglas mit einem Messingzwischenstück bzw. ganz aus Messing. Auch Figuren-Lampen waren zeitweise in Mode, ebenso wie beeindruckende, manchmal etwas kitschige Kristallbehänge, die rund um den Kugelträger montiert wurden. Besondere Preise erzielen heute die Bronzelampen von Tiffany.

Eindruck machten auch die in großer Zahl angefertigten Miniatur-Lampen, ähnlich den europäischen Bijoux-Lampen. In allen nur erdenklichen Formen und Farben und Farbkombinationen strahlten die anheimelnden Lämpchen eine gewisse,

auf den Betrachter übergehende Ruhe aus. Allerdings gab es auch Stücke, die weniger ruhig waren, wie z. B. der Totenkopf, der einen Brenner auf dem Kopf trug. Es gab kaum ein Tier aus Porzellan, Steingut oder Glas, auf dessen Körper oder Kopf sich nicht ein Petroleumbrenner hätte montieren lassen und in dessen Bauch man nicht hätte Petroleum einfüllen können. Der Kitsch wurde manchmal auf die Spitze getrieben. Allerdings muss man sich fragen, inwieweit es sich bei diesen Erzeugnissen nicht doch um Importe aus Frankreich oder Deutschland gehandelt hat, denn interessanterweise sind diese Lampen häufig mit Rundbrennern europäischer Herkunft ausgestattet.

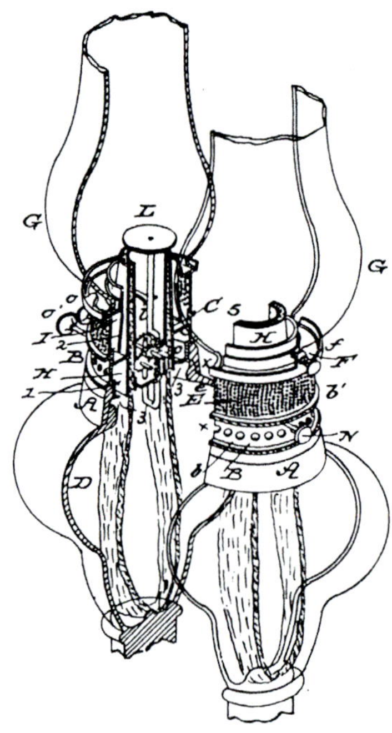

Patentzeichnung, Amerikanischer Rundbrenner, 1858

Einen wesentlichen Faktor im amerikanischen Lampenangebot spielten nicht zuletzt die Student-Lamps, die teilweise oben nach der Argand-Lampe schon beschrieben wurden, da sie sich wohl aus der Proust'schen Lampe und der Argand-Lampe entwickelt haben. Sie gab ein angenehmes, gemütliches Licht und die Schattenbildung war nicht so ausgeprägt wie bei der Argand-Lampe, da Ölbehälter und Brennereinheit deutlich voneinander getrennt waren. Wesentlich aber war, dass die Beleuchtungseinheit an einer Stange hoch und niedrig gestellt werden konnte, eine Möglichkeit, das Licht auf den Arbeitsplatz zu konzentrieren. Die amerikanischen Student-Lamps hatten in der Regel Glas- oder seltener auch Metallschirme von sieben oder zehn Zoll Durchmesser.

Die Schiebelampe kam in ihrer bekannten Form wohl aus Europa, wobei als Vorbild die Proust'sche Lampe gedient haben könnte. Dabei scheint es Parallelent-

Glaslampen aus Amerika, typisch das Messing-Zwischenstück zwischen Schaft und Vase, Flachbrenner unterschiedlicher Größe

wicklungen in Frankreich und Deutschland gegeben zu haben, wobei Amerika in den 50er-Jahren und auch später noch zahlreiche Studentenlampen aus Europa importierte. Die Firma Carl A. Kleemann aus Erfurt erhielt am 10.03.1863 das erste amerikanische Patent auf eine Öl-Student-Lamp mit mehreren Nachträgen und am 25.06.1889 ein neues Patent auf eine Student-Lamp zur Verwendung von Petroleum. Es wurden tausende Kleemann-Lampen verkauft. Kleemann soll in Amerika als „Father oft the studentlamp" bekannt gewesen sein. G. Stobwasser aus Berlin erhielt am 15.09.1866 auf seine Student-Lamp ein Patent. In der Folge wurde das Image der Student-Lamp in Amerika besonders gepflegt, im Erscheinungsbild weiterentwickelt und in wunderschönen Exemplaren auf den Markt gebracht. Es sei noch hingewiesen auf die zwei- oder mehrarmigen Student-Lamps, die ebenfalls in sehr aufwändigen Exemplaren hergestellt wurden, mit der originären Student-Lamp aber nicht mehr viel gemein hatten.

Die amerikanische Lampenindustrie bot eine bunte Palette an Petroleumlampen, wobei stiltypische Exemplare erklärlicherweise äußerst rar waren.

Außergewöhnliche Petroleumlampen

- Die Petroleumlampe nach Marmet
- Die Hydro-Petrol-Lampe nach Prof. Dr. Zängerle
- Die hydrostatische Lampe nach C. Güntner
- Die Hitchcock-Lampe
- Die Petroleum-Pumplampe nach Peigniet-Changeur
- Die Thermogenerator-Lampe

Während der ohnehin doch relativ kurzen Zeit der Petroleumbeleuchtung versuchten die Erfinder immer wieder Neuerungen zu bringen, die die Handhabung erleichtern oder aber die Gefährlichkeit mindern, insgesamt aber dem Fortschritt dienen sollten. Das gelang aber nur in seltenen Fällen, weil die Neuerungen viel zu kompliziert und viel zu umfangreich waren. Hierzu einige, teils erfolgreiche, Beiträge.

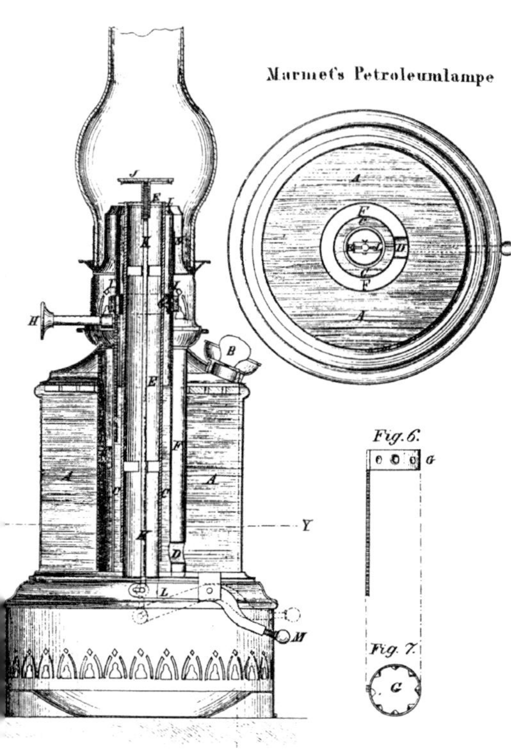

Petroleumlampe nach Marmet, 1864

Die Petroleumlampe nach Marmet

Der Franzose Marmet konstruierte 1864 eine Petroleumlampe, wobei besonderer Wert auf die Kühlung des Petroleumbehälters und dessen Inhalt gelegt wurde. Marmet wollte eine konstante Intensität der Flamme bei Vermeidung einer jeden Temperaturerhöhung vor allem des Ölreservoirs, um so Gefahren zu vermeiden, die von einer Überhitzung des Petroleumbehälters ausgehen könnten. Rein äußerlich sah die Lampe einer Moderateurlampe zum Verwechseln ähnlich, hatte jedoch nichts mit einer Moderateurlampe zu tun.

Es handelte sich um eine Durchzuglampe mit zentralem Belüftungsrohr. Um das zentrale Durchzugrohr mit Dochtführung war ein weiteres Rohr fest installiert, durch welches Luft vom Boden der Lampe bis zum Brenner ziehen konnte, wodurch der Petroleumbehälter auch von innen gekühlt wurde. Eine Brandscheibe konnte über ein Hebelsystem im Fuß der Lampe auf und nieder bewegt werden, um die Intensität der Flamme zu regulieren, oder die Flamme zu löschen.

Die Kühlung des Petroleumbehälters ist sicher sehr gut gelungen, ob alle anderen Erwartungen ebenfalls erfüllt wurden, ist nicht bekannt, und in späteren Angeboten wird die Lampe auch nicht mehr empfohlen.

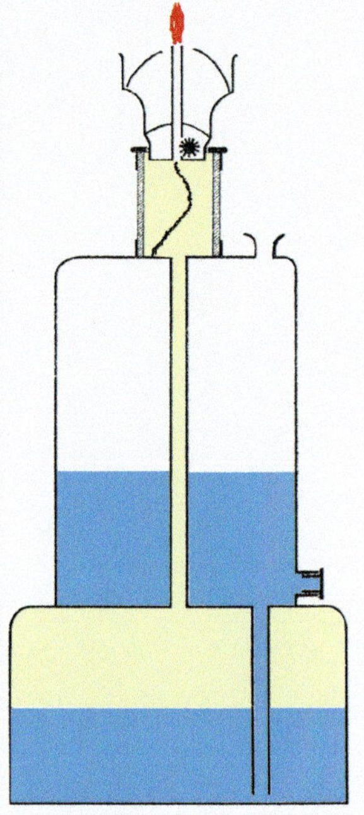

Die Hydro-Petrol-Lampe nach Prof. Dr. Zängerle

Bei diesem Beleuchtungsgerät, auch Wasseraufgusslampe genannt, ist der Petroleumbehälter von einem Wasserbehälter umgeben. Die Lampe wird zunächst ganz mit Wasser gefüllt, was teilweise abgelassen wird. Anschließend gießt man Petroleum durch den Hals der Lampe bis die Lampe ganz gefüllt und das Wasser durch das Petroleum in den Wasserbehälter gedrückt ist. Nun drückt das Wasser den Brennstoff zum Dochtbehälter und die Lampe kann angezündet werden. In Wirklichkeit ist der Vorgang des Füllens aber erheblich aufwändiger.

Als Vorzüge der Hydro-Petrol-Lampe werden besonders hervorgehoben: Verhinderung der Bildung explosiver Gasgemische und der damit verknüpften Gefahren, beträchtliche Ersparnis an Beleuchtungsmaterial bei gleichmäßiger Helligkeit der Leuchtflamme, lange Brenndauer einer Füllung, Schutz des Leuchtöles vor Verharzung und letztlich die Verwendbarkeit aller Brennstoffe einschließlich auch der flüchtigeren Brennstoffe Photogen und Ligroin.

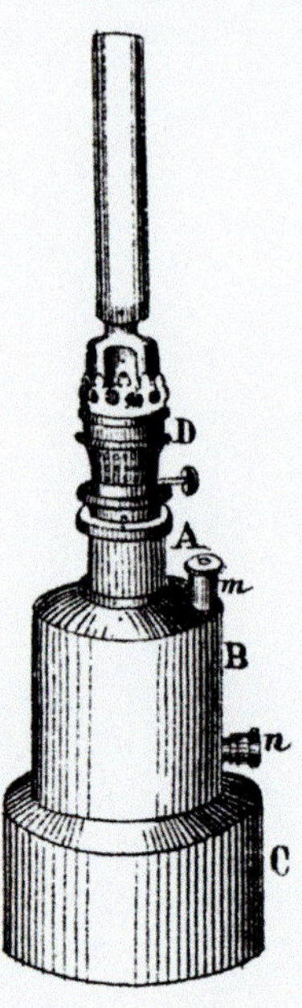

Wasser-Aufguss-Lampe nach Prof. Zängele, Konstruktionsprinzip und Ausführung, DRP 1880

Die hydrostatische Lampe nach C. Güntner

Die Funktion dieser Lampe ist ähnlich der von Prof. Zängerle. Der Unterschied besteht lediglich in der Zuführung des Wassers als verdrängendes Medium. Hier erfolgt die Zuführung nur tropfenweise und nicht durch den Querschnitt der gesamten Wassersäule. Bei Füllung der Lampe mit zwei Pfund Petroleum brennt sie mit einem 8'''-Brenner 60 bis 80 Stunden, dabei braucht sie nur alle zehn bis vierzehn Tage eine neue Füllung. Die Wasserfüllung erfolgte allerdings häufiger, somit keine wesentliche Arbeitsersparnis. Alle anderen Vorteile entsprechen denen der Lampe von Prof. Zängerle.

Die Hitchcock-Lampe

Bei dieser Lampe des Amerikaners Robert Hitchcock geht es nicht um die Zuführung des Brennstoffes zum Brenner, sondern um die zusätzliche Versorgung des

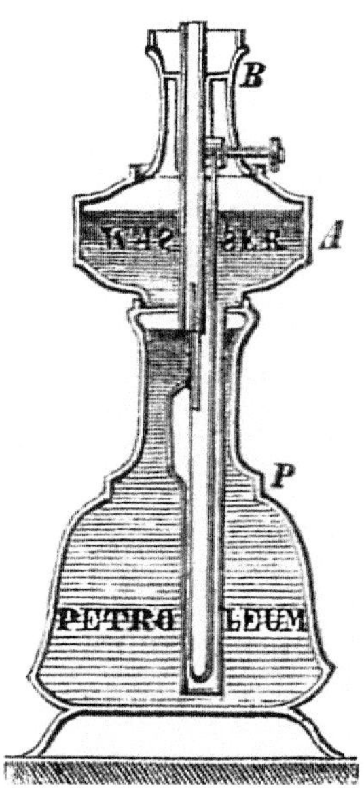

Güntner's hydrostatische Petroleum-Lampe, 1869

Brenners mit Luft. Nachdem eine erste Konstruktion des Engländers Halpin im Jahre 1840 und auch die nachfolgenden wenig Erfolg hatten, gelang es Robert Hitchcock (1832 – 1900) in Bristol, Conn., eine funktionierende Lampe zu bauen, die international Anerkennung fand. Das erste Patent erhielt er im Februar 1868. Hitchcock baute in den relativ großen Fuß seiner Lampe ein Federwerk ein, mit einem kleinen, horizontal sich drehenden Ventilator, der die Luft durch den Fuß nach oben zwischen der Außenwand der Lampe und der Wand des Petroleumbehälters zum Flachbrenner beförderte und der Flamme damit mehr Sauerstoff anbot. Der Erfolg, eine saubere, weiße, nicht rauchende Flamme, die mehr Licht gab und einen Zylinder nicht benötigte. Wegen der erhöhten Luftzufuhr war es auch möglich, schwerere Leuchtöle zu brennen. Die Hitchcock-Lampe wurde auch als Hänge- und Wandlampe hergestellt. Durch unterschiedlich geformte Schirme war man in der Lage, das Licht zu mildern. Fast von gleicher Konstruktion waren die Wanzer-Lampe und die Cranzow-Lampe, eine Entwicklung der englischen Firma Sherwoods in Birmingham. Die Hitchcock-Lampe war recht weit verbreitet, und sie ist über lange Jahre produziert worden. In Frankreich wurde eine ähnliche Lampe, auf dem gleichen Prinzip beruhend, die LAMPE EOLIENNE nachgebaut, der aber nicht der große Erfolg beschieden war.

Die Petroleum-Pumplampe nach Peigniet-Changeur

Über 80 Jahre nachdem Carcel seine Uhrwerklampe vorstellte, in der das Öl mit einer Pumpe zum Docht hochgepumpt wurde, brachte der Franzose Henry Peigniet-Changeur ebenfalls eine Pumplampe auf den Markt zur Verwendung von Petroleum. Er erhielt 1881 ein Patent auf seine Lampe mit Erweiterungspatent 1882. Der Petroleumvorrat befand sich im unteren Teil der Lampe, die einen relativ langen Hals hatte, ähnlich den Moderateur-Lampen. Der Brennvorrat an Petroleum befand sich in einem kleinen Bassin auf dem Hals der Lampe. In diesem Bassin befand sich auch die Pumpe, die den Brennstoff über eine lange Röhre aus dem Vorratsbehälter im unteren Teil der Lampe nach oben in den kleinen Behälter pumpte, auf den der Brenner montiert war. Eine dauerhafte und gleichbleibende Versorgung wurde durch Ventile und Überlaufröhrchen gesteuert. Die Lampe wurde mit zwei unterschiedlichen Brennern gebaut. Bewährt hat sich der 20''' Sonnenbrenner der Firma Ditmar, Wien, wegen seines zweigeteilten Dochtes, wobei der Saugdocht nicht gewechselt zu werden brauchte. Die zweite Version mit Duplex-Brenner von Hinks war nicht so beliebt, da der Dochtwechsel relativ schwierig war. Insgesamt war diese Lampe eine durchdachte Konstruktion; aber sie war wie viele andere mechanische Lampen auch störanfällig.

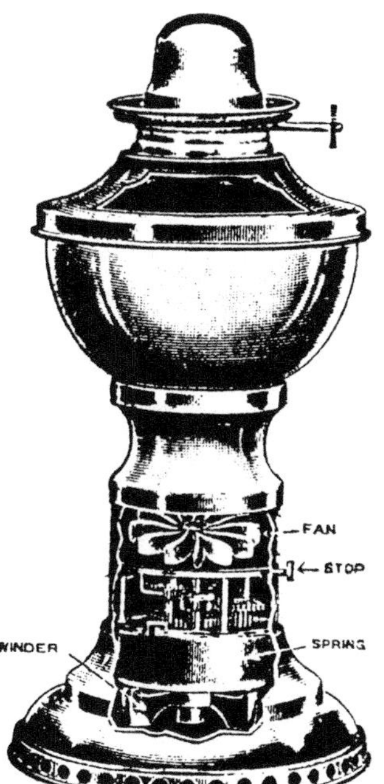

Hitchcock-Lampe, Pat. 1868

Die Thermogenerator-Lampe

Die Thermo-Elektrizität, die beim Erwärmen einer Lötstelle zwischen zwei verschiedenen Metallen entsteht, ist eine bekannte Erscheinung. Thomas Johann Seebeck (1770 – 1831) entdeckte 1821 den nach ihm benannten Seebeck-Effekt. Wenn in einem geschlossenen Leiter zwischen zwei Lötstellen eine Temperaturdifferenz besteht, so tritt eine Spannung auf, es fließt ein Thermostrom. Diese Vorrichtung ist ein Thermoelement und wird im Wesentlichen zur Temperaturmessung genutzt. Die Thermoelemente lassen sich aber auch in etwas anderer Auslegung zu einem Thermogenerator hintereinander schalten, mit dem sich Strom gewinnen lässt, wenn die Elemente des Generators erhitzt werden. Während des Zweiten Weltkrieges hatten die russische und englische Industrie wohl aus militärischen Gründen in diese Richtung geforscht. Der russische Wissenschaftler Prof. Joffé aus Petersburg entwickelte einen thermo-elektrischen Generator, der aber erst in den 50er-Jahren des 20. Jhds. in Produktion ging. Der Thermogenerator sitzt dem kurzen Zylinder der Petroleumlampe direkt auf, und die Abwärme der Lampe heizt den metallenen Wärmespeicher des Generators auf, der die Wärme in elektrische Energie umwandelt. Die Energieausbeute lag bei 1,0 bis 1,4 Volt bei einer Stromstärke bis zu 0,5 Ampere. Laut Gebrauchsanweisung ließen sich mit diesem Thermogenerator verschiedene Radioempfänger betreiben. Wegen des geringen Wirkungsgrades wurde dieses Projekt später nicht weiter verfolgt.

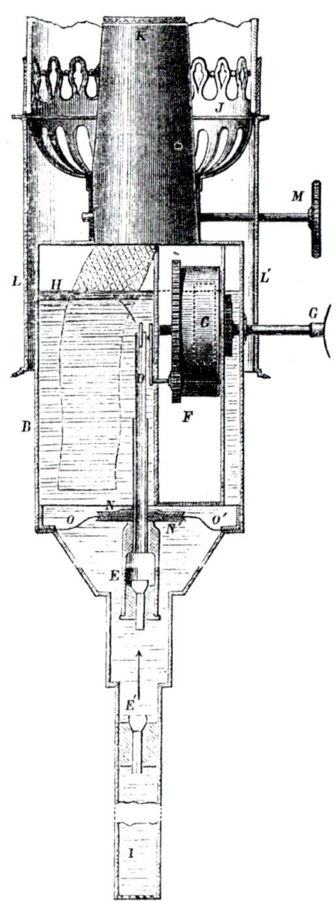

Längsschnitt durch die Pumpe, nach Peignet-Changeur, Zeitungsdruck, 19. Jhd.

Petroleum-Pumplampe, nach Peignet Changeur, mit Duplexbrenner, Frankreich, Pat. 1882

Thermo-Generator-Lampe, russische Entwicklung aus den 50er-Jahren des 20. Jhds.

Die Petroleumlampenbrenner

Der Brenner der Petroleumlampe bildet eigentlich ihre Seele, dient er doch nicht nur der Führung und Aufnahme des Dochtes. Er hilft bei der Vergasung des Brennstoffes, welcher vom Docht angesaugt und zur Brennstelle geleitet wird. Er führt und konzentriert die zur Verbrennung erforderliche Luft in zweckdienlicher Weise an die Flamme, um eine optimale Verbrennung und damit eine optimale Helligkeit zu gewährleisten. Schließlich hält die Brennerkrone den Zylinder und sie trägt den Schirm, die Kugel oder die Tulpe.

Die einfachsten Brenner-Typen

Die einfachsten Brenner-Typen aus der Mitte des 19. Jhds. verwenden entweder einen schmalen Flachdocht oder einen Rundvolldocht, der im Prinzip genauso arbeitet wie die alten Öllampendochte, nur dass er nicht aus gedrehten Fasern bestand, sondern aus gewebter Baumwolle. Diese kleinen Brennerchen, die in

Die einfachsten Brennertypen,
links: Öl, kurze Tülle, Flachdocht,
Mitte: Petroleum, mittellange Tülle, Flachdocht,
rechts: Benzin, lange Tülle mit Hütchen und Rundvolldocht

von links nach rechts:
Sternbrenner, mit und ohne Galerie, Perkeobrenner und Nachtlichtbrenner

einer Größe von 1 – 3 Linien produziert wurden, dienten als Nachtlichtbrenner, Sparbrenner und auch als Brenner für Puppenstubenlampen. Die bekanntesten Brenner dieser Art waren der Perkeo- und der Sternbrenner, wobei Letzterer noch bis in den Anfang des 21. Jhds. hergestellt wurde. Diese Perkeo- und Sternbrenner-Lämpchen dienten häufig der Flur- und Treppenhausbeleuchtung. Die Brenner hatten nur eine ganz normale Luftzuführung von außen an den Docht, wie bei den alten Öl-Lampen, und bei normaler Brennstoffzufuhr – nicht zu hoch geschraubtem Docht – verbreiteten sie ein kleines aber rauch- und rußloses Licht, wie es von einem Nachtlämpchen gewünscht wurde.

Die Größenbezeichnung der Brenner

Hier ist es dann auch an der Zeit, die Größenbezeichnung der Petroleumbrenner zu erklären. Diese erfolgt nach der Dochtbreite und zwar nicht nach Millimetern, wie man vielleicht erwarten sollte, sondern nach Linien. Man spricht z. B. von 6, 8, 10 Linien-Brennern. Die Linie war früher ein Längenmaß, und zwar der zehnte oder im Duo-Dezimalsystem der zwölfte Teil eines Zolls. Eine rheinische oder preußische Linie betrug 2,179 mm, eine Pariser Linie hatte 2,256 mm und eine Wiener Linie betrug 2,195 mm. Wenn es sich auch um minimale Unterschiede handelte, so machte sich doch jedes Land sein eigenes Längenmaß. Die Größenbezeichnung der Petroleumbrenner in Linien, als Kürzel in Form von ''' drei Strichelchen hinter der Zahl bezeichnet, gehen noch auf das frühe 19. Jhd. zurück, wo Frankreich in der gesamten Konstruktion und Produktion der mechanischen Öllampen unangefochten an erster Stelle stand. Dort wurde eine Carcel-Lampe mit einem 14''' Argand-Brenner als Einheit bei der Lichtmessung verwendet. Dieser Brenner hatte einen Schlauchdocht mit einem Umfang von 62,8 mm, zusammengelegt, also aufeinander gelegt war die Dochtbreite 31,4 mm, was 14 Pariser Linien entsprach. Diese Bezeichnung der halben Dochtbreite für Rüböl-Rundbrenner, gemessen in Pariser Linien, wurde später von der Lampenindustrie ganz allgemein auch für die Petroleumbrenner übernommen, nachdem sie in Deutschland durch die Herren Wild & Wessel, die ihr Handwerk als Lampisten in Paris gelernt hatten, eingeführt worden war. Im Anfang hielten sich die Hersteller auch an die Maße, natürlich mit kleineren Toleranzen. Später hielt man sich nicht mehr streng an die Pariser Linie und die halbe Dochtbreite, vor allem im Rahmen der Weiterentwicklung der Brenner. Bei den normalen, einfachen Rundbrennern wurden die Maße recht exakt beibehalten, bei den größeren Brennern vor allen Dingen aus firmeneigener Entwicklung differierten die Dochtbreiten doch erheblich stärker, so dass eine exakte Aussage über die Größe nicht möglich war. Man konnte jedoch sicher sein, dass ein 20''' Brenner erheblich mehr Licht gab als ein 10''' Brenner.

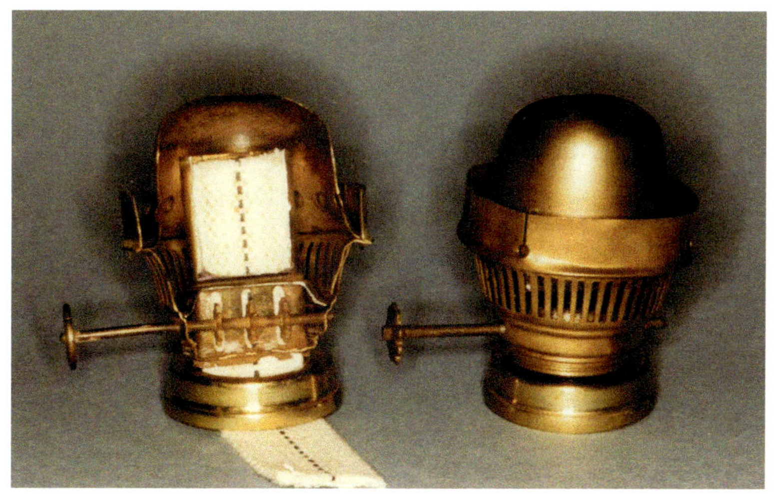

Wiener Flachbrenner, Zahnrädchen zur Dochtbewegung

Der ein- und mehrdochtige Flachbrenner

Der Flachdocht geht auf die Zeit vor 1800 zurück, er wurde 1883 von Legér in Paris erfunden und wurde wie bereits berichtet, in den derzeitigen Öllampen verwendet.

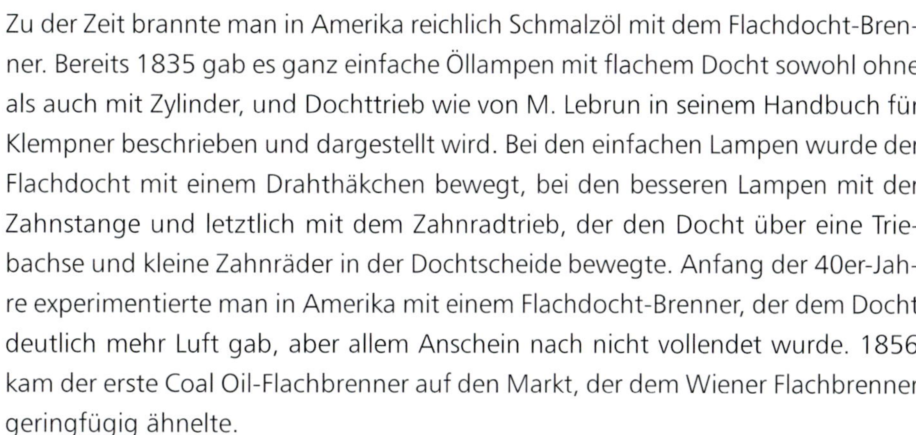

Zu der Zeit brannte man in Amerika reichlich Schmalzöl mit dem Flachdocht-Brenner. Bereits 1835 gab es ganz einfache Öllampen mit flachem Docht sowohl ohne als auch mit Zylinder, und Dochttrieb wie von M. Lebrun in seinem Handbuch für Klempner beschrieben und dargestellt wird. Bei den einfachen Lampen wurde der Flachdocht mit einem Drahthäkchen bewegt, bei den besseren Lampen mit der Zahnstange und letztlich mit dem Zahnradtrieb, der den Docht über eine Triebachse und kleine Zahnräder in der Dochtscheide bewegte. Anfang der 40er-Jahre experimentierte man in Amerika mit einem Flachdocht-Brenner, der dem Docht deutlich mehr Luft gab, aber allem Anschein nach nicht vollendet wurde. 1856 kam der erste Coal Oil-Flachbrenner auf den Markt, der dem Wiener Flachbrenner geringfügig ähnelte.

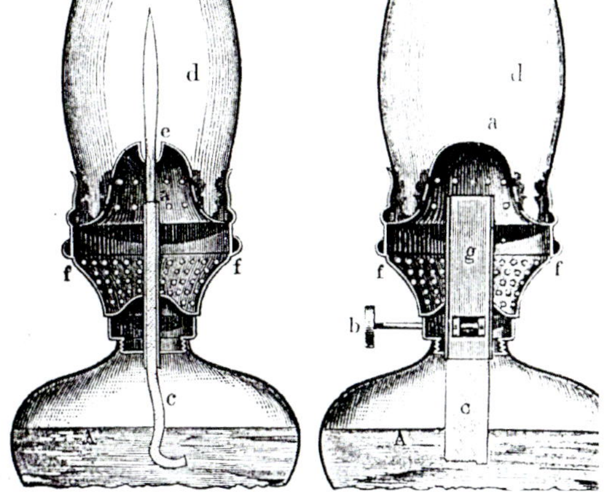

Flachbrenner, Berliner Form, Frühe 60er-Jahre 19. Jhd.

Ein deutscher Einwanderer soll 1856 bei seiner Einwanderung nach Amerika einen Flachbrenner der Firma Ditmar aus Wien mitgebracht haben, wobei offen bleiben muss, ob dieser Brenner von Ditmar für Photogen oder Petroleum entwickelt wurde, was aber auch unwesentlich ist, lassen sich doch beide Leuchtstoffe im gleichen Brenner nutzen. Für die Verwendung von Petroleum spricht die Tatsache, dass ein Erdöl-Destillat in Wien bekannt gewesen sein muss, denn Josef Hecker konnte bereits 1816 der Hohen Hofkammer in Wien eine Beleuchtung mit Erdöldestillat demonstrieren, wie oben ausführlich beschrieben. Und Ignaz Lucasiewicz destillierte 1853 Erdöl auf Leuchtöl und beleuchtete mit dem erhaltenen Brennstoff im gleichen Jahr das Krankenhaus in Lemberg mit einer selbst

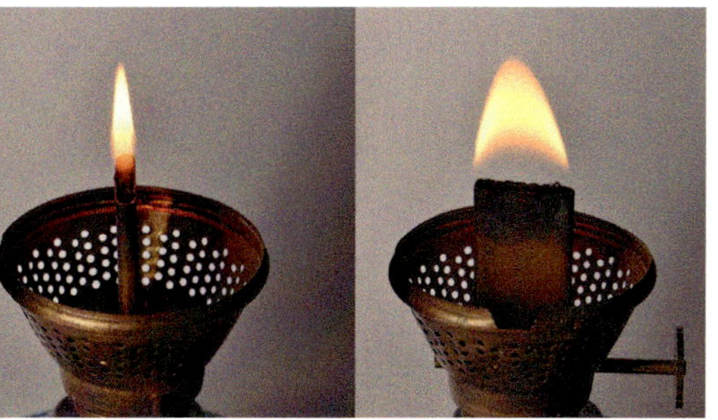

Flachdocht-Flamme, von der Schmalseite weniger Licht

entwickelten Lampe. Insofern könnte die Firma R. Ditmar in Wien, die seit 1840 bestand, recht früh einen Flachdocht-Brenner entwickelt haben, da der Brennstoff bekannt gewesen sein müsste.

Der Flachdocht-Brenner besteht im Wesentlichen aus dem Brennerkorb, durch den die Luft angesogen wird und in dessen unterem Teil sich der Dochttrieb befindet, der aus einem oder mehreren Zahnrädchen besteht, die den Docht im flachen Dochtrohr auf- und abwärts bewegen. Über dem Dochtrohr wölbt sich in einem bestimmten Abstand eine Kappe, auch Brennkapsel oder Dom genannt, an deren oberen Umfang ein schmaler, die Dochtbreite etwas überragender Schlitz ausgespart ist. Durch diese Anordnung wird eine gleichmäßig verteilte und konstante Luftströmung erreicht. Diese Strömung führt der Flamme den zur Verbrennung erforderlichen Sauerstoff zu und zwingt die Flamme in eine zur Beleuchtung günstige Form und hält sie ruhig, wodurch das Flackern vermindert wird. Am Übergang von der Kappe zum Brennerkorb ist die Galerie angebracht, die den Zylinder trägt.

Englischer Flachbrenner,
ohne und mit Zylinder, brennend
- ohne Zylinder: breite Zone unverbrannter Kohlenstoffpartikel
- mit Zylinder: Flamme heller

In Deutschland unterschied man hauptsächlich zwei Typen, den Aufsteck- und den Bajonett-Brenner, dabei handelte es sich bei den Unterschieden nur um ein kleines mechanisches Konstruktionsprinzip. Beim Aufsteck-Brenner wurde die Brennerkrone nur aufgesteckt, beim Bajonett-Brenner war die Krone mit dem Dom durch einen Bajonett-Verschluss fixiert. Es gab den Flachbrenner in Deutschland in den Größen 2, 4, 6, 7, 10 und 14''' Größe.

Flachbrennergrößen

Berliner Flachbrenner

Brennergröße	3'''	5'''	7'''	10'''	14'''
Dochtbreite	8 mm	12 mm	16 mm	24 mm	32 mm
Zylinderweite	31 mm	34 mm	39 mm	53 mm	58 mm
Zylinderform	Bauchzylinder				

Wiener Flachbrenner

Brennergröße	3'''	5'''	8'''	11'''
Dochtbreite	9 mm	12 mm	15 mm	24 mm
Zylinderweite	34 mm	38 mm	42 mm	50 mm
Zylinderform	Bauchzylinder			

Brennkapsel beim Hohldocht

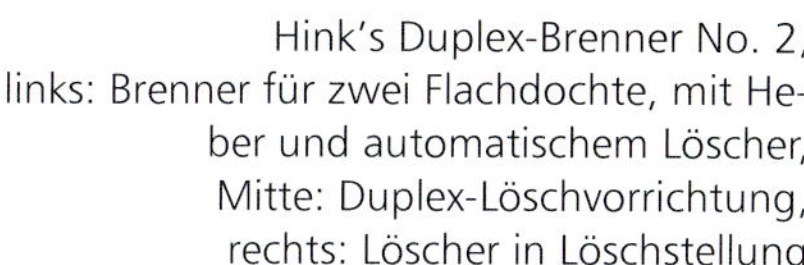

Hink's Duplex-Brenner No. 2,
links: Brenner für zwei Flachdochte, mit Heber und automatischem Löscher,
Mitte: Duplex-Löschvorrichtung,
rechts: Löscher in Löschstellung

In Wien hatte die Firma R. Dittmar einen Flachbrenner entwickelt, der älter war als der deutsche, in Deutschland aber vor allem im Süden in Gebrauch war.

Der Zylinder, der bei Flachbrennern zur Verwendung kommt, dient nur dem einen Zweck, einen Luftzug zu erzeugen, damit die Luft durch den Brennerkorb eingesogen wird. Um einen weiteren Abstand der Zylinderwand von der Flamme zu gewährleisten, ließ man ihn in Galeriehöhe weiter werden, man gab ihm einen Bauch, deshalb auch Bauchzylinder genannt. Der größere Abstand der Glaswand des Zylinders zur Flamme sollte die Gefahr des Zerspringens mindern. Trotzdem war die Gefahr des Platzens am größten bei den Flachbrennerzylindern, da sie der Form der Flamme nicht angepasst waren. Um einen gleichmäßigen Abstand von der Flamme zu erzielen, müsste das Lampenglas einen elliptischen Querschnitt haben und mit der längeren Achse in Längsrichtung der Flamme stehend, aufgesteckt werden. Aber wegen Herstellungsschwierigkeiten und aus Kostengründen

Jones & Willis Hesperus Star Lamp, Pat. 1876,
links: Triplex-Brenner triangelförmige Anordnung der Dochte, eine Dochtkapsel über allen Dochten,
Mitte: Dochtscheiden mit Löscher,
rechts: Triplexbrenner in Funktion

wurden diese Gläser nur selten angeboten, allerdings bei den Duplex-Brennern regelmäßig eingesetzt.

Mit dem eindochtigen Flachbrenner war man wegen der geringeren Lichtausbeute nicht zufrieden. Um diese zu erhöhen, die bei mehreren Dochten in einem Brenner bekanntlich höher ist, entwickelten James und Joseph Hinks in Birmingham einen zweidochtigen Brenner, den Duplex-Brenner, auf den sie 1865 ein Patent erhielten. Der Brenner wurde über lange Jahrzehnte bis ins 20. Jhd. hergestellt und während der Zeit verbessert. Der Brenner arbeitete mit zwei parallel zueinander stehenden Dochten von 10''' Breite, er hatte einen Hebellöscher, der später mit in eine Automatik einbezogen wurde, sodass bei einem bestimmten Neigungswinkel der Lampe diese Automatik wirksam wurde, indem ein kleines Gewicht über ein Hebelsystem zwei Metallplättchen über die Flamme schob und diese löschte. Die meisten dieser Brenner waren auch mit einem Galerieheber versehen, mit dem sich die Zylindergalerie mit Zylinder anheben ließ, was ein leichteres Anzünden der Dochte gestattete. Die Duplex-Brenner wurden mit flach ovalen Zylindern betrieben, waren wegen der stärkeren Erwärmung jedoch vor dem Zerspringen nicht ganz sicher.

Triplexbrenner,
einzelne Brennkapsel für jeden Docht

In der weiteren Entwicklung der mehrdochtigen Flachbrenner folgten der Triplex-Brenner mit drei triangelförmig angeordneten Dochten und der Kronenbrenner mit fünf Dochten in Sternform. Letzter wurde zur Rarität, da dieser Brenner sehr viel Brennstoff verbrauchte und das Verhältnis zur Lichtausbeute in keinem Verhältnis stand. Den Triplex gab es in mehreren Versionen, von denen zwei hier abgebildet sind. Einer hatte über jedem Docht einen eigenen Dom, bei der zweiten Ausführung erstreckte sich der Dom über die ganze Oberfläche und hatte über den Dochtscheiden die entsprechende Aussparung. In der Regel hatte jeder Docht einen eigenen Dochttrieb, seltener wurden alle drei Dochte von einem im Brenner gelegenen Zahnkranz bewegt, der nach einem deutschen Patent von außen durch ein Treibrädchen gedreht wurde. Die in Deutschland hergestellten Duplex-Brenner waren deutlich weniger aufwändig, es gab sie ebenfalls mit Löscher und Heber aber auch in größeren Ausführungen bis zu einer Dochtbreite von 31 mm = 14'''.

Ein vierflammiger Flachbrenner wurde im Jahre 1882 in Deutschland patentiert. Bei diesem Brenner, entwickelt von der Berliner Firma Schwintzer & Gräff, waren die Dochte kreuzförmig angeordnet und jeweils zwei wurden von einem Triebrädchen bewegt. Allem Anschein nach hat sich dieser Brenner nicht durchsetzen können, aus welchen Gründen auch immer. Wir haben diesen Brenner noch nie zu Gesicht bekommen.

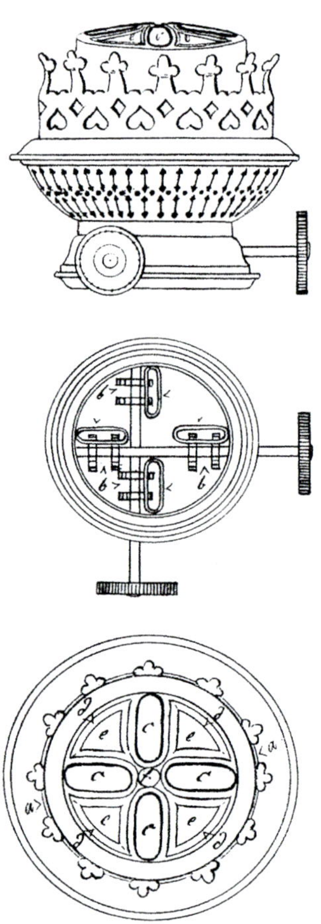

Patentzeichnung des Flachbrenners
für vier Dochte der Firma Schwintzer
und Gräff Berlin, DRP Nr. 22848

Der Flachbrenner war vor allem in Amerika aber auch in England sehr verbreitet und im Süden Deutschlands häufiger anzutreffen als im Norden, was daran gelegen haben mag, dass der Süden mehr nach Wien orientiert war, wo die Firma Ditmar eine große Flachbrenner-Produktion betrieb. Der Norden Deutschlands hatte die besseren Verbindungen zu den Lampenzentren in Berlin, Sachsen und Thüringen sowie zum Sauerland, wo der Rundbrenner sehr gepflegt wurde.

Der Rundbrenner

Der Rundbrenner für Petroleum ist ein direkter Nachfahre des Argand-Brenners mit doppeltem Luftzug. Bei Verwendung der Mineralöle bestand die Schwierigkeit, Luft in das Zentrum des runden Hohldochtes zu leiten, ohne den Docht zu verletzen und sich die Möglichkeit zu nehmen, ihn regulieren zu können. Die relativ kleine seitliche Öffnung im Dochtrohr zum Lufteintritt musste natürlich frei bleiben. Es ging also bei den frühen Brennern immer um die Luftzufuhr bei gleichzeitig gutem Brennstofftransport, der einigermaßen gewährleistet war, hingegen war die innere Luftversorgung recht knapp.

Kosmosbrenner, zur Darstellung der Dochtführung wurde äußeres Brandrohr entfernt, Entwicklung der Berliner Firma Wild & Wessel

Der konische Rundflachbrenner

Das genaue Einführungsdatum von Petroleum in Deutschland wird wohl nie ganz geklärt werden. Nach Wild & Wessel lag das Einführungsdatum im Jahre 1859, nach Riega, einem Importeur aus Hamburg, lag die Einführung des Petroleums bei 1861. Mit dem Petroleum wurden aus Amerika auch Flachbrennerlampen eingeführt, mit denen sich das deutsche Publikum nicht anfreunden konnte, weshalb die deutschen Fabrikanten schon sehr früh einen Flachbrenner konstruierten, der den Anforderungen besser genügte. Die Berliner Lampenfirma Wild & Wessel,

die seit 1855 auch Mineralöl-Lampen mit Anbinde-Rundbrenner produzierte und den Vorteil des Rundbrenners erkannt hatte, gelang es nach mehrjährigen Versuchen, einen Rundbrenner zu entwickeln, der die Mängel der alten Rundbrenner nicht mehr aufwies. Am 22.06.1865 gab die Firma die Erfindung des Wild & Wessel'schen Rundflachbrenners bekannt, der anfänglich nur in 10''' hergestellt und im gleichen Jahr in Frankreich patentiert wurde. In Deutschland wurden mehrmalige Patentgesuche abgelehnt, u. a. mit der Begründung, *„dass ein ähnlicher Vorgang bei dem „Saumfalter" der Nähmaschine ablaufe"*. Eine einmalige Dummheit des behördlichen Bearbeiters.

Im Jahre 1870 änderte W. & W. die äußere Form des Brenners sowie die Stellung der inneren Dochttriebräder und ab dann nannte man ihn „Kosmosbrenner", unter welchem Namen der Rundflachdochtbrenner die ganze Welt eroberte. Ohne Patentschutz wurde dieser Brenner nach kurzer Zeit nicht nur von ausländischen Firmen, sondern auch von allen deutschen Firmen nachgebaut.

Kosmosbrenner,
konischer Rund-Flachdocht-Brenner
6, 8, 10, 12, 14 und 16'''

Diesen Rundbrenner mit flachem Docht sollte man sich etwas näher ansehen, denn er wird seit 1870 praktisch unverändert gebaut und noch heute im Jahre 2014 produziert. Die Verwendung eines flachen Dochtes, der innerhalb des konischen Brandrohres in eine runde Form gebracht wird, ist das geniale Prinzip dieser W. & W. Brennerkonstruktion. Durch die konische Form des Brandrohres, in welches der Docht eingezogen wird, schließt sich der Docht erst am oberen Ende des Rohres zu einem Ring zusammen, während er unten fast nur die halbe Rundung ausfüllt. Die konische Form des Brandrohres gestattet im unteren Anteil die Anbringung einer dreieckförmigen Aussparung im Brandrohr, deutlich größer als beim Anbin-

Kosmosbrenner Dochttrieb

de-Rundbrenner, wodurch der innere Luftstrom stärker wird, ohne die Führung des Dochtes zu beeinträchtigen. Der Docht bildet am oberen Ende des Brandrohres einen Ring, dessen Durchmesser von der Dochtbreite bestimmt wird, die halbe Dochtbreite gibt dann die Größe des Brenners in Linien an. Je breiter der Flachdocht, desto größer ist auch logischerweise der Durchmesser des Hohldochtes.

Das Brandrohr darf eine bestimmte Höhe nicht übersteigen. Wenn auch das Steigen des Brennstoffes im Docht bei optimaler Qualität desselben lediglich von der Viskosität der Öle abhängig ist und nicht vom spezifischen Gewicht, so wird mit zunehmender Dochtrohrlänge die Kapillarität des Dochtes negativ beeinflusst und die Strömungsgeschwindigkeit des Brennstoffes herabgesetzt, sodass der Nachschub an Brennstoff unter Umständen nicht ausreicht, eine Flamme zu unterhalten. Das kann so weit gehen, dass die Flamme kleiner und kleiner wird, um schließlich zu erlöschen. Im Fuß des Brenners sind Triebrädchen (Zahnrädchen) untergebracht, die mit dem Dochtschlüssel, der die Achse der Triebrädchen bildet, bewegt werden und den Docht hoch- oder niederschieben können. Der Dochtschlüssel endet der besseren Handhabung wegen in einer kleinen Messingscheibe oder einem kleinen Knopf evtl. auch mit Glas- oder Porzellan-Einlage, die meist die Fabrikmarke oder das Firmenzeichen der Herstellerfirma oder auch

Kosmosbrenner in Funktion, von links nach rechts:
14''' Kosmos Reform, Kosmos 16, 14, 12, 10, 8, 6'''

Kosmosbrenner, links mit Schirmreif, rechts mit Kugelring

den Namen des Brenners eingeprägt tragen. Abbildungen der Dochttriebrädchen haben sich mittlerweile zu einem Sammelgebiet entwickelt, wobei die große Zahl der Brennerhersteller sehr deutlich wird. Auch sind die Bilder recht nett anzuschauen, wesentliche Schlüsse lassen sich aber nur in den seltensten Fällen aus den Abbildungen ableiten.

Gegossener Rundbrenner 14''', Messing, Brandrohr Eisen

Die ringförmige Flamme des Rundbrenners ist recht dünnwandig und leicht konisch ausgezogen, da ihr von allen Seiten Luft zugeführt wird. Der Rundbrenner arbeitet auch deutlich ökonomischer als der Flachbrenner, bezogen auf einen bestimmten Ölverbrauch lag die Lichtausbeute um 20 % höher.

Der Kosmosbrenner war rundum gelungen, er war ausgesprochen praktisch, leicht zu reinigen, hatte eine bessere Ökonomie, wobei allerdings das Dochteinziehen etwas schwieriger war als beim Flachbrenner. Der Rundbrenner wurde in sieben verschiedenen Größen hergestellt, von 6 – 24'''. In den Anfängen wurden die kleineren Brenner bevorzugt, wobei der 10'''-Brenner besonders beliebt war, weil der rentabelste, gab er doch im Verhältnis zum Petroleumverbrauch mehr Licht als die größeren Brenner. Die meisten Lampen waren mit dem 14'''-Brenner ausgestattet, die 16- und 18'''-Brenner kamen nur seltener in Anwendung.

Brenner für zwei Zylindergrößen, außen: Perkeo, innen: Nachtlicht

Der Wunsch und das Verlangen nach mehr Licht wurden schnell größer. Nicht nur die Industrie, auch der einfache Bürger wollte eine hellere Beleuchtung und dieser Anspruch an die Beleuchtung vollzog sich, verglichen mit den letzten 200 Jahren, gesehen aus der damaligen Zeit, sehr schnell. In einem bürgerlichen Haushalt kam man um die Mitte des 19. Jhds. noch mit einer Öllampe in Form einer Kasten-Sinumbra oder Schiebe-Lampe aus, in den 60er-Jahren war eine 10'''-Petroleumlampe die Regel und in den 90er-Jahren hatte man mehrere Petroleumlampen in einem Haushalt, das Lichtbedürfnis hatte um etwa das Fünffache zugenommen.

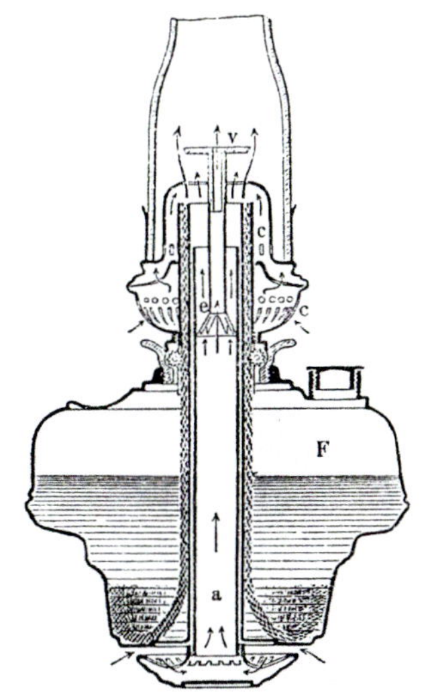

Durchzuglampen,
Patenreichslampe v. Schuster & Bär

Es war bekannt, dass sich die Lichtstärke größerer Rundbrenner nicht im gleichen Verhältnis änderte, wie ihre Größe. Ein doppelt großer Brenner ergab längst nicht die doppelte Lichtstärke, was nicht immer Folge zu geringer Luftzufuhr war. Man kannte zu der Zeit noch nicht das diffizile Zusammenspiel von Brennerkonstruktion, Kapillarität des Dochtes, Viskosität des Petroleums und der nötigen Erwärmung des Brenners. Man bemühte sich allenthalben, neue Brenner zu konstruieren mit besserer Luftzufuhr und besserer Lichtausbeute. An den Rundbrennern wurde eine Unzahl von Verbesserungen durchgeführt, jede Firma glaubte etwas verbessern zu müssen, allerdings mit zweifelhaftem Erfolg. Das lag zum einen Teil zweifellos daran, dass man keine wissenschaftlich fundierten Erkenntnisse hatte, aufgrund derer man die Luftzuführung und –verteilung hätte berechnen können. Es fehlten Konstruktionsvorschriften, die den Verbrennungsvorgang innerhalb des Brenners berücksichtigten, denn der Brenner gab das Licht, nicht der Lampenkörper. Alle Brenner waren empirische Konstruktionen. Es gab äußerlich schöne und auserlesene Lampen, die selbst bescheidenen Lichtbedürfnissen nicht genügten.

Zunächst versuchte man den einfachen Rundbrenner durch Veränderung und Vergrößerung des Brennerkorbes und durch Anbringung von Luftleitflächen und den Einbau von Luftröhrchen ins Zentrum des Brandrohres zu verbessern, was aber auch unter Umständen die Bereitstellung eines anderen Zylinders erforderte, wie beim Patent-Reform-Kosmos-Brenner. Bis zu einem gewissen Grade war es möglich, die Brenner zu verbessern, von einer bestimmten Größe an ließ sich die Leuchtkraft jedoch nicht mehr durch einfache Veränderungen steigern.

Brandscheiben
in Teller-, Hütchen- und Körbchenform

Der Flammscheibenbrenner

Bei den Brennern kleineren und größeren Ausmaßes kam man dann logischerweise wieder auf die Flammscheibe, die von frühen Autoren in der Petroleumliteratur auch mit Flammendämpfer bezeichnet wird. In dem Bestreben, immer größere Lichtstärken zu erhalten, wurden immer größere Brenner konstruiert bis zu 30 und 60''', wie sie bei den sog. Blitz- und Wunderlampen die Regel waren. Die größeren Lampen hatten häufig ein zentrales Luftzugrohr, welches in den Brennerboden eingelötet war und die Luft direkt von außen durch das Rohr in den Brenner führte. Die mit den großen Brennern ausgestatteten Lampen hatten natürlich auch einen großen Petroleumbehälter, der meist in bestimmte Halterungen eingehängt wurde. Die Lampen eigneten sich besonders zur Beleuchtung von größeren Räumen, kleinen Sälen und Fabrikationsräumen, wobei diese Beleuchtungskörper an äußerer Schönheit sehr zu wünschen übrig ließen.

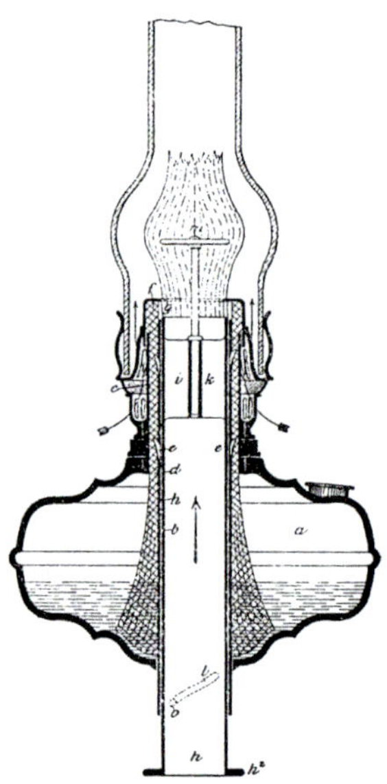

Durchzuglampen,
Millionlampe v. Cautius

Die Flammscheibenbrenner wurden in unendlich vielen Versionen auf den Markt gebracht. Hier konnten sich die Konstrukteure austoben, denn es gab ja keine Vorschriften. Die Lichtausbeute hing sehr von der Größe des Brenners ab und von der Luftführung, die in allen Formen experimentell durchgespielt wurde. So ergab es sich häufig, dass die weniger aufwändig konstruierten Brenner besser waren als die komplizierten.

Die Wirkung der Flammscheibe oder Brandscheibe oder auch Flammteiler genannt, leitet sich vom Liverpool-Button ab, der bereits oben bei der Cam-

Flammscheibenbrenner 15''' in Funktion,
links: ohne Zylinder: lichtschwache, rußende Flamme,
rechts: nach Aufsetzen des Zylinders: helle, kronenförmige Flamme

Prometheus-Brenner 20''',
CH. Stobwasser & Co, Berlin

Germania-Brenner 20''',
Eckel & Glinike GmbH, Berlin

Central-Vulkan-Brenner
18''' Central-Schlauchdocht mit Saugsträhnen,
Wild & Wessel, Berlin

Kronos-Brenner 16''',
Wild & Wessel, Berlin

links: Flammscheiben-Brenner
20''' Max Greven, Köln a. Rh.CH.,
Stobwasser & Co, Berlin

rechts: Sonnen-Brenner 20'''
Hugo Schneider, Leipzig,
CH. Stobwasser & Co, Berlin

links: Iris-Brenner
20''' Flammscheibenbrenner
mit Hebebühne,
Ehrich & Graetz, Berlich

rechts: Fledermaus-
Patent-Brenner 20'''
Flammscheibenbrenner,
Kaestner & Toebelmann, Erfurt

links: Flammscheibenbrenner 15''',
C. F. Kindermann & Co, Berlin

rechts: Perfekt-Brenner 16''',
C. F. Kindermann & Co., Berlin

Saturn-Brenner 20'''
mit Hebevorrichtung
R. Ditmar, Wien CH.,
Stobwasser & Co, Berlin

Sonnen-Brenner 16'''
mit Saug- und Brenndocht
R. Ditmar, Wien,
Eckel & Glinike GmbH, Berlin

Mars-Brenner 18'''
Siebflammenteiler,
Carl Rakenius & Co, Berlin

Odin-Brenner 20'''
mit Löscher und Hebevorrichtung
‚wunderbar',
Carl Holy, Berlin
für den Export nach Frankreich

Lux-Brenner 15'''
hergestellt in der Schweiz
vertrieben durch
Kaufmann & Ci, Giessen

Solaröl-Brenner 15'''
Volks-Brenner,
Carl Holy, Berlin

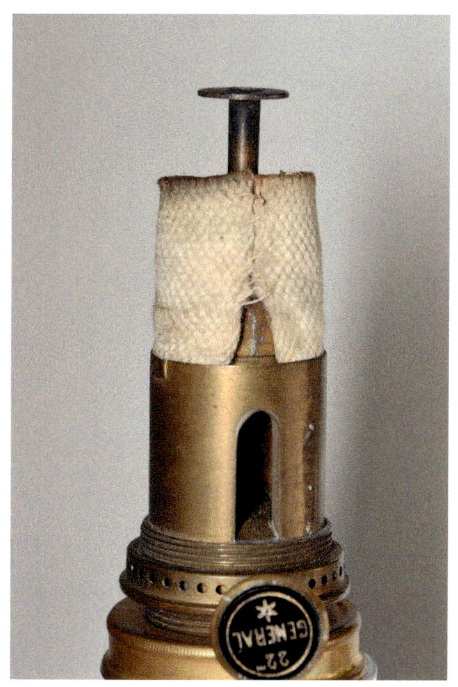

General-Brenner 22''' mit Hebevorrichtung, Eckel & Glinike GmbH, Berlin, Rundflachdocht am oberen Ende vernäht

phin-Lampe beschrieben wurde, soll hier aber noch einmal kurz in Erinnerung gerufen werden. Während beim einfachen Petroleum-Rundbrenner der zentrale Luftzug durch das Brandrohr den Docht am oberen Rand praktisch nur streift, strömt beim Flammscheibenbrenner die durch die Hitze und den Zug des Zylinders angesogene, erwärmte Luft von unten gegen die Flammscheibe, wird nach seitwärts abgelenkt, trifft auf den Docht und gibt diesem mehr Sauerstoff. Die Flamme breitet sich kronenartig nach allen Seiten aus, wird größer, heißer, weißer und gibt damit deutlich mehr Licht. Die Flammscheibe sitzt, wie ein kleiner Schirm an einem zentralen Stift befestigt, mittig über dem Brandrohr.

Es gab flache und gewölbte Brandscheiben, solche mit kleinen Hütchen und Flammenteiler, die als perforiertes Hütchen oder als Siebbrandscheibe ohne Hut gearbeitet waren.

Zusätzlich wurde der Brandscheibe bei vielen Brennern auch noch äußere Luft zugeführt, durch den verlängerten und am oberen Umfang nach innen gewölbten, etwas verlängerten inneren Brandrohranteil. So trafen sich innerer und äußerer Luftstrom an der Brandscheibe, was die Tulpenform der Flamme zwar förderte, den Brenner aber auch stärker erwärmte. Während eine leichte Erwärmung des Brenners und damit auch des Brennstoffes sogar erwünscht ist, weil die Fließeigenschaften des Brennstoffes verbessert werden, so ist eine stärkere Erwärmung jedoch nicht erwünscht. Eine stärkere Erwärmung lässt zu viel Brennstoff zur Flamme strömen, was Qualmen zur Folge hat und unter Umständen Überwärmung des Brenners mit eventuellen Folgen. Vielleicht war dies der Grund dafür,

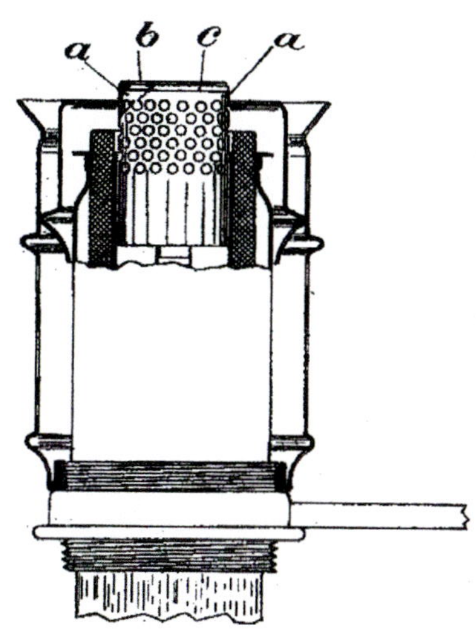

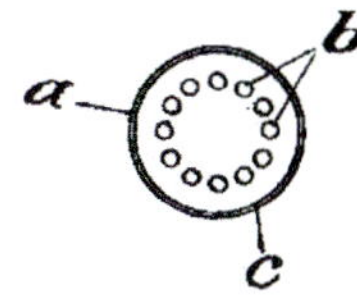

Schnittzeichnung eines Weißlicht-Brenners der Firma Stübgen & Co., Erfurt, DRP 214034, 13.05.1908

Weislicht-Brenner,
von links nach rechts:
Adonis-Brenner 20‴
Hugo Schneider, Leipzig

Stubs-Brenner 20‴,
Fr. Stübgen & Co., Erfurt

Intern-Brenner 20‴,
Kaestner & Toebelmann, Erfurt

dass mancher Flammscheibenbrenner sehr schnell blakte, wenn er nicht optimal eingestellt war.

Der Weißlicht-Brenner

Die letzte Entwicklung im gesamten Umfeld der Petroleumbrenner war der Weißlicht-Brenner, der einen deutlichen Fortschritt bedeutete, der aber leider zu spät kam und von der sich langsam verabschiedenden Petroleumbeleuchtungsindustrie nicht mehr entsprechend eingesetzt werden konnte. Trotzdem hatte jede Firma, die etwas auf sich hielt, einen solchen Brenner im Angebot, wobei dieser Brenner von zahlreichen Firmen produziert wurde. Das äußere Erscheinungsbild der Brenner untereinander war so ähnlich, wie seinerzeit bei den Kosmosbrennern.

Die Weißlicht-Brenner hatten eine im Wesentlichen zylindrische Form ohne ausladenden Brennerkörper mit einem Gesamtdurchmesser von rund 50 mm. Das Dochtrohr war häufig etwas kürzer und die zentrale Luftzufuhr war in seltenen Fällen etwas geringer im Vergleich mit normalen Flammscheibenbrennern. Entscheidend war aber wohl die Brandkapsel anstelle der Brandscheibe ohne vorspringenden Rand oder Schirmchen. Dadurch entwickelte sich die Flamme nicht mehr tulpenförmig, sondern eher in Form eines gerade stehenden Zylinders. Um der Flamme im inneren genügend Luft zukommen zu lassen, wurde der obere Abschluss der Brandkapsel am Rand gelocht. Die seitliche Lochung der Kapsel reichte etwas tiefer als der obere Rand des inneren Brandrohres, was in einzelnen Fällen etwas verkürzt war.

Weißlicht-Brenner in Funktion 20‴,
Adonis-Brenner der Firma Hugo Schneider, Leipzig

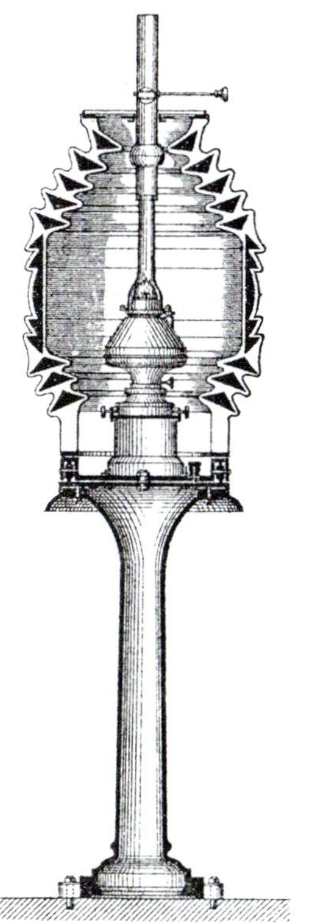

Leuchtfeuerlampe
IV. Ordnung mit Fesnel'schem Apparat und
Leuchtfeuerlampe von F. F. A. Schulze, Berlin

Als Zylinder wurden normale Gaszylinder von 250 mm Länge und 49 mm Durchmesser verwendet, wobei die Leuchtkraft 45 HK betrug, fast doppelt so hoch wie bei üblichen Flammscheibenbrennern gleicher Größe. Die Angaben beziehen sich auf einen 20''' Brenner, der nach exakter Ausrechnung aber nur als 17''' hätte bezeichnet werden dürfen. Die Firma H. S. stattete ihre Adonis-Brenner mit einem speziellen Zylinder, dem Adonis-Zylinder aus, der ursprünglich als Gaszylinder entwickelt worden war. Bei genauem Vergleich der Weißlicht- und Petroleum-Glühlicht-Brenner lässt sich eine gewisse Ähnlichkeit der Brennerkonstruktion nicht abstreiten, insbesondere auch nicht beim Vergleich mit dem Aladdin-Brenner. Es besteht eine gewisse Ähnlichkeit zum Dochtglühlichtbrenner, wo sicher Anleihen bei ihm gemacht wurden.

Es fällt auf, in letzter Zeit werden Flammscheibenbrenner irgendeiner Provenienz häufig als Matador-Brenner bezeichnet oder Flammscheibenbrenner werden mit Matador gleichgesetzt, oder Flammscheibenbrenner heißen Matador. Diese Bezeichnung ist natürlich in keiner Weise korrekt und sollte auch nicht zur Gewohnheit werden. Der Matador-Brenner war ein ganz normaler Flammscheibenbrenner der Firma Ehrich & Graetz, Berlin, der recht lange Zeit fabriziert wurde, ein gutes Licht gab, aber nicht besser war als alle anderen Brenner mit Flammscheibe und deren gab es viele.

Leuchtfeuerlampe
mit zwei Dochten, Anfang 19. Jhd.,
F. F. A. Schulze, Berlin

Die Brenner mit mehreren Hohl- oder Volldochten

Wie oben bereits berichtet, war aus römischen Zeiten bekannt, und auch für jeden verständlich, dass mehrere, jeweils von einem dünnen Docht erzeugte Flammen insgesamt mehr Licht geben als eine Flamme, die aus einem dicken Docht erzeugt wurde. Das ist nur zu verständlich, wenn man an die Verbrennungstheorie denkt, die bereits ausführlich beschrieben wurde.

Das Prinzip eines mehrdochtigen Brenners wurde bereits um 1800 von Rumford vorgeschlagen und später von Fresnel (Augustin JeanFresnel, französischer Ingenieur und Physiker, 1788 – 1827) in die Tat umgesetzt. Fresnel konstruierte einen Brenner für Rüböl, bei dem mehrere Rundhohldochte von abnehmendem Durchmesser jeweils ineinander gesteckt und für sich belüftet wurden. Der Brenner gab eine große, helle Flamme, die sehr viel Öl verbrauchte, wobei für den Normalgebrauch der Ölverbrauch in keinem Verhältnis zum Lichtgewinn stand. Das war auch wohl der Grund, weshalb sich dieser Brennertyp für die normale Hauslampe nicht durchsetzen konnte. Auf Leuchttürmen und Leuchtfeuern ist der Fresnel-Brenner für Rüböl jedoch für lange Zeit in Verwendung gewesen und er wurde später zur Verwendung mit Petroleum als Brennstoff umgebaut und bis nach 1911 hergestellt und entsprechend auch genutzt. Dazu erfand Fresnel

interessanterweise eine nach ihm benannte Linse, die Fresnel-Linse, die zu den Brennern in Leuchtfeuern und Leuchttürmen ideal zu verwenden war. Dadurch, dass die Krümmung der Linse in konzentrische Stufen zerlegt und die Krümmung jeder Stufe in Form der ursprünglichen Krümmung beibehalten wird, kann die Dicke der Linse erheblich vermindert werden, was zu einer beträchtlichen Gewichtsersparnis führt. Unsere Autoscheinwerfer haben ebenfalls Fresnel-Linsen. Die im deutschen Raum meist gebrauchten Leuchtfeuer und Leuchtturmlampen wurden von der Firma F. F. A. Schulze, Berlin, entwickelt und produziert und zwar in ein- bis fünfdochtiger Ausführung, wobei jeder Docht einzeln in seiner Höhe eingestellt werden konnte. Bei größeren Lampen waren zur Brennstoffversorgung Pump- und Uhrwerke erforderlich.

Mitrailleusen-Brenner mit fünf Dochten

Der Mitrailleusen-Brenner

Der mehrdochtige Petroleumbrenner, dessen Vorläufer für Öl sicherlich in der römischen Antike zu suchen ist, stammt aus dem Jahre 1873, erfunden und konstruiert von Monsieur Defienne, Paris, der seine Lampe als Lampe Tubulaire bezeichnete. Ansonsten war die Erfindung von Defienne auch unter dem Namen „Röhren-Petroleumlampe von Defienne" bekannt. Defienne wollte mit dieser Lampe ein intensives Licht schaffen, wobei Eleganz, Sicherheit und Ökonomie vereinigt sein sollten. Erwähnenswert ist, dass M. Defienne die Einführung seiner Lampe nicht erlebt hat. Die Witwe Mme. Defienne hat der Société de' encouragement in Paris im Jahr 1873 die von ihrem verstorbenen Mann erfundene Lampe tubulaire zur Begutachtung übergeben und eine positive Beurteilung erhalten.

Mitrailleusen-Brenner,
links: 5 Dochte, 5mm ø,
Hersteller unbekannt,
Mitte: 12 Dochte, 5mm ø
rechts:16 Dochte, 5mm ø,
Schwintzer & Gräff, Berlin

Mitrailleusen-Brenner in Funktion ohne Zylinder, die Flammen bilden ein Konglomerat mit ausgeprägter Rauchfahne

Mitrailleusen-Brenner in Funktion mit Zylinder, Trennung der einzelnen Flammen, deutliche Helligkeitssteigerung

Bei dieser Lampe tubulaire handelt es sich im Prinzip nicht um eine neue Lampe, sondern lediglich um einen neuen Brenner, den man auf jede andere Lampe oder auf jeden anderen Brennstoffbehälter hätte montieren können, wobei eine komplette Lampe entstanden wäre. Die Namensgebung Lampe tubulaire stammt noch aus einer Zeit, in der Konstruktionsänderungen oder Neuerungen am Brenner einer Lampe eine völlig neue Lampe hervorbrachten und so impliziert die Lampe tubulaire eine komplett neue Lampe, was sie ja nicht ist.

Der Brenner ist bis heute unter dem Namen Mitrailleusen-Brenner bekannt und seine Nachfolger sind von Sammlern sehr gesucht. Der Name leitet sich von einem Kriegsgerät ab. Die Mitrailleuse war eine Schusswaffe mit einem Bündel von Läufen, die mit einer Handkurbel um eine Achse gedreht wurden, womit man eine hohe Feuergeschwindigkeit erreichen konnte.

Beim Brenner von Monsieur Defienne waren sechs bis zwölf zylindrische Volldochte im Kreise um eine zentrale Scheibe angeordnet, wobei jeder Docht in einem Röhrchen geführt wurde, welches an einem Dochtträger befestigt war, sodass alle Röhrchen miteinander verbunden und mit Hilfe einer Zahnstange gemeinsam gehoben und gesenkt werden konnten und damit auch die Höhe und die Helligkeit der Flamme. Die erforderliche Luft zirkulierte u. a. zwischen den Dochtröhren, die sich nicht berührten, wodurch jeder Docht die Menge an Luft erhielt, die zur vollständigen Verbrennung des Petroleumdampfes erforderlich war. Als Folge der

optimalen Luftverteilung war es möglich, jede Art von Zylindern zu verwenden, ob gerade, bauchig oder stufig. Ein weiterer Vorteil der guten Luftverteilung war die Verwendungsmöglichkeit aller Petroleumsorten, auch die der schwereren Art. Der Verbrauch an Petroleum war bei mittlerer Flammenhöhe mit 4 g pro Docht und pro Stunde deutlich höher als bei einem derzeit gebräuchlichen Brenner.

Adonis-Brenner,
10''' Weisslichtbrenner der Firma
Hugo Schneider, Leipzig

Die Mitrailleusen-Brenner wurden in der Folgezeit erklärlicherweise von anderen Brennerfirmen in ihr Programm aufgenommen und auch erheblich verbessert. Während das Prinzip des Brenners nicht geändert wurde, konnte die Luftzuführung und -verteilung zum Besseren beeinflusst werden. Die frühen Brenner erhielten die Luft u. a. aus einem kleinen Luftkasten, die späteren wurden nur über die perforierte Brennerkapsel belüftet. Insgesamt bemühte man sich, die Brennerhülsen durch die Luftführung möglichst kühl zu halten, um so der Übertragung der Wärme auf den Petroleumbehälter entgegenzuwirken. Der Mitrailleusen-Brenner wurde in diversen Größen hergestellt. Bekannt sind heute Brenner mit fünf bis 20 Dochten bei einem Dochtdurchmesser von 5 mm.

Freibrenner
ohne Zylinder verwendbar
- mit Luftleitblechen
- Automobil-Laternenbrenner
- Bartonbrenner (Fischschwanzbrenner)

In Deutschland hat sich besonders die Firma Schwintzer & Gräff in Berlin um die Weiterentwicklung des Mitrailleusen-Brenners verdient gemacht. Aber auch die Firmen Lüders & Geipel in Chemnitz und Brökelmann, Jäger & Co. in Neheim hatten Patente auf den Brenner. Die Wiener Firma F. Knapp entwickelte eine Variante des Brenners, der durch feststehende Dochte und bewegliche Dochthülsen von der Norm abwich, wobei ein zweites Hülsensystem das erstere umschließend, der Regulierung der Flamme diente. Trotzdem war dem Mitrailleusen-Brenner nicht der Erfolg beschieden, den man erwartet hatte. Möglicherweise hat sich der hohe Verbrauch an Brennstoff negativ ausgewirkt.

Der Freibrenner

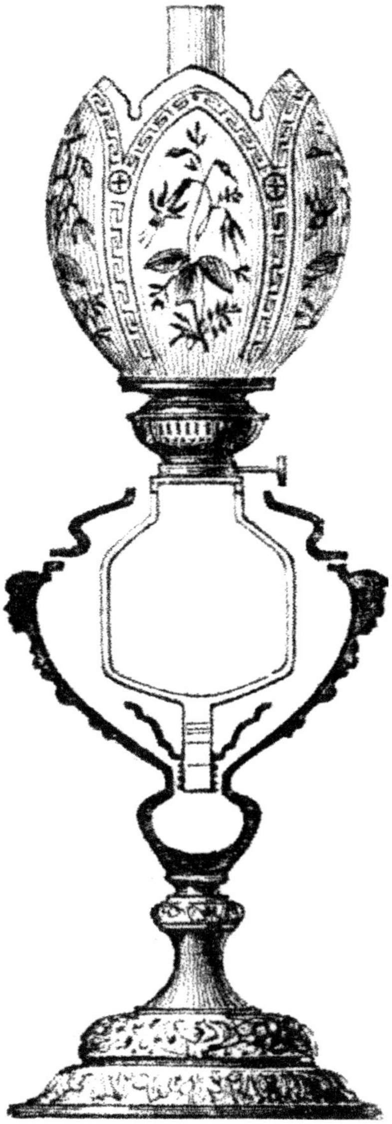

Der wesentliche Unterschied des Freibrenners zu allen Brennerarten besteht darin, dass er ohne einen Zugzylinder, also frei brennt, wie oben schon besprochen wurde. Als Folge des freien Brennens darf eine bestimmte Breite des Dochtes nicht überschritten werden, da die Flamme sonst blakt (qualmt und rußt). Der Freibrenner nutzt in der Regel einen Flachdocht, seltener einen Rundvolldocht. Er ist auch in der Regel mit einer Dochtwinde ausgestattet. Die einfacheren Freibrenner bestehen aus dem Boden, in dem der Dochttrieb untergebracht ist, wobei aus dem oberen Umfang der Abdeckung des Bodens die flache Dochtscheide herausschaut. Diese Dochtscheide ist von etwas unterschiedlicher Länge, wobei eine bestimmte Höhe nicht überschritten werden darf, da der kapillare Transport des Öles bei langen Dochtröhren nicht mehr gewährleistet ist. Eine geringe Verbesserung der Leuchtkraft dieses einfachsten aller Brenner kann erreicht werden durch die Anbringung von kleinen Leitblechen am Brennerrohr, welche die von der Hitze der Flamme angesogene Luft auf die Dochtkante leiten, in etwas primitiverer Form wie oben schon mehrfach erwähnt. Dass die Leuchtkraft dieses Freibrenners nicht an einen Flachbrenner gleicher Größe mit Zylinder herankommt, dürfte außer Zweifel stehen. Bei einem häufig verwendeten Freibrenner ist die Dochtscheide von einem ovalen, fischschwanzförmigen Porzellankörper umgeben, der die Funktion der Brennkapsel des Flachbrenners übernimmt und der Flamme die Form gibt. Das fischschwanzförmige Porzellanteil kann auch durch ein Metallteil ersetzt sein, wodurch natürlich die Kosten des Brenners deutlich gesenkt wurden. Dieser in England entwickelte Barton- oder Fischschwanzbrenner wurde vor allem in der Zeit nach dem II. Weltkrieg aber auch bis heute häufig noch in Laternen sowohl bei der Eisenbahn, in der Schifffahrt als auch bei den Streitkräften eingesetzt.

Ein etwas komfortablerer Freibrenner, mit dem seinerzeit die Automobil-Laternen ausgestattet waren, ähnelte sehr dem bekannten Flachbrenner mit etwas anders geformter Brennkapsel und dadurch anders geregelter Luftzuführung bei fehlender Zylindergalerie. Insgesamt wurden die Freibrenner bei den Einstecklampen für Hand-, Wege-, und Wagenlaternen benutzt, anstelle von Kerzen, vor allem auch dort, wo man mit weniger Licht auskommen konnte. Den Einstecklampen war am Boden vielfach ein Stutzen angelötet, den Glaslampen war ein Stift angeschmolzen, mit dem sie in die Kerzenhalterung einer Laterne eingesteckt werden konnten.

Vorrichtung zum Auffangen überlaufenden Petroleums im Fuß der Lampe, zum Schutz des Majolikadeckels, Patent für Fr. Stübgen & Co., Erfurt

Freibrenner in Automobil-Laterne,
rechts: in Funktion

Der Docht und der Zylinder

Der Docht

Bei allen mit offener Flamme brennenden Lampen ist der Docht der eigentliche Träger der Flamme und über den Docht wird der Flamme der Brennstoff zugeführt, hier wird er vergast und verbrannt. Man weiß, dass die Steinzeitmenschen bereits den Docht kannten, sie nutzten getrocknete Flechten und Moose, die auf dem geschmolzenen Fett schwimmend oder am Rand der Schalenlampe liegend ihr karges Licht verbreiteten. Im Laufe der Jahrtausende hat sich der Docht, dessen Funktionsweise aus dem physikalischen Prinzip der Kapillarkraft erwächst, nur insofern geändert, als aus dem losen Flechtenknäuel ein geordnetes Faserbündel wurde und schließlich ein gewebtes Band, in dem sich die Kapillarkraft besser entfalten konnte.

Dochtputzer
der Firma Lingner & Kraft, Dresden

Man muss sich den Lampendocht im Idealfall wie ein parallel verlaufendes Faserbündel vorstellen, wobei sich zwischen den Fasern kleine Hohlräume befinden, die sogenannten Kapillaren, zu vergleichen mit kleinen, nebeneinander liegenden Röhrchen. Aufgrund vom Zusammenspiel der Oberflächenspannung und der Grenzflächenspannung steigen in diesen Kapillaren netzende Flüssigkeiten auf. Von der Kapillaritätswirkung hängt natürlich die Größe der Brennstoffzufuhr zur Flamme ab. Nach Stepanof ist die Ölmenge, die der Docht auf eine gewisse Höhe liefern kann, umgekehrt proportional der Viskosität (innere Reibung) aber nur wenig abhängig vom spezifischen Gewicht des Leuchtöles. Die Viskosität als ein wesentlicher Faktor für den Aufstieg des Öles im Docht wächst mit dem spezifischen Gewicht und verringert sich mit steigender Temperatur. Mit anderen

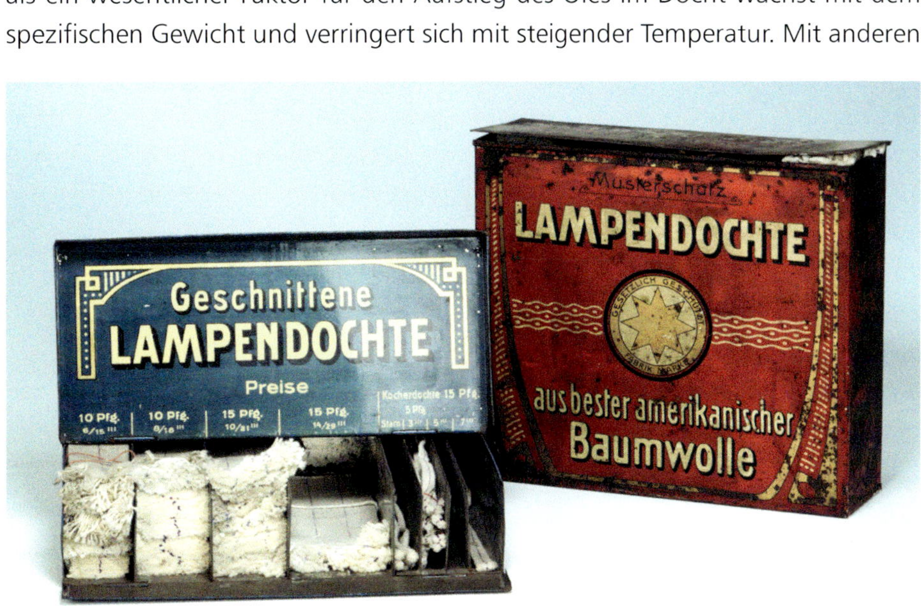

rechts: Verkaufskästen
für geschnittene Lampendochte

Nachtlämpchen in Messing und Glas mit Spar-Stern- und Vertikalbrenner

Worten, ein spezifisch schwereres Öl wird im Docht des erwärmten Brenners flüssiger, die Viskosität nimmt ab und der Leuchtstoff steigt im Docht besser auf, was wieder eine bessere Versorgung der Flamme mit Brennstoff zur Folge hat.

Auch der Qualität des Dochtes kommt eine wichtige Rolle zu. Ein aus langfaseriger Baumwolle gewebter Docht ist erheblich effizienter als einer, der aus kurzen Fasern gewebt ist. Die Webart und vor allem auch die Festigkeit des Gewebes beeinflussen die Saugwirkung des Dochtes, dessen Saugwirkung ja vom Durchmesser der einzelnen Kapillaren abhängt, die Weite dieser Kapillaren aber wiederum von der Festigkeit des Gewebes beeinflusst wird. Bei einem fest gewebten Docht sind die Kapillaren enger, das Öl steigt schneller, bei einem locker gewebten Docht sind die Kapillaren weiter, das Öl steigt langsamer. Für geringe Steighöhen empfiehlt sich ein locker gewebter, für größere Steighöhen ein etwas dichter gewebter Docht. Man war also gezwungen, für die durchschnittliche Beleuchtung einen Universaldocht zu schaffen, bei dem die Probleme auf ein Minimum reduziert wurden und der für eine durchschnittliche Aufstiegshöhe optimale Ergebnisse lieferte. Trotzdem blieben Unabwägbarkeiten, wie immer wieder durchgeführte Versuche zeigten. Man hatte beispielsweise festgestellt, dass bei vier genau gleichen Lampen, deren Dochte unmittelbar hintereinander von der Dochtrolle abgeschnitten worden waren, unter völlig gleichen Versuchsbedingungen, die Lichtstärken innerhalb der Grenze von 9,6 und 11 Kerzen schwankten und der Ölverbrauch ebenfalls unterschiedlich war, was im vorliegenden Fall sicher nur Folge eines nicht ganz gleichmäßig gewebten Dochtes gewesen sein dürfte.

Mehr Licht.

Das für die Augen beste Licht giebt bekanntlich die Petroleum-Lampe, vorausgesetzt, daß sie richtig brennt. Richtig brennen kann jedoch nur eine Lampe, die richtig geputzt ist. Und richtig geputzt sind die wenigsten Lampen, daher das schlechte Licht, daher die blakige Flamme und daher auch oft Explosionen.

Wenn ich nun aber behaupte, daß man die Lampen, namentlich den Docht, bisher **überhaupt falsch geputzt hat,** so wird manche Hausfrau diese Behauptung belächeln. **Und doch ist dem so.** **Man glaubte bisher, daß das schwarz Verbrannte vom Docht mit einem Lappen, mit Papier oder** mit dem Finger glatt gerieben werden müsse. Das ist vollständig falsch und zwar aus folgendem Grunde.

Jeder Lampendocht ist nichts weiter als eine Art Gasleitung, durch die das Petroleumgas **nach oben bis an das** Docht-Ende gelangt. **Wird nun das Verbrannte vom Docht oben auseinander gerieben, so werden naturgemäß die feinen Poren des Dochtes verstopft und das Petroleumgas muß** sich mühselig durchzwängen; daher kann sich die Flamme **nie richtig entwickeln, die Lampe** brennt blakig, rußig **und halbhell.** Genau **so wie bei der Gasleitung.** Ist diese an ihrem Ende verstopft, so giebt es auch eine rußige, halbhelle Flamme.

Nächst dem falsch geputzten Docht ist noch die in der Regel schmutzige Dochtröhre an dem schlechten Licht schuld. Diese innere Röhre muß absolut schmutzfrei sein. Der geringste Schmutz **unten** in der **Brennröhre behindert oben** die Lichtentwicklung. Die Petroleum-Flamme ist eben sehr empfindlich.

Beim Dochtputzen ist also zweierlei zu beachten:

1. **Der Docht muß von seinen verkohlten Theilen gänzlich befreit werden, nur der gesunde Docht darf stehen bleiben.**
2. **Das Innere des Brenners muß schmutzfrei sein.**

Auf diesen beiden Grundsätzen beruht die Construction des neuen **Lingner & Kraft'**schen **Pracht-Dochtputzers.** Und darin liegt das ganze Geheimniß, daß die mit diesem Dochtputzer geputzten Lampen ein so herrlich weißes Licht geben.

Lingner & Kraft's Pracht-Dochtputzer rasirt alles Ungesunde vom Docht in wenigen Sekunden glatt ab, sodaß der gesunde Docht offen stehen bleibt.

Beim Gebrauch des Pracht-Dochtputzers **kann kein Schmutz in die Brennerröhre fallen,** wodurch auch das Reinigen dieser Röhre — was doch sehr langweilig und widerwärtig war — unnöthig wird. Dieser Schmutz war übrigens häufig Ursache von Explosionen.

Das Dochtputzen wird nunmehr zu einer angenehmen und sauberen Arbeit. **Zehn Lampen sind in fünf Minuten bequem geputzt.**

Lingner & Kraft's Pracht-Dochtputzer paßt für alle Familienlampen jeglicher Construction.

Die schlecht brennende Lampe war von jeher in vielen Häusern Ursache von Mißstimmungen, Aerger und Zank. Viele werden deshalb Lingner & Kraft's Pracht-Dochtputzer als eine „wahre Wohlthat" begrüßen. Die Petroleumlampe aber wird jetzt erst zu Ehren kommen, ihr weißes Licht giebt nun dem oft doppelt so theuren, und dabei gesundheitsschädlichen gelben Gaslichte nichts mehr nach.

Preis eines Pracht-Dochtputzers:

80 Pfg.

Gebrauchsanweisung für Dochtputzer

Eine bekannte Erscheinung war seinerzeit der Rückgang der Leuchtkraft einer Lampe, nachdem sie eine Weile gebrannt hatte, was in bestimmten Fällen bzw. in den frühen Zeiten der Petroleumbeleuchtung der Tatsache anzulasten war, dass die Fabrikanten den Leuchtölen leichtere Destillate aus der Benzinreihe zusetzten, so die gesamte Leuchtölmenge vergrößerten und damit auch ihre Taschen füllten. Diese leichten Öle stiegen auf Grund ihrer geringeren Viskosität schneller im Docht auf und verbrannten eher, während die schweren Anteile langsamer nachkamen, was eine Minderung der Lichtstärke zur Folge hatte.

Die Minderung der Lichtstärke nach längerem Brennen einer Petroleumlampe war auch eine Folge des sinkenden Ölspiegels und der daraus resultierenden Zunahme der Steighöhe des Öles und der damit abnehmenden Menge des Ölstromes. Ein weiterer Grund, der eine Reduktion der Flamme zur Folge haben konnte, lag in der Schnuppenbildung am Dochtrand (Kohlenstoffablagerung), da zu der Zeit das Petroleum nicht ausreichend gereinigt war. Auch Feuchtigkeit im Docht beeinträchtigte die Steigfähigkeit des Öles, setzte diese herab und minderte die Leuchtkraft. Die Kapillarkanälchen konnten sich auch durch normalen Schmutz verstopfen, was die gleichen Folgen hatte. Daher empfahl es sich vor allem, öfter einen neuen Docht einzuziehen. Man hat immer wieder versucht, die Baumwolle des Dochtes durch unbrennbare Materialien zu ersetzten, um die Verkohlung zu vermeiden und auch um Geld zu sparen. Es wurden mineralische Stoffe wie poröser Ton, Schlackenwolle mit Wasserglas, Asbest oder gebündelte Glasfasern verwendet, auf die auch zahlreiche Patente erteilt wurden. Diese Versuche konnten die in sie gesetzten Erwartungen auf Dauer nicht erfüllen, sie waren nicht in der Lage, den bewährten Baumwolldocht zu verdrängen. Einige Lampenfirmen, vor allen Dingen Wild & Wessel, Berlin, und R. Ditmar in Wien, versuchten eine gleichmäßigere Ölzufuhr dadurch zu erreichen, dass sie den Brenner mit zwei Dochten versahen, einen normalen kurzen Brenndocht und einen Saugdocht, der erheblich dicker, nur zum Aufsaugen des Öles bestimmt war. Der Saugdocht umschloss den Brenndocht im oberen Brennerteil und führte dadurch das Öl zum Brenndocht, ähnlich wie bei den alten Anbinde-Rundbrennern. Aber auch diese aufwändigen Konstruktionen erbrachten keine umwälzenden Ergebnisse. Das Licht war etwas besser aber nicht überragend.

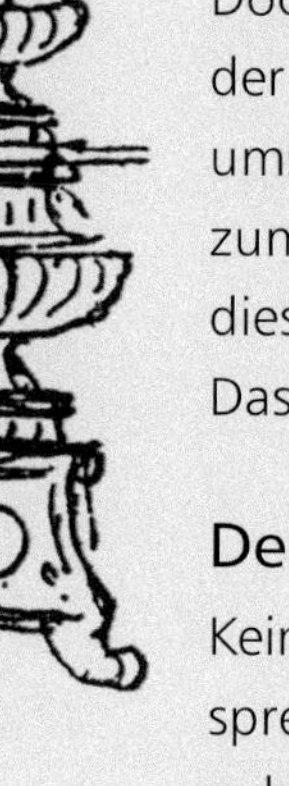

Lampe mit Glaskugel, nach Leonardo da Vinci

Der Zylinder

Kein noch so optimal saugender Docht wäre in der Lage gewesen, ohne ein entsprechendes Zugglas, einen entsprechenden Zylinder, ein so helles Licht hervorzubringen, wie es von einer guten Petroleumlampe erwartet wurde. Der Zylinder wurde schon mehrfach erwähnt und wir wissen auch, dass Ami Argand 1783 als Erster einen Metallzylinder, den er bald durch einen Glaszylinder ersetzte, über

die Ölflamme seiner Lampe setzte und damit die Leuchtkraft deutlich verstärken konnte.

Im 19. Jhd. glaubte man zeitweise, Leonardo da Vinci habe den Lampenzylinder erfunden, da Zeichnungen existierten, die eine Öllampe zeigen, die in einem Glaszylinder brennt, der von einer wassergefüllten Kugel umgeben ist. Ob der Flamme über diesen Zylinder Luft zugeführt wird, lässt sich aus den Zeichnungen

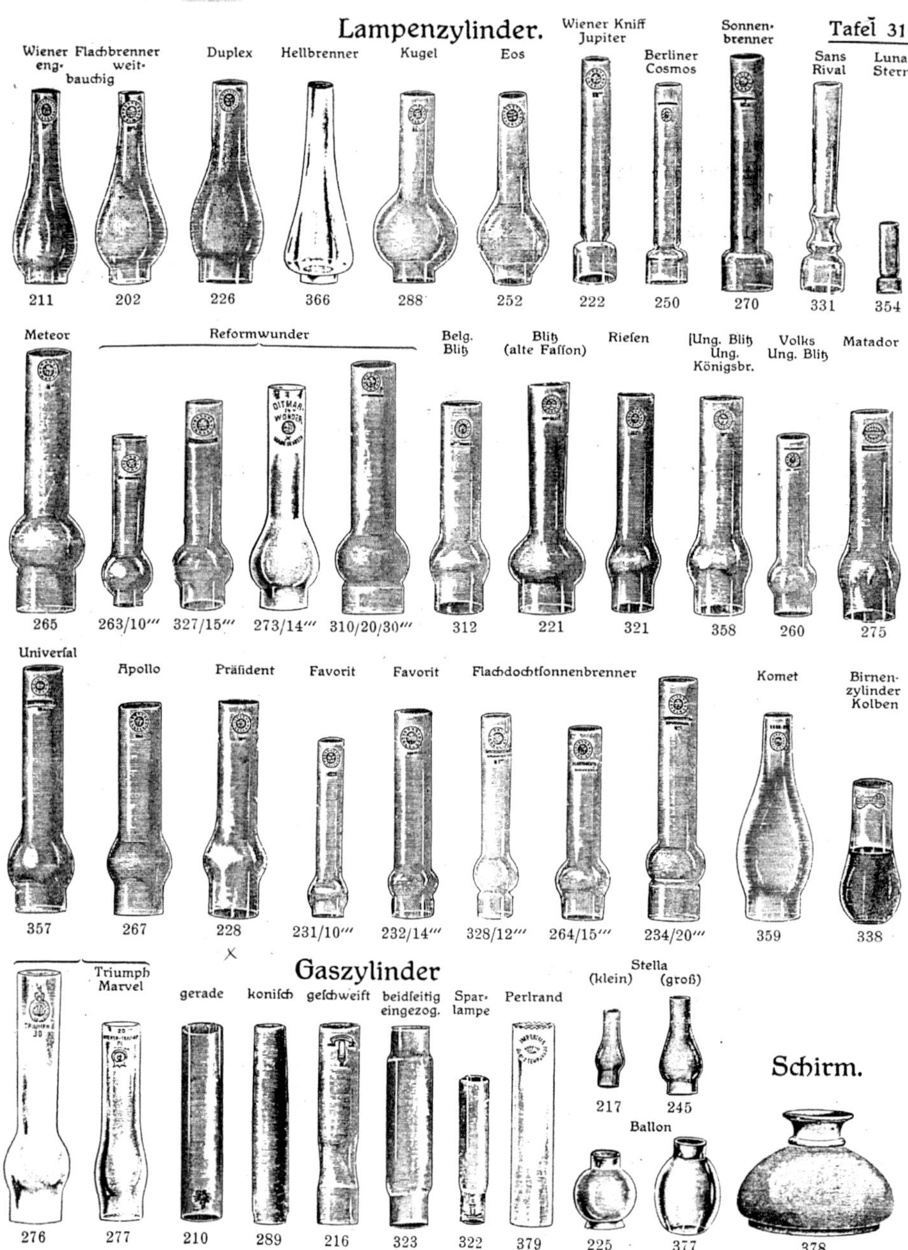

Zylinderangebot der Glasfabrik Josef Rindskopf' Söhne, Teplizz-Schönau, Böhmen

Zylinder,
1. früher Zylinder, leicht konisch zulaufend
2. Schulterzylinder
3. Kniffzylinder
4. Reformzylinder
5. Flachdochtzylinder, Bauch, Wien
6. Flachdochtzylinder, Bauch, Berlin
7. Duplexzylinder, abgeflachter Bauch
8. Flaschenzylinder für Flammscheibenbrenner
9. Kugelzylinder
10. gerader Gaszylinder

leider nicht ableiten. Nun ließen sich aber im „Codex Atlanico", einem Manuskript von Leonardo, welches in Mailand aufbewahrt wird, die Verhältnisse klären. Hier schreibt Leonardo:

„Diese Kugel wird, da sie von dünnem Glas und voll Wasser ist, ein helles Licht geben. Um die genannte Kugel zu machen, lasse diese Kugel zuerst so rund herstellen wie Du kannst, und mache jenes Loch mit Schmiergel gut rund und halte einen Faden mit Bleigewicht in die Mitte und bezeichne die Stelle, wo es unten aufstößt und mach ein gleiches Loch dort. Dann lasse eine lange Zaina machen und nimm den Boden davon weg, setze sie mitten in die genannte Kugel und kitte sie mit Mastix zusammen."

Damit dürfte die Luftzufuhr von unten zur Unterhaltung der Flamme geklärt sein. Aufgrund der Bemerkungen Leonardos scheint ihm jedoch vornehmlich die Linsenwirkung der Kugel wichtig gewesen zu sein. Andererseits soll Leonardo bereits vor 1500 beobachtet haben, dass eine Kerzenflamme weißer brannte, wenn er einen Trichter oberhalb der Flamme anbrachte. Was er sicher nicht wusste, war,

Zylinder von links nach rechts:
Nachtlicht-, Stern-, Spar-, Volldochtbrenner

dass der Trichter eine gewisse Zugwirkung (Kaminwirkung) hervorrief, wodurch der Flamme etwas mehr Sauerstoff zugeleitet wurde. Weitere Konsequenzen scheinen sich zu Leonardos Zeiten daraus nicht ergeben zu haben.

Interessant ist in diesem Zusammenhang nochmal der französische Kupferstich von Ende des 17. Jhds.: „Der wandelnde Lampenhändler" führt außer den bereits genannten Lampen noch zwei Kerzenleuchter mit sich, die mit Trichterschirmen ausgerüstet sind. Ob es sich hier um Vorfahren des Zugzylinders handelt oder ob die Trichter als Schirme zur Lichtverteilung oder als Abzug dienen sollten, kann nur eine Vermutung sein.

Im Laufe der Entwicklung wurden die Zylinderformen den unterschiedlichen Brennern und der erwarteten Wirkung angepasst. Die ersten Zylinder waren von gerader, zylindrischer Form, erhielten etwas später eine leicht konische Form, wobei der Zylinder oben etwas enger war, was den Luftzug verstärkte. L'Ange gab dem Lampenzylinder 1884 etwas oberhalb der Flamme eine Schulter, indem er ihn an dieser Stelle verengte, wobei die Schulter flacher oder steiler gestaltet werden konnte. Benkler & Ruhl in Wiesbaden versuchten 1841 die Wirkung des Zylinders weiter zu steigern, indem sie innerhalb der Flamme eine Blechscheibe anbrachten, die in der Mitte eine Öffnung aufwies, deren Durchmesser dem Flammendurchmesser entsprach. Dadurch wurde der äußere Luftstrom nach innen auf die Flamme gelenkt, genau umgekehrt wie beim Liverpool-Button. Auf die Blechscheibe stellte Benkler ein zylindrisches Zugglas. Durch die metallene Scheibe wurde allerdings ein Großteil der Helligkeitszunahme wieder zunichte gemacht, sodass nach weiteren Versuchen Bammel in Braunschweig den Glaszylinder oberhalb der Flamme mit einem Kniff versah, wodurch die Luft auf den Docht gelenkt wurde. Oberhalb des Kniffs war der Zylinder etwas enger als unterhalb,

Brenner und Zylinder für Puppenstuben-Lampen,
Steckweite: 8-10 mm, Länge: 8-10 cm

Kleine Zylinder,
7–12 cm, für Nacht- und Zierlampen,
ohne besondere Zugwirkung

was wiederum den Luftzug verstärkte. Dieser erfolgreiche Kniff-Zylinder konnte nicht mehr verbessert werden, er hielt sich während der gesamten Petroleumzeit bis heute. Trotzdem wurden im Laufe der Zeit noch zahlreiche abweichende Zylinderformen entwickelt, für die mit einem erheblichen Zugewinn an Helligkeit geworben wurde, was aber nur in geringfügigem Maße erreicht werden konnte.

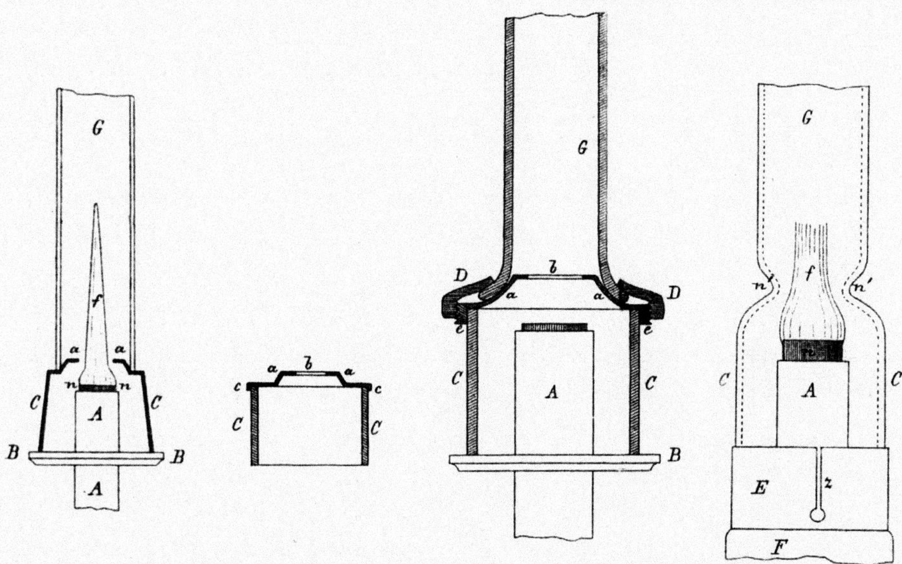

Entwicklung des Kniffzylinders nach Benkler und Ruhl, 1840

Die Brenner mit Flammscheibe verlangen einen Zylinder, der oberhalb des Dochtes in Höhe der Brandscheibe weiter und bauchiger wird, damit sich die Flamme tulpenförmig entfalten kann. Aus dieser bauchigen Ausweitung wurde dann teilweise ein kugeliger Bauch, weshalb diese Zylinderart auch Kugelzylinder genannt wird im Gegensatz zum Bauchzylinder für den Flachbrenner, dessen Bauch größer und oval geformt ist. Zu erwähnen ist noch, dass Letzterer in der Frühzeit der Kohlenwasserstofflampen auch für Camphin und Photogen-Brenner eingesetzt wurde. Die Petroleumlampensammler betrachten es als einen nicht wieder gut zu machenden Fauxpas, wenn ein Bauchzylinder einen Rundbrenner krönt, auch wenn er eigentlich vom formalen Zusammenspiel, wegen seiner weicheren und gefälligeren Form viel besser passt, als der steife und strenge Kniff-Zylinder.

Der in Deutschland am meisten verbreitete Brenner war nun mal der Rundbrenner mit Kniff-Zylinder, deshalb noch einige Worte zur Bedeutung dieser Einschnürung rings um die Flamme. Brenner, Docht und Zylinder bilden schon eine Einheit, deren Komponenten eng aufeinander abgestimmt sein müssen, damit sie optimale Ergebnisse liefern, nämlich eine höchstmögliche Leuchtkraft. Durch den durchsichtigen, gläsernen Zylinder wird die Flamme zunächst vor ungünstigen äußeren Einflüssen wie Zug und Wind geschützt. Gleichwohl erscheint es jedoch

erheblich bedeutsamer zu sein, dass die erhitzte Luft nur nach oben entweichen kann und dadurch ein lebhafter Luftzug entsteht, der den verbrennenden Leuchtstoffgasen eine größere Sauerstoffmenge zuführt. Dieser Kamineffekt lässt sich durch jeden Zylinder herbeiführen, ganz gleich von welcher Form er ist, nur kann man den Effekt durch eine ganz bestimmte Formgebung so verstärken, dass die zuströmende Luft gezwungen wird, mit der Flamme auf Tuchfühlung zu gehen. Beim Rundbrenner erreicht man diesen Effekt optimal, indem man den Zylinder oberhalb der Dochtoberkante deutlich nach innen einschnürt, wonach der Zylinder wieder etwas weiter wird, aber deutlich enger bleibt als im Fußteil, dem sog. „Kropf" des Zylinders. Diese Einschnürung oder dieser Kniff lenkt die von außen zuströmende Luft auf die Dochtoberkante und veranlasst die Luft zu inniger Vermischung mit den Brennstoffdämpfen. Die Höhe der Einschnürung oberhalb der Dochtkante und das Ausmaß haben einen wesentlichen Einfluss auf die Leuchtkraft der Flamme. Sie sind im Wesentlichen abhängig von der Schwere des Öles. Ein leichteres Öl erfordert einen größeren Abstand der Einschnürung, ein schwereres einen kleineren Abstand zwischen Kniff und Dochtkante, wobei der auf Erfahrung beruhende Kompromiss bei 10 bis 13 mm lag. Der innere Durchmesser

KAISERLICHES PATENTAMT.

PATENTSCHRIFT

— № 76356 —

KLASSE 4: Beleuchtungsgegenstände.

KURT EUGEN GRÜTZNER in DEUBEN bei DRESDEN.

Lampencylinder.

Patentirt im Deutschen Reiche vom 28. November 1893 ab.

Bei dem vorliegenden, insbesondere für Rundbrenner bestimmten Lampencylinder ergiebt sich gegenüber dem gewöhnlichen Cylinder eine längere, weifs und ruhig brennende Flamme, was einer besseren Ausnutzung des Brennstoffes gleichkommt. Erreicht wird dieser Zweck durch eine besondere Gestaltung des Cylinders, welcher auf der beiliegenden Zeichnung im Längsschnitt dargestellt ist.

In seinem unteren Theile weicht der neue Cylinder von der bisher zumeist gebräuchlichen Form nur insoweit ab, als er bei *a* statt der üblichen Einschnürung nur eine — innen stumpf verlaufende — Abstufung hat. Diese stumpfe Abstufung, welche sich übrigens auch bei anderen, weniger bekannt gewordenen Cylinderformen vorfindet, ist bekanntlich insofern von Vortheil, als durch die Einschnürung erfahrungsgemäfs ein häufiger Bruch sowohl bei der Verpackung wie beim Gebrauch verursacht wird. Auf die Abstufung folgt ein schlanker, cylindrischer Theil *b*, in welchem die Flamme brennt. Auf diesem befindet sich eine kugelähnliche Ausbauchung *c* und auf dieser wiederum ein kurzer, nach oben verjüngter Stutzen *d*.

Die Wirkungsweise des neuen Cylinders ergiebt eine Vergleichung mit dem alten Cylinder. Es sei ein solcher auf die Lampe aufgesetzt, die Flamme gehörig regulirt. Bringt man nun an die Stelle des alten den neuen Cylinder, ohne die Stellung der Dochtschraube zu ändern, so zeigt sich, dafs die Flamme erheblich länger und zugleich weifser wird. Nun kann man aber den Docht noch höher schrauben, ohne dafs die Flamme rufst. Einmal wird also — bei gleich bleibendem Petroleumverbrauch — die Flamme höher und heller, dann kann man aber auch noch den Petroleumverbrauch und damit die Leuchtkraft der Flamme verstärken. Die Verlängerung der Flamme wird durch die Verengung des oberen Cylinderendes — des Stutzens *d* — bewirkt; ohne die Ausbauchung *c* würde die Flamme trübe werden und rufsen. Die Luft scheint schneller als beim gewöhnlichen Cylinder zu strömen, die Ausbauchung *c* aber verzögernd auf den Luftstrom zu wirken und den Gastheilchen Gelegenheit zu geben, sich mit der Luft innig und lange genug zu vermischen, um eine vollkommene Verbrennung herbeizuführen.

Patent-Ansprüche:

1. Ein Lampencylinder mit einer kugelähnlichen Ausbauchung *(c)* nahe am oberen Ende.
2. Ein Lampencylinder der unter 1. bezeichneten Art, bei dem der oberhalb der Ausbauchung *(c)* befindliche Theil sich nach oben verjüngt.

Hierzu 1 Blatt Zeichnungen.

BERLIN. GEDRUCKT IN DER REICHSDRUCKEREI.

KURT EUGEN GRÜTZNER in DEUBEN bei DRESDEN.

Lampencylinder.

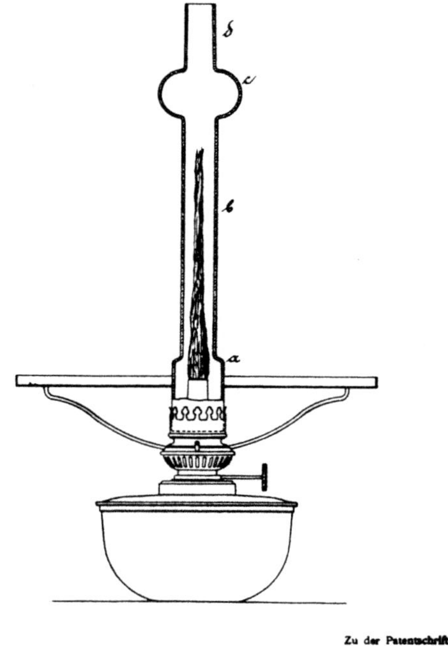

Zu der Patentschrift

№ 76356.

PHOTOGR. DRUCK DER REICHSDRUCKEREI.

Patentschrift des Röntgen-Zylinders

Zugwirkung des Zylinders auf die Leuchtflamme ohne Änderung der Dochtstellung, links ohne Zylinder, rechts mit Zylinder

der Einschnürung sollte in etwa dem äußeren Dochtdurchmesser des Brandrohres entsprechen oder denselben um ein Geringes (1 bis 2 mm) übersteigen. Wenn man den Kniff-Abstand vergrößert, wird die Flamme länger, dunkler, rotbrennend und rußt, wenn man ihn verkleinert, nimmt die Flamme an Größe ab, wird breiter und rußt ebenfalls. In der nicht richtig gewählten Einschnürungshöhe lag häufig die Ursache für eine schlechte Lichtqualität, vor allem auch beim Brennen von russischen Leuchtölen auf Brennern, die für amerikanisches Öl konstruiert waren, denn die schwereren russischen Öle verlangten eine andere Luftzufuhr.

Die Höhe des Zugglases ist natürlich auch von großer Bedeutung, da sie für die Geschwindigkeit des Luftstromes mitbestimmend ist. Innerhalb bestimmter Grenzen wird der Zug umso stärker, je höher der Kamin ist. Doch auch hier musste ein optimales Verhältnis zwischen Leuchtkraft der Flamme und zugeführter Luftmenge erreicht werden, denn mit zunehmender Zylinderhöhe kann die Leuchtkraft wieder abnehmen und der Ölverbrauch steigen. Die Höhe der Lampenzylinder schwankte gewöhnlich zwischen 200 und 260 mm, obschon diese Zahlen gewissen Beschränkungen unterlagen, die sich aus bestimmten Rücksichten gegenüber der Lampenkonstruktion ableiteten. Sei es nun, dass das Gleichgewicht einer Lampe negativ beeinflusst wurde, oder aber, dass in eine Weichen-Laterne der Deutschen Reichsbahn nur eine Lampe mit 12 cm Zylinderlänge hineinpasste. Auch hier musste man Kompromisse machen. Eine Vorrichtung, mit der man den Zylinder höher oder tieferstellen konnte, um so die Luftzufuhr zu regulieren, ist des Öfteren konstruiert worden, hat sich nicht bewährt und auf dem Markt auch nicht lange gehalten.

links: Laternengläser „Feuerhand"

rechts: tulpenförmiger Zylinder, Kugelzylinder für Ligroinlampen, Perkeo-Zylinder

Wäre noch der Kalthoff-Zylinder (Fa. Kalthoff, Beul bei Bonn) zu erwähnen, dessen Zylinderröhre sich in der unteren Hälfte zum Kropf hin konisch verjüngt und diesem mit einer flachen Schulter aufsitzt. Dieser Zylinder war zum Salon-Reform-Kosmosbrenner entwickelt worden, einem Brenner mit zentralem, für sich

Salon-Reform-Kosmosbrenner 14'''
mit Kalthoff-Zylinder

belüftetem Luftröhrchen im Zentrum des Brandrohres ausgestattet, wie oben bereits beschrieben. Durch die etwas andere Luftzufuhr soll die Leuchtkraft dieses Brenners deutlich besser gewesen sein. Ohne Messgeräte lässt sich für unsere heutigen Augen ein wesentlicher Unterschied kaum erkennen.

Die kleinen, ovalen oder kugeligen Glastulpen, die auf Volldochtbrennern zur Treppen- und Nachtbeleuchtung verwendet werden, haben nur einen Zweck, die Flamme vor Zugluft und dem Verlöschen zu schützen. Eine regulierende Wirkung auf die zuströmende Verbrennungsluft ist von sehr untergeordneter Bedeutung, da die Umgebungsluft zur Unterhaltung der kleinen Flamme völlig ausreichte. Dienten diese kleinen Lampen doch mehr einer orientierenden als einer strahlenden Helligkeit. Zu dieser Lampengruppe gehören auch die kleinen Benzin-Lampen, vor allem aber auch die französischen Gardon- und Pigeon-Lampen.

Den meisten von uns sind heute nur die Zylinder aus klarem Glas geläufig, waren sie doch die Regel und gaben das hellste Licht, was zu Beginn der Petroleumzeit gar nicht mal so hoch gelobt wurde. Man hat immer wieder versucht, das Glas

links: Kleine Nachtlämpchen, Frankreich und Deutschland, um 1900

der Zylinder leicht blau einzufärben, um dem Licht der Petroleumflamme seinen Rotanteil zu nehmen und es dem Tageslicht ähnlicher zu machen. Ein gut konstruierter und gut eingestellter Petroleumbrenner strahlt bei Verwendung eines guten Leuchtpetroleums ein recht weißes Licht ab, welches einen starken Rotanteil aufweist, der vom Menschen aber kaum wahrgenommen wird. Sollte aber mal eine Lampe mit einem Petroleum gespeist werden, welches viele aromatische Kohlenwasserstoffe enthält (z. B. solches aus Russland oder Rumänien), die der Flamme eine deutliche Rotfärbung verleihen, so fällt diese Färbung unangenehm auf, da das menschliche Auge für Unterschiede in der Färbung viel empfindlicher ist, als für solche in der Lichtstärke. Das rötliche Licht erscheint dem Auge bei gleicher Lichtstärke viel dunkler als das weiße Licht aber sehr viel angenehmer und beruhigender. Ein blaues Zug-Glas würde das nicht nur abdunkeln und nach

Seltene Zylinder,
links: Adoniszylinder für Adonisbrenner der Firma Hugo Schneider, Leipzig,
Mitte: Rubin-Flachbrenner-Zylinder Photolabor,
rechts: Spezial-Ölzylinder

neuesten Erkenntnissen den Augen schaden. Heute ist man natürlich in der Strahlungsforschung sehr viel weiter als vor über hundert Jahren. Heute ist bekannt, und es wird dahingehend sehr intensiv geforscht, dass der blaue Strahlenanteil im sichtbaren Licht mit den Wellenlängen von 400 – 500 Nanometer von schädlicher Wirkung auf die Retina des menschlichen Auges und die Makula Lutea (Stelle des schärfsten Sehens) sind und unter bestimmten Bedingungen, in bestimmten Altersgruppen eine Makula-Degeneration fördern oder sogar auslösen kann.

Reklame für den 1882 für die Firma Schuster und Bär, Berlin, patentierten Kristallglas-Überzylinder

Im Zweiten Weltkrieg wurden dunkelblau eingefärbte Zylinder und Laternengläser üblich, um das Licht zu verdunkeln im Rahmen des Luftschutzes. Alle Lichter mussten soweit abgedunkelt oder der Nacht soweit angepasst sein, dass sie auf eine bestimmte Entfernung nicht mehr sichtbar waren. Für die Petroleumlampen im Fotolabor waren rote, grüne und braun eingefärbte Zylinder im Gebrauch, je nach der Sensibilisierung der lichtempfindlichen Aufnahmematerialien. Rote Rubinzylinder fanden auch Verwendung bei den Petroleum-Heizöfen, um das sichtbare Licht zu dämpfen. Auch aus Milchglas gefertigte Zylinder waren im Handel erhältlich.

Als typisches Beispiel der 1884 noch möglichen Absurditäten, die für uns heute völlig unvorstellbar sind, an deren Verbreitung Fachleute und Professoren gewirkt haben, soll noch der „patentierte Kristallglas-Über-Zylinder" vorgestellt werden, den die Firma Schuster & Bär entwickelte. Es handelt sich um einen zusätzlichen weiteren Zylinder, der über den normalen Lampenzylinder gesteckt und durch eine Halterung am Brenner befestigt war, also ein glatter, konischer Zylinder über einem normalen Zylinder. Dieser Zylinder wurde von vielen Koryphäen und Fachzeitschriften u. a. auch von Prof. Cohn, Augenarzt in Breslau, *„einstimmig rühmlichst empfohlen, weil durch das Kühlerbleiben der Lampen die Kopf- und Gesichtsnerven nicht belästigt und die Augen geschont und tatsächlich vor dem zu Trockenwerden (austrocknen) sowie vor Kurzsichtigkeit bewahrt werden".*

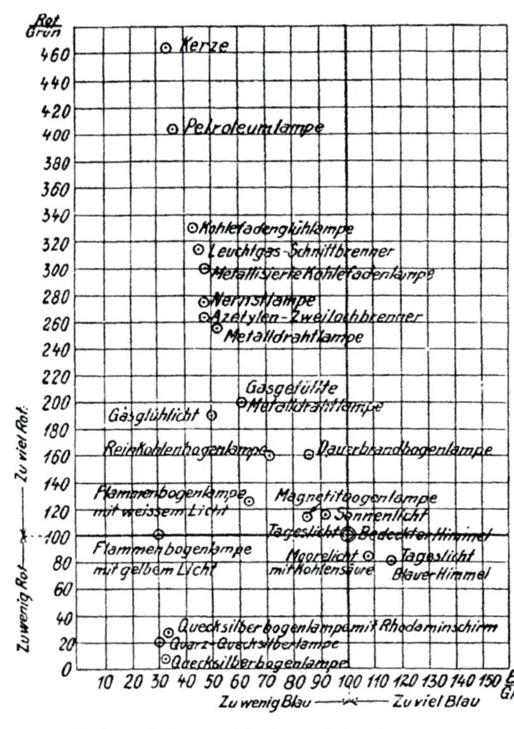

Farbqualität verschiedener Beleuchtungsarten

Rubinzylinder für Petroleum-Heizöfen, mit Drahtgitter und ohne

Die dochtlosen Lampen

Die Dampflampe

Hinter dem Namen Dampflampe versteckt sich ein Beleuchtungsgerät, in dem ein leicht flüchtiger, leicht entzündlicher Leuchtstoff sowohl unter Verwendung eines Dochtes als auch ohne Docht gebrannt wurde. Das Prinzip dieser Beleuchtung geht, wie oben bereits beschrieben, auf das Jahr 1834 zurück, in dem F. W. Lüdersdorff, deutscher Chemiker, 1801 – 1886, die erste Dampflampe konstruierte, in der Leuchtspiritus (Terpentin-Alkohol-Gemisch, 1:4) als Leuchtstoff Verwendung fand. Bei den Dampflampen wird in einem geschlossenen metallenen Behälter der Brennstoff verdampft. Er strömt durch eine Anzahl kleiner Löcher aus und verbrennt mit heller Flamme.

Das Dochtrohr mit relativ großem Durchmesser wurde von einem dicken Volldocht ausgefüllt, der bis kurz vor den Brennerkopf reichte, ohne die Leuchtflamme zu berühren. Der Kopf aus Messing, der rundum mit kleinen Löchern versehen war, wurde durch eine Alkohol-Flamme kurz erwärmt, der Brennstoff verdampfte

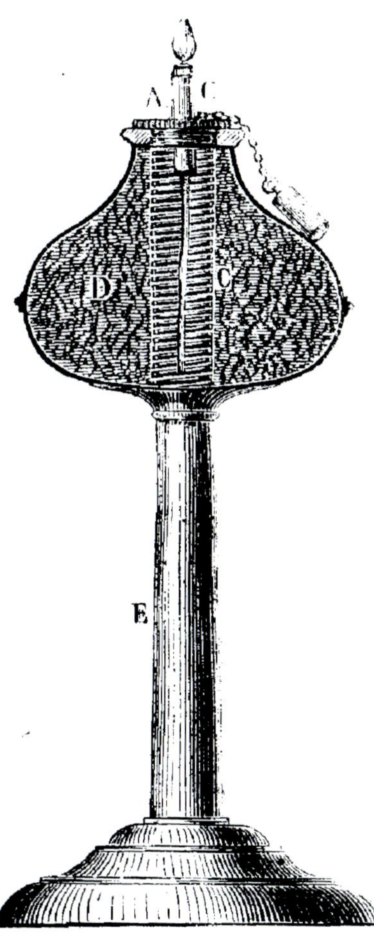

Essenze-Lampe von Alphonse Mille, Frankreich, 1860

Mitte: Schnittbild der Lampe Mille

oben links: Ligroinlampe,
Sakrale Verwendung, Frankreich, um 1900

oben Mitte: Ligroin-Stecklampe
in Kerzenhalter, mit kleiner, rot überfangener Kristallglaskugel

oben rechts: Ligroinlampen,
Lampe Beaufils, Frankreich

unten links: Sakral-Lampe für Ligroin,
Rubinglas, Frankreich, nach 1900

unten rechts: Ligroinlämpchen
mit kleiner Tulpe als Zugglas

und entzündete sich, während die weitere Erwärmung des Brenners durch die eigenen Flammen unterhalten wurde. Trotz des hellen Lichtes hat sich die Lüdersdorf'sche Lampe nicht in größerem Stil durchsetzen können. Einmal, weil sie sehr empfindlich gegen Luftzug war und, weil sie nach dem Löschen der Flamme einen üblen Geruch verbreitete, wohl als Folge des noch warmen Brenners, der noch für eine Weile Brennstoff verdampfte. Interessant wurde die Dampflampe erst nach der Einführung der leichtflüchtigen Kohlenwasserstoffe.

In Frankreich konstruierte Joseph Alexandre Robert etwas später eine ähnliche, deutlich verbesserte Lampe mit gleichem Effekt. Er versah die Lampe mit einem regulierbaren Brenner, der beim Verlöschen keinen üblen Geruch verbreitete. Zusätzlich ersetzte er etwas später den Leuchtspiritus durch flüchtige Kohlenwasserstoffe. Die Verwendung von leicht flüchtigen Destillaten des Erdöles war teilweise Folge des hohen Preises für Burning-Fluid und natürlich auch ihrer Eigenschaften, da diese dem Burning-Fluid ähnelten, vor allem was die Leichtflüchtigkeit und den niedrigen Flammpunkt anging. Es handelte sich um Ligroin, einem Schwerbenzin mit einem Siedebereich von etwa 80 – 120 °C und Gasolin mit einem sehr niedrigen Siedebereich von 60 – 80 °C. Beide Destillate hatten die Eigenschaft, schon bei Zimmertemperatur zu verdampfen, mehr oder weniger schnell, und einen weiteren Verwendungszweck gab es zu der Zeit für diese Stoffe noch nicht.

Benzinkerze und Einstecklämpchen für einen Kerzenleuchter, mit kerzenartigem Oberteil aus Porzellan. Wurden über lange Zeit in vielen Ländern als Nachtlicht genutzt, Deutschland, 19. und 20. Jhd., Sammlung: P. Deiz, Lüttich/B

Um 1860 erfand Alphonse Mille die erste Essence-Lampe, auf die er 1862 ein Patent erhielt. Sie bestand aus einem Messingbehälter mit Vertikalbrenner. Der Behälter war mit gut gereinigten Schwammstücken gefüllt, in dessen Zentrum

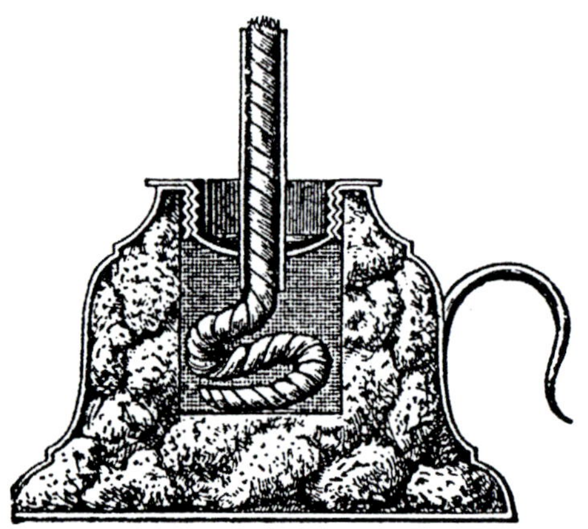

Ligroin-Lampe,
Schwammfüllung mit zentralem Dochtraum

durch ein zylindrisches Drahtsieb ein Dochtrohr geschaffen wurde. In diesem könnte der Docht frei liegen. Zum Betrieb dieser Lampe füllte man den Behälter mit Brennstoff, der aus 80 % Benzin, 10 % Äther bestand und dem 10 % Kampfer beigemischt wurden. Man ließ den Schwamm vollsaugen und goss den Überschuss der Brennflüssigkeit wieder zurück.
Dann aber entstand eine zwar kleine aber weiße Flamme, die nach alten Berechnungen für einen Kostenaufwand von 2 Pf./h Licht spendete. Fast alle späteren Essence-Lampen entstanden nach diesem Vorbild.

Diese kleine Lampe, die mit einem hochentzündlichen Leuchtstoff brannte, war sehr sicher, da sie keinen flüssigen Brennstoff enthielt, dieser war ja vom Schwamm aufgesogen und konnte beim Umfallen der Lampe nicht ausfließen und sich auch nicht entzünden. Einen Festsaal konnte diese kleine Benzinflamme gewiss nicht erleuchten, aber als Hand-, Keller-und Nachtlampe, sowie als Einsatz in Laternen und Autolampen wurde die Ligroin-Lampe vor allem in Frankreich und auch in England gern genutzt. Die Benzinkerzen, bei denen das Dochtrohr von einem kerzenförmigen Porzellankörper umgeben war, die dann wirklich den Eindruck eines Nachtleuchters machten, waren auch in Deutschland zum Gebrauch bei Nacht sehr beliebt. Bei Nichtgebrauch sollte der Docht mit einem kleinen Hütchen abgedeckt werden, welches mit einem Kettchen gesichert war, damit der Brennstoff nicht so schnell verflog. Statt der Baumwolldochte hat man auch Dochte aus porösem Ton und statt des Schwammes auch Sand zu verwenden versucht. Begreiflicherweise versuchte man auch diese Lampen zu verbessern, konnte hier aber nicht allzu viel erreichen, da das Prinzip vorgegeben war, es ging um die Regulierung der Flamme. In die gleiche Richtung gehen die Lampen der

Ligroin-Lampe,
Messing, Frankreich, vor 1900

Pigeon-Kellerlampe, Stromklemmen an 110 Voltleitung, beim Öffnen der Tüllenabdeckung mit Hilfe des Handrädchens streift ein Stahlbürstchen die Tülle, ein Abrissfunken zündet den Docht der kleinen Benzinlampe

Fabrikanten von Lilienfein und Lutscher aus Stuttgart. Sie hatten wie auch Wradi's Zündnadellicht keine Möglichkeit der Regulierung, sie waren aus diesem Grund auch nicht besonders gefragt. Sollte auch noch die französische Firma Gardon genannt werden, die über lange Jahre sehr schöne aus Messing gegossene, schwere Ligroin-Lampen in allen möglichen Formen herstellte, die mit fest verschraubten 8mm Volldocht-Brennern arbeiteten, deren Flamme regulierbar war.

Eine Entwicklung, die sich nur wenig von der Ligroin-Lampe unterschied, der aber viel Erfolg beschieden war, ist noch erwähnenswert und zwar die „Veritable Lampe Pigeon Inexplosible á L'Essence Minerale", die 1884 von Charles Pigeon in Frankreich konstruiert und dann auch patentiert wurde.

Diese Lampe fand einen solchen Anklang, der ihr Überleben für ein ganzes Jahrhundert bis heute garantierte. Im Grunde genommen unterscheidet sich die

Pigeon-Lampe, Brenner mit Docht

Pigeon-Lampe, Filzfüllung, kein Dochkontakt, kein flüssiges Benzin, Frankreich, seit 1884

Lampe Pigeon „kaum“ von der alten Ligroin-Lampe, außer dass der Füllstoff Schwamm, durch Filz ersetzt wurde, die Lampe einen Dochttrieb mit 8 mm Volldocht bekam, der ebenfalls mit dem Brennstoff selbst nicht in Berührung trat. Diese Lampe wurde in mannigfachen Formen, für die unterschiedlichsten Zwecke produziert und mit Benzin gespeist. Es gab sie von der Stecklampe für den Kerzenhalter bis zur kleinen Tischlampe mit Schirm und von der Kerze für Kutschenlaternen bis zur Kellerbeleuchtung, die über einen elektrischen Funken, gespeist von der 110 Volt-Leitung, entzündet wurde, in vielen Variationen. Die Pigeon-Lampe wurde zum beliebten Sammelobjekt und ist es heute noch und wird auch heute noch in unveränderter Form nachgebaut.

Pigeon-Wandlampe

Pigeon-Tischlampe
mit Spiegelreflektor

Lampe Essenze Gardon
mit Hellebardenhaken

Die Gasstoff-Lampen

Bei diesen als Gasstoff-Lampen bezeichneten Beleuchtungskörpern konnten die Brenner sehr einfach gehalten werden, da nur Leuchtstoffe in Anwendung kamen, deren Verdampfungstemperatur erheblich niedriger lag als die des Petroleums, meist handelte es sich um Gasolin.

Hören wir Herrn Louis Runge, einen der bekanntesten Hersteller aus Berlin, in seinem Katalog von um 1900:

Gasstofflampe der Firma Huff, Berlin, Breitbrenner, Messing und Eisenblech, Brennstoff Gasolin (Leichtbenzin), Deutschland, um 1900

„Die von mir selbst konstruierten und in meiner Fabrik angefertigten Gas selbsterzeugenden Beleuchtungs-Gegenstände sind überall ohne besondere Vorrichtung, wie Röhrenleitung etc. anwendbar, denn dieselben werden einfach an einen Haken oder Nagel an die Decke oder Wand etc. gehängt."

Jeden Augenblick kann der Platz verändert werden.
Jede Lampe stellt sich aus flüssigem Gasstoff, dass zur Speisung der Flamme nötige Gas selbst her.

Die Lampen bestehen aus dem Behälter zur Aufnahme des flüssigen Brennstoffes, dem Abflussrohr, Absperrhahn und Brenner.

Das wahrhaft prächtige Licht verbreitet weder Rauch noch Geruch!"

Die Lampen waren so konstruiert, dass der Gasstoff-Behälter immer oberhalb des Brenners lag und der Gasstoff aufgrund seiner eigenen Schwere über ein Zulaufrohr zum Brenner transportiert wurde. Der Brenner wurde durch ein Spiritusflämmchen angewärmt und entzündete den aus ganz kleinen düsenförmigen Öffnungen am Brenner austretenden Gasstoff. Es gab unterschiedliche Brenner-

Gas-Backofen-Lampe No. 72
mit in beliebiger Entfernung anzubringendem Bassin und 2 m langer biegsamer Rohrleitung.

Mit Breitbrenner	Mk. **16**.—,	18 Kr. 80 h.
Mit Regulier-Breitbrenner	Mk. **17**.—,	20 Kr.
Längere Rohrleitung Meter mehr	Mk. **1**.—,	1 Kr. 20 h.

Die dünne biegsame Rohrleitung ist sehr leicht zu verlegen.

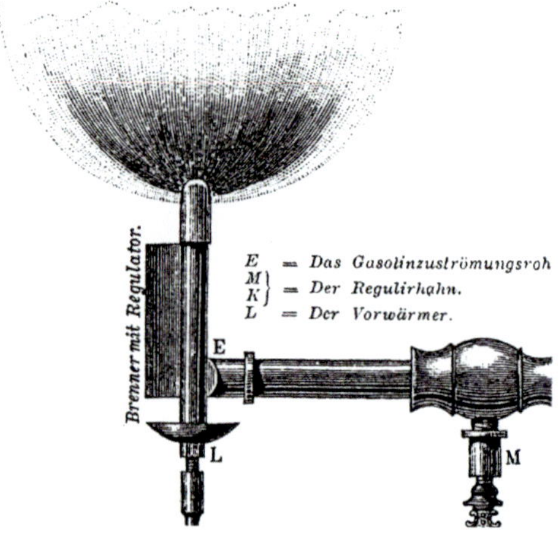

oben: Gasolin-Schnittbrenner

links: Backofen-Beleuchtung mit Gasolin

Ligroin-Lampen,
Messingguss, Firma Gardon,
Macon (F), Frankreich, um 1890

links: Gasolin-Wandlampe mit Kupferbassin, Glühlichtbrenner, 72 cm, Frankreich, vor 1900

rechts: Gasolin-Wandlampe Sturmsicher, Breitbrenner, 60 cm, Deutschland, Ende 19. Jhd.

formen, sodass man eine kronenförmige Flamme oder eine Schmetterlingsflamme oder eine Breitflamme haben konnte. Diese sehr sturmsicheren Lampen wurden meist in größeren Räumen und auch bei allen Arbeiten im Freien genutzt.

Der Brennstoff für diese Beleuchtung wurde unter dem Namen Gasstoff in den Handel gebracht, wobei der Käufer in der Regel nicht wusste, um welchen Brennstoff es sich handelte. Aufgrund der Lampenkonstruktion und der Geheimniskrämerei, kann es sich nur um Destillate aus der Gruppe der leichteren Benzine gehandelt haben, die schon durch leichte Anwärmung der Brenner zur Vergasung

Katalogreklame der Firma A & O Huff, Berlin

gebracht werden konnten und keinen Docht benötigten. Die genaue Zusammensetzung des Gasstoffes war nur selten bekannt, da die Siedebereiche der Stoffe von Hersteller zu Hersteller unterschiedlich waren.

Die Regenerativ-Invert-Lampe

Bei den Rundhohldocht-Brennern der Öllampe wird die durch das Brennerrohr ziehende Luft bereits vorgewärmt. Das führt zur Steigerung der Leuchtkraft insofern, als die vorgewärmte Luft der Flamme keine Wärme mehr entzieht. Friedrich Siemens (1826 – 1904, Bruder von Werner von Siemens) nutzte diesen Effekt bei der Gasbeleuchtung, indem er die dem Brenner entströmenden heißen Abgase zur Vorwärmung des Leuchtgases und auch der nötigen Luft nutzte, und damit eine wesentliche Helligkeitssteigerung erreichte. Er nannte diesen Brenner Regenerativ-Brenner. Dieser Regenerativ-Brenner hatte aber erhebliche Nachteile: Einmal den, dass das Licht nicht gerichtet war, und dann störte der große Schornstein auf dem Brenner, durch den die Wärme abgeführt wurde, der aber

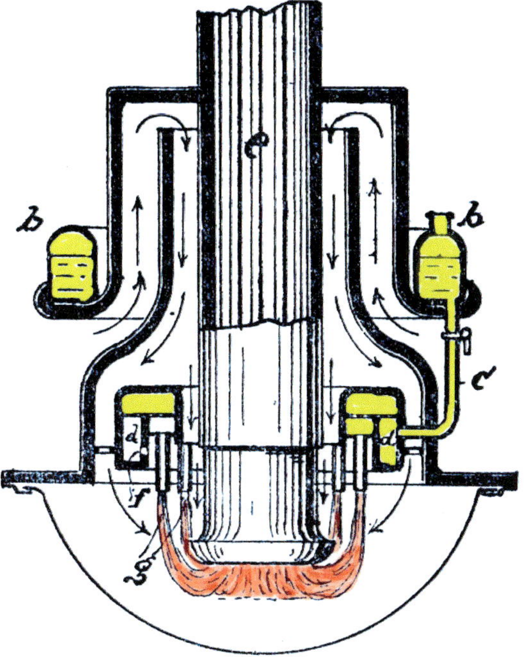

Regenerativ-Lampe, Zeichnung im Längsschnitt, das Öl fließt vom ringförmigen Bassin über das Rohr c in die Ringkammer d, von hier in die Brennerröhrchen g, die Leuchtflammen in den Abzug

einen starken Schatten warf. Die überarbeitete Form des Regenerativ-Brenners nannte man Invert-Brenner. Dieser hatte den Vorteil, dass das gesamte Licht nach unten abgestrahlt wird und der Schatten des Schornsteins, der erheblich verkürzt wurde, nicht mehr störte. Der Invert-Brenner sollte zur besseren Energienutzung auch für die Petroleumbeleuchtung verwendbar gemacht werden. Sowohl in der Dochtlampe als auch in der Kerze erfolgt vor der Verbrennung die Vergasung des Leuchtstoffes, so dass es nicht falsch ist, eine Petroleumlampe oder auch eine Kerze als eine kleine Gasanstalt zu betrachten, bei der die Vergasung direkt am Docht erfolgt. Da der Regernerativ-Invert-Brenner mit offener Flamme, ohne Docht arbeitete, musste ihm der Brennstoff bereits in Gasform zugeführt werden. Die Vergasung des Petroleums wurde durch ein kleines Spiritus- oder Petroleum-Anwärmflämmchen eingeleitet, das vergaste Petroleum speiste die Leuchtflamme und die weitere Vergasung wurde durch die Abwärme der Leuchtflamme unterhalten. Durch die Vorwärmung des vergasten Leuchtstoffes und der zur Verbrennung nötigen Luft stieg die Leuchtkraft der Flamme beträchtlich, ohne wesentliche Zunahme des Brennstoffverbrauches. Es ließen sich beim Gas leicht Lichtstärken von bis zu einigen Hundert Kerzen erreichen, was die Lampen wie geschaffen machte zur Beleuchtung größerer Räume, vor allem Arbeitsräume, sie von der Wohnraumbeleuchtung aber ausschloss.

Hier waren also Überlegungen und Erfindungen der Gasbeleuchtung Vorbild für die spätere Incandescenz-Beleuchtung mit flüssigen Kohlenwasserstoffen, die ohne die Überlegungen der Gasfachmänner möglicherweise einen anderen Verlauf genommen hätten.

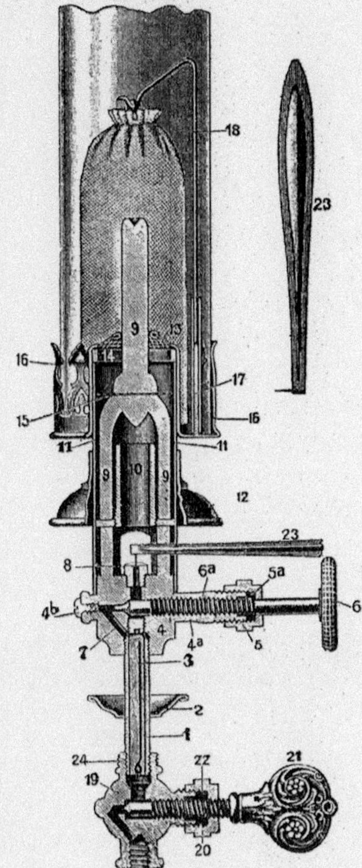

Zeichnung Gasolin-Glühlichtbrenner der Firma A. & O. Huff, Berlin

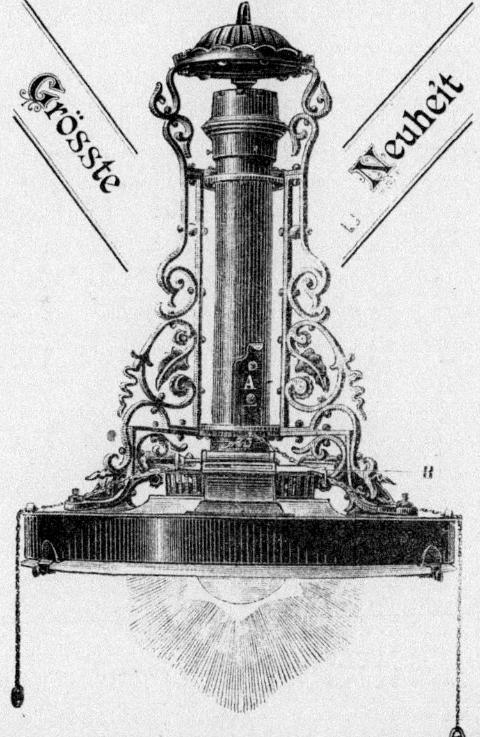

Petroleum-Patent-Intensiv-Lampe, Regenerativlampe der Firma Richard Schnabel, Leibzig, DRP vom 24.09.1889

Die Inkandeszenz-Beleuchtung

- Drummond'sches Kalklicht
- Glühstrumpf
- Das Petroleum-Glühlicht
- Die Aladdin-Lampe
- Das Spiritus-Glühlicht
- Die Benzin-Glühlichtlampe
- Die Starklicht-Beleuchtung
- Die Beleuchtung mit schweren Ölen und Rückständen
- Das Dürrlicht

Drummond'sches Kalklicht

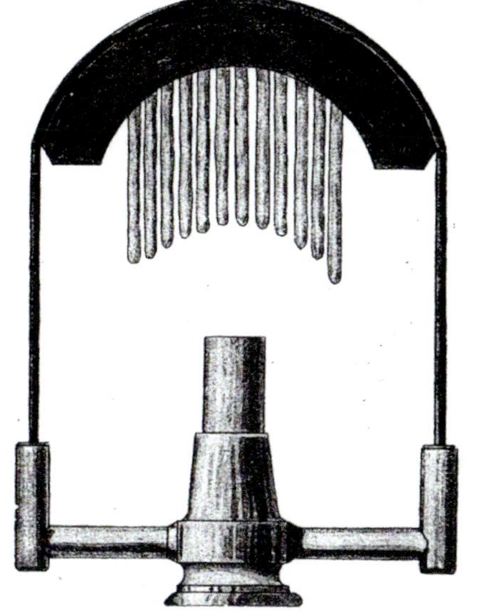

Fahnejelms Glühlichtbrenner

Die Entdeckung und Beobachtung des Glühlichtes bzw. der Glühlichterzeugung geht auf das Jahr 1820 zurück, wo Cornish Engineer Goldsworthy Gurney (1793 – 1875) Chemielehrer, einen Stift aus Kalziumoxid mit einer Knallgas-Flamme (Sauerstoff-Wasserstoff-Gemisch) erhitzte, um das Oxid zu zerlegen, was aber nicht geschah. Stattdessen erhitzte sich der Kalk zur Weißglut und strahlte ein blendend weißes Licht ab, das Kalklicht, welches von Thomas Drummond (1797 – 1840), Ingenieur und Offizier der Royal Engineers, 1826 in die Praxis eingeführt wurde und auch seinen Namen erhielt: Drummond'sches Kalklicht.

Drummond arbeitete mit dem Licht bei Vermessungen und beschrieb, dass das Licht noch über eine Entfernung von 1.860 Meilen sichtbar sei und dass es nur schwer möglich wäre, mit bloßem Auge in das gleißend helle Licht zu schauen. Mit dem Drummond'schen Kalklicht hat man sich lange beschäftigt, hat den Wasserstoff durch andere Gase z. B. Leuchtgas und den wenig haltbaren Kalk

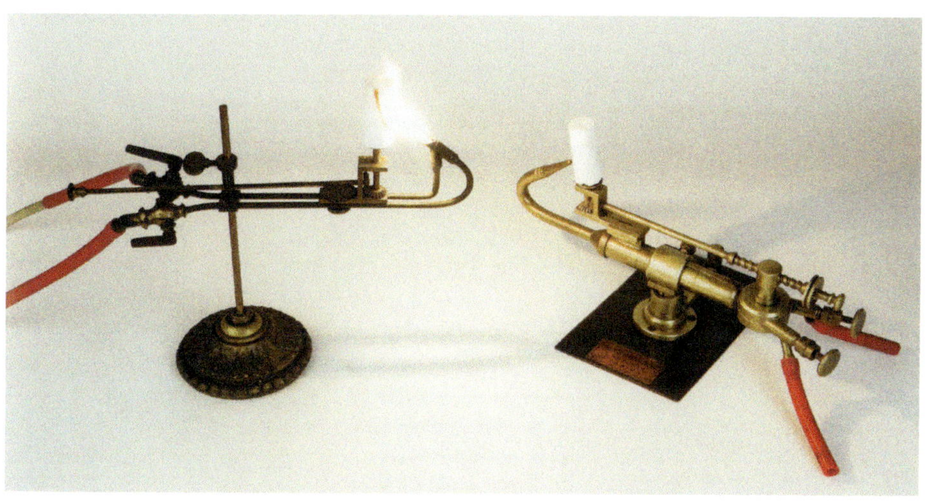

Drummond'sches Kalklicht, Sammlung P. Deitz, Lüttich, B

durch andere Mineralien, wie z. B. Magnesiumoxid, ersetzt. Das Limelight kam letztlich aber nur dort zur Verwendung, wo kurzzeitig helle Beleuchtung erforderlich wurde, beispielsweise als Projektionsbeleuchtung. In der zweiten Hälfte des 19. Jhds. wurde es zur Beleuchtung von Theatern und Opern eingesetzt, konnte sich hier aber auch nicht lange halten, wegen der ständig notwendigen Wartung und Regulierung war es zur allgemeinen Anwendung wenig geeignet. Deshalb suchte man nach einer anderen Möglichkeit, den Effekt für die allgemeine Beleuchtung brauchbar zu machen, dessen Ergebnis letztlich der Glühstrumpf war.

Glühlichtbrenner, blaue Flamme

Glühstrumpf

Die ersten Patente auf Glühstrümpfe für Gasbeleuchtung waren bereits in den Jahren 1884 und 1885 vergeben worden, wobei die Ergebnisse nicht optimal waren. Durch die Verbesserung des Glühstrumpfes für die Gasbeleuchtung durch Dr. Carl Auer von Welsbach (1858 – 1929), österreichischer Chemiker, erhielt auch die Petroleum-Industrie die Anregung, neue Wege in der Lichterzeugung zu

Glühstrümpfchen
für Petroleum- und Spiritus-Glühlicht

gehen. Der Gedanke, die neuen Glühkörper auch bei flüssigen Leuchtstoffen zu verwenden, lag sehr nahe, zumal vom Gaslicht her bekannt war, dass zu dieser Beleuchtung weniger Leuchtstoff benötigt wurde. Gearbeitet wurde an den Glühstrümpfen für flüssige Beleuchtungsmittel auch schon in den 80er-Jahren. Möglicherweise haben hier auch Konkurrenzgedanken der Hersteller eine Rolle gespielt.

Nachdem Dr. Auer von Welsbach um 1891 den Glühstrumpf nochmals verbessert hatte, kam es zu einer schnellen Verbreitung des Gasglühlichtes in den 90er-Jahren. Gleichzeitig hatten aber auch schon die Brennerfabrikanten entsprechende Glühlicht-Brenner für den Gebrauch mit flüssigen Beleuchtungsstoffen entwickelt, wobei diese Anfangs natürlich ebenfalls nicht optimal waren. Sie wurden im Laufe der Zeit aber verbessert, wobei das Petroleum-Glühlicht deutlich schlech-

ter funktionierte als das Spritus-Glühlicht, welches das Petroleum-Glühlicht verdrängte wegen der besseren Handhabbarkeit des Spiritus und vor allen Dingen auch die gleichmäßigere Lichtentwicklung.

Das Petroleum-Glühlicht

Der Glühstrumpf von Auer von Welsbach bestand aus einem netzartigen Baumwoll- oder Seidengewebe, was Ende der 90er-Jahre teilweise durch Ramiefasern abgelöst wurde (bei Ramie handelt es sich um ein Nesselgewächs, welches im subtropischen Asien und auch in Afrika angebaut wird). Später wurde dann auch noch Kunstseide verwandt. Heute besteht das Gerüst aus Baumwolle.

Petroleum-Glühlicht-Laterne, Coleman Mod. 201, 150 HK, USA

Nach entsprechender Vorbehandlung wurde das Gewebe des Glühstrumpfes mit einer Lösung aus Thorium- und Ceriumnitrat imprägniert (im Verhältnis 99:1), wobei der Ceriumgehalt sowohl die Farbe als auch die Intensität des Lichtes bestimmte. Hervorzuheben ist noch die Tatsache, dass Thorium ein radioaktives Element ist, welches Alpha- und Betastrahlen aussendet. Wenn auch diese Strahlung aufgrund ihrer geringen Energie wenig durchdringungsfähig ist, und bereits durch ein Uhrglas absorbiert wird, so lässt sich nicht ausschließen, dass mit Abnutzung des Glühkörpers kleine, strahlende Partikel in die Luft gelangen und eingeatmet werden und in der Lunge mit dem Gewebe in Berührung kommen, dann ist die Wirksamkeit deutlich größer. Deshalb ist seit einigen Jahren die Verwendung von Thorium zur allgemeinen Glühstrumpfanfertigung nicht mehr zugelassen. Es werden nur noch geringe Anteile, vor allem für die Ausfuhr mit kleineren Mengen Thorium hergestellt. Wie die Zusammensetzung der eingeführten Glühkörper aus Fernost oder Indien ist, scheint nicht sicher.

Beim Gebrauch des Glühstrumpfes wird dieser angezündet, das Baumwollgewebe verbrennt und übrig bleibt der mineralische, aus Metalloxiden bestehende Glühkörper, der auf Grund seiner Zusammensetzung mit einer Heizflamme erhitzt, die Eigenschaft hat, mit relativ wenig Hitze – im Verhältnis zum Drummond'schen Kalklicht, welches 1.200 °C benötigte – zum Glühen gebracht wird. Es entsteht ein weißlich-grünliches, sehr intensives Licht und damit ist gesagt, was man zur Erzeugung des Lichtes benötigt, eine Heizflamme und keine Leuchtflamme, von der bisher immer die Rede war.

Der Petroleum-Glühlicht-Brenner muss so viel Hitze produzieren, dass der mineralische Glühkörper zum Glühen gebracht wird, was sich nur erreichen lässt, wenn die Dochtflamme völlig entleuchtet und zu einer Heizflamme wird. Dieser vom Bunsenbrenner bekannte Effekt tritt dann auf, wenn dem Gas bzw. dem Brennstoff so viel Luft beigemischt wird, dass die Kohlenstoffteilchen innerhalb

Petroleum-Glühlichtbrenner, links: Kronos, Modell 1911, H. Schneider, Leipzig, rechts: Candesco 1932/33, Falk Stadelmann & Co. Ltd.

der Flamme nicht nur zum Glühen gebracht werden, wie bei der Leuchtflamme, sondern völlig verbrennen. Dann aber entsteht mehr Hitze und weniger Licht, es resultiert eine entleuchtete oder auch blaue Flamme.

Die Brenner zeigen im Wesentlichen die Bauart der Dochtlampenbrenner. Die Zufuhr der Verbrennungsluft wird reichlicher bemessen und gleichzeitig wird der Brennstoff durch die etwas kräftigeren Metallteile des Brenners vorgewärmt, was der Verdampfung Vorschub leistet. Bei einem guten Petroleum-Glühlicht-Brenner muss also einerseits die Verdampfung des Leuchtstoffes und andererseits die Zufuhr der vorerwärmten Verbrennungsluft in einem bestimmten Verhältnis zueinander stehen. Gleichzeitig erhält die Brandscheibe eine andere Form, der Schirm fällt weg, es bleibt nur noch ein Siebbrandhütchen. Zugluft und Änderung der Außentemperatur dürfen die Heizflamme nicht beeinflussen, die durch einen längeren Zylinder mit mehr Zug ihr Optimum erreichen soll. Insgesamt gelang das bei der Dochtlampe nur durch Verwendung eines längeren Zylinders und durch zweckentsprechende Führung der Verbrennungsluft innerhalb des Brenners. Wenngleich auch zahlreiche Petroleum-Glühlicht-Brenner konstruiert wurden, so haben sich doch nur wenige in der Praxis bewährt, weil die meisten die Neigung hatten, zeitweise in eine Leuchtflamme umzuschlagen, was auf dem Glühstrumpf schwarze Flecken hinterließ, oder aber beim kompletten Umschlag in eine Leuchtflamme, die den Glüheffekt aufhob. Ein wesentlicher Grund lag auch beim Brennstoff, der ja ein Gemisch verschiedener Kohlenwasserstoffe mit unterschiedlichen Siedepunkten war, von denen zuerst die niedrig siedenden Anteile und später die schwereren Anteile, verdampfen. Das hatte eine ungleichmäßige Wärmeabgabe an den Glühstrumpf zur Folge. Auch dieses Licht war nicht ganz gleichmäßig in der Helligkeit, was ebenfalls nicht der Freude des Verbrauchers dienlich war!

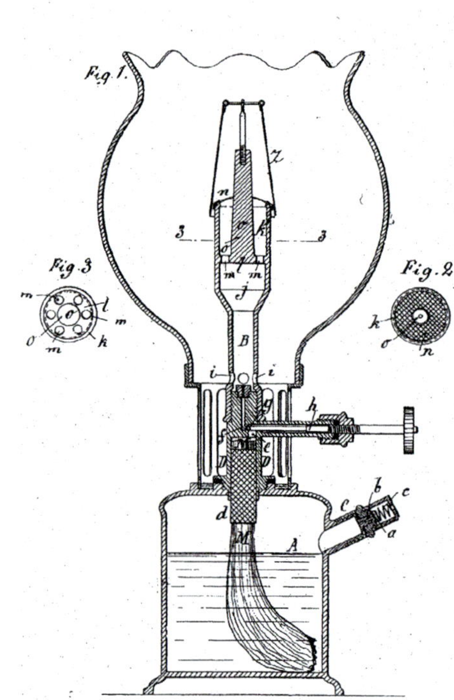

Tito Landi,
Patentzeichnung einer Benzin-Glühlichtlampe vom 24.10.1898

Die kleineren Dochtlampen wurden für den Hausgebrauch in 25 bis 300 Kerzen hergestellt, die dochtlosen Petroleum-Glühlichtlampen erreichten eine erheblich höhere Lichtstärke. Sie arbeiten auf Regernativ- oder Invertbasis oder aber mit

Aladdin, Glühlichtbrenner, Modell Nr. 23, mit Glühkörper

Aladdin-Lampen

zugeführtem Druck in Form von Pressluft oder Kohlensäuredruck und erreichten damit Lichtstärken von bis zu 3.000 HK. Zu den bekanntesten Lampen zählten die Keros-Lampen der Firma Hugo Schneider, Leipzig, später die HASAG-Starklichtlampen und Laternen derselben Firma vor allem auch die PETROMAX-Lampen und Laternen der Firma Ehrich & Graetz, Berlin.

Die Aladdin-Lampe

Erstaunlicherweise gab und gibt es eine immer noch funktionierende Petroleum-Glühlichtlampe auf Dochtbasis, die sich bis heute gehalten hat und heute noch hergestellt wird. Die Aladdin-Mantle-Lamp der „Mantle-Lamp Company of America". Victor Samuel Johnson (1882 – 1943), der die Company 1908 gründete, handelte zu der Zeit mit dem Prakticus-Glühlichtbrenner, den er aus Deutschland einführte. Nachdem er 1909 die erste in Amerika hergestellte Aladdin-Lampe verkauft hatte, entwickelte sich die weitere Herstellung sehr gut, da in den weiten ländlichen Gegenden Amerikas die Innenbeleuchtung nicht auf dem neuesten Stand war.

„Die Lampe liefert 60 Kerzen weißes Licht, es ist nicht nötig zu pumpen, es entstehen keine Brenngeräusche, kein Rauch, kein übler Geruch und auch sonst keine Gefahren".

Das war die Reklame!

Die Lampe wurde natürlich weiterentwickelt, bekam zeitweise einen Durchzugbrenner und wurde auch in England und Australien produziert. Der Aladdin-Brenner hat einen größeren Durchmesser als unsere Glühlichtbrenner. Außer dem Durchzugbrenner hatte der normale Brenner eine normale, zentrale Luftzufuhr von zwei Seiten und eine ausgeprägte Zufuhr von außen mit geschickter Verteilung der Luft im Brenner und einer Siebbrandscheibe, deren Oberfläche mit der oberen Begrenzung eines im Brenner befindlichen Luftleitrohres abschließt, womit eine beste Durchmischung der Gase gegeben war. Zwei locker gewebte, dicke Flachdochte, die am oberen Ende in einer Länge von 4 cm miteinander verbunden sind, transportieren den Brennstoff an den Verbrennungsort und bilden hier eine ideale Heizflamme zur Beheizung des Glühkörpers. Es ist schon außergewöhnlich, dass diese Petroleum-Glühlichtlampe auf Dochtbasis seit 100 Jahren unverändert gutes und gleichmäßiges Licht produziert. Das Geheimnis dieser Lampe liegt in der Luftführung ihres Brenners.

Spiritus-Glühlichtlampe, Hilfsflämmchen zur Spiritusverdampfung

Das Spiritus-Glühlicht

Auf Grund der Schwierigkeiten mit der Petroleumvergasung hat man versucht, mit homogeneren Brennstoffen zu arbeiten, mit Benzin, Benzol und mit Spiritus, von denen die ersten beiden aber die geringeren Chancen hatten. Der Spiritus-Glühlicht-Brenner aus einer einfachen Dochtlampe hat sich nicht bewährt, weshalb man sehr schnell die Vergaser-Lampe einführte, zu der im Wesentlichen zwei Möglichkeiten der Spiritusverdampfung entwickelt wurden.

Spiritus-Kännchen zur Brennervorwärmung

Spiritus-Glühlicht-Brenner, Hugo Schneider, Leipzig, von links: HS Nr. 2, mit Pumpe, HS Nr. 1, mit Kännchen, HS Nr. 2, mit Kännchen

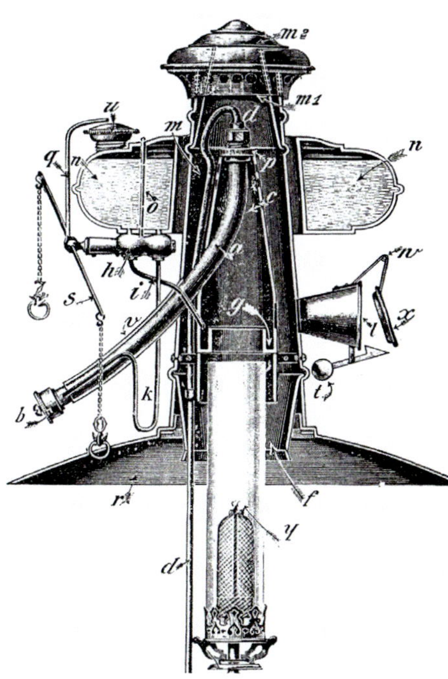

„Schwertlampe" Spiritus-Vergaser-Glühlicht-Lampe 75 HK, F. Schuchard u. Co., Berlin

Die Spiritus-Glühlichtlampe arbeitete ähnlich wie die Petroleum-Glühlichtlampe, indem Spiritus verdampft, erwärmt und mit Luft gemischt über eine Düse dem Bunsenbrenner zugeführt wird. Anders erfolgt allerdings die Erwärmung des Brennstoffes, und hier gibt es zwei Möglichkeiten. Mit Brennstoff versorgt wird der Spiritus-Glühlicht-Brenner über einen sehr dicken Saugdocht, der sehr eng gestopft an die Vergasungskammer reicht und diese über mehrere kleine Dochte mit Alkohol versorgt, der durch ein kleines dauernd brennendes Hilfsflämmchen verdampft und über eine Düse dem Bunsenbrenner mit Luft vermischt zugeführt wird, um die Heizflamme für den Glühkörper zu erzeugen. Auf Grund des häufiger ungleichmäßigen Brennens des Hilfsflämmchens wurde die Gleichmäßigkeit der Beleuchtung geringfügig beeinflusst. Um diesen Fehler zu beseitigen, ging man wieder zu der schon bekannten Wärmerückleitung über, bei der die Vergasungskammer durch Wärmerückleitung über einen Metallfestkörper von der Brennerflamme aus erhitzt wird, was auch die bessere und erfolgreichere Methode war. Dazu ist zum Anzünden der Lampe eine Vorwärmung erforderlich, die durch eine kleine Menge Spiritus, entweder von Hand über ein zugehöriges kleines Kännchen oder eine kleine Pumpe am Brenner, erfolgen konnte. Die Vorwärmmenge Spiritus, die in die Anwärmschale floss, war so bemessen, dass sich die Lampe entzündete, bevor der gesamte Anwärmspiritus verbrannt war.

Tischlampe, Spiritus-Glühlicht, mit geprägtem Messingbassin auf drei Zinkgusssäulen stehend, mit kleinem Schirm aus Jenaer Glas. Hugo Schneider Glühlichtbrenner Nr. 2, Höhe 27 cm, Deutschland, 10er-Jahre 20. Jhd.

Das entstehende Licht war ein relativ mildes Glühlicht, welches in seiner Leuchtkraft erkennbar geringer war, da der öffentlich gehandelte Brennspiritus nur 96 % Alkohol enthält. Die 4 % Wasser mussten auch verdampft werden und die Verdampfungswärme wurde der Flamme entzogen, was zu einer geringen Minderung der Leuchtkraft führte.

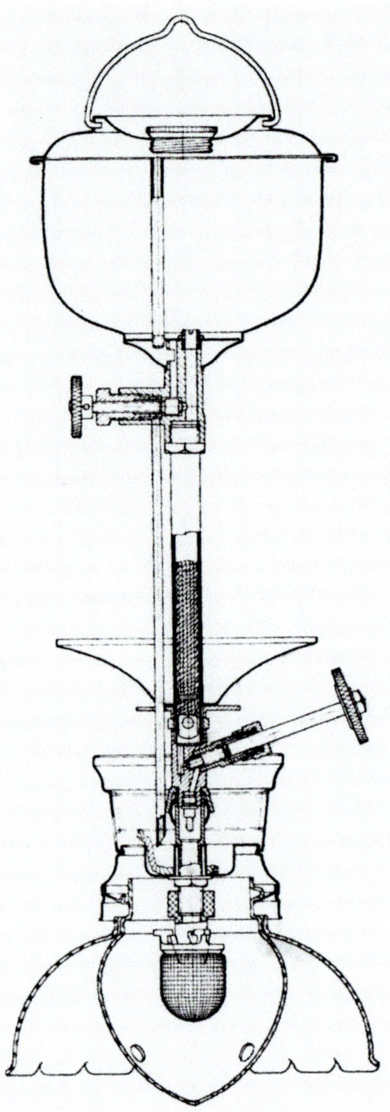

Schnittbildzeichnung der Spiritus-Hänge-Glühlichtlampe der Firma Ehrich & Graetz, Berlin

Hänge-Glühlichtlampe, Hugo Schneider, Leipzig

Liliput Glühlicht-Brenner für Projektionsapparat

Spirituslämpchen zum Erhitzen einer Ondolierschere

Feueranzünder, mit Spiritus getränkter Asbestzylinder, dient dem Anzünden des Feuerholzes im Herd oder Ofen, Deutschland, 20er-Jahre 20. Jhd.

Die Spritus-Glühlichtlampe gab es in den unterschiedlichsten Größen und Lichtstärken, wobei Brenner bis zu 200 Kerzen noch für die Innenraumbeleuchtung eingesetzt wurden, die darüber bis 1.500 Kerzen allerdings für den Außen- und Spezialeinsatz gedacht waren. Die in großer Zahl hergestellten Hängelampen erforderten natürlich einen freien Lichtaustritt, weshalb der Brennstoffbehälter in den oberen Teil der Lampe verlegt wurde und der Brennstoff über eine Rohrverbindung in den Vergaser lief. Der Brennstoffbehälter ist drucklos, und bei oben liegendem Behälter wird der Leuchtstoff dem Verdampfer über ein Rohrsystem durch den hydrostatischen Druck zugeleitet. Insgesamt ist die Spiritus-Glühlichtlampe von der Bevölkerung gut aufgenommen worden, zumindest zu der Zeit,

wo der Brennspiritus noch preiswert angeboten wurde. Die Lampen stellte man bis in die 30er-Jahre des 20. Jhds. her.

Eine recht interessante Lampe soll noch erwähnt werden, weil sie in der Lage war, minderwertigen Spiritus mit nur 86 % Alkoholgehalt zu verwerten und damit ein brauchbares Licht erzeugen konnte, das in Arbeitsräumen und auf Bahnhöfen eingesetzt wurde. Es handelt sich um die Schwertlampe der Firma F. F. Schuchardt & Co. Berlin. Diese Lampe hatte einen sehr hoch liegenden Brennstoffbehälter, aus dem der Spiritus durch den hydrostatischen Druck in den Vorwärmer und den Verdampfer lief und nach Verdampfung über einen Bunsenbrenner zum Glühstrumpf. Gegenüber anderen Lampen ähnlicher Bauweise war der Verbrauch der Schwertlampe deutlich geringer und die Lichtstärke unter Berücksichtigung der Gegebenheiten höher. Die durchschnittliche Leistung der Lampe bei zehnstündiger Brenndauer ergab:

Lichtstärke:	31,7 HK
Spiritusverbrauch in einer Stunde:	138,2 cm^3
Lichtstärke von 10 HK/Stunde:	19,6 cm^2.

Aus den Angaben geht hervor, dass die Leistung der Schwertlampe anderen vorhandenen Systemen sowohl an Lichtstärke als auch an Brennkosten überlegen war.

Bei einer Überprüfung ihrer Explosionssicherheit wurde eine Schwertlampe mit Spiritus übergossen und angezündet. Obwohl die Lampe minutenlang in ein Flammenmeer gehüllt war, brannte nach der Tortur das Glühlicht ungestört weiter.

Petroleum-Glühlicht-Laterne, 500 HK, aufgeschnitten zur Darstellung aller wichtigen Teile: Pumpe, Vorwärmer, Steigrohr und Bunsenbrenner

Die Benzin-Glühlichtlampe

Im Prinzip arbeitet das Benzin-Glühlicht ähnlich wie das Spiritus-Glühlicht, wobei ein Druckaufbau wegen der Leichtflüchtigkeit des Brennstoffes nicht erforderlich ist. Trotz der Feuergefährlichkeit des Benzins werden diese Lampen heute noch hergestellt, sind aber nur wenig in Gebrauch.

Die Starklicht-Beleuchtung

Die Starklicht-Lampe ist die letzte Neuentwicklung auf dem Gebiet der Beleuchtung mit flüssigen Beleuchtungsmitteln. In dieser Lampe wird der Leuchtstoff, meist Petroleum unter Druck erhitzt, verdampft und nach Überhitzung über eine Düse dem Bunsenbrenner zugeführt.

Durch den Bunsenbrenner wird eine Heizflamme erzeugt, die den Glühstrumpf zum Leuchten bringt, unter den gleichen Bedingungen wie bei der Spiritusglühlichtlampe. Die Petroleum-Starklichtlampe wurde von Max Graetz aus der Berliner Firma Ehrich & Graetz 1910 erfunden und diente anfänglich nur als Hängelampe. Die Lampe wurde durch die Umgebung des Erfinders mit dem Namen PETROMAX belegt, unter dem die Lampe das letzte Jahrhundert überlebt hat und heute noch unter anderer Aufsicht hergestellt wird. Die PETROMAX hat im Laufe der Jahre einige Änderungen erfahren, ist aber in gleicher Ausstattung nach wie vor im Handel.

Der Fuß der Lampe entspricht dem Petroleumbehälter, dessen Inhalt von der Größe der Lampe abhängt und zwischen 500 und 1500 cm liegt. Die Pumpe zum Aufbau des Druckes ist in den Petroleumbehälter integriert und der normale Arbeitsdruck, der auf einem kleinen Manometer abgelesen werden kann, liegt bei zwei Atü. Die Vorwärmung erfolgt auf ähnliche Weise wie bei den Spiritusglühlichtlampen mit Spiritus-Kännchen und Vorwärmschälchen oder über den Rapid-Vorwärmer, der 1935 eingeführt wurde, und seinen Brennstoff aus dem Vorratsbehälter bezieht. Nach 90 Sekunden Vorwärmung wird der Brennstoff unter Druck dem Vergaser zugeleitet, dort verdampft und in einer zusätzlichen

Spiritus-Glühlicht-Lampe,
Tito-Landi, Paris,
Frankreich, 20er – 30er-Jahre 20. Jhd.

Starklicht-Lampen,
Petromax, 500 HK, Bundeswehr,
Geniol, 150 HK, Picostar, 500 HK

Petromax 826, Hänge-Glühlichtlampe, 30er-Jahre 20 Jhd.

Rohrschleife überhitzt und über eine Düse mit hoher Geschwindigkeit dem Bunsenbrenner zugeführt, wo die nötige Luft angesaugt wird, um die blaue Flamme zu erzeugen, die den Glühkörper veranlasst, Licht auszustrahlen. Es entsteht ein sehr helles, leicht grünliches, für die Augen nicht immer angenehmes Licht. Die Bohrung der Düse ist von der Lichtstärke abhängig, sie beträgt bei 150 HK 0,15 mm und bei 500 HK 0,24 mm. Diese Angaben dürften nur bedingt Standardwerte gewesen sein. Heute wird von Glühlichtsammlern in dieser Hinsicht sehr viel experimentiert und ausprobiert, um mehr aus diesen Brennern herauszuholen.

Die PETROMAX wurde in den verschiedensten Größen hergestellt: von 100 HK bis 500 HK als Laternen. Tischlampen hatten eine Lichtstärke von 200 und 300 HK. Die Lampen zur Außenbeleuchtung waren bis 800 und auch über 1.000 HK im Handel. Die großkalibrigen Lampen von über 2.000 HK waren Spezialanfertigungen, die wegen des höheren Verbrauchs an Petroleum einen eigenen, separaten Petroleumbehälter benötigten.

In Gesellschaftsräumen wurden die Starklichtlampen nicht so gern gesehen, da sie durch den Düsenbetrieb ein zischendes, nicht gerade angenehmes Geräusch entwickelten. Die PETROMAX war das Licht der Globetrotter und Entdecker, sie

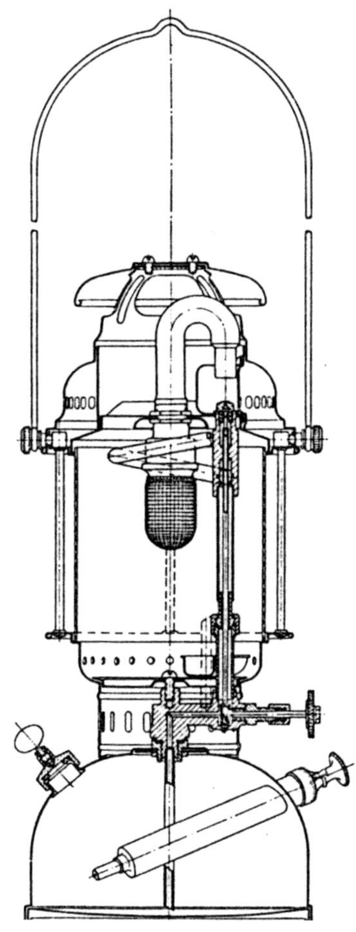

Petromax, 300 HK, Schnittbild, 30er-Jahre 20. Jhd.

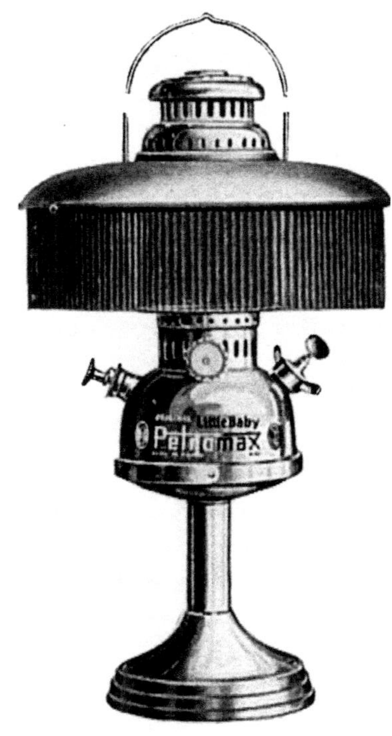

Petromax Zimmerlampe, 100 HK, Deutschland, 30er-Jahre 20. Jhd.

Petromax Zimmerlampe, 200 HK, Deutschland, 30er-Jahre 20. Jhd.

gehörte bis vor einigen Jahren zur Standardausrüstung zahlreicher Armeen und auch der Bundeswehr, wo man die Lampe auch mit Diesel oder Heizöl betrieb, was die Lebensdauer der Lampe aber deutlich minderte. Die Starklichtlampe war schon eine interessante Erfindung, aber ein Wegbereiter war sie nicht mehr!

Die Beleuchtung mit schweren Ölen und Rückständen

Diese Beleuchtungsart zeichnet sich dadurch aus, dass sie ebenfalls ohne Docht aber auch ohne Glühkörper unter Druck auf den erhitzten Brennstoff eine sehr starke offene Flamme erzeugt, die als Folge ihrer Intensität nur außen verwendbar war. Aufgrund ihrer ungeheuren Leuchtkraft von mehreren 1.000 Kerzen und der Unempfindlichkeit gegen Einflüsse der Witterung war sie in der Lage, größere Räume zu erleuchten. Sie eignete sich vor allem zur Erleuchtung großer Plätze bei nächtlichen Arbeiten und Aufmärschen.

Diese Art der Beleuchtung geht wohl zurück auf eine Methode, die in einem Eisenwerk in Derbyshire genutzt wurde. Hier verdampfte man billigen Kohlenteer und gelangte zu ähnlichen leuchttechnischen Ergebnissen.

Der Erfinder dieser Lampen ist Prof. Donny. 1886 wurde durch den Chemiker Hanney in Glasgow, der meist als Erfinder genannt wird, diese Beleuchtungsart technisch konstruiert und verwertet. Anfangs lief diese Beleuchtung unter der Bezeichnung Lucigen-Licht, dazu kamen aber bald das Jupiter-Licht, das Wells-

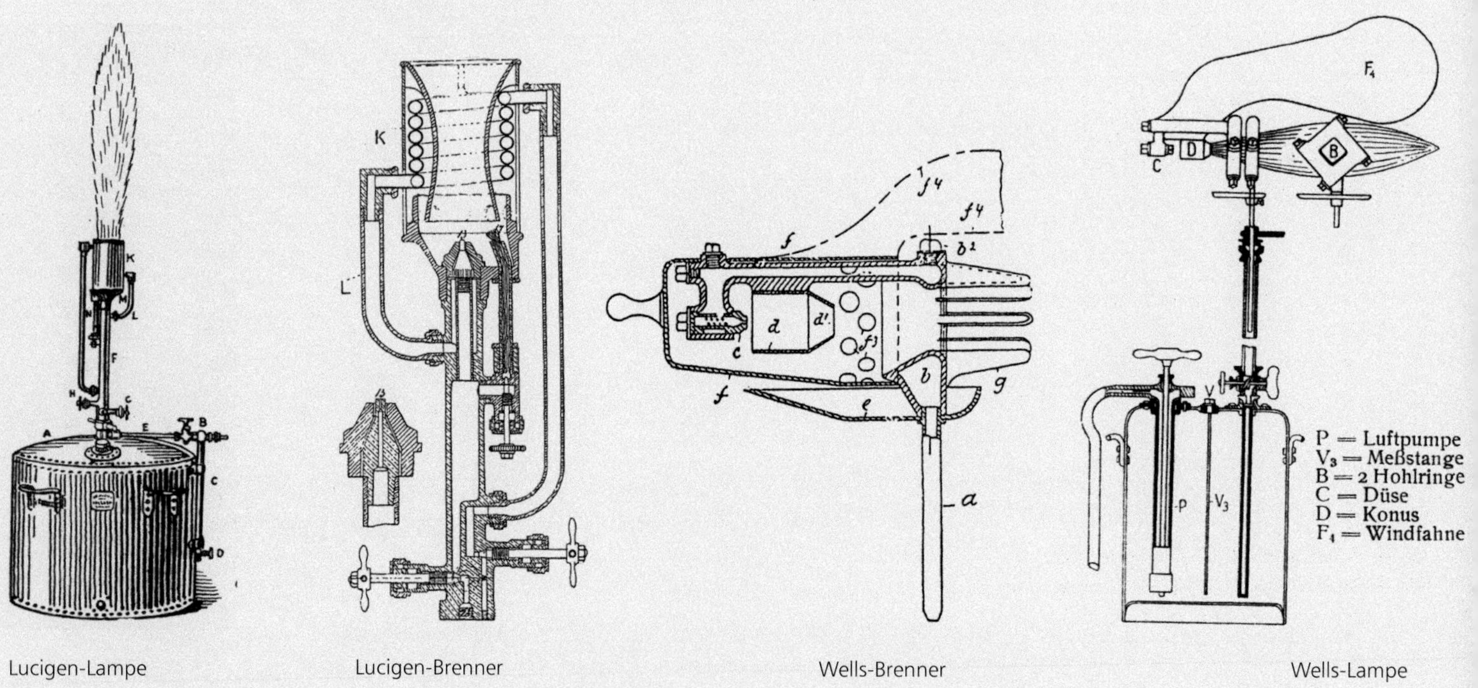

Lucigen-Lampe

Lucigen-Brenner

Wells-Brenner

Wells-Lampe

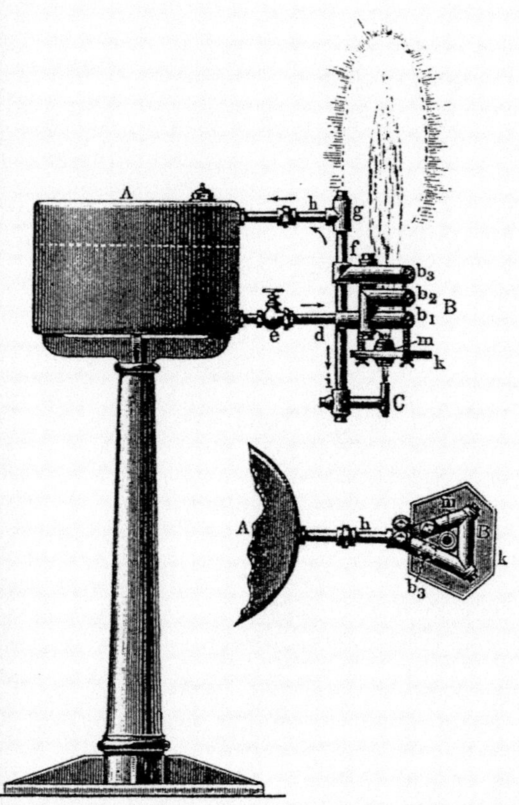

Climaxlampe

Licht, das Oleovapor-Licht etc, auf Grund der besonderen Leistungsfähigkeit und Billigkeit des Lichtes.

Die Lucigen Light Comp. Lim. war die erste Gesellschaft, von der die neue Beleuchtungsform eingeführt wurde. Die Erfolge brachten eine ganze Reihe von Verbesserungen und neuen Formen mit sich, sodass diese etwas atypische Beleuchtungsart in relativ kurzer Zeit technisch durchentwickelt war.

Das Prinzip der Funktion ist bei allen Lampen ähnlich, wenn nicht gleich. Einer Doppeldüse wird im äußeren Düsenbereich komprimierte Luft oder komprimierter Dampf von 0,5 bis 1 Atü und im inneren Düsenbereich der Brennstoff zugeführt, wird hier zerstäubt und brennt mit ruhiger, nicht rauchender Flamme. Andere Konstruktionen lassen den Brennstoff erst verdampfen und so in die Düse eintreten und dann mit Dampf oder Pressluft der Verbrennung zuführen. Auf diese Weise unterscheidet man Sprühlampen und Öl-Gaslampen.

Ein Lucigen-Brenner von 1.000 Kerzen Lichtstärke erzeugte eine 1 m hohe Flamme mit einem Durchmesser von etwa 20 bis 30 cm. Die Lucigen-Lampe von Hanney, die mit bis zu drei Brennern ausgerüstet war, brachte eine Lichtstärke von 10.000 Kerzen! Ein Brenner von 2.000 Kerzen verbrauchte acht Liter Öl in der Stunde. Die Auslagen lagen bei etwa 48 bis 56 Pfennig pro Stunde, fast der gleiche Preis entsprechend dem damaligen elektrischen Bogenlicht.

Der Lucigen-Brenner ist von zylindrischer Form, die zum Boden hin etwas ausgebaucht ist und hier einige Luftlöcher aufweist. Der Brennstoff wird der Düse im Boden des Brenners zugeführt, angewärmt und entzündet, wobei die entstehende Wärme das schlangenförmig dem Brennergehäuse anliegende Überhitzungsrohr den Dampf oder die Pressluft er- und überhitzt, der Düse zuleitet, wodurch die Sprühflamme erzeugt wird. Die Prozedur des Anzündens nahm natürlich erheblich mehr Zeit in Anspruch, als bei der PETROMAX, mit acht bis zehn Minuten musste gerechnet werden.

Zu einer zweiten Gruppe von Öl-Dampflampen gehören das Wels-Licht mit Handpumpe, die Oleovapor-Lampe, das Beacon-Licht etc., bei denen der flüssige Brennstoff vergast und das erzeugte Gas mit atmosphärischer Luft verbrannt wird.

Während alle Lampen in irgendeiner Form vom zugeführten Luftdruck abhängig waren, gab es eine modernere Form, die in der Lage war, den nötigen Druck selbst zu erzeugen, die Climax-Lampe. Dieser Beleuchtungsapparat war eine

bemerkenswerte Konstruktion. Der aus dem Vorratsbehälter unten abgeleitete Brennstoff gelangte in den Dampferzeuger und wurde dort zu Ölgas verdampft. Das Gas versorgte nur teilweise den Brenner, zum anderen Teil wurde es in den oberen Bereich des Vorratsbehälters geleitet, erzeugte in diesem einen Überdruck, der den Kreislauf in Gang hielt.

Die Öldampf-Lampen haben sich damals während ihrer relativ kurzen Nutzungsdauer doch recht bewährt. So wurden 1887 bei einem französischen Mobilmachungsversuch des 17. französischen Armeecorps acht Lucigen-Lampen von je 2.000 Kerzen im Abstand von 200 m aufgestellt, sie wurden von einem gemeinsamen Öl- und Luftdruckbehälter versorgt. Sie brannten ununterbrochen acht bis zehn Stunden ohne Schwierigkeiten. Großräumige Verhältnisse lagen auch beim Bau der Tay- und Firth-of-Forth-Brücken in Schottland vor, was den Einsatz der Lucigen-Lampen sehr sinnvoll und arbeitserleichternd machte. Auch in Großbetrieben in Deutschland wurde diese Beleuchtungsart eingesetzt.

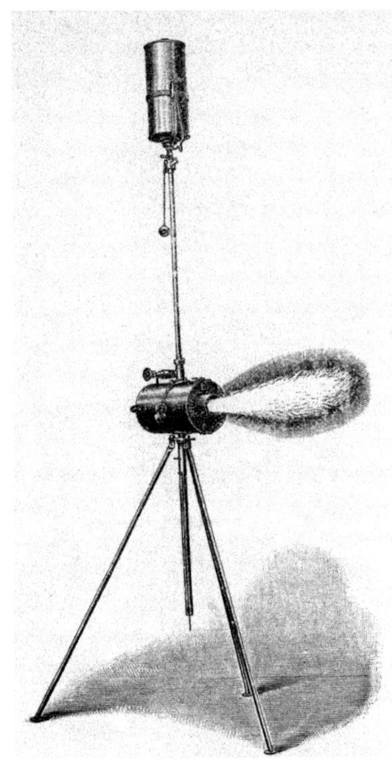

Dürrlicht,
erhielt seine Leuchtkraft durch Petroleumdampf, 3500–14000 HK, Deutschland, frühe 90er-Jahre des 19. Jhds.

Das Dürrlicht

Bleibt noch eine Beleuchtungsart mit offener Flamme, mit ungeheurer Leuchtkraft, aber nicht für geschlossene Räume. Das Licht wurde erzeugt durch Verdampfung von normalem Lampenpetroleum, welches dem Brenner bzw. dem Vergaser tropfenweise zugeführt wurde. Das Gerät benötigte keine Pressluft. Durch das kräftige Ausströmen der Leuchtflamme konnte Frischluft angesaugt und dem Brenner überhitzt zugeführt werden. Hinter dem Hauptbrenner lag ein zweiter Brenner, der den Petroleumdampf erzeugte, und den vorderen Brenner mit einer Schutzflamme umgab. Dadurch war die Hauptflamme vor Regen und Sturm geschützt.

Durch diese Konstruktion konnte je nach Größe eine Lichtstärke von 3.500 bis 14.000 HK erzeugt werden. Der Verbrauch lag für 1.000 HK bei 1 Liter/h. Für schnellen Einsatz hat sich das gut transportable Dürrlicht sehr bewährt, aber auch nur für kurze Zeit.

Auf dem Rücken des Soldaten transportables Dürrlicht

Die ungewohnte Helligkeit

Für das menschliche Auge ist es wirklich unangenehm, wenn es in eine offene, helle Flamme sehen soll, vor allem, wenn das Auge nicht daran gewöhnt ist und sich eher der Dunkelheit angepasst hat. So kann es auch nicht verwundern, wenn schon das Licht der fortschrittlicheren Öllampen des frühen 19. Jhds. mit Argand-Brenner als viel zu hell und für die Augen schädlich angesehen und davor gewarnt wurde. So liest man aus den 20er-Jahren des 19. Jhds.:

„Seit dem die Lampen in Mode sind, tragen gerade die jungen Leute Brillen, während man gute Augen nur noch bei Greisen findet, die die Gewohnheit haben, bei einer Kerze mit Lichtschirm zu lesen und zu schreiben".

Graf Rumford schreibt 1806, dass das Licht einer Argand'schen Lampe die Augen sehr ermüdet und dass man aus der Nähe nicht in die Flamme einer solchen

Augenschützer aus Milchglas wie er in den 70er-Jahren des 19. Jhds. empfohlen wurde, um die Augen vor dem ungewohnt hellen Licht der Petroleumlampe zu schützen

Lampe hineinsehen kann, ohne Schmerzen zu empfinden. Selbst in einiger Entfernung sei das Licht dem Auge nachteilig und unangenehm. Er empfiehlt zur Dämpfung des Lichtes die Verwendung von mattgeschliffenen Glasschirmen und Glaskugeln und beweist durch fotometrische Untersuchungen, dass der Lichtverlust, den die Glaskugel verursacht, außerordentlich gering ist. Die Zerstreuung des Lichtes sei aber recht groß und durch diesen Effekt entstehe ein weicheres und milderes Licht.

Wenn bei der für uns heute recht mageren Ölbeleuchtung damals schon solche Bedenken und Ängste laut wurden, konnte es nach der Einführung der deutlich helleren Petroleumbeleuchtung nur schlimmer werden. Und das war auch so! Hören wir zu diesem Problem einen Autor, der im Jahre 1876, also etwa 15 Jahre nach Einführung der Petroleumlampe die Gefährlichkeit der Petroleumlampe so beschrieb:

Augenschützer in Anwendung mit Milchglasschirm

Augenschützer
für das Auge annehmbare Farbe

„Leider lässt aber jeder Besitzer guter Augen das köstlichste Gut und wichtigste Glied am ganzen Körper, denselben nicht die genaue Behandlung zu kommen, die denselben in erster Reihe gebührt, und in welch frivoler Weise wird mitunter an dem Augenpaar gesündigt! Schon in frühester Jugend gereicht den meisten Kinderaugen die Petroleumbeleuchtung zum größten nie zu ersetzenden Schaden!

Welche Wonne, welches Vergnügen bereiten sich grundleichtsinnige Mütter, Ammen und Kindergärtnerinnen, wenn sie den armen, unselbständigen Würmern das „Guckelicht" zeigen können! Mit Händen und Füßen strampelnd und strahlendem Gesicht saugen diese armen Kinder dieses ihnen von verblendeten Personen freiwillig gebotene Augengift, die hellbrennende Lampenflamme ein. Meistens ist außerdem die Lage der Kinder im Schoß der Mutter oder der Ammen, in der Wiege oder im Kinderwagen derart, dass die Flamme, der auf dem Tisch stehenden oder über den selben hängenden Lampe den schwachen Augen des Kindes direkt sichtbar ist! Die stete Wiederholung muß entschieden ungünstig auf die Entwicklung des Augenlichtes einwirken.

Wie segensreich kann hier die Anschaffung eines Augenschützers wirken!

Gehen wir weiter: Die Schuljugend der Höheren Klassen, namentlich aber wohl die studierende Jugend, muss bei den an sie heutigen Tages gestellten großen Anforderungen, entschieden in viel größerem Maße als zur Zeit der Fettöl-Beleuchtung die Nacht zur Hülfe nehmen, um den Aufgaben zu genügen. Nichts aber ist anerkannt schädlicher für die Augen, als anhaltendes nächtliches Studium, umso schädlicher, wenn die Flamme direkt den Augen sichtbar ist! Wie viel Gutes könnte auch hier der Augenschützer stiften! Dem Gott ein gesundes und kräftiges Augenpaar gab, der suche dasselbe auch möglichst zu erhalten!"

Lampenschirme aus Papier

Dies wurde fast vor 140 Jahren geschrieben, und wir gehen heute nicht fehl in der Annahme, dass dieser Mann ein Lobbyist gewesen sein muss und die Lobby der

Petroleum-Lampenschirme, konventionelle Form, Vestaschirm, Dom, Rochester, kanneliert, Pariser Glocke

Augenschützer vertrat, wenn es diese Lobby denn damals schon gegeben haben sollte. Jedenfalls vertritt er die damals schon gültige Meinung, die zur Volksmeinung geworden war und sich über lange Jahre gehalten hat, wenn auch von medizinischer Seite immer darauf hingewiesen wurde, dass Lesen bei schlechter Beleuchtung zur Kurzsichtigkeit führe und nicht das helle Licht, was mittlerweile bestätigt ist. Es ist sicher so, dass unsere Vorfahren, die ihre langen Winterabende bei etwa 1/100 der Lichtstärke verbringen mussten, die uns heute im Schnitt zur Verfügung steht, eine ganz andere Sensibilität besaßen, was das Hell-Dunkel-Sehen betraf, wie schon mehrfach erwähnt. Der schon mehrfach genannte Graf Rumford behauptet, dass der Mensch zu seinerzeit in der Lage gewesen sei, Druckschrift von mittlerer Größe sowohl beim Licht des Vollmonds als auch beim Sonnenlicht am Mittag lesen zu können, was einem Verhältnis von 1 : 300.000 entspräche.

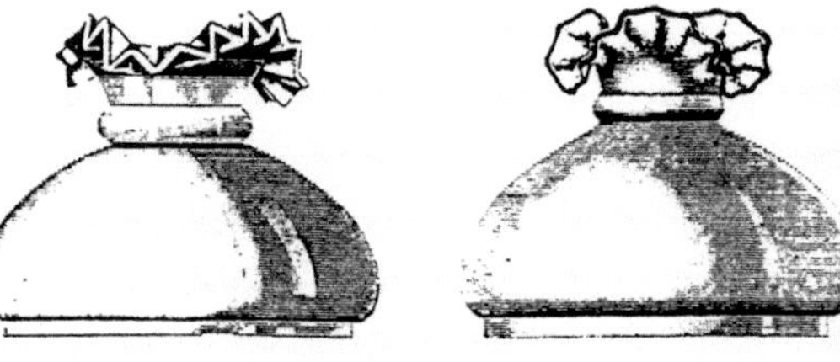

Röckchen-Schirme

Wenn das Licht der Petroleumlampe für den damaligen Menschen als zu hell erschien und man versuchte, eine leichte Blendwirkung durch Streuung des Lichtes mit Hilfe von Schirmen und Kugeln zu mindern, so war das abgestrahlte Spektrum der Lichtstrahlung doch recht augenfreundlich, es lag vor allem im gelb-orange-roten Bereich und deutlich weniger im blau-grünen Spektrum. Da die Makula-Lutea, die Stelle des schärfsten Sehens in der Retina des Auges, vorwiegend Rezeptoren für grünes und rotes Licht enthält, wirkt blaue Strahlung deutlich negativ für scharfes Sehen, vor allem wenn man noch die chromatische Aberration berücksichtigt.

Jugendstil- und Art Deco Formen

Lichtschirme, Kugeln, Tulpen

Aufgrund damaliger Verhältnisse und je nach Verwendungszweck der Petroleumlampe kann man es nur als äußerst sinnvoll bezeichnen, diese mit einer Vorrichtung versehen zu haben, die das Licht gleichmäßiger verteilt und seine Härte mildert. Ganz abgesehen vom Schutz der Augen wird durch das mildere, diffuse Licht den Schatten ihre Härte und Bedrohlichkeit genommen. Es entsteht ein gemütliches Licht und eine gemütlichere Atmosphäre, was die Menschen sicherlich als sehr angenehm empfunden haben dürften, im Gegensatz zu unserer heutigen Beleuchtung, die doch meist sehr kalt ist, außer bei unseren alten Glühbirnen. Nachdem im frühen 19. Jhd. die Lichtschirme zur Milderung des Kerzenlichtes modern waren, kamen gleichzeitig auch bereits konische, innen weiß gestrichene Blechschirme in Anwendung und seit Argand mattierte Glaskugeln und solche aus Gaze. Diese ganzen Erzeugnisse wurden von den Lampenherstellern in die Petroleumzeit übernommen, weiterentwickelt, verfeinert, verschönert und dem Geschmack der Zeit angepasst.

Lithophanieschirm, Petroleumlampenschirm aus Porzellan, bei dem als Folge unterschiedlicher Dicke der Porzellanschicht ein Durchsichtsbild entsteht

Für Zimmerlampen benutzte man Milchglasschirme, mattierte, geätzte, geschnittene oder geschliffene Kugeln und Tulpen. Im 19. Jhd. wurde das Milchglas noch als echtes Beinglas hergestellt, ein Glas, dessen milchige Trübung durch Zusatz von Knochenasche (Kalziumphosphat) erreicht wurde. Der einfacheren Verarbeitung wegen ersetzte man später die Knochenasche durch Zinnoxid oder Kryo-

lith (Natrium-Aluminium-Fluorid). Die aus sehr dünnem Glas hergestellten alten Schirme waren federleicht und am oberen Rand der Krone in der Flamme glatt geschmolzen, oder der Rand war nach außen umgelegt und verschmolzen. Die heutigen Milchglasschirme sind aus Zwei-Schichten-Glas (Überfangglas), innen Klarglas außen mit Milchglas überfangen bei relativ dünner Schicht. Die Ränder der Unter- und Oberkanten sind nicht verschmolzen, sondern glatt geschliffen.

Die Milchglasschirme wurden in allen Größen hergestellt von 4 cm Durchmesser über 7,5 cm, 12,5 cm bis hin zu 44 cm, wobei die kleinsten bei Puppenstuben- oder Nachtlampen, die großen und größten Schirme bei Hängelampen zur Verwendung kamen.

Die alltäglichen Schirmgrößen für Zimmerlampen lagen in der Regel bei 15,5 cm, 19,5 cm und 23,5 cm Durchmesser, wobei es natürlich auch 17,5 cm- und 18 cm-Schirme gab. Je nach Brennergröße wurde zur Bekrönung ein bestimmter Schirmdurchmesser empfohlen, so der 15er Schirm zum 8''', der 19er Schirm

Handgemalte Lichtschirme, Deutschland, nach 1900

zum 10''' und der 23er Schirm zum 14''' Brenner, was aber in keiner Weise zwingend war, denn in der Regel konnte sich der Kunde den Schirm aussuchen, der ihm am besten gefiel, was auch sehr zu begrüßen war, denn die größeren Schirme waren meist viel zu plump. Es war sinnvoller, den Schirm nach der Lampe auszusuchen, als sich an ungeschriebene Vorschriften zu halten. Das betraf auch

die Form des Schirmes, dessen frühe Ausführung mehr oder weniger konisch geformt und von glatter oder gerippter Oberfläche war. Er bekam dann eine mehr oder weniger gewölbte Gestalt, deren unterer Rand den Schirmreif überwölbte und Vesta-Schirm genannt wurde.

In den 60er-Jahren entwickelte die Firma Wild & Wessel in Berlin einen unten geschlossenen Schirm, der auf einen Kugelträger aufgesetzt werden musste, wobei der Boden des Schirmes aus Klarglas gefertigt war, aber auch schon mal mattiert war, und vom Hersteller unter dem Namen Pariser Glocke in den Handel gebracht wurde. Da der Boden des Pariser Schirmes etwas nach unten gewölbt war, ergab sich bei der Klarglasausführung eine gewisse Konzentration des Lichtes zur Standfläche, weil er wie eine leichte Sammellinse wirkte.

Lichtschleier
aus dichtem Stoff, die Schirmkrone mit einbezogen, stärkere Dämpfung des Lichtes, Perlen dienen der Beschwerung

In der ersten Hälfte der 70er-Jahre wurde dann der oben schon viel gerühmte Augenschützer eingeführt, der nichts anderes war als ein kleiner, konischer Lampenschirm aus Opalglas, dem man oben den Hals abgeschnitten hatte und der dann umgekehrt auf den Brenner gesetzt wurde. Durch die konische, nach oben weite Form war die Flamme von allen Seiten abgedeckt, und direktes Licht konnte nicht mehr an die Augen gelangen. Wenn dann noch der Lampenschirm übergestülpt wurde, nahm die Leuchtkraft doch deutlich ab, vor allem wenn der Augenschützer noch bemalt war. Das war insgesamt auch wohl der Grund, weshalb sich dieses Utensil nicht so recht durchsetzen konnte. Die Menschen wurden im Verlangen nach Licht schnell anspruchsvoller und gewöhnten sich bald an die helle Flamme bzw. sie passten sich ihr an.

Im Laufe der Jahre, speziell auch mit dem ausgehenden 19. Jhd., änderten sich sowohl die Form der Schirme als auch die Materialien, aus denen die Lampenschirme gefertigt wurden. Bei den Vesta-Schirmen wurde der obere Rand gefältelt und gleichzeitig auch noch geschwungen, was dem Schirm eine barocke Form gab, seine Plumpheit jedoch etwas abmilderte und ihm den Namen Röckchen-Schirm eintrug. Dabei änderte sich auch oft die Gesamtkörperform des Schirmes, was dem Schirm sehr wohl tat. Die Anfang der 90er-Jahre des 19. Jhds. in Mode gekommenen Stoffschirme, gefältelt und gerüscht, aus Seide, Spitze und Gaze, mit und ohne Fransen, haben sich bis weit in die Zeit des Art Deco gehalten, wurden dabei aber begreiflicherweise einfacher und strenger. In der Anfangszeit wurden sie in teilweise bizarren Formen auf grö-

ßeren Säulen und Stehlampen eingesetzt und gaben der Lampe einen sichtbar pompösen Anstrich.

Mit dem Übergang in die Zeit des Jugendstils wurden die Schirmformen vielfältiger, der Schirm wurde flacher gehalten und verlor damit einen Großteil seiner Wuchtigkeit, die Schirme wirkten einfach gefälliger. Die mehr oder weniger ausgezogene Krone erhielt einen flachgelippten Rand oder wurde durch eine Messingkrone ersetzt, die recht steif wirken konnte, was dann im Art Deco besonders hervortrat.

Besonders beliebt waren die bemalten Schirme, gern mit floralen Motiven in stilisierter oder naturalistischer Form versehen. Die Schirme wurden entweder kalt bemalt oder aber bemalt und gebrannt, wobei Letztere im Preise etwa doppelt so hoch lagen wie die ungebrannten Schirme. Der Vorteil der eingebrannten Farben bestand darin, dass sie nicht entfernbar waren, während die Farben der ungebrannten, bemalten Schirme durch Lösungsmittel oder manchmal durch Wasser und Reinigungsmittel beschädigt werden konnten. Besonders empfindlich waren und sind die zarten Vergoldungen auf Lampen und Schirmen sowie Kugeln, da sie gegen mechanische und chemische Behandlung wenig widerstandsfähig sind. Man sollte keine Lösungsmittel oder verdünnten Säuren zur Reinigung benutzen. Schirme für Bürolampen wurden schon seit langen Jahren aus grünem Überfangglas hergestellt, innen weiß, außen grün, so wurde das Licht auf den Arbeitsplatz konzentriert. Aus Frankreich kamen die Ganzmetallschirme, meist aus Messing, mehr oder weniger durchbrochen, mit dekorativen Mustern geprägt und mit mehreren Cabochons verziert. Den Abschluss am unteren Rand dieser Schirme bildeten in der Regel Perlfransen in unterschiedlichen Farben und Mustern.

Lichtschleier
aus Spitze, über der Kugel einer Tischlampe, mäßige Lichtdämpfung

Eine Besonderheit waren auch damals schon die Porzellanschirme in Lithophanietechnik, von denen nur wenige Exemplare erhalten geblieben sind, sodass sie heute als gesuchte Sammlerstücke zu hohen Preisen gehandelt werden. Bei der Lithophanie handelt es sich um ein in eine dünne Porzellanplatte eingeprägtes Tiefrelief. Die unterschiedliche Dicke des Porzellans lässt es unterschiedlich transparent erscheinen. Es entsteht ein gut abgestuftes Durchsichtsbild, häufig in Form von Genre-Szenen nach Gemälden alter Meister. Die Lithophanie soll 1827 durch Baron de Bourgoing erfunden worden sein und wurde anfangs als Lichtschirm, Fensterbild und Augenschützer, später als Lampenschirm eingesetzt. In den letzten Jahren ist die Lithophanie wieder modern geworden. Sie wurde in großem Maße von der Manufaktur Schierholz in Plaue in den Handel gebracht.

Kugeln und Tulpen wurden auch in diversen Größen hergestellt, sie mussten ja auch zur Lampengröße passen. Hatten doch die kleinen Kugeln für den Sternbrenner einen Durchmesser von 7 - 8 cm bei einer Steckweite von 4 cm, und die großen Kugeln konnten einen Durchmesser von 20 cm haben bei Steckweiten von 10 cm. So war speziell bei Kugeln und Tulpen das Größenverhältnis zur Lampe von besonderer Bedeutung. Sowohl die Kugeln als auch die Tulpen verdeckten die Flamme komplett, sodass ein wesentlich diffuseres Licht erzeugt wurde, was eine allgemeinere Beleuchtung gestattete. So wurde der Brenner einer auf einem Gueridon stehenden Salonlampe mit einer mattgeschliffenen Kugel oder einer geschliffenen Tulpe ausgerüstet, denn die Lampe sollte den Raum erhellen und nicht nur den Tisch. Dem entsprechend wurden die Kugeln mehr oder weniger mattiert, entweder auf chemischem Weg oder per Sandstrahltechnik, und viele wurden in der unteren Hälfte mit einem Dekorband versehen, entsprechend stilisierten Blütenblättern, Blüten aber auch einfachen Sternchen oder Mäandern. Die wertvollen fast nur von Hand bearbeiteten Kugeln wurden durch figürliche Darstellungen, häufig vergoldet, häufig zweifarbig und mit reliefartigen Auflagerungen verschönert, und die Portraits der großen Komponisten schmückten die kleineren Kugeln für die Klavierlampen.

Das Tulpenangebot war vor allem in Frankreich von erheblich größerer Vielfalt, ließ sich die Urform doch fast unbegrenzt ab- und umwandeln. In den unterschiedlichsten Formen gab es auch die verschiedensten Farben, meist in zarten Tönen, aber auch kräftig in rot und blau, teilweise zweifarbig verlaufend. Die aus weißem oder zartgetöntem Opalglas fabrizierten Tulpen, dekoriert mit Blumen, Vogel- oder Landschaftsmotiven, entweder per Abziehbild oder handgemalt, gehörten ebenfalls zum Angebot. Die größeren Tulpen wurden mit schönen Motiven malerisch geschmückt.

Handgemalte Tulpen für Petroleumlampen

Diente die letztgenannte Ausstattung dem Benutzer anfangs fraglos der Dämpfung des hellen Lichtes, so wurde im Laufe der Zeit, mit zunehmender Gewöhnung ein gewisser Aufwand speziell mit der Tulpe veranstaltet. Sie wurde mehr und mehr zum Kunstobjekt, welches die Lampe aufwerten, sie vornehmer machen sollte, wobei der ursprüngliche Zweck eher in den Hintergrund trat, denn ein teilweise eingefärbter Lichtschutz verschluckt mehr Licht als ein normal mattiertes Klarglas. Mit zunehmender Zahl der Lampen in einem Haushalt waren einzelne farbige Lichtspender verständlich, das heißt, eine andere Lichtfarbe war gewünscht. Mehrere Lampen, die zugleich brannten, spendeten auch mehr Licht, auch wenn das Licht der einzelnen Lampe schwächer war. Eine andere Lichtfarbe dürfte auch wohl ihren Reiz gehabt haben, und das nicht nur in gewissen Etablissements.

Kleine Glastulpen für Petroleumlampen, in unterschiedlicher Form und Farbe

Nun gab es immer wieder besondere Umstände, wo ein stärker gedämpftes Licht von Nöten war, so z. B. bei Krankheit oder bei kurzen Ruhepausen. Um das lästige Wiederanzünden der Lampe zu umgehen, bediente man sich des Lichtschleiers. Das waren quadratische oder runde Tücher aus mehr oder weniger dichtem Stoff oder aber aus Spitze, die genau in der Mitte ein rundes Loch hatten. Diese Tücher wurden über den Lampenschirm bzw. über die Kugel gestülpt, sodass die Schirmkrone durch das Loch hervorragte und im Fall der Kugel diese bis zum Rand der oberen Öffnung bedeckt war. Die äußeren Ränder dieser Tücher, die in unterschiedlichen Farben hergestellt wurden, waren oftmals mit Holzperlen beschwert, damit die Tücher glatt herunterhingen.

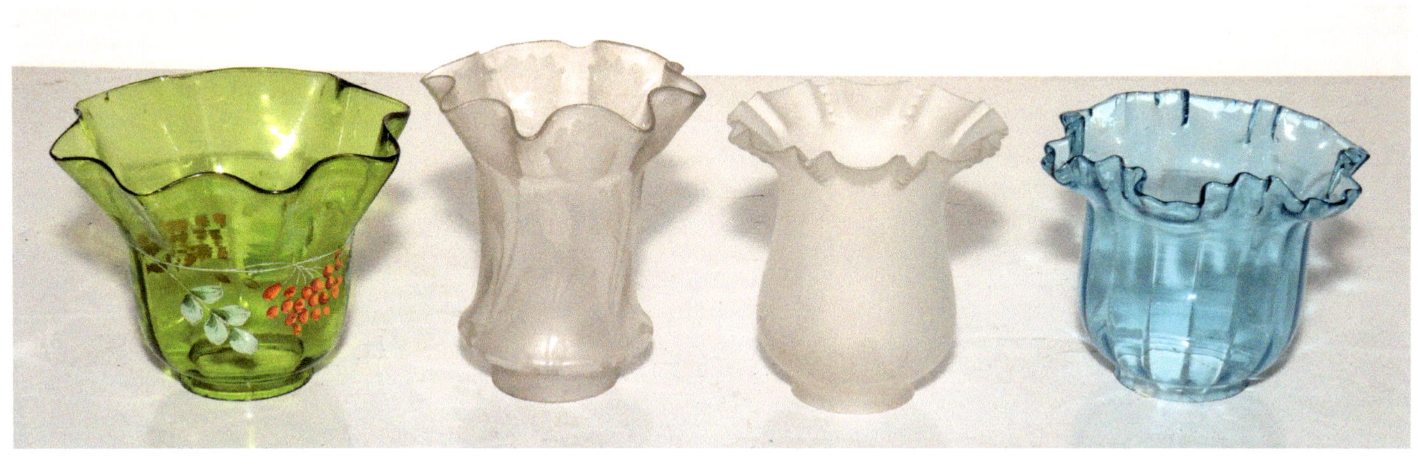

Die Pflege der Petroleumlampe

„Vergiss nicht am Morgen, die Lampen zu besorgen!"

Mit dieser Aufforderung wurde die Hausfrau früher den ganzen Tag konfrontiert, wurde sie doch ständig ermahnt, die Lampe nicht zu vergessen, denn diese Mahnung schmückte einen Lampenputzbeutel in gestickter Schrift und der hing in der Küche an der Wand. Er enthielt Lampenputzutensilien, einen Ersatzzylinder und andere Kleinigkeiten, die zum Betrieb bzw. zur Reinigung der Petroleumbeleuchtung erforderlich waren. Nur Großhaushalte oder Schlösser konnten sich ein eigenes Lampenzimmer leisten, in dem die Lampen und Leuchter, die gerade nicht in Gebrauch waren, aufbewahrt wurden, und in denen die Beleuchtungsgeräte gereinigt und repariert werden konnten. Dazu waren eigens Bedienstete angestellt, die sich nur um die Beleuchtung zu kümmern hatten und damit auch

Reinigungsuntensilien zur Pflege der Petroleumlampen und Aufbewahrungstaschen für die Reinigungsmittel. Die Taschen hingen in der Küche an der Wand und sollten immer an die nötige Wartung erinnern. Es gehörten dazu, Putztücher, Zylinderputzer, Ersatzzylinder, Ersatzdochte und Petroleumkanne, Deutschland, um 1900

voll ausgelastet waren. Wenn bei einem Fest in Dresden bei August dem Starken an einem Abend 24.000 Kerzen angezündet werden mussten, dann waren dazu sicherlich mehr als zwei Diener erforderlich, um das Fest überhaupt stattfinden zu lassen.

Der normale Haushalt konnte sich beileibe nicht ein Lampenzimmer oder einen Lampendiener halten und einrichten, hier versorgte die Hausfrau oder deren Hilfe die Lampen und zwar morgens, wie immer wieder betont wurde, und das aus gutem Grunde. Konnte man sich am Morgen doch in Ruhe an die Arbeit machen, die Lampe gewissenhaft reinigen, ohne das die nahende Dunkelheit als lästig treibende Kraft weniger sorgsam werden ließ, was sich sehr zum Nachteil der Lampenqualität hätte auswirken können. Eine ungepflegte Petroleumlampe war sicher nicht in der Lage, ein gutes Licht zu produzieren. Also gab es auch bestimmte Regeln, die bei der Reinigung eingehalten werden mussten.

Petroleumkannen,
in diese Kannen wurde das Petroleum beim Kolonialwarenhändler abgefüllt und im Haushalt aufbewahrt. Die Kannen waren aus Eisenblech, entweder farbig lackiert oder emailliert mit Verschlüssen aus Messing und Tragegriffen aus Draht und Holz

Lampenputzkasten
mit Dochtreiniger, Zylinderputzer, Dochtschere, altem Kartoffelschälmesser und Docht. Die am Boden des Kastens liegende Zeitung ist von 1907

Das ging so weit, dass man der Hausfrau riet, den Arbeitstisch mit einem Wachstuch abzudecken, bevor sie tätig wurde. Zur täglichen Reinigung gehörte zunächst das Abwischen des Lampenschirms, auch Glocke genannt, mit einem weichen Lampentuch und das Säubern des Zylinders innen mit einem Zylinderputzer, *„während man den Zylinder mit einem weichen Zylindertuch aus Leinen in der Hand hält, um das Beschlagen durch die Handwärme zu verhindern, und dabei von außen den Zylinder abreibt"*. Die Schlussbehandlung erfolgte dann mit einem trockenen Leder, um dem Zylinder den letzten Glanz zu geben.

Verschmutztes Brennerrohr mit zahlreichen toten Fliegen

Von besonderer Wichtigkeit war die sorgfältige Säuberung des Brenners, denn speziell von seiner Funktion hingen weitgehend die Helligkeit der Flamme und damit die Lichtausbeute ab. Wenn die Luftzufuhr nicht hinreichend gewährleistet war, brannte die Flamme rot, die Leuchtkraft nahm ab, weil der vorhandene Kohlenstoff nicht vollkommen verbrannt werden konnte und als dessen Folge die Lampe qualmte und stank. Also mussten die kleinen Öffnungen im Brennerkorb, durch die die Luft zur Flamme gesogen wurde, durchgängig sein. Man reinigte diese Durchbrüche mit einer Haarnadel und einem Brennerbürstchen und putzte schließlich die herabgefallenen verkohlten Dochtteilchen aus.

Auch das Brandrohr des Brenners musste immer wieder nachgesehen werden, da sich hier Streichholzreste und andere Schmutzteilchen ansammelten. Vor allem wenn die Lampe über längere Zeit ungenutzt war, versammelten sich gerne Fliegen im Brandrohr, was sie aber in den seltensten Fällen überlebten, und so füllte sich das Rohr langsam mit Fliegenleichen, die den nötigen Luftstrom irgendwann komplett unterbrachen, sodass die Lampe gar nicht in der Lage war, Luft zu holen. Der Verfasser hat vor einigen Jahren einen Brenner gereinigt, in dessen Brandrohr sich 84 Fliegen niedergelassen hatten und verendet waren.

Auch der Docht musste täglich in Augenschein genommen werden, da sich an der Oberkante Schnuppen absetzten und der Rand härter wurde, was sicher meist als eine Folge der nicht immer guten Petroleumqualität anzusehen war. Wenn das Leuchtöl nicht sauber destilliert und raffiniert war, verursachten die Reste der schweren Kohlenwasserstoffe, die eigentlich gar nicht ins Leuchtöl gehörten, die Ablagerungen an der Dochtkante. Diese Ablagerungen mussten entfernt werden, da sie der Flamme im Wege standen. Die Fabrikanten plädierten natürlich für Abschneiden der Dochtkante, die sparsame Hausfrau zog es vor, den Docht abzureiben und so die verkohlten Teilchen zu entfernen, verbrauchte sich der Docht auf diese Weise doch längst nicht so schnell, wie wenn er täglich ein Stückchen geschnitten wurde. Das Abreiben des Dochtes konnte mit einem Stück Papier oder einem Lappen erfolgen, einfacher und vorteilhafter war aber sicher

ein Dochtputzer oder Dochtabreiber. Diese Geräte, vorwiegend für Rundbrenner konstruiert, wurden mit einer Korkhalterung ins Brennerrohr gesteckt und ein Blechplättchen mit radialen Einschnitten, die wie kleine Messer wirkten, schnitten den verkohlten Docht beim Drehen des Plättchens ab. Bei Flachbrennern ließ sich der Docht leichter mit der Dochtschere gerade schneiden, wobei die Ecken etwas schräg geschnitten werden sollten, sodass sich ein flacher Bogen bildete, der dem Dom angepasster war. Es versteht sich am Rande: Die Dochtoberkante musste gleichmäßig die Dochtscheide überragen, da sich sonst eine unterschiedlich hohe Flamme bildete mit Flammenspitzen, die den Zylinder ungleichmäßig erwärmt hätten, was sehr leicht zum Zerspringen des Zylinders hätte führen können.

Bleibt noch das tägliche Nachfüllen des Brennstoffes, was unter entsprechender Vorsicht ohne zu kleckern und nicht in Nähe einer offenen Flamme geschehen sollte. Das Petroleum sollte ansonsten in gut verschlossenen Email- oder Blechkannen mit langem, verschließbarem Ausgussrohr an einem sicheren Ort aufbewahrt werden, nach dem vorher etwa übergeflossenes Petroleum abgewischt worden war.

Beim Nachgießen durfte der Petroleumbehälter auf keinen Fall bis zum Vasenring gefüllt werden; der Petroleumspiegel sollte mindestens zwei bis drei Zentimeter unterhalb des Vasenringes stehen. Wenn das Bassin zu hoch mit Petroleum gefüllt wurde, konnte es sein, dass die Lampe schwitzte. Das heißt nun nicht, das Petroleum durch die Glaswand des Behälters dringen konnte. Aufgrund der geringen Oberflächenspannung des Petroleums kann dieses den Gips, mit dessen Hilfe der Vasenring auf die Vase gekittet ist, durchdringen und die Oberfläche der Lampenvase verschmutzen. Desgleichen kann Petroleum über das Gewinde des Brenners, mit dem dieser in den Vasenring geschraubt ist, durchkriechen und sich als Film auf der Vasenoberfläche ablagern. Aus gleichem Grunde sollte man den Docht nach dem Brennen auch etwas ins Brandrohr zurückdrehen, damit vom Docht nicht Petroleum am Brandrohr nach außen ablaufen kann.

Zylinderputzer

Die wöchentliche Reinigung war umfangreicher und umfasste zusätzlich noch das Abwaschen des Lampenschirmes mit einer lauwarmen Seifenlauge oder mit warmem Sodawasser oder aber mit Pottaschelösung und anschließendem Nachspülen mit Salzwasser. „Die praktische Hausfrau" von 1927 empfiehlt noch das Sudwasser von Kartoffelschalen als sehr geeignetes Reinigungsmittel für Lampen, Glocken und Zylinder, wobei letztere zusätzlich einmal wöchentlich mit Spiritus abzureiben seien. Einmal in der Woche wurden auch die Messingteile gewienert. Brenner, Schirmreif oder die komplette Messinglampe erhielten ihren Glanz durch Polieren mit Sidol oder Wienerkalk in Stearinöl. Das Säubern des Fußes der Lampe

Zylinder-Schutzhütchen aus Messing, sollte das Verstauben und das Eindringen von Fliegen in den Zylinder verhüten

Zylinder-Schutzhütchen aus Perlfransen

erfolgte je nach Material, welches natürlich geschont werden, andererseits aber auch von herabgeflossenen Petroleumresten befreit werden musste.

Besonders nach einem längeren Winter, der den Lampen sicher einiges abverlangte, wurde eine gründliche Bassin-Reinigung nötig. Ein bewährtes Mittel für diesen Zweck sollen Holzasche und Weizenkleie gewesen sein, während andere auf Sodalösung mit rohen Kartoffelwürfeln schworen. Die Kleie war sicher in der Lage, die letzten Petroleumreste aufzusaugen und die Holzasche wirkte durch die Scheuerwirkung mechanisch und durch ihren Gehalt an Pottasche als mildes Alkali lösend auf die Petroleumreste. Aber die Kartoffelwürfel? Unerklärlich! Vor Auskochen in Sodalösung wurde gewarnt, da sich dabei die Kittung des Vasenringes lösen konnte.

Um der Familie am Abend eine gute Beleuchtung zu bieten, war die Hausfrau ganz schön beschäftigt und hatte viele wichtige Dinge zu berücksichtigen, da die Beleuchtung mit leicht brennbaren Leuchtstoffen erhebliche Gefahren in sich barg. Diese Gefahren konnten durch die Umsichtigkeit der Wirtschafterin auf ein Minimum reduziert werden. Und dann musste man natürlich auch Rücksicht auf den lieben Besuch nehmen. Heute fällt es niemandem mehr auf, wenn ein Beleuchtungskörper etwas staubig ist, steht er doch meist weit ab vom Beobachter. Ein unsauberer mit Petroleum beschmutzter Lampenuß, der dann auch noch einen Flecken auf der Tischdecke hinterließ, war keinesfalls besonders delikat. Und so konnte man vor über hundert Jahren (1876) getrost schreiben:

„Für scharf blickenden Besuch muss es immerhin peinlich sein, eine derartige, unordentliche Petroleumlampe in einem sonst vielleicht noblen Haushalt vorzufinden."

Von den vielen Tipps und Tricks, die immer wieder in der alten Haushaltsliteratur Erwähnung finden, und die in jahrzehntelanger Beobachtung als Folge jahrzehntelanger Erfahrung entstanden sind, hier einige Kostproben.

„Zur Verhütung des Zerspringens der Zylinder hängt man eine Haarnadel über den oberen Rand, oder ein feiner Längsritz mit einem Glaserdiamant gemacht, schützt ebenfalls." Sinnvoller erscheint dann schon die Anweisung, die Zylinder vor Gebrauch in kaltem Wasser anzusetzen, darin zu kochen und erkalten zu lassen, eine milde Art der Glashärtung!

„Man hüte sich aber ja, auch nur das kleinste Wassertröpfchen oder auch nur Feuchtigkeit am Zylinder zu lassen, weil er sonst beim Anbrennen der Lampe

sofort zerspringt. Auch konnte der Zylinder springen, wenn die Lampe an einem kalten Ort stand, ehe man sie anzündete oder wenn sie starkem Luftzug ausgesetzt oder beim Tragen schief gehalten wird.

Die Leuchtkraft des Petroleums kann erhöht werden, wenn man von Zeit zu Zeit einen halben Teelöffel Kochsalz in den Behälter gibt. Ein Stückchen Kampfer oder etwas Naphthalin ins Petroleum bewirken ebenfalls ein helleres Brennen.

Gut brennende Lampendochte sollen ganz trocken sein, deshalb sollen sie vor Gebrauch eine Zeit in Spiritus gelegt werden, der das Wasser herauszieht. Das Qualmen lässt sich vermeiden, wenn man Lampendochte vor Gebrauch etwa sechs Stunden in Essig legt und anschließend gut trocknet.

Ein starker Wollfaden, in den Ölbehälter der Lampe gehängt, zieht viel Schmutz aus dem Petroleum an."

Sollte der Schmutz von grau gewordenen, matten Lampenglocken, der oft wie eingebrannt erscheint, mit Benzin nicht weichen, so nimmt man Hoffmannstropfen (ein Ether-Alkohol-Gemisch, welches man früher gerne tropfenweise auf einem Zuckerstückchen bei hysterischen Ohnmachten verabreichte), schüttelt etwas davon auf ein kleines Läppchen, reibt über die Glocken und alle Flecken werden verschwinden. Natürlich, die Hoffmannstropfen bestehen aus Alkohol und Ether.

Um den üblen Geruch der Nachtlampen zu beseitigen, hängt man etwas seitlich und oberhalb der Flamme einen mit Essig getränkten Schwamm auf. Gute Nacht!

Das ganze Reinigungsmaterial wurde letztlich in einem Putzbeutel oder einem Lampenputzkasten verstaut und bis zum nächsten Gebrauch verwahrt. Die ganz Vorsichtigen setzten dem Zylinder dann noch ein Hütchen auf, um den Docht vor Staub zu schützen und sich selbst auch etwas vor dem nicht unbedingt angenehmen Petroleumduft.

Der fleißige Student

Photometrie

Die Photometrie ist ein Teil der Physik und hier der Optik, wobei sich die Photometrie oder Lichtmessung überhaupt erst entwickelte, nachdem Lampen mit größerer Helligkeit, die sich regulieren ließen, im täglichen Gebrauch waren. Jetzt wollte man auch etwas über die Lichtproduktion seiner Lampe, das Zusammenspiel einzelner Lampen und die Helligkeit in den Räumen und am Arbeitsplatz wissen.

Nun ist es aber nicht möglich, Lichtstrahlen, die ja zu den elektromagnetischen Wellen gehören, auf Grund ihrer physikalischen Eigenschaften direkt und reproduzierbar zu messen, denn es gibt keinen Normalwert des Lichtes als Bezugspunkt. Lichtquellen lassen sich nur miteinander vergleichen, wozu man aber eine Lichtquelle benötigt, die als Lichtnormalwert dient. Diese Lichtquelle muss stets mit gleicher Flammengröße und –helligkeit arbeiten und diese Werte müssen exakt reproduzierbar sein. Als Brennstoff für die Lichtnormale kam zu der Zeit nur Öl oder häufiger eine Kerze infrage. So kam man früher gerne immer wieder auf die Kerzen, die aber in den einzelnen Ländern nicht von gleicher Beschaffenheit und Größe waren, weshalb eine völlig einheitliche Beurteilung nicht möglich war.

Amylazetat-Lampe nach F. v. Hefner-Alteneck zur Bestimmung der Lichtstärke

In Frankreich nutzte man das Licht einer Carcel-Lampe als Lichtnormale. Die Lampe und vor allem der Brenner war nach genau definierten Maßen gefertigt, wodurch ein recht gleichmäßiges Licht erzeugt werden konnte. In Deutschland begann man anfangs mit der „alten Lichteinheit", definiert durch das Licht einer Wachskerze mit einer Flammenhöhe von 42 mm. Diese Einheit wurde 1868 abgelöst durch die „Deutsche Vereinskerze" des „Vereins deutscher Gas- und Wasserfachmänner". Diese Kerze war aus Paraffin mit einem Durchmesser von 20 mm, und sechs Kerzen gingen auf ein Pfund. Die Flammenhöhe musste 50 mm betragen. Im Jahre 1884 entwickelte der Ingenieur Friedrich von Hefner-Alteneck (1845 – 1904) eine Lampe, die mit Amylazetat betrieben wurde, deren Dochtdurchmesser exakt 8 mm betrug und mit einer Flammenhöhe von 40 mm arbeitete. Diese Lampe entwickelte eine exakt reproduzierbare Flamme, da der Brennstoff Amylazetat chemisch einen völlig einheitlichen Stoff darstellte, und nicht wie bisher, wenn auch nicht sichtbar, so doch aus unterschiedlichen Kohlenwasserstoffen zusammengesetzt war, die natürlich jeweils ein unterschiedliches Verhalten aufwiesen. Das Licht der Hefner-Kerze (HK) wurde von der Berliner physikalisch-technischen Reichsanstalt als technisches Lichtnormal anerkannt und diente in dieser Eigenschaft von 1896 bis 1942 in Deutschland, Österreich und der Schweiz als Lichtnormal.

Amylazetat-Lampe von F. v. Hefner-Alteneck zur Bestimmung der Lichtstärke

Die Hefner-Kerze wurde 1942 durch die „neue Kerze" abgelöst, und 1947 wurde die Letztere durch die SI-Einheit candela (cd) ersetzt. (Eine Hefner-Kerze, HK, gleich 0,903 candela, cd). Die Einheit Hefner-Kerze hat heute keine Bedeutung mehr. Sie wird im Wesentlichen nur noch zur Größenbezeichnung der Starklichtlampen, Petromax, Geniol, etc. verwendet, zumal heute die Leistung einer Lichtquelle in Lumen (lm) angegeben wird. Das Lumen (lm) ist die Einheit des Lichtstromes, entsprechend der Strahlungsleistung, die ein Lichtspender im Bereich des sichtbaren Lichtes abgibt. Die Photometrie ist mittlerweile ein so großes Gebiet, dass der normale Betrachter keinen großen Gewinn daraus ziehen könnte. Bleiben wir als normale Betrachter also bei der guten, alten Kerze, die sich jeder vorstellen, die auch jeder beurteilen und vergleichen kann, da jeder das Licht der Kerze kennt. Die Differenzen der verwendeten Kerzen, die als Normale bezeichnet wurden, waren so gering, dass sie dem menschlichen Auge nicht auffielen.

Die Laterne

Entwurf einer Linsenlampe von Leonardo da Vinci

Die Laterne ist,

„eigentlich ein Behältnis, dessen Wände aus einer durchscheinenden Materie verfertigt sind, das da reingesetzte brennende Licht vor dem Winde und Regen zu verwahren",

definiert D. J. G. Crünitz die Laterne in seiner Enzyklopädie von 1794. Charakteristisch ist, dass man eine offene Flamme mit einem Häuschen umgibt, einerseits um die Flamme zu schützen, andererseits wird aber auch die Umgebung vor herabfallenden, brennenden Teilchen geschützt, die einen Brand auslösen könnten. Die offene Flamme wird durch eine Kerze, eine Öl- oder Fettlampe, oder aber auch durch eine Petroleum- oder Benzinlampe erzeugt.

Wahrscheinlich leitet sich die Form der Laterne von einem geflochtenen Korbe ab, in den man zuerst die Leuchte hineinstellte, um die Flamme vor Wind und Regen zu schützen, wie von Aristophanes (450 – 385 v. Chr.), griechischer Dichter, in seiner Komödie „Die Acharner" erwähnt. Auch in einen Topf stellte man die Kerze und wenn man den Topf dann hochhielt, dass die Öffnung zur Seite zeigte und diese dann mit einem durchsichtigen Schutz versah, dann war die Laterne, wie sie sich bis heute gehalten hat fertig, allerdings fehlte der Abzug. Alexander der Große soll sich auf den Nachtmärschen seines Heeres der Laternen bedient haben, da die Fackeln zu schnell verlöschten, aber auch zu weithin sichtbar waren. Es war ein Leichtes, die lichtdurchlässigen Wände der Laterne teilweise zu schwärzen,

„Der Laternenmacher", Holzschnitt von Jost Amman, 1568

Handlaternen des 18. Jhds. für Kerze und Unschlitt

Handlaterne des 18. Jhds.,
für Kerze und Unschlitt,
gelochtes und geschlitztes Eisenblech,
Deutschland

Vortragslaterne, Messing, Deutschland, 1850

Kleine Benzinlaterne

Kleine Messinglaterne für Kerze,
später Petroleum, Deutschland, um 1800

um dadurch ein gerichtetes Licht zu erzeugen. Caesar führte die Laternen bei den römischen Truppen ein.

Über lange Zeit hielten sich die frühen Blechlaternen, bei denen das Licht nur durch schlitzförmige Aussparungen in der Außenwand austreten konnte. Diese Laternen waren aus Eisenblech gearbeitet, die nicht nur von Laternenmachern, sondern auch von jedem Dorfschmied hergestellt werden konnten, indem mit einem Meißel mit mehr oder weniger Regelmäßigkeit, teilweise in kunstvoller Anordnung, kleine Schlitze und mit einem Körner kleine Löcher in die Blechhaut geschlagen wurden. Diese Laternen fanden selbst noch im 19. Jhd. reichlich Verwendung. Als Fenster nahm man über lange Zeit auch Hornplatten als durchscheinende Materie, wobei das Horn so lange geschabt wurde, bis die erforderliche Transparenz erreicht war. Gleichzeitig verwendete man aber auch Tierblasen und später geölte Leinwand und Glimmer als Fenster. Die Gehäuse der Laternen bestanden aus Ton, Holz oder Bronze und später auch aus Eisen oder Messingblech. Auch aus Stein gehauene Laternen waren nicht selten, wurden in der Regel dann aber als stationäre Laterne genutzt.

Vor allem die Metall-Laternen aus Messing wurden in künstlerisch gestalteten Formen bei eigenen Laternenmachern hergestellt. War es doch zeitweise Vorschrift, bei Dunkelheit eine Laterne mit sich zu führen oder vor sich hertragen zu lassen.

Einfache Laterne, nach dem ältesten Prinzip der „stillen Flamme" besteht keine spezielle Luftzuführung. Der einfache Flach- oder Volldochtbrenner wird über Luftlöcher am Boden der Laterne mit Frischluft versorgt, wobei der Luftzug durch den Kamin im Laternendach verstärkt wird

Mischluftlaterne, die Flamme wird von einem Mischluftstrom von erhitzter, verbrauchter und Frischluft unterhalten. Frischluft dringt von unten in die Laterne ein, wird mit den Verbrennungsgasen gemischt, der Flamme über die Seitenrohre zugeführt. Die Lichtausbeute ist deutlich besser als bei der „stillen Flamme"

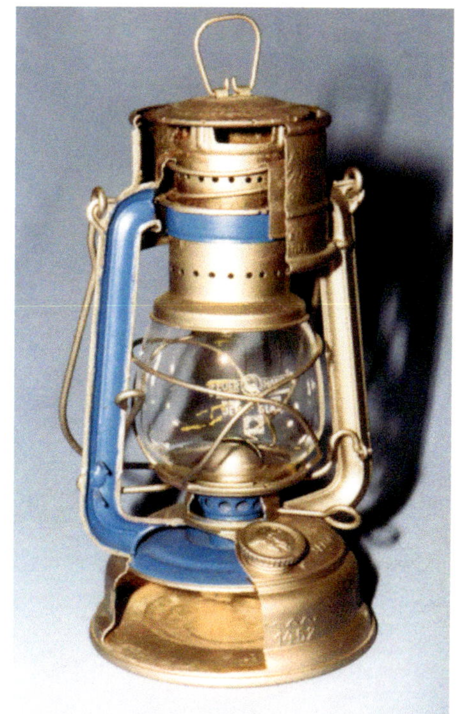

Frisch-Kaltluftlaterne, hier zieht die verbrauchte Luft über den Kamin ab. Über einen separaten Einlass wird der Flamme nur Frischluft zugeführt. Die Lichtstärke ist etwa doppelt so groß wie bei der Mischluftlaterne

Im Jahre 1662 wurden in Paris mietbare Laternenträger eingeführt, deren Lohn nach einer an der Laterne angebrachten Sanduhr berechnet wurde.

Notlaterne der Feuerwehr, Messing, 19. Jhd.

Der Glasscheiben zum Schutz des Laternenlichtes bediente man sich seit etwa dem 5. Jhd. n. Chr. Leonardo da Vinci stattete bereits im 15. Jhd. eine Laterne mit einer Glaslinse aus, bündelte damit das Licht und erhielt einen kleinen Scheinwerfer, mit dem sich Einzelheiten anstrahlen ließen. Diese Blendlaternen, später auch Diebslaternen genannt, wurden dann im 19. Jhd. als Polizeilaternen eingeführt. Es handelte sich um kleine, zylindrische Handlaternen mit relativ kleiner Lichtaustrittsöffnung vor der eine plankonvexe Linse montiert war, die je nach Krümmungsradius der Linse einen mehr oder weniger „blendenden" Lichtstrahl erzeugte. Laternen wurden in jeder Form und Größe hergestellt und besaßen entweder einen seitlichen Handgriff, einen Bügel oder Ring zum Tragen oder Aufhängen, denn die Laterne wurde nicht nur auf nächtlichen Wegen, sondern auch als Lichtträger in Haus und Stall genutzt. In der Regel waren die Laternen am Boden mit Löchern versehen, durch die Luft einströmen konnte, damit die Flamme den nötigen Sauerstoff erhielt, während das Dach in einen kleinen Kamin auslief, durch den die Abgase abziehen konnten, der sich aber stark erhitzte. Bei unvorsichtiger Handhabung war es ein Leichtes, sich die Finger zu verbrennen. Später wurde ein spezieller Handschutz unter dem Tragering angebracht, der die Abgase auffangen bzw. verteilen und somit die Hand schützen sollte.

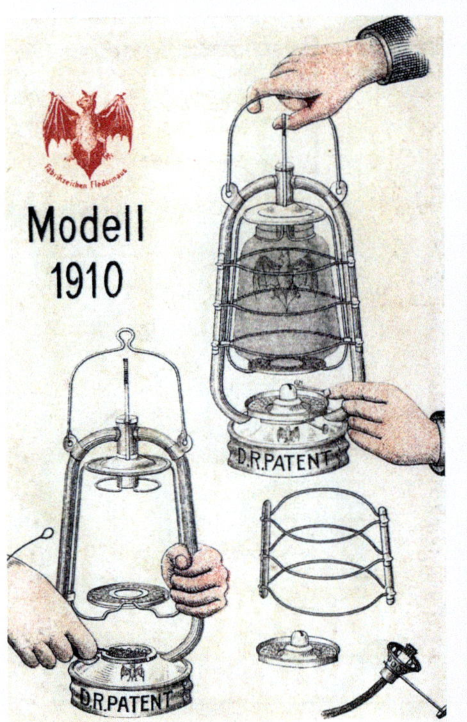

Reklame für Sturmlaternen der Firma Fr. Stübgen & Co., Erfurt

Die Petroleum-Beleuchtung

Erwähnenswert sind auch die Falt-, Klapp- oder Buchlaternen, die bei Nichtgebrauch zusammengefaltet wie ein kleines Buch aussehend, wenig Platz einnehmend, leicht in der Rocktasche untergebracht werden konnten. Einfach herzustellen waren die vierseitigen, verglasten Holzlaternen, auch unter dem Namen Hirtenlaternen bekannt. Vor der Petroleumära war sie eine vielgenutzte Stalllaterne. Die Prozessions- oder Vortragelaternen werden auch heute noch bei der Fronleichnamsprozession dem Allerheiligsten vorangetragen. Da sie auf eine Stange montiert sind, nennt man sie auch Stocklaternen.

Fahrradlaterne, Feuerhand 175 mit Verdunklung, gemäß den Luftschutzbestimmungen im Zweiten Weltkrieg

Mit der Einführung des Petroleums als Leuchtmittel änderte sich teilweise auch die Lichtquelle in der Laterne. Die Öllampe und Kerze wurden außer im sakralen Bereich durch die Petroleumlampe ersetzt. Zunächst waren es kleine Stecklämpchen mit ganz einfachen Flachdochtbrennern, die in die vorhandenen Kerzenhalterungen gesteckt wurden und jederzeit herausgenommen werden konnten, sowohl zur Reinigung und Füllung als auch zum Austausch gegen eine Kerze.

Die kleinen Stecklämpchen wurden recht bald durch Freibrenner mit Luftzuführung ersetzt, und in den 60er-Jahren des 19. Jhds. hat man die ersten speziellen Laternen entwickelt und auch in großen Mengen produziert. Das Prinzip dieser Konstruktionen hat ebenfalls bis heute gehalten und ähnliche Lampen werden heute noch unter der Marke Feuerhand von der Firma NIER in Hohenlockstedt hergestellt, auch wenn sie heute nur noch als Party- oder Notbeleuchtung dienen oder dort eingesetzt werden, wo der elektrische Strom noch nicht hingefunden hat. Bis vor wenigen Jahren wurden diese Laternen an Straßenbaustellen als Warnlichter aufgestellt. Der Verwendungszweck der Laterne im modernen Zeitalter der Petroleumbeleuchtung war recht vielfältig. Im Laufe der Zeit entwickelte sich die Laterne zu einem ganz wichtigen Gebrauchsartikel des öffentlichen Lebens. Es gab Handlaternen, Hängelaternen, Signallaternen, Stalllaternen, Sturmlaternen, Eisenbahnlaternen, Lokomotivlaternen, Weichenlaternen, Fahrradlaternen, Automobillaternen etc. Auch die Davy Sicherheitslampe war eine Laterne.

Nachdem die früheren Laternen für alle möglichen Lichtquellen durch Laternenmacher oder Klempner hergestellt wurden, diese Laternen aber von sehr unterschiedlicher Qualität, Lebensdauer und Sicherheit waren, wurde auch hier nach etwas Besserem und Zweckmäßigerem gesucht. Es gibt drei prinzipielle Konstruktionssysteme der Petroleumlaterne, die die Qualität des Lichtes bestimmen.

Laternenkasten der Bundeswehr, Feuerhand, Sturmkappe mit zwei farbigen Austauschgläsern

1) Die „stille Flamme“, in Amerika Dead Flame genannt, erzeugt das Licht aus einem einfachen Flach- oder Rundvolldocht, ohne besondere Luftzuführung. Die Flamme erhält die nötige Luft lediglich über die Luftlöcher am Boden der Laterne, wobei der Zug durch den kleinen Kamin im Laternendach durch die Flammenwärme begünstigt wird. Das ergibt natürlich kein strahlendes Licht. Die einfachen Laternen haben ungeschützte Luftlöcher, durch die der Wind blasen und die Flamme löschen kann. Bei den besseren Laternen sind sowohl die Luftlöcher im Boden als auch der Abzug im Kamin durch Leitbleche, die den Wind ablenken, gesichert, sodass ein Windstoß der Flamme nichts anhaben kann.

Messinglaterne mit Freibrenner, 1915

2) Der Amerikaner John H. Irving erfand Ende der 60er-Jahre des 19. Jhd. die erste Sturmlaterne, auf die er 1870 ein Patent bekam. Es handelte sich um eine Mischluftlaterne, ein deutlicher Fortschritt, arbeitend nach dem zweiten System. Bei der Mischluftlaterne wird die Flamme von einem Luftstrom unterhalten, der aus erhitzter, teils verbrauchter und mit Frischluft gemischter Luft besteht. Der Weg des Luftstromes ist aus der Abbildung zu ersehen. Die Frischluft dringt, durch aufsteigende Wärme angesaugt durch den Siebboden, auf dem das Laternenglas steht, ein und wird mit der aufsteigenden Hitze und den Verbrennungsgasen gemischt und dem vom Deckel abgehenden zentralen Luftrohr zugeführt. Von hier wird die Mischluft über die beiden Seitenrohre, die gleichzeitig als Träger der ganzen Laterne dienen, der Brennkammer und dem Brenner zugeleitet. Außer der Mischluft erhält der Brenner keine Frischluft, weshalb ein Teil des nicht ganz verbrannten Kohlenstoffes des Petroleums der Flamme wieder zugeführt wird. Aus diesem Grunde kann die Flamme der Mischluftlaterne kein weißes Licht geben, die Flamme ist immer leicht gelblich. Trotzdem ist die Lichtausbeute erheblich besser als bei der „stillen Flamme“.

Kleine Handlaterne
in Schwarzblech, mit Volldochtbrenner in Messing, „stille Flamme“,
Deutschland, um 1900

3) Die dritte Version der Petroleumlaternen hat eine optimale Luftversorgung. Bei der Frisch- oder Kaltluftlaterne wird nur frische, unverbrauchte Luft zum Brenner geführt. Die verbrauchte Luft kann über den Kamin abziehen, während die sauerstoffreiche Frischluft über einen separaten Einlass über die Seitenrohre der Flamme zugeführt wird, die ein bedeutend helleres Licht gibt. Bei gleicher Dochtbreite ist die Lichtstärke einer Frischluftlaterne etwa doppelt so groß wie die einer Mischluftlaterne. Als Brenner verwendet man recht einfach konstruierte Flachbrenner unterschiedlicher Größe.

Die heute üblichen, modernen Laternen (Camping- und Trekkinglaternen) werden zumeist mit Gas betrieben. Da bleibt natürlich von dem gemütlichen, ruhigen Licht der Petroleumlaterne nichts mehr übrig.

Die Verwendung von Petroleum als Heizmaterial

Vorrichtung zur Erwärmung eines Teekessels durch eine Petroleumlampe, um 1890

An den Produktionsorten des Petroleums hatte man frühzeitig erkannt, dass die Rückstände, die bei der Erdöldestillation anfielen, anstelle der Kohle als wertvolles Heizmaterial dienen konnten, zumal der Heizwert deutlich über dem der Kohle lag. Das Erdöl selbst war natürlich zu kostbar, da sich daraus wertvollere Produkte herstellen ließen, und die leichteren Öle waren als Heizmittel zu gefährlich. Später lernte man dann natürlich auch, die Rückstände als Schmiermittel zu verwerten, so blieben schließlich für Heizzwecke die Zwischenöle, die über 300 °C destillierten. Das Heizöl, was dann heute einen festen Platz in der Erdöldestillation einnimmt, ähnelt dem Dieseltreibstoff. Bei der Verwendung des Petroleums als Leuchtmittel war natürlich die beträchtliche Abwärme aufgefallen, die durch die Petroleumflamme erzeugt und durch den Zylinder abgeleitet wurde, hat das Petroleum doch einen Heizwert von 11,9 kWh/kg. So hat man dann versucht, die Abwärme zu nutzen und konstruierte alle möglichen Vorrichtungen, die eine Kombination aus Beleuchtung und Erwärmung zuließen. Es handelte sich dabei um Aufsätze, Dreibeine oder Gestelle, evtl. mit Rost, die direkt über dem Zylinder angebracht wurden, und das zu erhitzende Gefäß trugen. Mit einem 14 ''' Rundbrenner konnten auf diese Weise 1 Liter Wasser in etwa 20 bis 30 Minuten zum Kochen gebracht werden.

Weitere Verbreitung fanden aber die Petroleumkocher und Kochöfen, die in allen Größen hergestellt wurden, vom kleinen Reisekocher bis zum Küchenherd mit

Warmwasser-Heizung, Wärmeerzeuger: Petroleumbrenner, oben: Frankreich, 20''' Flammscheibenbrenner

rechts: 14''' Flachbrenner, England, 1895

links: Pressgaskocher,
SVEA 106/L, Schweden, 50er-Jahre 20. Jhd.

Mitte: Benzin-Kocher,
Optimus Nr. 111 B,
Schweden, 60er-Jahre 20 Jhd.

rechts: Optimus Reisekocher

Backvorrichtung. Diese Öfen wurden mit einem oder mehreren Flachdochtbrennern von 100 mm Breite ausgerüstet und hatten natürlich einen beträchtlich besseren Nutzeffekt, der sich noch weiter steigern ließ durch die Verwendung eines Brenners mit entleuchteter Flamme, die bekannterweise einen höheren Wärmewirkungsgrad hat. Die fortschrittlichsten Konstruktionen, die Pressgaskocher, arbeiten völlig ohne Docht. Hier wurde der Brennstoff dem Brenner unter Druck zugeführt, vorgewärmt, vergast und mit blauer Flamme verbrannt, wie bei den schon beschriebenen Pressgaslampen. Je nach Brennergröße waren die Pressgaskocher in der Lage 1 Liter Wasser in 3 – 5 Minuten zum Kochen zu bringen. Die letztgenannten dochtlosen Kocher konnten sowohl als Kochstelle als auch als Wärmestrahler genutzt werden und mit bestimmten Aufsätzen dienten sie als Toaster, der Erhitzung von Bügeleisen aber auch als Heizquelle für kleine Backöfen und Küchenherde. Hier sind vor allem die englischen Cooking-Stoves der Firmen Young's und Welsbach, beide Birmingham, zu erwähnen, die Herde herstellten, deren Energie teilweise aus Brennern mit blauer Flamme, meist aber aus breiten Flachdochtbrennern erhielten, wobei die Heizungen sowohl fest zum Herd gehörten, teilweise aber auch in andere Heizöfen hineingestellt werden konnten. Mit mehreren Ebenen und einem kleinen Backofen waren diese Kochherde bestens ausgestattet.

Eine eigene Gruppe bildeten die Heizöfen, die lediglich die Aufgabe hatten, Wärme zu erzeugen, die andererseits aber wieder so heiß wurden, dass es Verschwendung gewesen wäre, nicht eine Kaffeekanne zum Warmhalten daraufzustellen. Der Großteil dieser Heizöfen wurde aus emailliertem Stahlblech hergestellt, die vornehmeren waren aus Gusseisen und wenige waren auch aus poliertem Mes-

Englischer Kochherd

Wärmelampe, großer Petroleumbehälter, Messing, Flammscheibenbrenner Rubintulpe, England, 1895

links: Petroleumbetriebenes Wärmeöfchen zur Nutzung im Auto, England, um 1900, Mitte und rechts (geöffnet): Standardausrüstung des VW-Kübelwagens im Zweiten Weltkrieg

sing und Kupfer. Die Wärme erzeugte man mittels eines 30 – 60 ''' Brenners mit Rubinzylinder oder mit einem Blaubrenner.

Als sehr fortschrittlich angesehen werden muss die Warmwasserheizung auf Petroleumlampen-Basis in Form der Schwerkraft-Warmwasserheizung, die ohne Pumpe arbeitet. Die Zahl dieser Heizöfen war natürlich deutlich geringer, als die der direkten Heizung, da das Prinzip der Warmwasserheizung darauf beruht, dass ein Wärmeerzeuger, hier eine Petroleumlampe, das Wasser, welches als Wärmetauscher dient, und sich im System befindet, erwärmt. Aufgrund der unterschiedlichen Dichte bzw. Schwerkraft des warmen und kalten Wassers geht dieses in einen Kreislauf, in dem das warme Wasser nach oben steigt, seine Wärme abgibt, um abgekühlt nach unten zu sinken, um sich wieder in den Kreislauf einzureihen. So funktionieren auch die beiden abgebildeten Warmwasserheizungen.

Unter diese gesamte Rubrik fallen auch die kleinen Autoheizöfchen, die wie Spargelkonservendosen aussehen, meist mit Fischschwanzbrenner als Heizquelle und Drahtnetz zur Sicherheit. In alten Zeiten, in denen die Autos noch nicht über eine Heizung verfügten, dienten diese Öfchen bei Bedarf der Heizung des Fahrgastraumes aber auch bei Frost zum Wärmen der Batterie. Zu dieser Gruppe gehörte auch die „AWL-Anwärmlampe für Batterien", die standardmäßig zum VW-Kübelwagen 182 während des Zweiten Weltkrieges gehörte. Von dieser Lampe orderte das OKH (Oberkommando des Heeres) während des Krieges 1,3 Mio. Stück, die durch die Firma NIER (Feuerhand) hergestellt wurden.

Unter den Begriff der Wärmenutzung gehört auch noch eine Wärmemaschine, zu deren Gebrauch in unseren Gegenden wenig Anlass gegeben war. Es handelte sich dabei um einen Ventilator, der mit einem Heißluftmotor (Stirling-Motor) angetrieben und dem die dazu erforderliche Hitze durch einen Petroleumblaubrenner zugeführt wurde. Hier nutzte man die Wärme zum Antrieb eines Motors, der ein Ventilatorblatt rotieren ließ, welches Kühlung bringen sollte! Diese Ventilatoren gab es in kleineren Ausführungen als Tischmodelle aber auch als größere Ständermodelle, die eine ähnliche Wirkung zeigten wie die bekannten Deckenventilatoren. Verwandt wurden diese Ventilatoren vorwiegend in den Tropen, da dort elektrischer Strom nicht vorhanden war.

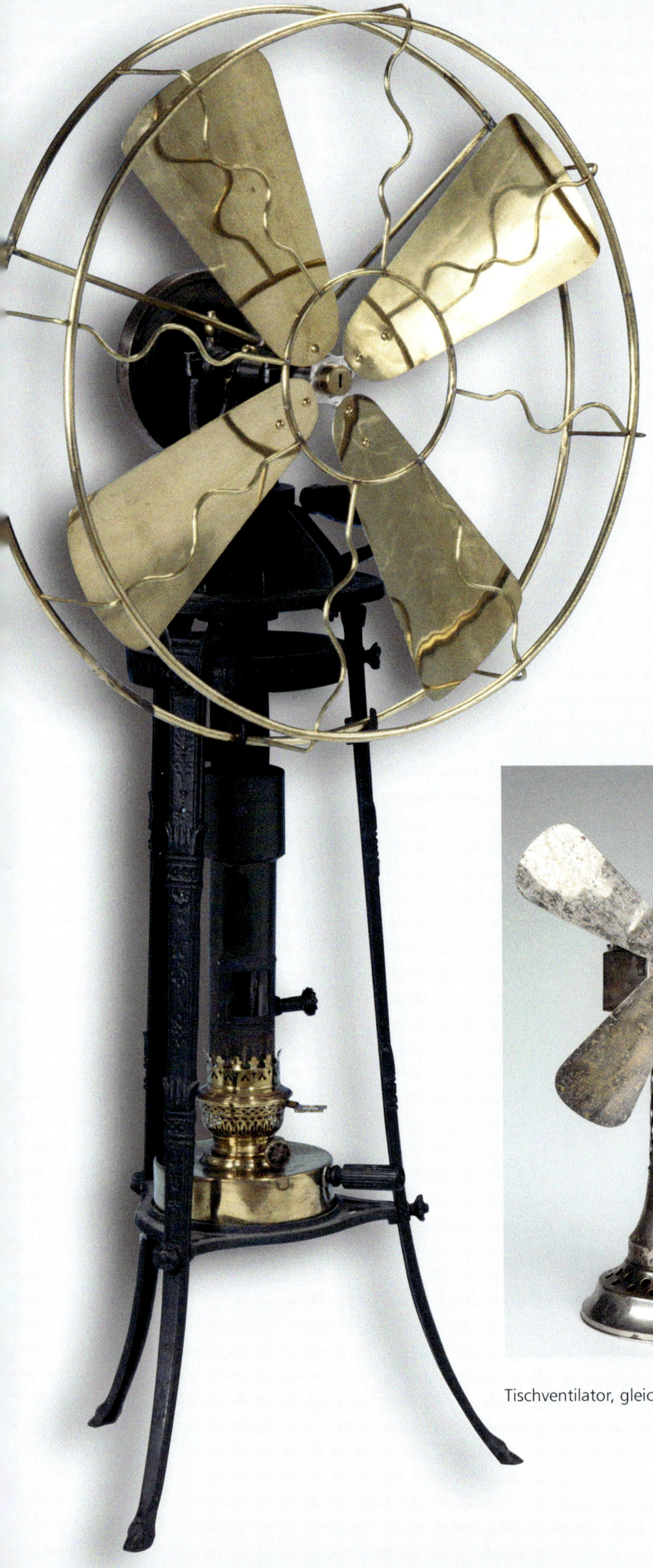

Ventilator, angetrieben durch einen Heißluftmotor, der die nötige Wärme von einer entleuchteten Petroleumflamme erhält, vorwiegend für den Gebrauch in den Kolonien, Deutschland, um 1900

Optimus Infrarotstrahler

Tischventilator, gleicher Bauart

Sturmlaterne,
die Abwärme versorgt einen Thermo-Generator im Kamin der Lampe, der anfallende Strom ein kleines Radio im Fuß der Lampe

Der Leuchtstoff Petroleum

Die rohen Erdöle, sowie sie der Erde entstammen, bestehen aus einem Gemisch von zahlreichen Kohlenwasserstoff-Verbindungen mit den unterschiedlichsten Eigenschaften. Es handelt sich um ein Mehrstoff-Gemisch, dessen Moleküle im Wesentlichen aus Kohlenstoff und Wasserstoff aufgebaut, aber von sehr verschiedenartigem Charakter sind. Fast alle Erdöle enthalten zusätzlich geringe und variable Mengen an Schwefelverbindungen und teilweise Spuren von Sauerstoff. Durch die Eigenschaft des Elementes Kohlenstoff, mehr oder weniger viele Einzelatome aneinander zu reihen und Kohlenwasserstoffketten, -ringe, -doppelringe usw. bilden zu können, ergibt sich die große Variationsmöglichkeit der Kohlenwasserstoffverbindungen. Es sind mehrere Tausend solcher Verbindungen bekannt, von denen ein Teil selbst bei niedrigen Temperaturen gasförmig, andere dünnflüssig, dickflüssig oder auch fest sein können, wobei je nach Herkunft des Erdöles bestimmte Kohlenwasserstoffreihen überwiegen.

Abel'scher Petroleumprober, Zeichnung im Längsschnitt

Es handelt sich hauptsächlich um die Paraffinreihe, auch Alkane genannt, mit der Bruttoformel CnH2n+2 und die Naphthenreihe mit der Formel CnH2n, woraus bereits ersichtlich ist, dass die Naphthene weniger Wasserstoff enthalten, also kohlenstoffreicher sind. Zu erwähnen sind auch noch die aromatischen Verbindungen, Benzol und seine Abkömmlinge, die je nach Provenienz des Erdöles in unterschiedlicher Menge darin enthalten sind. Die Letztgenannten sind heute für die Petrochemie von enormer Bedeutung, störten aber im Leuchtpetroleum, da sie der Flamme einen rötlichen Schein gaben. Außerdem waren sie damals auch schon krebserregend, was allerdings noch nicht bekannt war. Die amerikanischen Erdöle bestehen vorwiegend aus Kohlenwasserstoffen der Paraffinreihe, während die russischen Erdöle vorwiegend aus Kohlenwasserstoffen der Naphthenreihe bestehen.

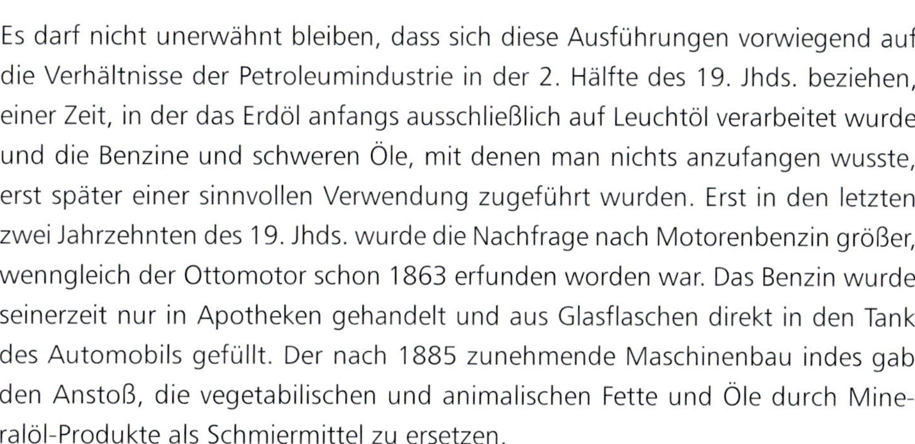

Es darf nicht unerwähnt bleiben, dass sich diese Ausführungen vorwiegend auf die Verhältnisse der Petroleumindustrie in der 2. Hälfte des 19. Jhds. beziehen, einer Zeit, in der das Erdöl anfangs ausschließlich auf Leuchtöl verarbeitet wurde und die Benzine und schweren Öle, mit denen man nichts anzufangen wusste, erst später einer sinnvollen Verwendung zugeführt wurden. Erst in den letzten zwei Jahrzehnten des 19. Jhds. wurde die Nachfrage nach Motorenbenzin größer, wenngleich der Ottomotor schon 1863 erfunden worden war. Das Benzin wurde seinerzeit nur in Apotheken gehandelt und aus Glasflaschen direkt in den Tank des Automobils gefüllt. Der nach 1885 zunehmende Maschinenbau indes gab den Anstoß, die vegetabilischen und animalischen Fette und Öle durch Mineralöl-Produkte als Schmiermittel zu ersetzen.

In den allgemeinen Eigenschaften sind die Kohlenwasserstoffe abhängig von der Zahl der Kohlenstoffatome im Molekül. Der Siedepunkt, das spezifische Gewicht, die Viskosität und der Flammpunkt, die seinerzeit wichtigsten physikalischen Eigenschaften, steigen mit der Anzahl der Kohlenstoffatome im Molekül. Aufgrund der unterschiedlichen Siedepunkte bzw. Siedebereiche lassen sich bestimmte Gruppen von Kohlenwasserstoffen mit annähernd gleichem Siedepunkt durch die fraktionierte Destillation trennen. Bei letzterer fängt man die kondensierten Dämpfe des zu destillierenden Stoffes nach Siedegrenzen getrennt auf und zerlegt somit das Kohlenwasserstoffgemisch in einzelne Fraktionen, wie bereits 1854 durch Prof. Silliman jun. durchgeführt und oben beschrieben.

Die Erdöle wurden früher im Wesentlichen in drei Gruppen grob zerlegt, in die:

	Siedebereich	Spez. Gewicht
Benzine	bis 150 °C	0,640 - 0,750 g/ml
Leuchtöl	150 - 300 °C	0,790 - 0,826 g/ml
Rückstände	über 300 °C	über 0,860 g/ml

Die Benzine können natürlich weiter fraktioniert werden und man erhielt Essenzen mit ganz niedrigen Siedepunkten und großer Flüchtigkeit, wobei diese teilweise als Anästhetikum Verwendung fanden. Leicht-, Mittel- und Schwer-Benzinfraktionen, wozu auch das Gasolin zählte, fanden Verwendung als Fleckenwasser, als Mittel für die „Chemische Wäsche" und später zum Entfetten von Knochen und Hülsenfrüchten anstelle von Schwefelkohlenstoff. Auch die Sicherheitslampen in den Bergwerken sowie die Gasstoff-, Ligroin- und Essencelampen und ein Teil der Glühlichtlampen wurden mit Benzinen unterschiedlicher Siedebereiche gespeist. Da der Flammpunkt aller Benzine, die bis 120 °C sieden, unter 0 °C liegt, ist ihre

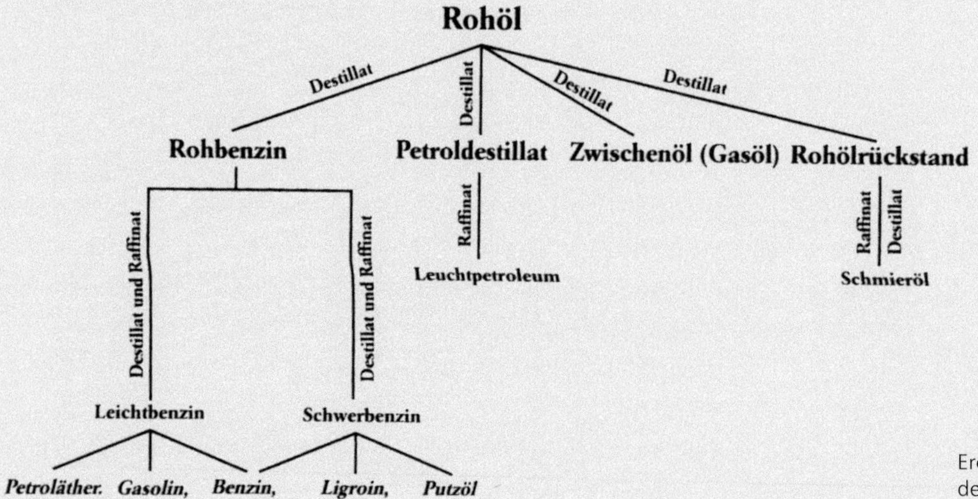

Erdöl und seine Verarbeitungsprodukte in der 2. Hälfte des 19. Jhds.

Die flüchtigen Oele (leichte Essenzen).

		Specifisches Gewicht
1.	Petroleumäther (Keroselen, Rhygolen, Sherwoodöl) . .	0,650 bis 0,660
2.	Gasolin (Gasolen, Canadaöl)	0,660 „ 0,680
3.	C=Petroleumnaphta (Petroleumbenzin, Fleckwasser, Safetyöl, Danforthöl)	0,670 „ 0,707
4.	B=Petroleumnaphta (Ligroïne)	0,707 „ 0,722
5.	A=Petroleumnaphta (Putzöl)	0,722 „ 0,737

Die Brennöle.

		Specifisches Gewicht
1.	Kaiseröl	0,780 bis 0,800
2.	Leuchtöl I (amerikanisches)	0,800 „ 0,810
3.	Leuchtöl II (russisches)	0,820 „ 0,825
4.	Standard white	0,808 „ 0,812
5.	Prime white	0,800 „ 0,806
6.	Astralin	0,850 „ 0,860

Die Schweröle.

1.	Solaröle	0,860 bis 0,880
2.	Mischöle	0,880 „ 0,890
3.	Spindelöl I	0,895 „ 0,900
4.	Spindelöl II	0,900 „ 0,906
5.	Maschinenöl I	0,906 „ 0,910
6.	Maschinenöl II	0,910 „ 0,915
7.	Cylinderöle, hell	0,915 „ 0,920
8.	Cylinderöle, dunkel	0,920 „ 0,950
9.	Vulcanöle	0,910 „ 0,960

Verarbeitungsprodukte des Erdöls um 1900 nach Prof. Höfer

hohe Feuergefährlichkeit erklärt. Das brisanteste Gasgemisch besteht aus 2 bis 5 % Benzin auf 98 bis 95 % Luft.

Das Leuchtöl, Leuchtpetroleum oder einfach Petroleum genannt, hatte einen Siedebereich von 150 °C bis 300 °C für amerikanische und von 150 °C und 270 °C für russische Öle. Das zwischen den Siedegrenzen übergehende Destillat ist das Rohmaterial für den Leuchtstoff aber in dem so erhaltenen Zustand noch nicht einsetzbar. Das Destillat wird einer weiteren Behandlung unterzogen, die in einer Raffination, einer chemischen Reinigung mit Schwefelsäure und Natronlauge besteht, wodurch die Fremdstoffe oxidiert und verharzt, die Petrolsäuren und die Reste der Schwefelsäure neutralisiert werden. Nach dem Auswaschen mit Wasser erhält man ein gereinigtes Leuchtpetroleum, welches zur weiteren Verbesserung nochmals fraktioniert destilliert und anschließend nachbehandelt werden kann. Auf diese Weise wurden die qualitativ hochwertigen, sicheren und natürlich erheblich teureren Lampenöle produziert.

Die Petroleumlampe im „Miljö", Simplicissimus, 1903

Die Petroleum-Beleuchtung

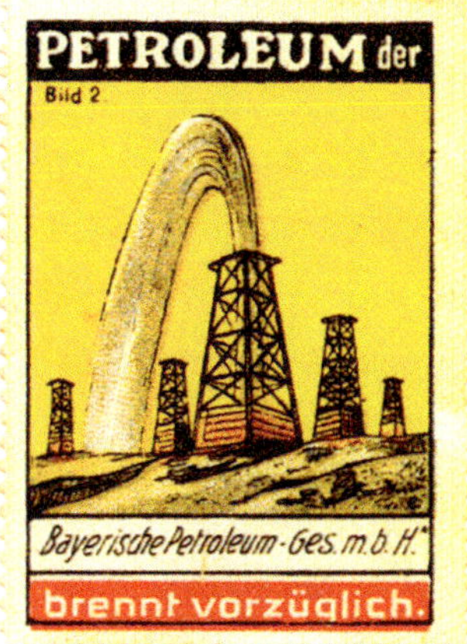

Werbemarken für Petroleum, Ende 1900

An die Qualität des Leuchtöles müssen zwei Forderungen gestellt werden: Einerseits darf zur Vermeidung von Explosionen der Flammpunkt eine bestimmte Grenze nicht unterschreiten. Andererseits muss das Öl eine so geringe Viskosität haben, dass es gleichmäßig im Docht aufsteigen kann, und es dürfen keine schweren Bestandteile zurückbleiben, durch welche die Flamme rußt, qualmt und letztlich die Kapillaren des Dochtes durch teerige Anteile verstopft werden. Unter diesen Umständen sollte das spezifische Gewicht des Petroleums die Grenzen von 0,780 g/ml nicht unterschreiten und die obere Grenze von 0,850 g/ml nicht überschreiten.

Für die Qualität eines Leuchtöles konnte das spezifische Gewicht allein allerdings kein sicheres Kriterium sein. Zu der Zeit gab es für die schweren Erdölfraktionen keine Verwendung, diese wurden als Abfall angesehen. Gewissenlose Fabrikanten mischten gerne möglichst viel unverwertbare Öle in das Leuchtöl, wobei das geringere spezifische Gewicht der leichten Öle durch das höhere Gewicht der schweren Öle ausgeglichen werden konnte, was insgesamt ein vorschriftsmäßiges Durchschnittsgewicht gab. Der Dumme war wie immer der Verbraucher, er erwarb ein Leuchtöl, welches auf der einen Seite sehr feuergefährlich war, auf der anderen Seite eine schlechte Leuchtqualität besaß. Wie schon häufiger bemerkt, nahm solch ein Öl beim Brennen in einer Lampe schnell an Leuchtkraft ab, da die schweren Leuchtöle vom Docht schlechter transportiert wurden, die Flamme weniger Leuchtstoff erhielt, sie wurde kleiner und dunkler.

Um diese Unsitte in den Griff zu bekommen, wurden amtliche Prüfungen eingeführt, denen alle Leuchtöle unterzogen wurden. Neben dem spezifischen Gewicht gehörte dazu vor allem die Bestimmung des Flammpunktes, der mit dem Abel'schen Petroleumprober bestimmt wurde. In diesem Gerät wird das zu untersuchende Petroleum langsam im Wasserbad erhitzt und der Temperaturgrad ermittelt, bei welchem der entstehende Petroleumdampf entflammt, ohne, dass das Petroleum dabei selbst weiter brennt. Die Höhe des Flammpunktes war gesetzlich geregelt und lag in Deutschland seit dem 24.02.1882 bei 21 °C = 70 °F, bei einem Luftdruck von 760 mm/Hg. Bei russischem Petroleum lag der Flammpunkt bei über 30 °C. Der Flammpunkt gibt einen Anhalt für den Grad der Feuergefährlichkeit eines bestimmten Öles, denn je tiefer der Siedepunkt der am niedrigsten siedenden Anteile des Petroleums liegt, desto niedriger ist auch der Flammpunkt. Der Brennpunkt eines Leuchtöles gibt den Wärmegrad an, bei dem das Petroleum – mit einem brennenden Körper in Berührung gebracht – selbst weiter brennt. Der Brennpunkt liegt in der Regel um 20 °C über dem Flammpunkt. Heute ist man natürlich erheblich vorsichtiger geworden und hat den Flammpunkt für Leuchtöle auf über 50 °C festgelegt. Gutes Leuchtöl soll hell sein, es soll keinen unangenehmen Geruch verbreiten, und es soll auf Papier keinen blei-

Werbekarte für Petroleum, Ende 1900

benden Fettfleck hinterlassen. Die Farbe war sicher ein untergeordnetes Merkmal für die Beurteilung des Leuchtwertes eines Petroleums. Eine vermehrt gelbliche Färbung der Leuchtöle war häufig Folge des vermehrten Gehaltes an schweren Kohlenwasserstoffverbindungen. An der Londoner Börse wurden die verschiedenen Öle mit abnehmender Helligkeit als Water white, Prime white und Standard white bezeichnet, unter welchen Namen sie auch in den Handel gelangten.

Die Viskosität eines Öles bildet wohl den wesentlichsten Faktor für die Beurteilung der Qualität eines Leuchtöles, was jedoch erst relativ spät erkannt wurde. Je zähflüssiger ein Öl ist, je höher seine Viskosität, desto langsamer ist sein Aufstieg im Lampendocht. Steigt das Öl zu langsam auf, so reicht das ankommende Öl nicht zur Speisung der Flamme, die Flamme wird kleiner, die Lichtstärke nimmt ab und der Docht verkohlt. Die besseren Petroleumsorten wurden aus den mittleren Leuchtölfraktionen hergestellt. Wie schon erwähnt wurden sie mit mehr Sorgfalt raffiniert und noch einmal destilliert, um die Siedegrenzen enger zu ziehen. So wurde das „Kaiseröl" der Firma Korff in Bremen einer nochmaligen Reinigung mit Schwefelsäure und einer weiteren Destillation unterworfen, wodurch die Feuergefährlichkeit vermindert und die Leuchtkraft erhöht wurde. Unter der Bezeichnung „Sicherheitsöl" wurde es in den Handel gebracht mit einem deutlich höheren Flammpunkt von 35 – 40 °C und natürlich zu einem deutlich höheren Preis.

Die zahlreichen Fantasienamen der in den Handel gebrachten Öle sollten teilweise ihre Herkunft, teilweise die Qualität kennzeichnen. Unter dem Namen „Mineral sperm", „Astralin", „Pyro-Naphtha", „Möhringsöl" und dem bereits genannten „Kaiseröl" kamen Leuchtöle sowohl amerikanischen sowie auch russischen Ur-

Schilder rund um das Thema Petroleum, um 1900

sprungs in den Handel, die sich durch hohe Feuersicherheit auszeichneten und aus den höher siedenden Fraktionen der Leuchtöle hergestellt wurden.

Die russischen Leuchtöle bestanden aus Kohlenwasserstoffen, die deutlich kohlenstoffreicher waren als die amerikanischen, weshalb sie zum Brennen in Lampen eine stärkere Luftzufuhr benötigten, die durch die Konstruktionsvarianten der Brenner erreicht wurde, so z. B. durch die Vergrößerung des Dochtquerschnittes und die Verkürzung des Brandrohres. Das kaukasische Leuchtöl hat ein höheres spezifisches Gewicht als das amerikanische, ist aber weniger viskös und steigt aus diesem Grund auch leichter und schneller im Docht auf. Je höher die Viskosität eines Öles, desto größer sollte die Kapillarität des Saugdochtes sein und desto geringer seine Länge!

Der Vollständigkeit halber soll im Folgenden noch kurz die Fraktion der Rückstände besprochen werden: Bei der Erdöldestillation gehen nach den Leuchtölen die spezifisch schwereren Zwischenöle über. Spezifisches Gewicht 0,83 – 0,90 g/ml. Davon war eine der ersten Fraktionen das Solaröl, welches in etwa dem heutigen Diesel und Heizöl entsprach. In größeren Mengen konnte es besonders aus dem russischen Erdöl gewonnen und auch noch als schweres Leuchtöl in besonders konstruierten Lampen gebrannt werden. Es entsprach dem früher bereits erwähnten Solaröl, welches neben dem Photogen aus den verschiedensten Teeren destilliert wurde. Prinzipiell waren die Zwischenöle als Leuchtöle zu schwer und als Schmieröle zu dünn. Sie wurden deshalb in der Frühzeit der Petroleumindustrie vorwiegend als Heizmittel für die Destillieranlagen verwandt. Später dienten sie dann als Gasöle, das heißt, sie wurden durch Hitze vergast, und dieses Gas diente der Beleuchtung als reine Ölgasbeleuchtung oder zum Carburieren von Wassergas, was durch diese Behandlung eine hellere Leuchtflamme erhielt. Wassergas, ein Gemisch von Kohlenmonoxid und Wasserstoff, welches durch Einwirkung von Wasserdampf auf glühenden Koks bei einer Temperatur weit über 1.000 °C entsteht, diente eigentlich als Heizgas, konnte dann aber durch Zumischung von Ölgas mit Kohlenstoff angereichert und als Leuchtgas verwandt werden.

Gegen Ende des 19. Jhds., mit der Erfindung des Dieselmotors, wurde eine entsprechende Fraktion der Zwischenöle als Treiböl sehr begehrt und mit der weiteren Entwicklung stieg der Verbrauch an Dieselkraftstoff stark an. Ähnlich verhielt es sich mit den Erdöldestillaten zu Heizzwecken. Die Verwertung des Erdöls als Heizmaterial ist schon seit dem Altertum bekannt. Es wurde sowohl zu Opferfeuern als auch an-

stelle von Holz zu Heizzwecken genutzt. In den 80er-Jahren des 19. Jhds. wurden in Russland die Schiffskessel der Dampfer auf dem Kaspischen Meer und auf der Wolga fast ausschließlich mit flüssigen Brennstoffen beheizt. Schon Prof. Silliman jun. hatte erkannt, dass sich die Kohlenwasserstoffe in der Wärme zersetzen, dass sich schwerere Kohlenwasserstoffe auch schon unter den Destillationstemperaturen in leichtere Kohlenwasserstoffe aufspalten. Dieser Crack-Prozess ist heute eine gängige Arbeitsmethode der Erdölindustrie. Man ist in der Lage, die schweren Kohlenwasserstoffe in Leuchtöle und Benzine aufzuspalten. Während die verbleibenden Reste der Erdöldestillation, meist die ab 350 °C siedenden Anteile, anfangs verfeuert wurden, konnte man sie mit zunehmender Entwicklung auf Schmieröle verarbeiten. Zunächst mischte man die vegetabilischen Öle mit Mineralölprodukten. Mit zunehmender Verbesserung der mineralischen Schmiermittel wurden die pflanzlichen völlig verdrängt.

Tabelle 5.

	Lichtquelle	ungefähre Lichtstärke in Kerzen	Preis des Brennstoffes bezw. der elektrischen Energie	Stündliche Kosten pro Kerzenstärke in Pfg.
Feste Brennstoffe	Talgkerze	1	120 Pfg. pro kg	1,20
	Walratkerze	1	350 „ „ „	2,70
	Wachskerze	1	500 „ „ „	3,45
	Stearinkerze	1,1	160 „ „ „	1,26
	Paraffinkerze	1,4	120 „ „ „	0,85
Flüss. Brennstoffe	Rüböllampe mit losem Docht	0,8	80 „ „ „	0,76
	Moderateurlampe	11	80 „ „ „	0,26
	Petroleumlampe	13	20 „ „ l	0,07
Gasförm. Brennstoffe	Leuchtgas, Schnittbrenner	12	18 „ „ cbm	0,18
	„ Argandbrenner	20	18 „ „ „	0,15
	„ Regenerativbrenner	130	18 „ „ „	0,08
	Azetylen	30	40 „ „ kg Carbid	0,08
Glühlicht	Gasglühlicht, stehend	52	18 „ „ cbm	0,04
	„ hängend	90	18 „ „ „	0,02
	„ Preßgas	600	18 „ „ „	0,01
	Spiritusglühlicht	43	30 „ „ l	0,08
	Petroleumglühlicht	60	20 „ „ „	0,03
	Azetylenglühlicht	45	40 „ „ kg Carbid	0,08
Elektr. Bogenlicht	Elektrische Bogenlampe	400	50 „ „ K.-Wattstd.	0,06
	Einschlußlampe	300	50 „ „ „	0,11
	Bremerlampe (Flammenbogen)	1800	50 „ „ „	0,01
Elektr. Glühlicht	Kohlenfadenlampe	20	50 „ „ „	0,15
	Nernstlampe	113	50 „ „ „	0,09
	Tantallampe	25	50 „ „ „	0,08
	Osram-, Wolframlampe	25	50 „ „ „	0,06

Kosten der um 1900 gebräuchlichsten Leuchtmittel

Die Wärme und Kohlendioxidentwicklung verschiedener Lichtquellen um 1900

Tabelle 6.

Lichtquelle	Wärmeentwicklung stündlich	Luftverbrauch stündlich	Kohlensäure-entwicklung stündlich
Petroleumlampe	600 Kilogramm-Kal.	1000 Liter	150 Liter
Gasglühlicht	600 "	600 "	60 "
Elektrisches Bogenlicht	400 "	75 "	15 "
Elektrisches Glühlicht	75 "	— "	— "

Die Versorgung der Bevölkerung mit Leuchtpetroleum erfolgte von Tanklagern aus, die von den einzelnen Gesellschaften z. B. der DAPG, deutsch-amerikanische Petroleumgesellschaft, bevorratet wurden. Mit Kesselwagen der Deutschen Reichsbahn wurde der Leuchtstoff angeliefert und in große Lagertanks umgepumpt. Noch in den frühen 30er-Jahren des 20. Jhds. erfolgte von hier aus der weitere Transport mit kleineren Tankwagen, die von ein oder zwei Pferden gezogen, in die Stadt oder auch über Land fuhren, um die Kolonialwaren- oder Gemischtwarenhändler mit Petroleum zu beliefern. Bei diesen stand, entweder in der Ladenecke oder im Keller, ein 100- oder 200-Liter-Fass, welches von Hand mit 10 Liter-Kannen gefüllt wurde. Mit einer kleinen Handpumpe über dem Fass konnten dann die Metallkannen der Kunden gefüllt werden. Der Verfasser erinnert sich noch lebhaft an seine Kindheit. Es war für ihn ein besonders Erlebnis, wenn er auf dem Bock des Tankwagens mitfahren durfte, vorausgesetzt seine Eltern hatten es ihm erlaubt.

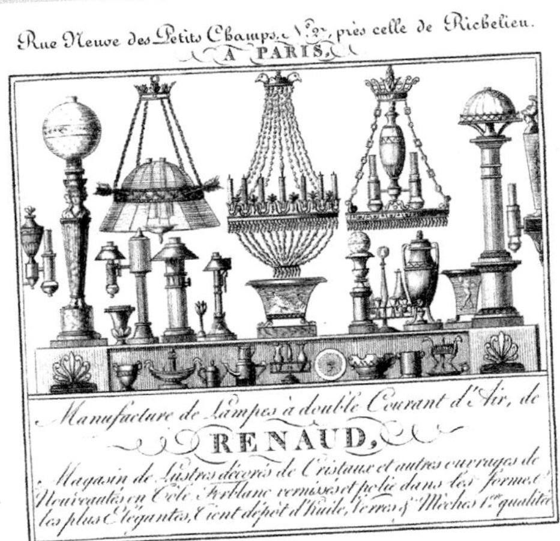

N° 72.

Rue Neuve des Petits Champs, N° 27, près celle de Richelieu.
A PARIS.

Manufacture de Lampes à double Courant d'Air, de
RENAUD,
Magasin de Lustres décorés de Cristaux et autres ouvrages de Nouveautés en Tôle Ferblanc vernis et polie dans les formes les plus Elégantes, Tient dépôt d'Huile, Verres & Mèches 1re qualité

Du 27 Mai 1814.
Vendu à Mr. Le Comte de Wrede.

Deux lampes astrales quarrés à deux becs, peintes en carmin avec leurs garde vue	80
Deux lampes astrales peintes en porphyre et les socles en lapis, les colonnes et les lampes enrichies de bronze doré au mat garnies de leurs garde vue de cristal de gaze et de tole vernie	220
une lampe astrale petit calibre peinte vert garnie de son garde vue	36
trois paires de caisses quarrées, [illegible]	

Rechnung der Manufacture de Lampes á double Courant d'Air, de Renaud, Paris, vom 27.05.1814

Rechnungen von deutschen Petroleumlampenherstellern, Ende 19. Jhd. Briefköpfe in Stahlstich, Anfang 20. Jhd

Die heutigen Lampenöle

Das heute im Baumarkt angebotene Petroleum unterscheidet sich vom alten Leuchtpetroleum erheblich. Es wird auch nicht mehr als Leuchtstoff, sondern als Reinigungs- und Putzmittel angeboten. Dem entsprechend ist auch seine chemische Zusammensetzung von den früheren Leuchtölen abweichend, wobei die Zusammensetzung einzelner Angebote deutlich variieren kann. Der Flammpunkt ist auf mindestens 55 °C heraufgesetzt, womit die Feuergefährlichkeit sinkt, der Siedebereich liegt bei 175 °C – 325 °C, das spezifische Gewicht bei 0,080 g/ml. Interessanterweise dienen die Erdöldestillate, die dem früheren Petroleum entsprechen, evtl. gemischt mit Benzin, unter dem Namen Kerosin als Flugturbinenkraftstoff. In Dochtlampen lässt sich das technische Petroleum gut brennen, wenn man etwas weniger Helligkeit, etwas mehr Ruß und einen deutlich intensiveren Petroleumgeruch akzeptiert!

Beim heute zum Betrieb von Petroleumlampen aller Art, einschließlich der Starklichtlampe, gebräuchlichen Lampenöl handelt es sich um Kohlenwasserstoffe der Alkan-Reihe, die früher mit Paraffin-Reihe bezeichnet wurde, woher auch der Ausdruck Paraffin-Öl stammt, was natürlich zu Unsicherheiten führen kann. Verstand man früher doch unter Paraffin-Öl eine dickflüssige, ölige Flüssigkeit, die vorwiegend in der Medizin und Kosmetik verwandt wurde. Handelt es sich beim Lampenöl heute doch um ein recht eng geschnittenes Petroleum, dessen Siedebereich heraufgesetzt wurde, und dessen Flammpunkt damit auf über 55 °C ebenfalls erhöht wurde, was die Feuergefährlichkeit minderte. Dieses hoch rektifizierte und hoch raffinierte, aromatenfreie Petroleum ist ein idealer Lampenbrennstoff mit niedrigem spezifischem Gewicht und einer niedrigen Viskosität.

Ruhe sanft

Das beschriebene Lampenöl wird noch in ansprechenden Farben gefärbt und mit den verschiedensten Duftstoffen parfümiert, so wird es für den Hausgebrauch in den bekannten „Öl-Lämpchen" feilgeboten. Diese farbigen Flüssigkeiten, in recht einfachen, kugelförmigen Glaslämpchen gebrannt, üben eine magische Anziehungskraft auf Kleinkinder aus, und es ist ihnen nicht zu verdenken, wenn die Lämpchen in Reichweite stehen, diese zum Munde zu führen, am Docht zu saugen und daraus zu trinken, in dem Glauben, es handele sich um Limonade, was teilweise fatale Folgen hat. Diese Kinder erleiden auch bei Aufnahme kleinster Mengen Lampenöl Vergiftungen, die sogar tödlich enden können. Das bedarf einer Erklärung, denn die gefärbten und parfümierten Lampenöle sind nach wie vor im Handel, wenngleich auch auf Grund einer Richtlinie der Europäischen Kommission der Verkauf dieser gefärbten Öle seit dem 31.03.2010 EU-weit verboten ist. Ferner dürfen die Lampenöle nur in schwarzen Behältnissen angeboten werden.

Doch immer wieder kommt es vor, dass ein Kind aus einem kleinen Lämpchen trinkt und erkrankt. Beim Schlucken des Lampenöles kann infolge der niedrigen Oberflächenspannung das Öl vom Rachen aus bis in die Luftröhre und von dort bis in die Lunge „kriechen" und hier eine Lungenentzündung, eine chemische Pneumonie auslösen, die bei entsprechender Ausbreitung zum Tod führen kann. Auch über das Erbrechen von verschlucktem Lampenbrennstoff kann die Ausbreitung über den Rachen in die Atemwege erfolgen.
Also, sollte ein Kind Lampenöl getrunken haben, niemals Erbrechen auslösen, sondern stets den Arzt aufsuchen oder die nächste Klinik!

Vater erklärt seinem Sohn die Kapillarität. Petroleum wird im Docht hochgesaugt gleich wie Kaffee im Würfelzucker oder Tinte im Löschpapier. Diese Stoffe sind von kleinen Kanälen durchzogen, in denen als Folge einer Oberflächenkraft Flüssigkeit hochgesaugt wird

Ein wesentlicher Punkt scheint mir auch der zu sein, dass die Eltern verunsichert sein müssen, weil die Bezeichnung Öl irreführend ist. Verbindet man doch im Haushalt mit dem Begriff Öl eher eine Flüssigkeit, die der Zubereitung von Speisen dient und nicht einem toxischen Kohlenwasserstoff entspricht. Es handelt sich hier, wie bereits erwähnt, chemisch auch gar nicht um ein Öl im herkömmlichen Sinne, sondern um ein Erdölprodukt. Deshalb erscheint es hier doch sinnvoller den Begriff Öl zu meiden und durch z. B. „Brennstoff" zu ersetzen, womit eine weitere Verletzungsgefahr beseitigt wäre. Die ungefärbten Lampenbrennstoffe sind ja auch weiterhin wie auch Petroleum im Handel und sie dienen lediglich einer stimmungsvollen Beleuchtung, die allerdings keine erwähnenswerte Helligkeit spendet. Der kindersichere Verschluss an den Vorratsbehältern und der Warnhinweis auf den Etiketten helfen da auch nicht viel, getrunken wird aus den Lämpchen, deren Form nicht selten ebenfalls anziehend auf Kleinkinder wirken dürfte. Da kann es nur eine Konsequenz geben: Alle Behältnisse, die Lampenbrennstoff enthalten, einschließlich der Lampen selbst, soweit wie möglich außerhalb der Reichweite von Kleinkindern!

Zwei Flaschen Leuchtöl
laut EU-Richtlinie darf Lampenöl nur noch in schwarzen Flaschen verkauft werden

Im Übrigen wird schon seit langem ein natürliches Rapsöl zur Verwendung in den kleinen Öllämpchen im Handel angeboten. Es handelt sich um ein rein pflanzliches Öl, welches aus Raps gewonnen wird und nicht um ein Destillat aus Erdöl, womit die gefährlichen Nebenwirkungen entfallen. Trotzdem sollte es nicht in größeren Mengen getrunken werden, denn dann kann es Durchfälle verursachen. Brennversuche haben gezeigt, dass das Rapsöl bei richtiger Einstellung des Dochtes mit klarer Flamme brennt, nicht rußt, nicht qualmt und nicht stinkt und somit dem alten Lampenöl in keiner Weise nachsteht.

Die Explosionsgefahr beim Gebrauch von Petroleumlampen

Mit Beginn der Verwendung der Kohlenwasserstoffe als Beleuchtungsmittel trat ein unangenehmes Problem in Erscheinung, was den bisherigen Leuchtstoffen, vor allem den fetten Ölen, fremd war. Gemeint sind die Feuergefährlichkeit, die Entflammbarkeit bei relativ niedrigen Temperaturen und die Explosivität, die Möglichkeit der Explosion von Brennstoffdampf-Luftgemischen. Diese Gemische können sich sowohl im Bassin bilden, vor allem, wenn es nicht ganz gefüllt ist, oder aber in der Umgebung des Behälters beim Eingießen des Brennstoffes. Grundsätzlich ist Petroleum weder explosiv noch ist es unter normalen Umständen selbst entzündlich. Die Feuergefährlichkeit eines Lampenpetroleums hängt im Wesentlichen von seinem Siedepunkt und von seinem Flammpunkt ab. Stoffe mit niedrigem Siedepunkt und damit auch niedrigem Flammpunkt sind natürlich erheblich feuergefährlicher. Enthält ein Leuchtöl viele leicht flüchtige Bestandteile aus der Benzinreihe, so ist es sicherlich erheblich feuergefährlicher.

Nun ist aus zahlreichen Untersuchungen und Veröffentlichungen bekannt, dass bei weitem die Mehrzahl, nach anderen Autoren fast alle der bekannten Lampenexplosionen keine Explosionen waren, sondern es handelte sich um Brände, die durch unvorsichtigen und leichtfertigen Umgang mit der Petroleumlampe ausgelöst wurden. Dabei ist dann zusätzlich der teilweise ausgelaufene Behälter manchmal explodiert, was aber nicht als Ursache des Unfalles angesehen werden darf. Zur Explosion von Petroleum gehört ein ganz bestimmtes Mischungsverhältnis von Petroleumdampf und Luft.

Luft und Petroleumdampf
zu gleichen Teilen gemischt:
sind nicht explosibel.

Drei Teile Luft, ein Teil
Petroleumdampf:
verpuffen kräftig.

Fünf Teile Luft, ein Teil
Petroleumdampf:
geben einen lauten Knall.

Neun Teile Luft, ein Teil
Petroleumdampf:
explodieren heftig.

Wenn also in einem nicht ganz gefüllten Petroleumbehälter der freie Raum mit Dampf gesättigt ist, kann eine Explosion nicht ablaufen, weil dieses Gemisch nicht explosibel ist. Gefährlicher wird es beim Vorhandensein leicht flüchtiger Kohlenwasserstoffe. Bei diesen liegt der Flammpunkt teilweise unter 0 °C und bei der großen Flüchtigkeit entzünden sich die Dämpfe erheblich leichter. Ein gutes Leuchtpetroleum, ohne leichte Anteile, mit einem engen Siedebreich, verdampft bei normalen Temperaturverhältnissen nicht so, dass ein explosives Dampfgemisch entstehen könnte. Dazu gehört dann schon eine Erwärmung des Öles im Behälter, sei es durch Weiterleitung der Brennerwärme, sei es durch hohe Außentemperatur. Bei Zutritt von Luft und Kommunikation des Dampf-Luft-Gemisches mit der Dochtflamme wären die Voraussetzungen für eine Explosion gegeben. Diese Kommunikation ist aber nur möglich, wenn der Docht die Brennerhülse nicht ganz ausfüllt, also eine wenn auch kleine, aber offene Verbindung zwischen Flamme und Petroleumbassin besteht. Zwar ist meist eine kleine Öffnung in der

Bodenplatte des Brenners vorhanden, damit kein Vakuum im Behälter entstehen kann, in dem der Brennstoff stärker verdampfen würde. Diese Öffnung ist bei guten Brennern so angeordnet, dass die Flamme nicht zurückschlagen kann.

Man soll also eine Petroleumlampe nicht zu warm und schon gar nicht auf den Kochherd stellen, denn dann kann es trotz eines hohen Flammpunktes des Petroleums zum Platzen der Lampe und auch zu einer Explosion kommen. Eine weitere Gefahr liegt in der Entzündung von Dämpfen beim Füllen brennender Lampen, was tunlichst unterlassen werden sollte. Auch durch Hineinfallen brennender Dochtreste in den Ölbehälter können diese platzen und ein Unheil auslösen. Die meisten Unfälle haben ihre Ursache aber unverändert im unvorsichtigen Umgang mit brennenden Lampen, durch Nachlässigkeit oder durch Umfallen bei nicht ausreichender Stabilität der Lampe.

Es sind stets alle möglichen Vorschläge gemacht worden, der Gefahr beizukommen. Man hat versucht, die Lampen sicherer zu machen und wollte unsichere durch Gesetz verbieten. Ebenso wollte man unsichere Brennstoffe durch Heraufsetzen des Flammpunktes weniger gefährlich machen. Da aber kein Lampenöl tatsächlich sicher ist, dessen Flammpunkt nicht mindestens bei 95 °C liegt, und da solche Öle wegen der erheblich geringeren Ausbeute beträchtlich teurer kämen und dazu noch besondere Lampenkonstruktionen erforderlich wären, bei insgesamt geringerer Leuchtkraft, waren solche Vorstellungen nicht realisierbar. Eine gute Lampe, mit gutem Leuchtpetroleum versorgt und besonders sorgfältig behandelt, war wohl die beste Versicherung gegen Zwischenfälle, wenngleich es auch zahlreiche Löschvorrichtungen an Brennern gab, die eine Löschung der Flamme tätigten, sobald die Lampe in einem bestimmten Winkel nach seitwärts geneigt wurde.

Als Kuriosum aus der frühen Petroleumlampen-Geschichte muten uns beispielhaft zwei Rezepte an, die zum Zwecke der Erhöhung des Flammpunktes ohne Minderung der übrigen Brennqualitäten allen Ernstes empfohlen wurden:

a. Zu 40 Galonen Naphtha 50 Pfd. Kartoffeln, 4 Pfd. Kalk, 4 Pfd. Soda und 3 Pfd. Kurkuma.
b. Zu 40 Galonen Naphtha 5 Pfd. Schwefel, 100 Pfd. rostiges Eisen, 1 Büschel Zwiebel und 40 Pfd. Harz.

Ob diese Mischungen in der Petroleumlampe noch verwendbar waren, wird leider nicht berichtet.

Die Behandlung der Petroleumlampe modifiziert nach Sir Boverton Redwood

Der Docht muss vor der Verwendung getrocknet werden.

Der Docht soll gut in das Dochtrohr passen, es darf kein offener Spalt bleiben.

Der Docht soll stets bis auf den Boden des Behälters reichen. Bei Beschaffung von Docht und Zylinder sollen diese genau zum Brenner passen.

Eine defekte Lampe oder eine solche, bei der der Zylinder gesprungen ist, sollte nicht verwendet werden.

Der Zylinder sollte genau, aber mit etwas Spiel in die Zylinderhalterung passen, da er sich nach dem Anzünden erwärmt und ausdehnt.

Der Zylinder sollte nicht schief stehen, da er sich dann ungleichmäßig erwärmt und springen kann.

Man vergieße beim Einfüllen kein Petroleum und wische etwa Vergossenes gut ab.

Eingießen des Petroleums nur bei nicht brennender Lampe und nicht in der Nähe einer offenen Flamme.

Das Lampenbassin soll stets gut gefüllt sein.

Der Brenner muss nach dem Füllen wieder fest angeschraubt werden.

Vor dem Anzünden entferne man die Dochtkruste vom Oberrand des Dochtes.

Nach dem Anzünden einer Petroleumlampe lasse man sie eine Weile bei kleiner Flamme brennen, damit sich Brenner und Zylinder langsam erwärmen können, besonders bei Flachbrennern. Die Lampe soll auf einer sicheren, ebenen Fläche stehen, nicht auf einem wackeligen Tisch, und man soll sie nicht so stellen, dass sie leicht umfallen kann.

Brennende Lampen soll man nie längere Zeit unbeaufsichtigt lassen. Sie könnten bis auf den letzten Tropfen leerbrennen, wodurch es zu einer Überhitzung des Brenners und einem Zusammenschmelzen desselben kommen kann.

Hängelampen, Sammlung Dietmar Gries, Ochtendung

Tischlampen sollen nicht unnötig herumgetragen werden, und man trage nie andere Gegenstände gleichzeitig mit einer brennenden Lampe. Schwere Lampen trage man mit beiden Händen am Fuß und Schaft, und nicht an der Vase. Die Mehrzahl der Unfälle entsteht durch Fallenlassen der brennenden Lampe, deshalb möglichst die Flamme löschen.

In den Zylinder einer brennenden Lampe darf kein Fidibus zum Anbrennen gehalten werden. Der Zylinder könnte springen! Auch sollte man keine Streichhölzer über dem Zylinder anbrennen. Nach einem Gebrauch von zwei Monaten sollten die Dochte gewechselt werden.

Man soll den Brenner mindestens einmal im Monat zerlegen und gründlich reinigen, damit die Luftzuführung nicht behindert wird, was eine rote Flamme, eine Minderung der Leuchtkraft und eine Überhitzung des Brenners zur Folge hat.

Bei brennender Lampe soll man nicht von oben in den Zylinder blasen.

Ein wesentlicher Punkt ist das Löschen der Lampen.

Beim Löschen der Flamme diese zuerst herunter drehen, dann quer über den Zylinder blasen.

Entzünden sich jemandes Kleider, so soll man die Flamme mit einer Decke, einem Teppich oder einem nassen Tuch ersticken.

Man gieße niemals Öl ins Feuer!

Miszellen

Ein Wort zur Petroleumlampenindustrie

Am Beispiel Berlin soll die deutsche Petroleumlampenindustrie kurz gewürdigt werden. Waren es früher Handwerker, die Klempner und Gürtler, die die Öllampen meist einzeln oder aber allenfalls in ganz kleinen Auflagen fertigten, entwickelten sich um die Mitte des 19. Jhds. zunächst über Kleinbetriebe mit einigen Arbeitern, fortschreitend ein Industriezweig, an dessen Ende für damalige Zeiten Großbetriebe standen. Soll doch die Zahl der in der Berliner Lampenindustrie tätigen Arbeiter, die Einwohnerzahl einer kleineren deutschen Stadt entsprochen haben. Und großmäulig wie eh und je behaupteten die Berliner in den 90er-Jahren des 19. Jhds., in der Beleuchtungsindustrie marschiere Berlin an der Spitze nicht nur Deutschlands, sondern Europas und man dürfe auch sagen, der ganzen Welt.

Die erste Firma, die im moderneren Stil arbeitete, war die Firma C. A. Stobwasser, eine Lackierwarenfabrik, die 1763 in Braunschweig gegründet worden war, dort Lackdosen herstellte, 1820 nach Berlin umzog und sich hier der Lampenfertigung widmete. Aus dieser Firma stammt eine deutsche Version der Schiebelampe oder Studentenlampe, die später von Öl auf Petroleum umkonstruiert wurde, wobei bis heute noch nicht ganz klar ist, ob der Umbau auf Petroleum der Firma Stob-

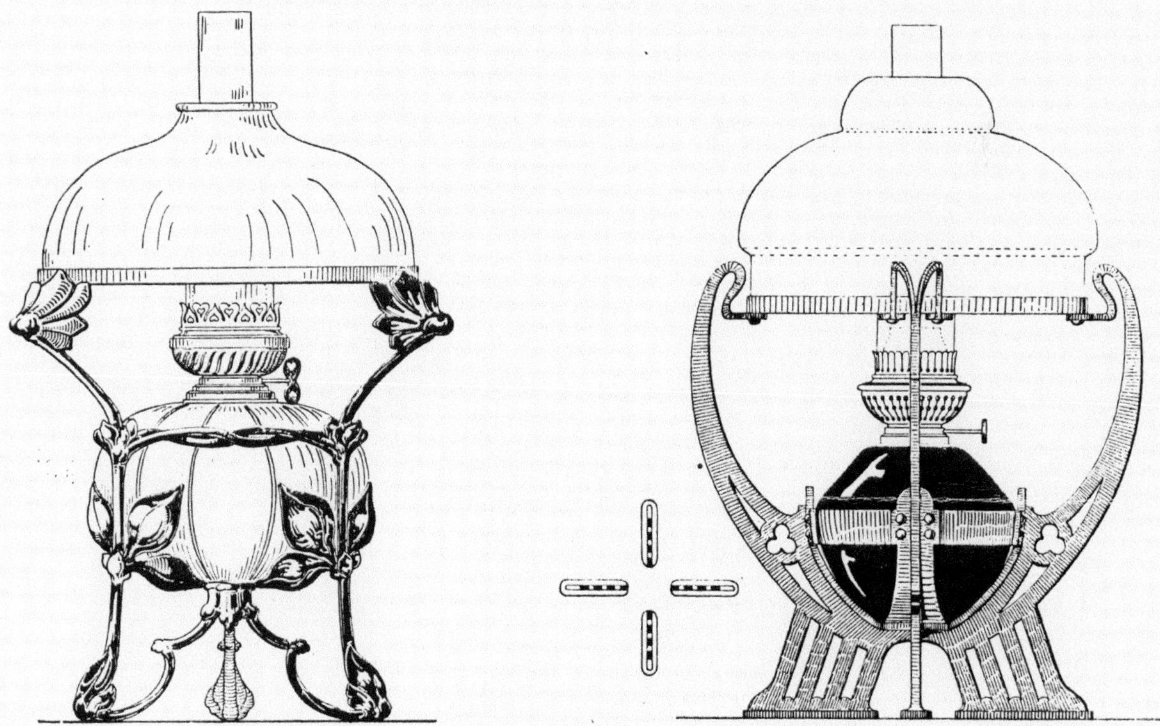

Entwürfe für Petroleumlampen von 1898 anlässlich eines Wettbewerbs des Verlags Alexander Koch, Darmstadt

wasser, Berlin, oder der Firma C. A. Kleemann in Erfurt zuzuschreiben ist. Das Programm von Stobwasser umfasste auch die neuen französischen Entwicklungen, die Kranzlampen und die Moderateurlampen, die auch in Deutschland ihre Liebhaber fanden. 1863 konnte die Firma Stobwasser ihr 100-jähriges Jubiläum begehen, was natürlich die Gesamtfirma betraf und nicht nur den Beleuchtungsteil. Auf dem Plakat zum Jubiläum waren u. a. eine modifizierte Rumford- und eine Moderateurlampe abgebildet.

Auf letztgenanntem Gebiet betätigte sich auch die zweite fortschrittliche Firma in Berlin, die Firma Wild & Wessel, deren Inhaber ihr Handwerk direkt an der Quelle der damaligen Hochburg der Lampenerzeugung, nämlich in Paris, gelernt und hier ihre ersten Erfahrungen gesammelt hatten. Nachdem sie nach Berlin zurückgekehrt, den Franzosen in der Qualität eine deutliche Konkurrenz wurden,

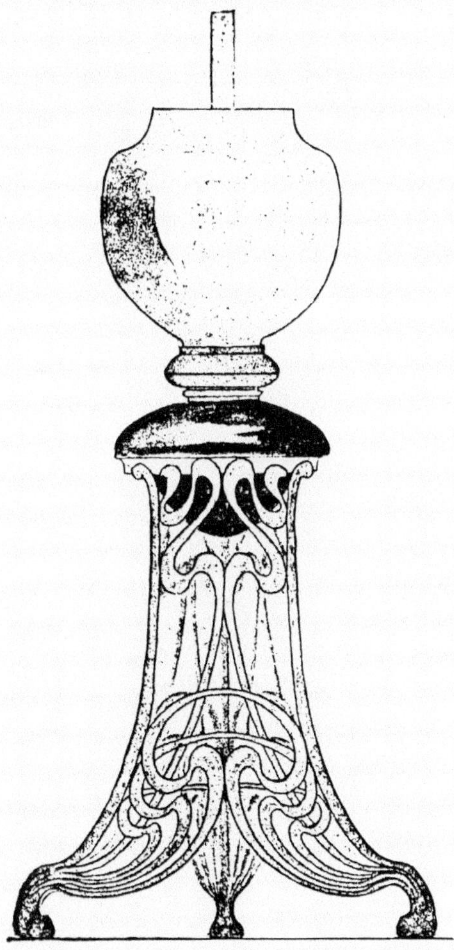

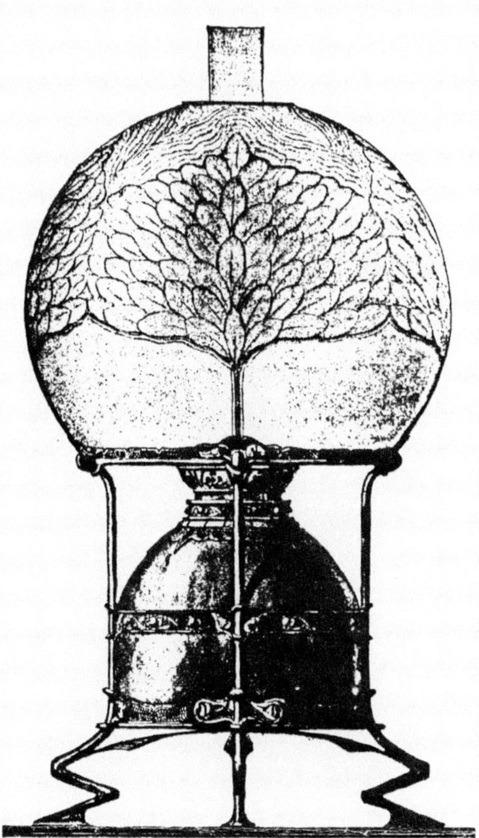

verlegten sie sich schon in der zweiten Hälfte der 50er-Jahre auf die Konstruktion und Fertigung von Photogen- und Solaröllampen, und in den Anfängen der 60er-Jahre entwickelten sie die ersten Petroleumlampen, worauf 1865 die Erfindung des konischen Rundbrenners bzw. des Rundbrenners mit flachem Docht folgte.

Dieser erste in seiner Entwicklung und Ausführung einmalige Brenner für den Brennstoff Petroleum wurde überarbeitet und trat 1870 als Kosmosbrenner seinen Siegeszug über die ganze Welt an und wird heute noch in unveränderter Konstruktion hergestellt. Ein Patent wurde im Frühjahr 1860 eingereicht, wurde aber vom Patentamt unerklärlicherweise abgelehnt mit dem früher schon genannten Grund. Eine auffallende Besonderheit der Firma W. & W. war die hervorragende Qualität der Erzeugnisse, die man fast erfühlen konnte, bevor man sie angesehen hatte, vor allen Dingen bei den Brennern.

Entwurf einer Hängelampe (elektro) zum gleichen Wettbewerb

Schon im Jahre 1865 versuchte die Firma W. & W. Schraubennormale für Petroleumlampen einzuführen, was von den übrigen Firmen auch angenommen und maßgeblich für die Lampenindustrie wurde. Für die gangbarsten Größen der Flach- und Rundbrenner legte die Firma die Normalweiten, Kropfhöhen und sonstige Dimensionen der Zylinder fest, was als eine frühe Normierung angesehen werden muss.

Berlin war sicher das größte Lampenzentrum in Deutschland mit zahlreichen großen und kleinen Herstellern und Fabriken, die teilweise nicht lange existierten aber immer wieder durch neue ersetzt wurden. Die großen Firmen haben sich teilweise bis nach dem Zweiten Weltkrieg gehalten. Ein weiteres Zentrum für Petroleumbeleuchtung lag in Thüringen mit Zentrale in Erfurt und ein drittes, nicht unbedeutendes konzentrierte sich im Sauerland mit Zentrum in Neheim-Hüsten, wo die Firma Kaiser & Co. heute unter englischem Namen noch existiert. Im Süden gab es einige kleinere Firmen in Nürnberg und München, wobei der Süden Deutschlands auch von der großen österreichischen Firma Ditmar und von der Firma Brünner beliefert wurde. Nicht vergessen werden sollte die sehr geschäftige Firma Hugo Schneider in Leipzig, die sich wohl die längste Zeit mit Petroleumbeleuchtung aller Art befasst und diese auch produziert hat.

Da die Petroleumlampe im Laufe der Zeit in relativ großen Serien aufgelegt wurde, war es gar nicht möglich, sie von einem einzelnen Arbeiter herstellen zu lassen. Viele geschäftige, fleißige Hände mussten tätig sein, bevor eine Lampe an-

Plakat der Firma Stobwasser, Berlin zum hundertjährigen Jubiläum 1863

gezündet werden konnte. Die Arbeit begann mit dem Entwurf und dem danach gefertigten Modell. Dann erst konnten die Former, Gießer, Drücker, Klempner, Galvaniseure und Monteure tätig werden, bevor Mädchen die Lampenteile zusammensetzten und endlich verpacken konnten. Dabei kamen die Lampenkörper aus Majolika, Glas- oder Porzellan von auswärtigen Firmen oder Manufakturen in Böhmen, Schlesien, Thüringen und Ungarn.

Die Menschen hatten sich sehr schnell an das hellere Petroleumlicht gewöhnt und die Lichtansprüche hatten sich innerhalb von wenigen Jahrzehnten um etwa das zwanzigfache gesteigert. Dabei darf nicht vergessen werden, dass die enorme Verbesserung der Beleuchtung der Öffentlichkeit, in Läden und Restaurants, die Wünsche der Bevölkerung für die Beleuchtung in der eigenen Wohnung ebenfalls erheblich beeinflusste. Die steigende Nachfrage, auch nach neuen Lampenformen, ließ in Berlin zahlreiche neue Firmen entstehen, sodass Anfang der 90er-Jahre des 19. Jhds. in Berlin etwa 10.000 Menschen in der Petroleumlampenfabrikation tätig waren. Die Gesamtheit der Berliner Firmen, von denen es mehrere Hundert gegeben haben soll, produzierte nach vorsichtigen Schätzungen pro Jahr etwa 10 bis 12 Mio. Rundbrenner für Petroleumlampen, von denen eine große Zahl exportiert wurde.

Ende der 90-er Jahre des 19. Jhds. wurde durch die im Verlag von Alexander Koch, Darmstadt, erscheinende Zeitschrift *Deutsche Kunst und Dekoration* ein Wettbewerb für Kunstgewerbliche Entwürfe ausgeschrieben. Die Überlegungen gingen seinerzeit wohl in Richtung der Entwicklung eines „eigenen deutschen Stils". Dabei durften in bestimmten Kreisen natürlich nationalistische Tendenzen eine Rolle gespielt haben. Anderseits ging es wohl in erster Linie um Festigung des „Deutschen Jugendstils", der in Deutschland nie die Rolle gespielt hat, wie bei unserem Nachbarn.

Zu diesem Wettbewerb waren im Jahr 1898 auch Entwürfe für Petroleumlampen unter dem Motto „Moderne Gestaltung einer Petroleum-Tischlampe in Majolika mit Bronzefassung" prämiert worden. Lampe Nr. 1 und Nr. 2 wurden mit dem Ersten Preis ausgezeichnet, sicher unter ästhetischen Gesichtspunkten. Im Kommentar jedoch wurden die *„großartigen, schattenspendenden Schirmträger"* gerügt. Man hätte damals auch wissen müssen, dass speziell bei der Petroleumbeleuchtung Abstriche gemacht werden müssen, da sich Beleuchtungstechnik und Ästhetik häufig in die Quere kommen. Das Zusammenspiel von Petroleumvase, Vaseträger, Brenner und Lichtdämpfung muss ausgeglichen sein und miteinander harmonieren. Die Proportionalität muss stimmen. Ähnliche Exemplare wie hier preisgekrönt, wurden einige Jahre später im Handel angeboten.

Eine neue Art Sicherheitslampe

In den 70er-Jahren des 19. Jhds. wurden Polizeibeamte und Nachtwächter, die Warenhäuser mit leicht entzündlichen Stoffen zu überwachen hatten, in Paris mit Sicherheitslampen ausgestattet, die folgendermaßen funktionierten:

In ein geschliffenes Glasfläschchen kam ein erbsgroßes Stückchen gelber Phosphor, der mit siedendem Olivenöl übergossen wurde bis ein Drittel des Fläschchens gefüllt war. Anschließend wurde das Fläschchen mit einem Korken hermetisch verschlossen.

Polizeilaterne
mit Flachdochtbrenner und plan-konvexer Linse zur Bündelung der Lichtstrahlen, auch „Diebslaterne" genannt, 2. Hälfte 19. Jhd.

Wenn diese Laterne leuchten sollte, wurde der Korken einen Moment geöffnet, um der Luft Zutritt zu verschaffen. *„Sofort wird der leere Raum der Flasche erleuchtet und verbreitet eine klare Helle in ähnlicher Weise wie die Blendlaternen."* Bei nachlassender Lichtintensität konnte der Belüftungsvorgang wiederholt werden, um die alte Helligkeit wiederherzustellen. Diese Lampe war in der Lage, über sechs Monate ihren Dienst zu verrichten, ohne nachzulassen.

Es fragt sich nur, was passierte, wenn die Lampe in einem Lager mit leicht entzündlichen Stoffen auf den Boden fiel, zersprang und das Öl-Phosphor-Gemisch umherspritzte!?

Die Beleuchtung der Eisenbahn-Personenwagen

Die bei der Eisenbahn anfänglich zum Personentransport eingesetzten Wagen waren offen, teilweise mit einer Plane abgedeckt, woraus sich dann recht schnell die geschlossenen Wagons entwickelten. Bereits auf der Eisenbahnlinie Liverpool-Manchester, die 1830 eröffnet wurde, verkehrten 1.- und 2.-Klasse-Wagons. Der schnell sich entwickelnde und steigernde Verkehr stellte immer größere An-

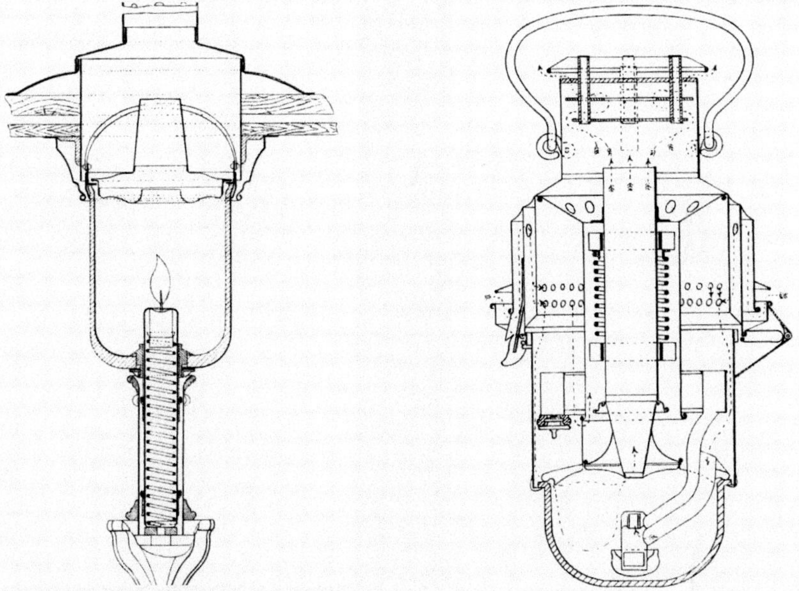

Eisenbahn-Personenwagen-Beleuchtung, links: Kerze rechts: Öl

sprüche an die Eisenbahnverwaltungen, das Reisen zu erleichtern. Dazu gehörte auch eine gute und ausreichende Beleuchtung, die den Gästen das Lesen und Arbeiten während der Fahrt ermöglichen sollte.

Auch die ersten Züge mit geschlossenen Wagons haben lediglich eine Signallaterne an Lokomotive und ein Schlusslicht am letzten Wagon. Die erste Wagenbeleuchtung in Deutschland soll im Jahre 1836 auf der Dresden-Leipziger Bahn mit Kerzen eingeführt worden sein. In Preußen wurde mit Erlass des Königs vom 11.11.1844 die Einführung der Wagon-Beleuchtung angeordnet:

„Des Königs Majestät halten es der Sicherheit und des Anstandes wegen für wünschenswert, das die Eisenbahnwagen während der nächtlichen Züge erleuchtet werden."

Die Kerzenbeleuchtung als älteste Eisenbahnwagenbeleuchtung wurde bis auf wenige Lokalbahnen sehr bald durch die bessere Ölbeleuchtung ersetzt. In Ver-

wendung waren Stearin- und Paraffinkerzen, deren Anschaffungskosten relativ hoch, und deren Leuchtkraft sehr gering waren. Dafür waren dann die Bedienungskosten wieder niedrig. Als Brennöl wurden fast ausschließlich Rüböle, in Spanien auch Olivenöl mit Petroleumzusatz verwendet. Vor allem im Winter wurde auch in Deutschland dem Öl Petroleum zugesetzt, um dem Festwerden des Öles bei Kälte vorzubeugen.
Die Petroleumbeleuchtung hat auf den europäischen Bahnen nicht die Bedeutung erlangt wie in Amerika. Nur in geringen Umfang benutzten die bayerischen

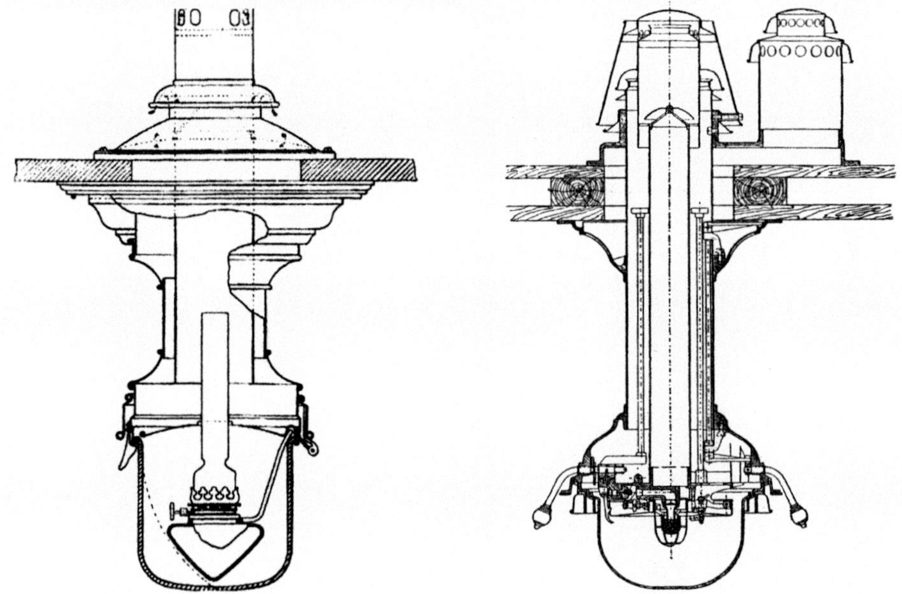

Eisenbahn-Personenwagen-Beleuchtung,
links: Petroleum
rechts: Gas

und württembergischen Staatsbahnen Petroleum, während auf den preußischen Staatsbahnen das Petroleum wegen seiner Feuergefährlichkeit zur Wagenbeleuchtung verboten war. Aus dem gleichen Grund wurde bei den Eisenbahnen kein Haushaltspetroleum, sondern ein schwereres Öl mit einem Flammpunkt von nicht unter 110 °C gebrannt. Die Nachteile der Petroleumbeleuchtung waren ähnlich wie bei der Ölbeleuchtung. Die Bedienungskosten waren hoch, Reinigung und Instandhaltung waren schwierig. Zur Reinigung, Füllung und Pflege rechnete man einen Lampenputzer auf etwa 50 Öl- und Petroleumlampen. In den 70ern und 80ern des 19. Jhds. erfolgten dann auch Versuche mit Gas- bzw. elektrischer Beleuchtung, die nach der Jahrhundertwende langsam eingeführt wurde. Am längsten hat sich wohl die Gasbeleuchtung gehalten, die in den einfachen Personenzügen noch während des Zweiten Weltkrieges installiert war. Betrieben wurde diese mit Ölgas, welches in Gasflaschen mitgeführt wurde.

W. H. Zimmermann´s hydroelektrische Lampe

Ein Kuriosum aus dem Jahre 1875, welches den großen Beleuchtungsmarkt wohl nicht so recht erreicht hat, ist diese Lampe, die sich durch einen Knopfdruck entzünden und durch einen kleinen Blasebalg löschen ließ. Dazu benötigte die Lampe eine kleine Stromquelle, ein galvanisches Element, welches seinen Strom in eine seitlich an der Lampe angebrachten Gefäßes erzeugte, und einen dünnen Platindraht in der Nähe des Lampendochtes zum Glühen brachte. Dazu war zusätzlich ein Wasserstofferzeuger erforderlich, untergebracht im Fuß der Lampe, dessen erzeugtes Gas zum Platindraht strömte, ähnlich wie beim Döbereiner'schen Feuerzeug, sich am Platindraht entzündete und die Flamme an den Lampendocht weitergab. Alle Teile waren durch Hebel verbunden, sodass ein Knopfdruck genügte, alles in Betrieb zu setzen. Die Lampe brannte, alles andere konnte wieder in den Ruhestand zurückkehren.

Ein Gummiball mit Schlauch war mit einem Löscher im Brandrohr des Brenners verbunden, und durch Drücken des Gummiballs ließ sich die Flamme ausblasen. Ein Monstrum von Lampe mit drei Kraftquellen, wobei der Gesamtaufwand sicherlich größer war als bei einer normalen Petroleumlampe.

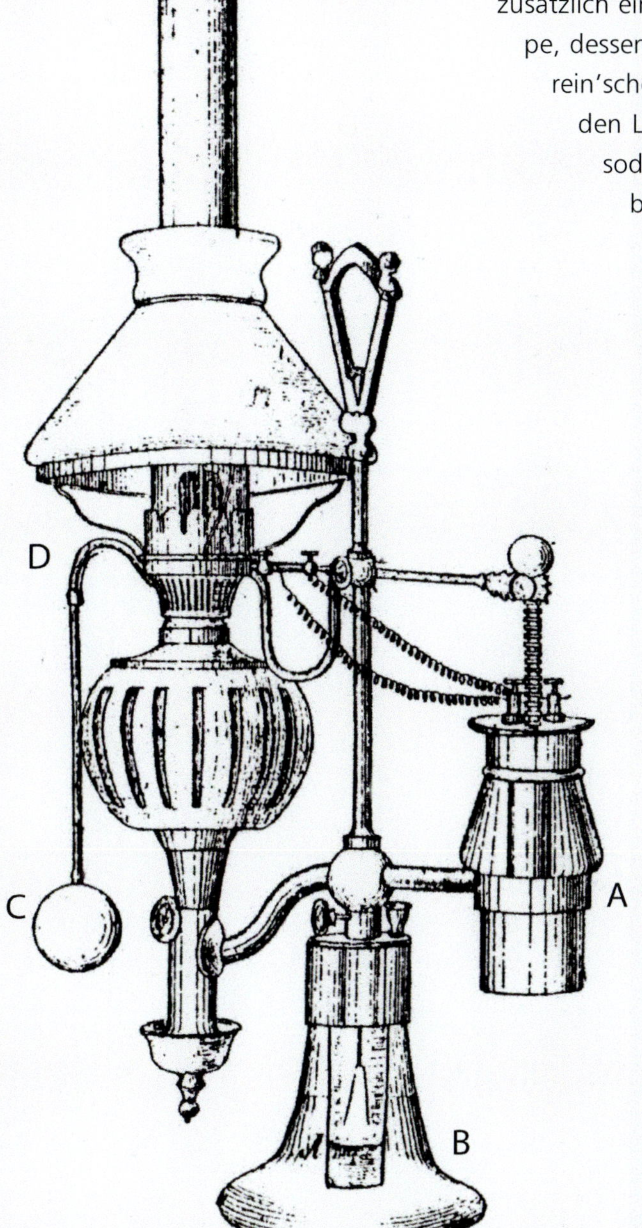

W. H. Zimmermann's hydroelektrische Lampe
A: Stromquelle
B: Wasserstofferzeuger
C: Blasebalg
D: Brenner

Ein mit Flüssigkeit gefüllter, kugelförmiger Glaskörper zu Erhöhung der Leuchtkraft von Flammen

In jener Zeit gab es nichts, womit man nicht versuchte, die Helligkeit des produzierten Lichtes zu verstärken. Dazu gehört auch diese doppelwandige Kugel, die wie eine normale Lampenkugel auf den Kugelträger des Brenners gesetzt und mit Wasser gefüllt wurde. Die Außen- und Innenwand der Glaskugel war in kleine Halbkugeln aufgelöst, und die Erhöhungen der inneren Wand entsprachen genau den Erhebungen auf der äußeren Seite der Kugel in der Form, das die Achsen je zweier, sich gegenüberstehender Halbkugeln durch den Mittelpunkt der Flamme liefen. Dadurch sollte das Licht zerstreut und eine bedeutende Erhöhung des Lichteffektes erzielt werden. Auf den ersten Blick wirkt das ganze Gebilde wie ein Konglomerat von bikonvexen Sammellinsen und erinnert an eine Menge kleinkalibriger Schusterkugeln. Wie sich sein Lichteffekt ausgewirkt hat, ist leider nicht überliefert.

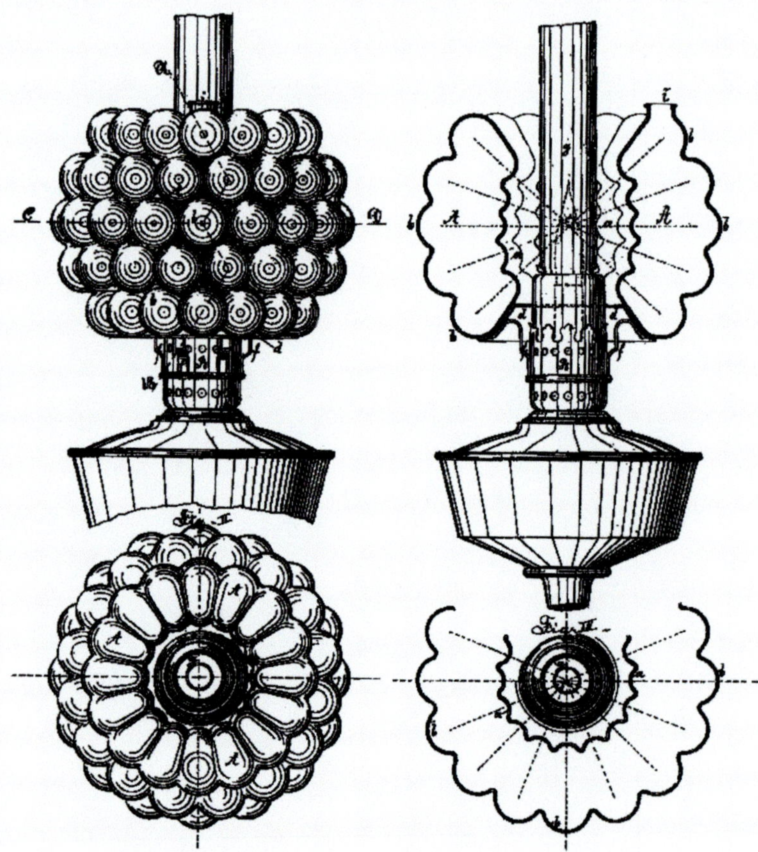

Glaskörper
zur Erhöhung der Leuchtkraft

Ein paar Bemerkungen zum Sammeln

Der Mensch sammelt solange es ihn gibt. Dieser Urtrieb wurde ihm lebenserhaltend mit in die Wiege gelegt und hat sich bis heute erhalten, auch wenn er ihn zu Erhaltung des Lebens heute nicht mehr benötigt. Damit ist gesagt, worum es in diesen Zeilen geht. Der Ausdruck „Sammeln" ist vielschichtig und nicht nur auf eine bestimmte Tätigkeit eines Einzelnen begrenzt. Das Sammeln kann personenbezogen oder auch sachbezogen aber auch auf sich selbst bezogen sein. Die ganzen Theorien, die über das Sammeln aufgestellt wurden, lassen sich auch widerlegen. Lassen wir also den Sammlern ihr Vergnügen.

Wandboard Sammelsurium

Heute ist das Sammeln eine mehr oder weniger lustvolle Beschäftigung mit Dingen, die man nicht unbedingt braucht, an denen man andererseits aber Vergnügen und Freude hat, sozusagen die Umkehrung einer lebenserhaltenden Notwendigkeit in ein kulturelles Bedürfnis, sei es nun aus allgemeinen oder wissenschaftlichen Gründen. Dieses Bedürfnis kann natürlich ausufern und Formen annehmen, die schlecht beherrschbar sind und unangenehme Folgen haben können, dann z. B. wenn die Menge des Sammelgutes die Lagerkapazität überschreitet oder der Geldbeutel überstrapaziert wird. Doch auch diese Situation dürfte im Urtrieb verankert und damit entschuldbar sein, denn der Mensch war schließlich immer gehalten, auf Vorrat zu sammeln.

Der Anlass zur Befriedigung des Urtriebes kann heute, da der Trieb nicht mehr lebenserhaltend notwendig ist, vielfältiger Natur sein. Der eine sammelt um des Sammelns willen, der andere sammelt, weil ihm bestimmte Dinge besondere Freude bereiten, der nächste sammelt, weil er sein Geld anlegen möchte und eine Wertsteigerung erwartet. Ein weiterer sammelt, weil ihn die Objekte an irgendein Ereignis erinnern, weil er etwas für die Nachwelt erhalten oder beweisen will und so weiter. Gefährlich wird es, wenn das Sammeln nur zum Ziel hat, etwas besitzen zu wollen, koste es was es wolle. Pathologisch ist die Situation letztlich, wenn der Sammler seine Objekte in einem hermetisch verschlossenen Raum unterbringen muss und sich die Objekte nur von Zeit zu Zeit hinter verschlossenen Türen ansehen kann, sei es nun aus Angst vor Diebstahl, oder sei es nun bei juristisch fraglicher Herkunft der Objekte. Die letztgenannten Situationen dürften einem gewissen Zwang unterliegen und medizinisch ließen sie sich in die Gruppe der Zwangsneurosen einordnen.

Das Sammeln von Beleuchtungsobjekten ist schon seit langer Zeit ein interessantes Gebiet, welches sich in unendliche Teilgebiete gliedern lässt. Das ist teilweise nicht nur sinnvoll, sondern ratsam, weil die einzelnen Teilgebiete so groß und vielfältig sind, dass man von Glück sprechen kann, wenn man in der Lage ist, ein Teilgebiet annähernd zu überblicken. Einen guten Überblick zu erhalten, hängt weitgehend von der Vielzahl der noch in Museen und auch im Handel erreichbaren Objekte ab, an denen man seinen Blick schärfen und seine Kenntnisse erweitern kann. Das gilt auch für die Petroleumbeleuchtung, die noch recht jung und bis heute noch nicht völlig außer Gebrauch gekommen ist. Vor 100 Jahren war die Petroleumbeleuchtung weltweit noch die am weitesten verbreitete Beleuchtungsmethode. Meines Erachtens ist es verwunderlich, dass von den zu Millionen und Abermillionen hergestellten Petroleumlampen – jeder Haushalt besaß um die Jahrhundertwende mehrere Lampen – so wenige erhalten geblieben sind. Aber die rasant fortschreitende Technik bot den Menschen fast täglich etwas Neues,

welches das ältere überflüssig werden ließ. Es wurde vieles auf den Dachboden gestellt, es wurde aber auch sehr viel vernichtet, weil man begann fortschrittsgläubig zu werden und den verführerischen, falschen Versprechen der Industrie Glauben schenkte. Aber auch in zwei Kriegen wurde viel zerstört, was nicht nur durch direkte Kriegseinwirkung, sondern auch durch das staatlich angeordnete Sammeln von Buntmetallen für die Kriegsindustrie und das Entrümpeln der Dachböden, um der Brandgefahr als Folge der kriegsbedingten Luftangriffe besser begegnen zu können.

Fusch,
abgesägter englischer Kerzenhalter,
neues Glasbasin, neuer Brenner

Trotzdem lässt sich noch einiges an Petroleumlampen zusammentragen. Heute ist das Angebot an brauchbarer und interessanter Petroleumbeleuchtung sehr stark zurückgegangen. Die guten Stücke sind in festen Händen, die weniger guten wechseln schon einmal häufiger den Besitzer, um damit Geld zu verdienen. Es werden immer wieder Stücke als Dachbodenfund angeboten, wobei es sich meist um Funde handelt, die aus vielen alten Teilen zusammengesetzt sind und in Wirklichkeit als Schrott bezeichnet werden müssten. Insgesamt gibt es einige gute Sammlungen von unterschiedlicher Größe, und eine große Anzahl von teilweise ausgesuchten Stücken dürfte sich auf die Gesamtbevölkerung verteilen. Die Motivation zum Erwerb einer Petroleumlampe ist sicherlich unterschiedlicher Natur. Der Modetrend spielt hier eine Rolle, oder man möchte auch mal eine schöne alte Petroleumlampe stehen haben, wie man sie noch bei der Großmutter sehen konnte, sich selbst aber zu der Zeit nicht für den alten Plunder interessierte und sie in den Müll wandern ließ. Im Text wurde schon auf die Gruppe der Porzellan- oder Glassammler hingewiesen, die die Preise für Petroleumlampen, an denen Porzellan- oder Glasteile aus bestimmten Manufakturen verarbeitet sind, in schwindelnde Höhen treiben.

Auf einer Antiquitätenauktion seinerzeit wurde eine kleine Petroleumlampe aus Chinaporzellan aus der Zeit um 1890 versteigert. Es handelte sich um Porzellan, wie es seinerzeit zur Herstellung von Lampenkörpern importiert wurde. Das Limit der Lampe lag bei DM 150,-, der Zuschlag erfolgte bei DM 850,-, macht mit allen Aufschlägen fast DM 1.000,-. Ein stolzer Preis für ein Objekt, welches mit 200 bis 250 DM wohl gut bezahlt gewesen wäre.

Womit wir bei den Preisen wären, die sicher nicht immer nach Angebot und Nachfrage und auch nicht nach streng kaufmännischen Gesichtspunkten kalkuliert werden. Jeder Händler versucht zunächst einmal, soviel herauszuschlagen wie möglich, was durch den authentischen Ausspruch eines Antiquitätenhändlers besonders unterstrichen wird: *„Bei mir läuft nichts unter 600 %!"* Das ist sicherlich die Ausnahme, und auf vielen Märkten gibt es zahlreiche Händler, bei denen sich

zivile Preise aushandeln lassen. Es kommt immer wieder vor, dass man bestimmte Objekte über mehrere Märkte, unter Umständen über Monate exakt verfolgen kann, jedes Mal bei einem anderen Händler und jedes Mal bei jedem Händler deutlich teurer. Was ist geschehen? Das Objekt wurde immer wieder von einem anderen Händler, natürlich mit entsprechendem Rabatt, erworben und erneut angeboten, natürlich mit entsprechend höherem Aufschlag, sodass das Teil beim vierten Händler etwa 100 % teurer war als beim ersten. Auf diese Weise wird Geld verdient und der Kunde des vierten Händlers ist der Dumme, und das noch unter ganz legalen Voraussetzungen; denn kaufmännisch ist an dem Kreislauf absolut nichts auszusetzen. Ob das Verhalten anständig oder fair ist, sei dahingestellt. Die Schwierigkeit dürfte in der Tatsache liegen, dass es auf dem Gebiet keine echten und bindenden Bewertungsmaßstäbe gibt und auch keine ausgebildeten Fachhändler für Antik und Trödel, und speziell keine Fachhändler für antike Beleuchtung. Es ist schließlich nichts dagegen zu sagen, dass der Trödler oder Antikhändler Autodidakt ist, der Sammler ist es in der Regel ja auch. Wenn aber ein Händler einem Sammler klarmachen will, der Beginn des Biedermeiers liege bei 1890, dann hört der Spaß doch schlicht und einfach auf. Das ist zwar nicht die Regel, es ist aber auch nicht die Ausnahme! Da bleibt dem Sammler nur eines, er sollte den Stand oder das Geschäft schleunigst verlassen, denn weitere Diskussionen führen in solchen Fällen in der Regel zu nichts, allenfalls zu Ärger. Ansonsten sollte er sich kundig machen, sein Wissen erweitern, damit er auf solche Dummheiten nicht hereinfällt.

Blumenvase von „Gallé“, umfunktioniert in eine Petroleumlampe

Wenn man nun Gelegenheit hat, eine Petroleumlampe zu erwerben, wenn etwas Schönes angeboten wird, so sollte man sich das Teil vor dem Kauf sehr genau anschauen, und man solle sich überlegen, ob das Stück den geforderten Preis auch Wert ist. Soweit es dem Käufer möglich ist, sollte das Objekt auf Defekte und Originalität geprüft werden, denn es gibt bestimmte Kriterien, die erfüllt sein müssen. So sollten Bassin, Schaft und Fuß der Lampe in ihrer Proportionalität und auch im Dekor zueinander passen. Bei Lampen mit integriertem Petroleumbehälter, seien sie aus Zinkguss, Majolika oder Porzellan, wiederholt sich das Dekor des Körpers in der Regel im Deckel und im Fuß, wobei die Deckel der Majolika-Lampen besonders gern verloren gehen und man trotz intensivsten Suchens das passende Teil in Jahrzehnten nicht findet. Und glaube man nicht, dass es einem so gehe wie jenem Sammler, dem der Deckel zu einer weißen Porzellanlampe fehlte, der jahrelang danach suchte, sich einen Ersatzdeckel aus Messing anfertigen ließ, der gar nicht schlecht aussah und mit dessen Aussehen der Sammler sich fast abgefunden hatte, und eines Tages erhält der Sammler genau diesen Deckel, den er suchte, durch eine Händlerin. Und dieser Deckel passte auch noch exakt auf

den Lampenkörper. Unglaublich, die Wahrscheinlichkeit lag bei einem Verhältnis von 1:100 000.

Achten Sie auf Sprünge in Glasteilen, vor allem im Petroleumbassin! Kristall springt leicht an Verbindungsstellen mit Metall wegen der unterschiedlichen Ausdehnungskoeffizienten. Sprünge sollten mit Zwei-Komponenten-Kleber fixiert werden.

Blick in eine Sammlung

Risse können auch in Messingteilen auftreten, die bei der Fabrikation gedrückt, gepresst oder gezogen wurden. Vor allem nach der Jahrhundertwende (19./20. Jhd.) wurden von zahlreichen Firmen aus Ersparnisgründen immer dünnere Bleche zur Herstellung von Lampen und Lampenteilen verwendet, die nach der Bearbeitung, ebenfalls aus Ersparnisgründen, nicht ausgeglüht wurden. Die Folge sind Spannungsrisse, die den Petroleumbehälter undicht und die Brenner unbrauchbar werden lassen. Grundsätzlich gilt, je jünger die Lampe, desto schlechter die Qualität, was auch für die Majolika-Verarbeitung Gültigkeit hat, es sei denn, es handelt sich um ein Einzel- oder Designerstück.

Noch ein Blick in eine Sammlung

Sehen Sie sich vor bei Petroleumlampen, die elektrifiziert waren oder noch sind, es erwarten Sie Überraschungen, dass Ihnen die Augen übergehen. Hammer und Meißel sind meist noch kleine Werkzeuge, die genutzt werden, um den Weg ins Innere der Lampe frei zu machen. Fast immer bleibt ein Trümmerfeld zurück, welches nur mit Mühe restauriert werden kann. Wenn schon elektrifizieren, womit die Petroleumlampe unweigerlich ihrer Seele beraubt wird, dann so, dass es nicht auffällt und dass sie sich jederzeit wieder in den Urzustand zurückversetzen lässt. Ganz Clevere versuchen schon einmal den Fuß einer Elektrolampe in eine Petroleumlampe umzufunktionieren, was sich mit Porzellanteilen gut bewerkstelligen lässt. Der aufmerksame Betrachter wird die verkittete Kabeldurchführung jedoch nicht übersehen!

Falls Sie sich irgendwann entschließen sollten, eine Sammlung aufzubauen, sei es nun eine Sammlung römischer Tonlampen, eine Sammlung von Petroleumlampen oder eine Sammlung von Muranogläsern, dann sollten Sie sich vorher darüber klar werden, dass eine Sammlung nie fertig, nie komplett werden darf. Wenn eine Sammlung abgeschlossen wird, dann stirbt sie! Gott sei Dank, nur ganz selten kann eine Sammlung wirklich komplett werden.

Kurze persönliche Anleitung zur Restaurierung alter Lampen

Restaurierungsbedürftig!

Das Wort zur Restaurierung alter Petroleumlampen hat seinen Sinn, denn ein guter Sammler übernimmt den größten Teil dieser Arbeiten selbst, lernt er dadurch die Lampe und ihre Funktion doch erst richtig kennen. Grundsätzlich muss die Lampe nicht aussehen wie am ersten Tag nach ihrer Produktion, das wäre unnatürlich, denn diese Dinge haben in der Regel mehr Jahre zu tragen als ihr Besitzer. Sie haben ihr Alter und dürfen auch schon einmal etwas krumm stehen. Nur wackeln und umfallen sollten sie nicht, denn dabei könnten Sie sich verletzen und dagegen sollte Vorsorge getroffen werden. Defekte Teile müssen halt stabilisiert und der grobe Schmutz muss entfernt werden. Dazu gehört auch das an der ganzen Lampe schon vor Jahrzehnten abgelaufene und mittlerweile fest und braun gewordene Petroleum, das den Lampen ihren Glanz und ihre Ausstrahlung nimmt.

Bei den Messingteilen sollte dem Besitzer die Entscheidung überlassen bleiben. Eine über Jahrzehnte gewachsene Patina kann so schön und ausdrucksvoll sein, dass es sich lohnt, sie zu erhalten. Dahingegen sollten schmutzige und oxidierte Messingteile gesäubert und eventuell poliert werden, denn sie laufen nach einer bestimmten Zeit ohnehin wieder an und entwickeln ihre eigene Patina. Messing sollte man auf keinen Fall mit Sidol bearbeiten. Es setzt sich in allen Ritzen und Löchern fest und ist nur unter erheblichen Schwierigkeiten zu entfernen. Fehlende Teile sollten soweit wie möglich mit alten komplettiert werden.

Bei der Reinigung richtet sich das Vorgehen wesentlich nach dem Material, aus dem die Lampe besteht. Grundsätzlich alle Teile vom groben Schmutz, alten Petroleumresten entfernen und entfetten.

In der Regel reicht dazu eine sehr konzentrierte Spülmittel-Lösung oder wenn das nicht funktioniert, ein Bad in Nitro-Verdünnung (Universal-Verdünnung ist nicht brauchbar). Vorsicht bei Verdünnung, sie ist gesundheitsschädigend. Wenn alles nicht hilft, z. B. alte Farben, dann kann man das Teil noch auskochen in Kali- oder Natronlauge, was aber nicht ungefährlich ist.

Mit dieser Behandlung sind Glas-, Porzellan- und Majolika-Lampen meist schon recht ansehnlich geworden. Unter Umständen muss man mit einem Pinsel oder einer Bürste nachhelfen!

Alles Weitere hängt hier besonders vom Grundmaterial ab und da soll man Folgendes beachten:
Messing, Nickel, Kupfer: Nach dem Entfetten kurz in ein Säurebad 1 bis 5 Minuten, je nach Konzentration, um die Oxide zu lösen. Säure: eine etwas stärkere Zitronensäure oder eine andere milde organische Säure. (Auf keinen Fall Schwefel- oder Salpetersäure, stärkere Säuren greifen die Metalle sofort an!) Anschließend abwaschen und sämtliche Säurereste entfernen oder neutralisieren, trocknen und anschließend mit Stahlwolle 00 oder 000 blankreiben. Das ist etwas Arbeit, aber der Erfolg ist einmalig. Auf Hochglanz polieren bleibt jedem persönlich überlassen. Polierte Messingteile können natürlich nach dem Polieren und nochmaligem Entfetten mit Kunststofflack gespritzt werden, um den 02 der Luft abzuhalten und Glanz zu erhalten. Zaponlack scheint nicht sinnvoll, da dieser nicht ganz dicht ist.

Zink, Hartblei, Régule: Sollten in einer Spülmittel-Lösung gereinigt werden und können auch einige Tage in der Spülmittel-Lösung liegen bleiben. Auf keinen Fall in Säure, das Metall wird sofort zerfressen! Bei diesen Materialien muss man mit Bürste und Pinsel selbst Hand anlegen.

Eisen: Total entrosten, evtl. schwärzen und luftdicht lackieren. Man soll nicht die üble Angewohnheit vieler Händler übernehmen, Eisenteile nur grob zu entrosten und den restlichen Rost mit Fett oder Wachs zu versiegeln, in dem Glauben, damit wäre dem Rosten Einhalt geboten. Im Gegenteil! Im Rost (Eisenoxid Fe2O3) ist so viel Sauerstoff enthalten, dass es unter dem Fett lustig weiterrostet, gleichgültig wie dick die Fett- oder Wachsschicht ist, die über dem Rost liegt.

Inkandeszenz-Beleuchtung, Sammlung Rudi Fischer, Sarnen/CH

Marmor, Alabaster: Keinenfalls mit Säure behandeln. Nur Spülmittel oder Seifenlösung. Nach dem Trocknen leicht mit gutem Bohnerwachs behandeln und nach dem Trocknen blankreiben.

Glas: ist problemlos. Nur bei goldstaffierten und kalt gemalten Gläsern Vorsicht, die Goldschicht ist so dünn, sie wird leicht mit abgewischt und bei den kalt gemalten Gläser lösen sich die Farben im Wasser oder in Lösungsmitteln auf.

Viel Erfolg!

Die Früher meist verwendeten Leuchtstoffe

FESTE LEUCHTSTOFFE

Feste Leuchtstoffe

Unschlitt

Es handelt sich dabei vorwiegend um das in der Bauchhöhle der Wiederkäuer Rind, Hammel, Ziege und Hirsch in großer Menge abgelagerte Fett. Nach der Entnahme sind dem Fett natürlich Blutteilchen und Bindegewebsreste beigemischt. Diese können in Fäulnis übergehen und Fäulniszersetzung erleiden, womit das Fett ranzig wird. Als Leuchtmittel wurde Unschlitt sowohl in der Vorzeit als auch bis ins 19. Jhd. in sog. Unschlittlampen gebrannt, kleinen tiegelartigen Gefäßen, die ein trübes Licht verbreiteten, dafür aber umso mehr Gestank.

Talg

Talg ist das, aus dem Unschlitt ausgeschmolzene reine Fett der obengenannten Tierarten. Vorwiegend werden Rinder- und Schaftalg, aber auch Hammeltalg verwertet. Nach entsprechender Reinigung wurden diese Fette mit einem Schmelzpunkt zwischen 45 und 50 °C in kleinen Schalenlampen genutzt und im Mittelalter wurden die Grubenlampen der Bergleute mit Talg betrieben. Die Dochtflamme musste den Talg erst zum Schmelzen bringen, bevor er zersetzt werden konnte. Deshalb waren häufig metallene Dochthalter am Boden des Gefäßes angelötet, die sich schnell erwärmten und den Talg zum Schmelzen brachten. Vor Einführung der Stearin- und Paraffinkerze war die Talgkerze neben der Wachskerze, die erheblich teurer war, ein gängiges Beleuchtungsmittel. Im Übrigen war Rinderfett ein Speisefett und später auch Grundstoff zur Herstellung von Margarine und Seifen.

Schmalz

Das aus dem Speck des Hausschweines ausgelassene reine Fett mit einem Schmelzpunkt von 36 – 46 °C. Neben der Butter eines des wichtigsten Speisefette. In Amerika wurde Schmalz in speziell dazu angefertigten Lampen über lange Zeit als Leuchtmittel gebrannt. Schmalzöl ist der aus dem Schmalz ausgepresste flüssige Schmalzanteil.

Wachs

Jedem bekannt als Bienenwachs, ein Verdauungsprodukt der Honigbiene, die das Wachs zum Aufbau der Waben nutzt, die der Lagerung der Vorräte und als Brutstätte dienen. Nach Gewinnung des Honigs wird das Wachs ausgeschmolzen, gereinigt bzw. geläutert und dann entweder in seiner gelblichen Farbe belassen oder gebleicht. Der Schmelzpunkt schwankt zwischen 61 – 78 °C. Im Mittelalter war Bienenwachs das wichtigste Kerzenmaterial. Da bestimmte rituelle Vorschriften Kerzen aus echtem Bienenwachs verlangten, waren eben auch sein Absatz und sein Preis gesichert.

Die pflanzlichen Wachse wie z. B. das Carnauba-Wachs sind trotz des hohen Schmelzpunktes von 80 bis 87 °C als Leuchtmittel nie verwandt worden.

Walrat, Spermaceti

In den Hohlräumen des Schädels des Pottwales (Physeter catodon) sind große Mengen einer öligen Flüssigkeit enthalten (1.500 kg/ Tier), die beim Erkalten eine feste Masse ausscheiden lässt: den Walrat oder Spermaceti. Der flüssige Anteil bildet das Walöl oder das Spermaceti-Öl (früher fälschlicherweise als Sperma des Wales angesehen). Chemisch handelt es sich auch beim Walöl um Wachsarten. Der gereinigte Walrat bildet schöne, weiße, durchscheinende, blättrige Kristalle, die unter geringen Zusätzen von Bienenwachs zu hell leuchtenden Kerzen verarbeitet wurden und vor allem in England sehr beliebt waren und lange Zeit genutzt wurden. Sie waren dort auch die Normkerze bei photometrischen Messungen. Das Walöl wurde in Lampen gebrannt.

Stearin

Unter Stearin versteht man die aus Tier- und Pflanzenfetten gewonnenen festen, gereinigten Fettsäuren, die hauptsächlich aus Stearin- und Palmitinsäure bestehen. 1818 wurden diese Fettsäuren durch den französischen Chemiker Chevreul isoliert. Der technische Ablauf besteht in einer Spaltung der Fette durch Verseifung in Glycerin und Kalkseife, Abscheidung der Fettsäuren aus der Kalkseife durch Säuren und Trennen der festen Stearin- und Palmitinsäure von der flüssigen Ölsäure. Der Schmelzpunkt des Stearins liegt zwischen 60 und 70 °C. Es war und ist ein idealer Rohstoff zur Anfertigung von Kerzen, da Stearin weniger rußt und ein etwas weißeres Licht gibt als Paraffinkerzen. Trotzdem sind die heutigen Kerzen meist Mischfabrikate.

Paraffin

Das Paraffin wurde 1835 von Karl Ludwig von Reichenbach (deutscher Chemiker 1788 bis 1869) im Holzteer entdeckt, nach dem Andreas Buchner es 1819 schon aus dem Bergöl vom Tegernsee isoliert hatte, es aber nicht erkannte. Wegen seiner Widerstandsfähigkeit gegen Reagenzien nannte Reichenbach es Paraffin (*parum affinis* = wenig verwandt). Das Paraffin besteht aus hochmolekularen Kohlenwasserstoffen, wurde und wird aus Braunkohlenteer, Schieferöl sowie Erdöl hergestellt. Es diente im Wesentlichen der Kerzenherstellung auch in Mischung mit Stearin oder Ceresin. Der Schmelzpunkt für Hartparaffin liegt bei 55 °C.

Ceresin, Ozokerit

Ceresin ist ein Kohlenwasserstoff ähnlich dem Paraffin, der durch Raffination von Ozokerit = Bergwachs = Erdwachs gewonnen wird, wobei letzteres in rohem Zustand als braune bis schwarze wachsartige Masse direkt frei aus Erdspalten und -gängen in Polen, Russland und den USA abgebaut werden kann. Durch Reinigung und Bleichung erhält man aus Ozokerit ein weißes dem Wachs ähnliches Ceresin mit einem Schmelzpunkt von 60 – 80 °C, welches zu Kerzen verarbeitet wird, auch in Mischung mit anderen Kerzenrohstoffen.

Flüssige Leuchtstoffe

FLÜSSIGE LEUCHTSTOFFE

a. Nicht flüchtige, fette Öle pflanzlicher oder tierischer Herkunft

Olivenöl (Baumöl)
Sesamöl
Kokosöl
Leinöl
Rizinusöl
Mohnöl
Sonnenblumenöl
Rüböl (Rapsöl, Rübsenöl, Colzaöl)
Trane und Fischöle
Walratöl (Spermaceti-Öl)
Schmalzöl (Lardöl)

Nicht flüchtige fette Öle pflanzlicher oder tierischer Herkunft

Olivenöl (Baumöl, Provenceröl)

Das Olivenöl wird seit den ältesten Zeiten in südlichen Ländern Europas und in Kleinasien aus der Frucht des Ölbaumes (Olea europaea L.) gewonnen, wobei die Olive zu den ältesten Pflanzen gehört. Man hat Olivenkerne gefunden, die etwa 9 000 Jahre alt sind. Ab etwa 4000 v. Chr. soll aus der kultivierten Form der Olive Öl gewonnen worden sein. Das Öl war immer ein begehrtes Speisefett, es wurde vor allem bei den Römern auch zu kosmetischen Zwecken verwendet. Zum Brennen in Lampen diente nur das Öl der letzten Pressungen. Das spezifische Gewicht des Olivenöls liegt bei 0,914 g/ml, der Flammpunkt des Olivenöls bei 205 °C. Im Altertum galt der Ölbaum als Sinnbild des Friedens.

Sesamöl

Der Sesam (Sesamum indicum L.) ist eine der ältesten Ölpflanzen der Welt. Ihr Ursprung liegt wohl im südlichen und östlichen Asien. So sind Indien und auch Mesopotamien als Anbaugegend bekannt. Schon die Babylonier und die Ägypter brauchten das Öl als Speiseöl. Sowohl die ägyptischen Frauen als auch später die römischen Frauen schätzten das Öl wegen seiner kosmetischen Eigenschaften. Der Sesam hat einen Fettgehalt von etwa 50 % bei einem spez. Gewicht von 0,9235 g/ml.

Kokosöl

Das Kokosöl wird aus dem Kernfleisch der Kokosnuss, der Frucht der tropischen Kokospalme (Cocos nuziphera L.) gewonnen. Das Rohprodukt für die Ölgewinnung ist unter dem Handelsnamen Coprah bekannt. Die Coprah enthält 60 bis 70 % Fett von einem spez. Gewicht von 0,9250 g/ml. Als Brennöl wurde es fast

ausschließlich in England genutzt, ansonsten hauptsächlich als Speisefett und in der Seifenindustrie.

Leinöl

Das Leinöl, auch Flachs-Öl genannt, wird aus dem Samen der Lein- oder Flachspflanze gewonnen (Linum usitatissimum L.). Der Lein wurde bereits in Babylonien angebaut und diente vorwiegend der Gewebeherstellung des Leinens. Leinöl wurde auch zu Beleuchtungszwecken genutzt, wegen der stark rußenden Flamme aber nicht sonderlich geschätzt. Das spez. Gewicht liegt bei 0,9347 g/ml und hat einen Siedepunkt von 230 °C. Als trocknendes Öl wurde und wird Leinöl im Wesentlichen als Malmittel und in der Lackindustrie eingesetzt.

Rizinusöl

Das Rizinusöl wird aus dem Samen der Rizinus-Staude oder des Wunderbaumes (Ricinus communis L.) gewonnen, die schon in den ältesten Zeiten kultiviert wurde, den alten Ägyptern bekannt war und in der Bibel erwähnt wird. Im Mittelalter in völlige Vergessenheit geraten, wurde die Rizinuspflanze 1764 durch den englischen Arzt Canvane neu entdeckt, und das Oleum Ricini hielt bleibenden Einzug in den Arznei-Schatz Europas. Das Rizinusöl hat die höchste Dichte von allen bekannten pflanzlichen Ölen und eine sehr hohe Viskosität. Das spez. Gewicht liegt bei 0,9640 g/ml. Es brennt mit ruhiger, rußfreier aber kleiner Flamme und wurde vorwiegend in Indien und Ägypten aber auch in anderen vorderasiatischen Ländern als Brennöl genutzt.

Mohnöl

Das Mohnöl wird aus den Samen der Mohnpflanze (Papaver somniferum L.) gewonnen. Es ist seit der Jungsteinzeit nachgewiesen und als Ölpflanze war der Mohn bereits den Babyloniern und den Persern bekannt und selbst in den Pfahlbauten des Neolithikums wurden Mohnsamen gefunden. Den berauschenden Effekt des Mohnsaftes, der den Alten ebenfalls bekannt war, ist im Samen nicht enthalten. Mohnöl wird kaum ranzig und brennt nicht besonders gut. Das spez. Gewicht liegt bei 0,924 bis 0,927 g/ml. Als Leuchtöl dürfte Mohnöl vorwiegend im mittleren Orient und im Bereich der Anbaugebiete genutzt worden sein. Als Lichtspender war es dem Sesamöl deutlich unterlegen.

Sonnenblumenöl

Das Sonnenblumenöl wird aus dem Samen der allbekannten Sonnenblume (Helianthus annuus L.) gewonnen, die Mitte des 16. Jhds. aus Mexico und Peru nach Europa kam. Sie wurde zunächst als Zierpflanze gezogen und wurde seit dem 18. Jhd. vor allem in Russland kultiviert. Sonnenblumenöl ist sehr milde, es gehört

zu den trocknenden Ölen mit einem spez. Gewicht von 0,9260 g/ml. Sonnenblumenöl war und ist ein bekanntes Speiseöl. Lediglich in den Anbaugebieten wurde es auch als Brennöl genutzt.

Rüböl, Rapsöl

Es wird aus den Samen einiger Varietäten des zur Familie der Cruciferen gehörigen wilden Feldkohls (Brassica campestris L.) gewonnen. Soweit bekannt, soll Rüböl schon vor der Reformation bekannt und dementsprechend die Pflanzen auch angebaut worden sein. Andere Autoren sind der Meinung, dass Rüböl bereits zur Zeit von Hildegard von Bingen verwendet wurde. Es gab im Wesentlichen drei Brassica-Arten und zwar Brassica campestris L., Brassica napus L. und Brassica rapa L., deren Öle in ihren Haupteigenschaften übereinstimmten und insgesamt Rüböle genannt werden. Trotzdem unterscheidet man noch in Oleum brassicae, in England unter dem Namen Colzaöl bekannt und auch als Brennstoff benutzt. Ferner Oleum napus als Rapsöl und Oleum raparum als Rübsenöl. Ein geringfügiger Unterschied der Arten besteht lediglich im spez. Gewicht und im Erstarrungspunkt. Das spez. Gewicht beträgt 0,9144 g/ml und der Flammpunkt liegt bei rohem Rüböl bei 260 °C und beim raffinierten Rüböl bei 205 °C. Rüböl gehört zu den halbtrocknenden Ölen, nimmt an der Luft Sauerstoff auf, verdickt sich beim Stehen und wird dabei ranzig. Über Jahrhunderte war das Rüböl das wichtigste Brennöl, es wurde später auch mit Petroleum verschnitten. Als Speiseöl konnte es nicht dienen wegen des starken Gehaltes an Erukasäure, die deutliche gesundheitliche Probleme verursachte.

Trane und Fischöle

Die Öle der Seetiere, Wale, Robben, Fische werden unter dem Sammelnamen Trane zusammengefasst. Streng genommen teilt man ein nach 1. Fischöl, 2. Leberöl, 3. Trane, wobei ersteres aus allen Körperteilen der Fische gewonnen wird, das Leberöl oder Lebertran aus der Leber bestimmter Fische und Tran aus dem Speck verschiedener Wal- und Robbenarten, in dem das Fett ausgekocht oder ausgeschmolzen wird. Der Lampentran wurde meist geklärt, um Gewebereste zu entfernen, die einem schnellen ranzig werden Vorschub leisten konnten und die den beim Brennen ohnehin äußerst unangenehmen Geruch gewiss nicht verbesserten. Das spezifische Gewicht betrug 0,915 bis 0,930 g/ml. Der Tran kam um etwa 1500 aus Holland und wurde in einfachen Lampen gebrannt.

Walratöl

Auch Walöl oder Spermaceti-Öl genannt. Es handelt sich um eine ölige Flüssigkeit aus den Hohlräumen des Schädels beim Pottwal (Physeter macrocephalus), aus der sich bei Abkühlung weiße, blättrige Kristalle abscheiden, den festen Walrat.

Das Walöl stellt eine flüssige Wachsart dar und wurde vor allem in Amerika aber auch in England in einfachen Lampen gebrannt. Es hat ein spez. Gewicht von 0,910 g/ml. Das feste Walrat wurde vor allem in England zu hochwertigen, nicht rußenden, hell brennenden Kerzen verarbeitet, wobei diese Kerzen auch in der Photometrie eingesetzt wurden. Walratöl ist nicht mit Tran zu verwechseln.

Schmalzöl

In Amerika als Lardöl bekannt und dort auch in großem Maßstab hergestellt und als beliebtes Brennöl und zum Aufbessern minderguter Brennöle genutzt. Es wird gewonnen durch Auspressen der flüssigen Anteile aus dem Schweineschmalz. Sowohl das Schmalzöl als auch das Schmalz wurde in eigens dafür konstruierten Lampen gebrannt.

Flüchtige Öle

Schieferöl, Coal Oil, Photogen, Solaröl

Diese Leuchtöle liefen in der 1. Hälfte des 19. Jhds. unter dem Sammelnamen Mineralöl, wobei als Rohstoff zur Gewinnung der Öle bituminöser Schiefer, Torf, Braunkohle und bituminöse Steinkohle dienten. Daher auch der Name Coal Oil (in den USA). Die Rohstoffe wurden einer trockenen Destillation unterworfen und der dabei entstehende Teer wurde fraktioniert destilliert. Von den dabei übergehenden Destillationsprodukten, die in den Anfängen aus technischen Gründen nicht so sauber getrennt werden konnten und deren Zusammensetzung je nach Rohstoff erheblich differierte, waren in den 40er- und 50er-Jahren des 19. Jhds. zwei Leuchtöle interessant. Es handelte sich um das Photogen und das Solaröl. Das Photogen auch Hydrocarbür oder Kohlennaphtha genannt, war das leicht flüchtigere, niedriger siedende Destillat mit niedriger Dichte von 0,740 bis 0,835 g/ml und einem schwankenden Flammpunkt von 25 – 40 °C. Es war dem späteren Benzin sehr ähnlich und als Lampenbrennstoff genutzt war es nicht ungefährlich. Solaröl war das höher siedende Destillat mit einer Dichte von 0,825 bis 0,855 g/ml und einem Flammpunkt von 45 – 60 °C und damit weniger feuergefährlich. Wegen des hohen Kohlenstoffgehaltes erforderte das Solaröl eine etwas stärkere Luftzufuhr. Gerade beim Solaröl ist die Beurteilung in der alten Literatur so different, dass eine einheitliche Bewertung nur sehr schwer möglich ist.

FLÜSSIGE LEUCHTSTOFFE

b. Flüchtige Leuchtstoffe

Schieferöl
Coal Oil
Photogen
Solaröl
Petroleum
Ligroin
Benzin
Camphin
Burning Fluid
Pinolin
Alkohol, Spiritus, Weingeist
Fuselöl

Petroleum

Petroleum ist das früher wichtigste Destillat des Erdöles, es stellt die bei 150 bis 300 °C (heute 150 – 270 °C) übergehenden Anteile des Rohöles dar, mit einem spezifischen Gewicht von etwa 0,730 bis 0,850 g/ml. Der Flammpunkt durfte frü-

her in Deutschland 21 °C nicht unterschreiten. Zu seiner Zeit war Leuchtpetroleum das wichtigste Produkt bei der gesamten Erdölverarbeitung.

Ligroin

Ligroin ist ebenfalls ein Destillat des Erdöles, gehört zur Gruppe der Benzine und entspricht einem Schwer-Benzin mit einem spez. Gewicht von etwa 0,71 bis 0,73 g/ml und einem Siedebereich von 80 – 120 °C, wobei hier die Siedegrenzen von Hersteller zu Hersteller differieren. Früher wurde Ligroin vorwiegend in Frankreich in entsprechenden Lampen mit einfachem Rundvolldocht gebrannt. Ligroin ergab eine recht helle, kleine Flamme.

Benzin

Es gehört zur Gruppe der leicht flüchtigen Kohlenwasserstoffe mit niedrigem Siedebereich von etwa 50 – 120 °C mit einem spez. Gewicht von 0,69 bis etwa 0,73 g/ml. Unser heutiges Autobenzin ist mit dem früheren Benzin natürlich nicht zu vergleichen, da das Autobenzin zahlreiche Zusätze enthält. Früher wurde das Benzin als Leuchtmittel in den Benzingaslampen und auch in den Essencelampen gebrannt. Gasolin ist ein leichteres Benzin mit einem spez. Gewicht von 0,660 bis 0,680 g/ml. Es wurde früher zur Carburierung von Luft- und Leuchtgas aber auch zur Beleuchtung verwendet.

Camphin und Burning Fluid

Camphin gehört zu den ätherischen Ölen und entspricht einem hochgradig gereinigten und über Kalk destillierten Terpentinöl, welches in eigens dafür entwickelten Lampen gebrannt wurde. Es bildete mit vier Teilen eines hochprozentigen Weingeistes gemischt das Burning Fluid, ein extrem feuergefährlicher aber mit sehr heller Flamme brennender Leuchtstoff, der in Amerika und England sehr gebräuchlich war und in Lampen mit enger, langer Tülle ein helles Licht verbreitete.

Pinolin

Pinolin ist ebenfalls ein ätherisches Öl, welches aus dem Harz einer amerikanischen Nadelholzart destilliert wurde. Wegen seiner Eigenart, sehr schnell und stark zu verharzen, nur wenig als Leuchtmittel benutzt.

Alkohol, Spiritus, Weingeist

Ethylalkohol entsteht bei der alkoholischen Gärung durch Zerlegung des Zuckers in Alkohol und Kohlendioxid durch Hefepilze. Zuckerhaltige Rohprodukte können direkt vergoren werden, während bei Verwendung stärkehaltiger Rohstoffe (Kartoffeln, Gerste, Mais), wo die Verzuckerung der Stärke durch Enzyme vorausgehen muss. Durch Destillation der verzuckerten Maische wird der Alkohol

in unterschiedlicher Konzentration gewonnen. Der Ethylalkohol hat einen Siedepunkt von 78 °C, ist mit Wasser mischbar, leicht entzündlich und brennt ohne Leuchtkraft, deshalb dient er vielfach als Heizflamme und zur Beleuchtung als Spiritus-Glühlicht.

Fuselöle

Diese entstehen bei der alkoholischen Gärung aus den Aminosäuren (Proteinen) der Ausgangsprodukte und der Hefe. Es handelt sich um gemischte, höhere Alkohole (wie z. B. Umbotyl- und Amylalkohol), die alle einen höheren Siedepunkt haben als der normale Ethylalkohol und Wasser. Die Fuselöle haben je nach dem Protein, aus dem sie entstanden sind, einen angenehmen oder einen höchst widerlichen Geruch, weshalb sie aus dem Spiritus entfernt werden müssen. Wurden kurze Zeit als Brennmittel genutzt.

Öl

Petroleum

Benzin

Katalog

Öl-Beleuchtung

Offene und geschlossene Schalenlampen und Dochthalterlampen
mit und ohne Dochthalter, Messing und Eisen geschmiedet aus dem 18. und 19. Jhd., links oben: eine Lampe, die nach dem cardanischen Prinzip arbeitet

Tisch-Lampenhahl
mit Hängeschnauzenlampe, die exzentrisch eingestellt ist, damit dem Docht bei sich leerendem Ölgefäß, noch ausreichend Öl zur Verfügung steht, Deutschland, 1. Hälfte 19. Jhd.

Standöl-Schiebelampen
links: zweiflammig, Eisen geschmiedet, rechts: Schnauzenlampe, Messing, Deutschland, 18. Jhd.

Diverse Schnauzenlampen
mit Hängehaken, in Messing und Eisen, aus dem 18. und 19. Jhd., rechts oben: die Lampe ist aus dem Jahre 1926, wurde zu der Zeit in einem Warenhauskatalog angeboten

Sturzflaschenlampe für fettes Öl
links: mit Zahnstangendochttrieb, rechts: mit Spiraldochtregler auch Schiebelampe, Studierlampe, Kübellampe oder Goethelampe genannt, in Frankreich nannte man sie Quinquet. Höhe 48 u. 43 cm, Mitte 19. Jhd.

Lichtschirme
als Ständerschirme meist in hervorragender handwerklicher Verarbeitung, dienten anfänglich zur Dämpfung des Kerzen- und Öllichtes, später auch der Petroleumbeleuchtung. Holz, Stoff, Petit point, Spiegelglas, Deutschland, um 1850

Einlegedochthalter-Lampen
aus Glas, mundgeblasen, bekannt seit dem 16.–17. Jhd., der Docht wurde in einer einfachen Blechhalterung in das Füllloch eingehängt

Schwimmdochtlampe
bei dem der Docht durch einen auf Öl schwimmenden Halter aus Kork und Blech getragen wird. Die abgebildeten Lampen stammen aus der Biedermeierzeit und dem späten 19. Jhd., Deutschland und Frankreich

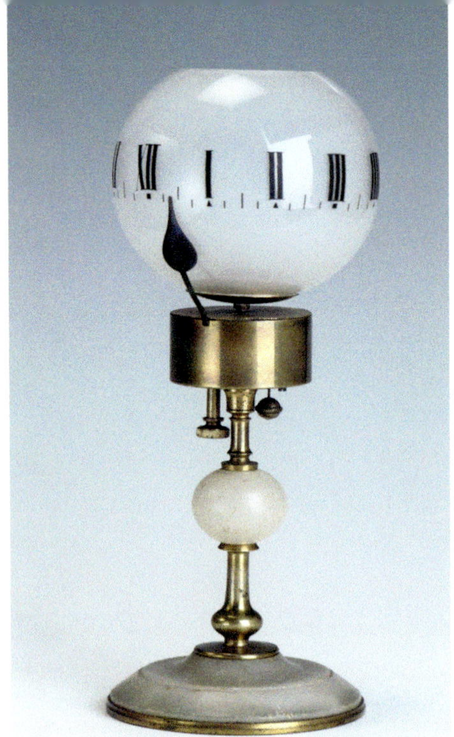

links: Uhrlampe
aus der Biedermeierzeit. Mattierte und mit Zahlen von I-XII versehene Glaskugel dreht sich auf einem Uhrwek um einen feststehenden Zeiger. Die Kugel wird innen durch ein offenes Öllämpchen erleuchtet, Deutschland, um 1840

rechts: Uhrlampe
der Glaszylinder dreht sich auf einem Uhrwerk am feststehenden Zeiger vorbei, er zeigt jetzt 15.45 Uhr, erleuchtet durch ein kleines Öllämpchen, Deutschland, um 1860

Flämische Ölkanne und Moderateurlampe, 18. und 19. Jhd.

Florentinische Lampen
drei- und vierschnauzige Öllampen als Schiebelampen, teils mit Lichtschirm und Dochtputzer, Messing gegossen, Ende 17. –18. Jhd.

Wandlämpchen
mit Dochthalter für Unschlitt, Holz und Messing, Deutschland, frühes 19. Jhd.

Grubenlampen
links / Mitte: geschlossene Frösche für Ölbrand, Westfalen, um 1900
rechts: geschlossener Frosch für Öl- und Fettbrand, Eisen hart gelötet, Hessen, um 1900

Versehlampe
Öllampe in Stabform, diente dem Priester als Licht bei der Spendung der letzten Ölung, Deutschland, 18. Jhd.

Ölhorn Reserve-Ölbehälter zur Grubenlampe
gefertigt aus einem Stierhorn, Deutschland, 19. Jhd.

Öllampe
einflammig, geschlossene Dochthalterlampe, mit Klappdeckel und Rundhaken, Messing, um 1800

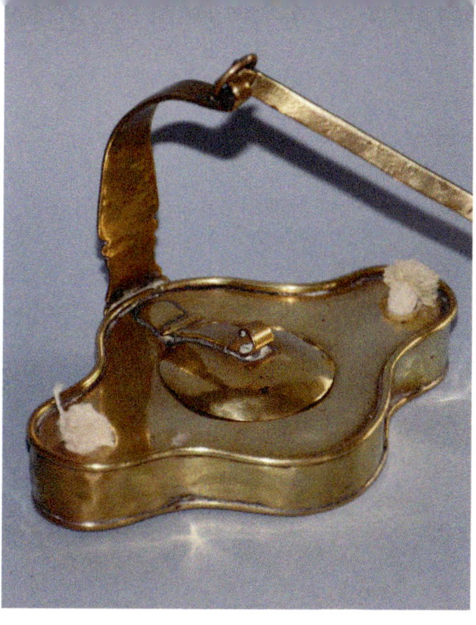

Zweiflammige Öllampe
Hängelampe mit Hellebardenhaken, Messing, Ende 18. Jhd.

Öllampe
auf ballustriertem Schaft mit tellerartigem Fuß und floral gestaltetem Griff, wohl Katalonien, Anfang 19. Jhd.

Öllampe
seltene Schnauzenlampe in Bronze gegossen, am Kettchen ein Pröckel zur Dochtbewegung,
Anfang 19. Jhd.

Sabbatlampe
Hängelampe, sechsflammige Dochtrinnenlampe in Messing, mit Auffangschälchen für abtropfendes Öl, wird im jüdischen Ritus zu Beginn des Sabbats angezündet,19. Jhd.

Kugellampe
kardanisch aufgehängte Öllampe in Eisengitter-Kugel, Lampe stellt sich in jeder Lage horizontal ein, wurde früher in der Fischerei auch als Karawanenlampe genutzt, Eisen geschmiedet

Schnauzenlampe
Oberteil einer Schnauzenlampe steckt in der Kerzenhalterung einer Applique, Messing, Deutschland, Ende 18. Jhd.

Seltene Öllampe
Bergmann in Paradeuniform trägt Ölgefäß auf dem Kopf, Zinn, Deutschland, Mitte 19. Jhd.

Öllampen
Dochtrinnenlampen aus Kalkstein mit langausgezogener Schnauze bei kleinem Ölvorrat,
links oben: vierflammige Ständerlampe, Höhe 16 cm , 20. Jhd.,
rechts oben und Mitte: mit einfachem, geometrischem Dekor, 18–16 cm, Nordafrika, 18.-19. Jhd.

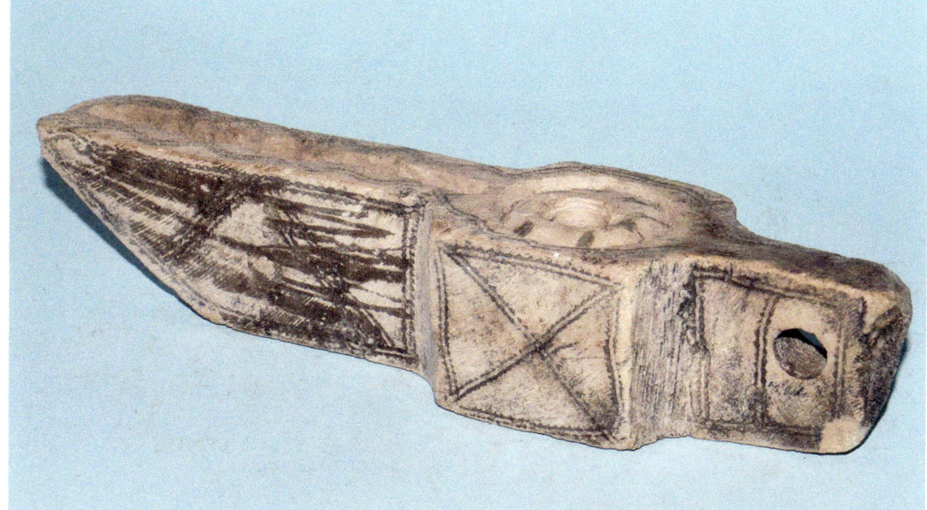

Froschlampen
Öllampen aus Speckstein, am hinteren Umfang umfasst ein plastisch ausgebildeter Frosch die Lampe,
links 13 cm / rechts 17 cm, Nepal, Indien, 18.-19. Jhd.

Frühe islamische Öllampen
links: Stein, 11,5 cm, 17. Jhd
rechts: Speckstein, 17,5 cm, Afghanistan, 17.-18. Jhd.

Öllampe
lang ausgezogener, schnabelartiger Dochthalter, insgesamt mit sehr schöner Flachschnittornamentik, Länge 20 cm, Speckstein, Afganistan

Puhja-Lampen
Öllampen werden im hinduistischen und buddistischen Ritus zur Andacht gebrannt, Bronze, Indien und Nepal, 19. Jhd.

Islamische Öllampen
aus hellem Ton mit teilweise erhaltener Glasur, angekniffener Dochtschnauze und kleinem Standfuß, Höhe 8,5 und 10,5 cm, wahrscheinlich Persien, 18.–19. Jhd

Ölampen
islamische Öllampen mit grüner Glasur, links: angesetzte Dochtrinne, kleiner bogenförmiger Henkel, trichterförmiger, ausgezogener Hals als Einfüllöffnung Höhe 14 cm, rechts: angeschnittene Dochtrinne, bogenförmiger Henkel mit Strichdekor, Höhe 10 cm, wahrscheinlich Persien, 19. Jhd.

Öllampe
in Form einer Hand, Dochttülle rechter Zeigefinger, die Hand ist ein Symbol des Buddhismus, Süd-Ostasien, Anfang 20. Jhd.

Öllampe
zehnflammig, Marmor geschwärzt, Jemen, 18. Jhd

Schnauzenlampe
Eisen, geschmiedet, mit langem Spieß zur Halterung in einem Spalt, China, 18. Jhd.

Öllampe
Bronze, wohl koptischen Ursprungs, Ägypten, 5.–6. Jhd.?

Bildlampe
in Form ähnlich einer römischen Lampe, mit angedeuteter Voluten-Schnauze, ein bärtiges Männergesicht darstellend, Bronze, China, 18. Jhd.

Paavai vilakku
Öllampe in Form einer Frauengestalt, die eine Ölschale in den Händen trägt, von klein bis zu Lebensgröße in indischen Tempeln, Bronzeguss, Höhe 8 und 22,5 cm

Öllampe
dreiflammige Hängelampe mit drachenförmigen Dochthaltern, Funktion nach Cardanus, Bronzeguss, Indien

Vogellampe
dreiflammig, nach cardanischem Prinzip, Bronze gegossen, Indien, 19. Jhd.

Öllampe
kleine Standlampe mit siebenflammiger Ölschale, Bronze, Höhe 12 cm, Indien, 20. Jhd.

Arati-Lampe
rituelle Lampe für Lichtopfer innerhalb des indischen Puja mit sieben kleinen Näpfchen und einzelnem Schälchen, getragen von einer auf einem Elefanten sitzenden Gottheit, geschwungener, ornamental verzierter Griff, Bronze gegossen, Leuchtmittel Öl oder Ghee, 26 cm, Indien, 19. Jhd.

Tempellampe
sechsflammige Hängelampe mit zentraler, vollplastischer Figur aus dem hinduistischen Formenkreis Höhe 26,5 cm, Bronzeguss, Indien, 19. Jhd.

Butterlampe
kelchförmige offene Schale mit kegelförmigem Fuß, im Zentrum der Schale kleines Loch für die Aufnahme des Dochtes, keine Dochthalterung, Leuchtstoff: Ghee (Butterschmalz) aber auch Öl, Höhe 12 cm, Messing, Tibet, Nepal

Islamische Öllampe
aus einem Stück Steatit geschnittene Dochtrinnenlampe mit Steg, großer Traggriff in Form eines wuchtigen ausladenden Bogens, der am oberen, vorderen Umfang in einem Tierkopf endet (Tiger?), Höhe des Ölbehälters 6,5 cm, Höhe des Henkels 16,5 cm, Länge der Lampe 23 cm

Öllampe
islamisch, dickwandiges, länglich-ovales Ölgefäß auf kleinem, diskusförmigem Fuß, Dochtrinne, geometrisches Dekor, weißer Marmor, Höhe 7 cm, Länge 12,5 cm

Öllampe aus weißem Marmor, Oberteil in Form eines stilisierten Adlers, flacher Ölbehälter mit Dochtrinne, Höhe 14 cm Länge 10,5 cm, Alter und Herkunft unbekannt

Küchenlampen
wie sie in fast jedem Haushalt vorhanden waren, in verschiedenen Größen und diversen Materialien und Dekors, etwa 1900 bis 1930

Einfache Stubenlampe
an Holzschiene, verschiebbar angebrachtes, einfaches Blechbassin. Als Fuß dient ein konisch zugeschnittener Holzklotz. 7''' Flachbrenner, Gesamthöhe 54,5 cm, wahrscheinlich Eigenbau aus ärmlicher Gegend, vor 1900

Die klassische Küchenlampe
mit klarem Glasbassin unterschiedlicher Größe, mit Brennern in steigender Größe, von 2''' bis 16''' und Messingreflektoren ebenfalls von zunehmender Größe

Nachtlämpchen
mit Tragegriff in farbigem Glas, mit entsprechenden Kugeln, zur Dämpfung des Lichtes, Sternbrenner hergestellt in Deutschland bis in die 30er-Jahre des 20. Jhds.

Drei Handlampen, eine Tisch-Sparlampe
letztere mit geprägtem Fuß, Messingschirm und Sternbrenner, 20er-Jahre, Holland. Die übrigen Lampen mit Flachbrennern, bzw. 8''' Kosmosbrennern, alle Lämpchen aus Messing. Herkunft von rechts nach links: England, Holland, Frankreich, Belgien

Handlampen
Porzellan, in Delfter Art, blau bemalt, 10''' und 8''' Kosmosbrenner, wahrscheinlich Deutschland, nach 1900

Keramik-Handlampen
in unterschiedlicher Form, Farbe und Technik, 10''' und 14''' Kosmosbrenner.
Mitte: Frankreich, vor der Jahrhundertwende
links / rechts: Frankreich, nach 1900

Nachtlampen
in Glas und Metall, in verschiedenen Farben und Formen, Frankreich und Deutschland, 1900 bis in die 20er-Jahre

Lunarlampe
Nachtlampe der Firma Wild & Wessel Berlin. Der besonders geformte Glaszylinder ist von einem Messingzylinder umgeben, der in der Höhe der Flamme eine ovale Aussparung aufweist, durch die allein Licht austreten kann, während nach hinten alles im Dunkeln liegt. Spezialbrenner mit 2''' Volldocht, Deutschland, bis 1903

Sicherheits-Nachtlampe
„The Fearnought Lamp", sich selbst aufrichtende Nachtlampe mit Perkeo-Brenner und Zylinder. Produziert in England bis in die 30er-Jahre des 20. Jhds.

Nacht- und Nebenlämpchen
die im Bereich dunklerer Ecken des Zimmers der zusätzlichen Beleuchtung dienten.
Stern- oder Perkeo-Brenner.
Niederlande und Deutschland, alle Lampen wurden bis in die 30er-Jahre des 20. Jhds. hergestellt

Sternbrennerlampen
vorwiegend in figürlichem Dekor, aus Porzellan, bzw. Biskuitporzellan,
England, Frankreich, Deutschland, 19. und 20. Jhd

Deutsche Glaslampen
in einfacher Ausführung, wie sie über Jahrzehnte in großen Stückzahlen gefertigt wurden. Diese sog. Abrisslampen haben unter dem Fuß eine Narbe. Hier wurde das Hefteisen nach Fertigstellung der Lampe abgeschlagen. In besserer Ausführung waren diese Lampen aus farbigen, opaken, bemalten und gebeizten Gläsern

Amerikanische Glaslampen
in einfacher Ausführung für den Alltagsgebrauch mit Flachbrennern in unterschiedlichen Größen

Französische Glaslampen
in unterschiedlichen Farben und Gläsern, aber alle von weicher, gefälliger Form, werden der Epoche Napoleon III. zugerechnet, obwohl bis weit ins 20. Jhd. produziert

Beistelllampe

kleine Lampe in Opaline mit nodiertem Schaft in dunkelblau und kugelförmiger Vase in hellblau, Messingfuß, Kosmosbrenner 8''' Frankreich, nach 1900

Flachbrennerlampe

Fuß und Schaft in Bauernsilber, Englischer Flachbrenner

Kleine Tischlampe

einfaches Messingbassin in ringförmiger, reliefierter, floral durchbrochener Halterung, drei gebogten Füßchen, 10''' Kosmosbrenner, wahrscheinlich 60er-Jahre 20. Jhd.

Kleine Beistelllampe

braun patinierter Messingcorpus, kleiner Messingfuß und Festonapplikationen im Stil Louis XVI., Messingschirm in gleicher Ausführung mit Cabochons, Kosmosbrenner, Frankreich, letztes Viertel 19. Jhd.

Tischlampe
in konisch sich nach oben erweiternder Vasenform mit kurzem, nodiertem Schaft auf schwarzem Marmorfuß, Messingblech dunkelbraun patiniert mit vergoldeten Handhaben und sparsamen Garnituren, 14''' Kosmosbrenner, Deutschland, um 1870

Tischlampe
Nr. 1295 der Firma Wild & Wessel, Berlin, gemäßigter Historismus, ganz in Messing gegossen. Höhe 35 cm, 14''' Kosmosbrenner, Deutschland, um 1880

Salonlampe
bronzierte Zinkgusslampe mit seitlichen Handhaben, milder Historismus, 14''' Kosmosbrenner, Régul, Deutschland, um 1990

Frühe Tischlampe
flach dekorierter Fuß, Schaft mit großem Nodus und zwei kleinen Handhaben, geschliffenes Kristallbassin, 14''' Kosmosbrenner. Gegossener Zinnfuß, Deutschland, 1870–80

Salonlampe
Zinkgusslampe im Stil des Historismus. Lampe Nr. 1918 der Firma Wild & Wessel, Berlin. 14''' Kosmosbrenner, Deutschland, um 1880

Salonlampe
Aufwendige Lampe in Bronzeguss, braun patiniert, in japanischem Dekor. Firma Robert, Bordeaux. Duplex-Brenner mit Heber und Löscher. Höhe 43 cm, Frankreich, 80 – 90er-Jahre, 19. Jhd.

Tischlampe
Vasenförmiger Lampenkörper aus vernickeltem Eisenblech mit bronzierten Applikationen, Henkeln und Fuß in Zinkguss. 10''' Kosmosbrenner, Höhe 30 cm. Diese Lampe wurde von der Firma Wild & Wessel, Berlin, für den Export nach England gefertigt. Deutschland, um 1890

Tischlampe
In einem kugelförmigen Behälter aus Kupfer, gehalten von gedrehten Messingstäben, ist die Petroleumvase untergebracht. Als Fuß dient eine schwarze Platte aus Holz. 16''' Central-Vulkan-Brenner, Höhe 31 cm, Deutschland, um 1890 – 95

Vesta-Lampe der Firma Wild & Wessel, Berlin, Nr. 1411, 10''' Kosmosbrenner, Gesamthöhe 54 cm. Bronzeguss, Deutschland, um 1880

Tischlampe mit Bassin und Schaft in Alabaster, Fuß und Zwischenstück aus Bronze. 10''' Kosmosbrenner, Deutschland, vor 1880

Schalenartige, vernickelte Zinkgusslampe mit großem Einsatzbassin aus rotem Glas, mit 14''' Ditmar-Brenner. Österreich, vor 1900

Porzellan-Tischlampe mit sehr flachem Petroleumbassin und ehemals vergoldetem, gegossenem Messingfuß. Höhe 31,5 cm, 10''' Kosmosbrenner, Frankreich, um 1890

Petroleumlampen in Meissen-Porzellan
Pärchen Salonlampen, Dekor: ‚Deutsche blaue Blume'
Kleinere Tischlampe, Dekor: ‚Zwiebelmuster'
Höhe 49,5 und 21,5 cm.
14''' Kosmosbrenner,
alle Lampen vor 1888

Porzellanlampen
der Manufaktur Plaue (Mitte = Manufaktur unbekannt)
links und rechts: Lampe mit Putten, die das Bassin halten oder tragen, reich mit plastischem Porzellandekor versehen. Mit Doppelkreuz gemarkt.
Höhe 17, 24, 15 cm,
10''' Kosmosbrenner (mittlere Lampe 6''' Kosmosbrenner),
Deutschland, um 1890

Porzellanlampe KPM
gleiche Lampe wie rechts, nur etwas weniger aufwendig, flacher, schwarzer Marmorfuß, grüne Glasur, Etage mit den Handhaben fehlt, 10''' Kosmosbrenner, Deutschland, um 1890

Porzellanlampe KPM
kegelförmiger, auf der Spitze stehender Körper in kobaltblauer Glasur, mit glasurfreiem, floral reliefiertem Band in Biskuit, Messingmontierung, Marmorfuß, 20''' Odinbrenner, Deutschland, um 1890

Glaslampen
der französischen Manufaktur Clichy, mit Klarglas zusammen geschmolzene farbige Glassplitter ergeben ein dem Millefiori ähnliches Glas, 8''' Kosmosbrenner, vor 1900

links: Tischlampe
Überfangglas, weiß überfangen und geschliffen, 14''' Kosmosbrenner, Frankreich, 1895

rechts: Tischlampe
Überfangglas, blau überfangen und geschliffen, Messingfuß, 14''' Kosmosbrenner, Deutschland, um 1900

Wandlampe in Meissen-Porzellan
Zwiebelmuster,
20''' Flammscheiben-Brenner,
Deutschland, vor 1888

Figurenlampe
aufwendig reliefierter Gussfuß mit kurzem Schaft, darauf geflügelter, lebhafter Putto, trägt die Vase aus Meissen-Porzellan, Duplex-Brenner, Deutschland, vor 1888

Porzellanlampe
im Gewand von Meissen,
20''' Flammscheibenbrenner,
Gebr. Schönau, Hüttensteinach/Th.

Majolika-Lampe
kelchförmiger Lampenkörper mit weißlich-gelber, floraler Dekoration auf dunkelblauem Fond, Messingfuß, 14''' Kosmosbrenner, Deutschland, 1895

Majolika-Lampe
mit Majolikaschaft, Messingfuß, abstrakte Blumen auf cremefarbigem Grund, 10''' Kosmosbrenner, Deutschland, vor 1900

Majolika-Salon-Lampe
hoher, in der unteren Hälfte ausgebauchter Lampenkörper mit seitlichen bronzenen Handhaben, reiche Bemalung auf cremefarbigem Grund, Deutschland, 1890

Majolika-Lampe
runder, leicht getreppter Fuß, relativ plumper Majolikakörper in graubraun. Wandung mit Reliefdekor, rosa Blüten und Akanthusblättern, polychrom bemalter Glasschirm, 20''' Flammscheibenbrenner, Deutschland, um 1900

Majolika-Lampe
geschlossenes Majolika-Gefäß, florales Dekor, bornzierter Zinkgussfuß, 14''' Kosmosbrenner, Deutschland, vor 1900

Lampenpärchen
Lampenkörper in Émaux de Longwy, sehr schöne Fayence aus Lothringen, 14''' Kosmosbrenner, Frankreich, um 1900

Majolika-Lampe
von grüner Grundfarbe mit aufgelegten Rosen in rosé, Messingfuß, 14''' Kosmosbrenner, Deutschland, nach 1900

Opalin-Lampe
blau Opalin, mit Goldemaille reich dekoriert, Sonnenbrenner, Ditmar, Wien

Salonlampe
Urnenförmiger Majolikakörper mit Phantasieblumen reich bemalt, bronzierter Zinngussfuß, bemalte Tulpe. 14''' Kosmosbrenner, Deutschland, vor 1900

Majolika-Lampe
Fast zylindrischer, zart bräunlich glasierter Lampenkörper mit zart farbigem floralem Dekor, relativ großer, bronzierter Zinkgussfuß und Zinkgussgarnituren. 14''' Kosmosbrenner, Österreich, Ende 19. Jhd.

Tischlampe
Majolika, reiche Bemalung auf cremefarbenem Grund, bronzierter Zinkgussfuß. 14''' Kosmosbrenner, Deutschland, vor 1900

Tischlampe
Eigenwillig geformter, quadratischer, an den Seiten geschwungener Lampenkörper mit Messingfuß und Messingbekrönung. Grundfarbe rot, zart blau bemalt, 12''' Kosmosbrenner, Frankreich, Ende 19. Jhd.

Tischlampe

in Fayence mit cremefarbenem Untergrund und aufgelegten reliefartigen, farbigen Blüten und Blättern, Frankreich, vor 1900

Kleine Tischlampe

Kelchförmiger Majolikakörper mit bronziertem Zinkgussfuß, reliefierte Aronstabblüten und –blätter auf dunkelblauem Grund. 10''' Kosmosbrenner, Deutschland, nach 1900

Jugendstil-Lampe

Majolika in geschwungener Kelchform, grüner Grundglasur mit rocaillenartigen Applikationen, bronzierter Zinkfuß. Bemalter, gelippter Jugendstilschirm. 14''' Kosmosbrenner, Deutschland, um 1905

Jugendstil-Lampe

Majolikakörper mit Bronzefuß, dunkelgrüner Grundglasur und reliefierten Malvenblüten verziert. Bemalter Jugendstilschirm mit Röckchen. 15''' Flammscheibenbrenner, Deutschland, um 1905

Majolika-Lampe
fast kugelrunder Majolikatopf mit kleinen Füßchen und floraler Dekoration, Duplexbrenner mit Hebebühne und automatischem Löscher, England, um 1910

Tischlampe
Fast kubusförmiger auf vier Füßchen stehender Majolikakörper mit Eule und Fledermaus, reliefartig dekoriert und olivgrün glasiert. Duplex-Brenner mit Hebebühne und Löscher, England, nach 1900

links: Jugendstil-Majolika-Lampe
Von einer grünen Majolikahaube umgebenes grünes Glasbassin wird von drei der Gesamtform angepassten Messingträgern gehalten. Schlichte, sehr eindrucksvolle Form. 10''' Kosmosbrenner. Höhe 26 cm, Deutschland, um 1910

rechts: Fayencelampen
links: in uni grüner Glasur, 14''' Kosmosbrenner, Deutschland, vor 1900
rechts: Sang-de-boeuf mit Bronzefüßen, 15''' Flammscheibenbrenner, Frankreich, vor 1900

Schmucklampe
Schlichter, konisch sich verjüngender Messingfuß (früher versilbert) mit kleiner Vase aus grünlichbraun lüstiertem Glas, der Glashütte Loetz, kleine Loetz-Tulpe. 10''' Kosmosbrenner. Höhe 24 cm, Deutschland, 1900 – 10

Designerlampe
zarter, feiner Dreifuß mit nach außen geschwungenen Trägern, hält eine kleine opalisierende Glasvase, 8''' Kosmosbrenner, plissierter Stoffschirm, Deutschland, um 1910

Designerlampe
ausgefallene Lampe aus den 20er-Jahren, in Holz und Messing. Entwurf: Gustave Sérruriere-Bovy, 20 ''' Flammscheibenbrenner, Belgien, 1920 – 30

Jugendstil-Lampe
Designerentwurf, ausgeführt in Bronze. Auf einem runden, glatten Fuß tragen vier schlanke Stützen das zylindrische nach unten gewölbte Bassin, welches im Zentrum auf einem Tragegriff aus Bakelit steht. Höhe 30 cm, 20''' Intern-Brenner. Entwurf: Arno Koernig, Ausf. Richard L. F. Schulz, Berlin, Deutschland, 1910

Tischlampe
Majolika im Stil des Art déco, sparsam bemalt, mit Zinkgussfuß, 14''' Kosmosbrenner mit Schirmreif, Deutschland, 20er-Jahre

Jugendstil-Lampe
Schwere Lampe in Bronzeguss. Mit Disteldekor. 14''' Kosmosbrenner. Entwurf: G. Leleu, Signatur im Fuß, Frankreich, um 1900

Kleine Tischlampe
Floraler Jugendstil, Messingguss, im Fuß gemarkt „G. Leleu". 10''' Kosmosbrenner, Frankreich, nach 1900

Tischlampe
deutscher Jugendstil, wahrscheinlich Designerlampe, 10''' Durchzugbrenner, Deutschland, um 1910

Tischlampe
Jugendstil, Marmorfuß mit Schaft in Form von Pflanzenzweigen, in Bronze vergoldet. Grünes, längsovales, hängendes Bassin. Höhe 22,5 cm, 10''' Kosmosbrenner, Frankreich, um 1900

Tischlampe
Grüne, längsovale Glasvase wird von drei Hellebarden getragen, die auf einem dreieckigen Fuß mit floralem Rankwerk fixiert sind. Messingguss, 12''' Kosmosbrenner, Frankreich, vor 1900

links: Kleine, kegelförmige Tischlampe
aus mattverchromtem Stahlblech. 10''' Kosmosbrenner, Höhe 11 cm, Holland, 1930 – 40

Mitte: Art déco-Tischlampe
aus hochglanzverchromtem Eisenblech. 10''' Kosmosbrenner, Höhe 12,5 cm, Holland, 1930 – 40

rechts: Einfache Tischlampe
ganz aus Messingblech, mit 14''' Kosmosbrenner, Höhe 20 cm. Eine der letzten Petroleumlampen, bei denen kein besonderer Wert mehr auf das Äußere gelegt wurde. Deutschland, nach 1925

Tischlampe
Deutscher Jugendstil. Die große Glasvase aus lüstriertem, grünem Loetzglas wird von drei stilisierten Adlern getragen. Montierung aus Messing, vergoldet. Gehämmerter Messingschirm mit überdimensionierten Cabochons und langem Perlfransenbehang. 20''' Flammscheibenbrenner. Gesamthöhe 50 cm, Deutschland, um 1910

Tischlampe
In einer dreifüßigen Halterung mit Jugendstilgriff hängt das diskret dekorierte Bassin in Messing, Patent-Reform-Kosmosbrenner, Deutschland, 1910

links: Messing-Lampe
Art déco mit relativ großem Bassin auf plumpem Schaft mit vier seitlichen Stützen, strenge Prägung, 14''' Kosmosbrenner, Deutschland, um 1910

rechts: Jugendstil-Lampen
Deutscher Jugendstil, ganz in Messing, mit schlichtem, geprägtem Dekor. links: auf drei seitlich geschwungenen Stützen wird das Bassin gehalten. 20''' Flammscheibenbrenner. Höhe 22 cm. rechts: runde Mittelsäule, drei seitliche Stützen, die die Schwere des Bassins betonen. 20''' Marsbrenner. Höhe 22 cm, Deutschland, um 1910

Art déco-Lampe,
Messingvase strenge Vase mit konischem Weißmetallschaft auf glattem Fuß, Messing, 14''' Kosmos-brenner, Deutschland, nach 1910

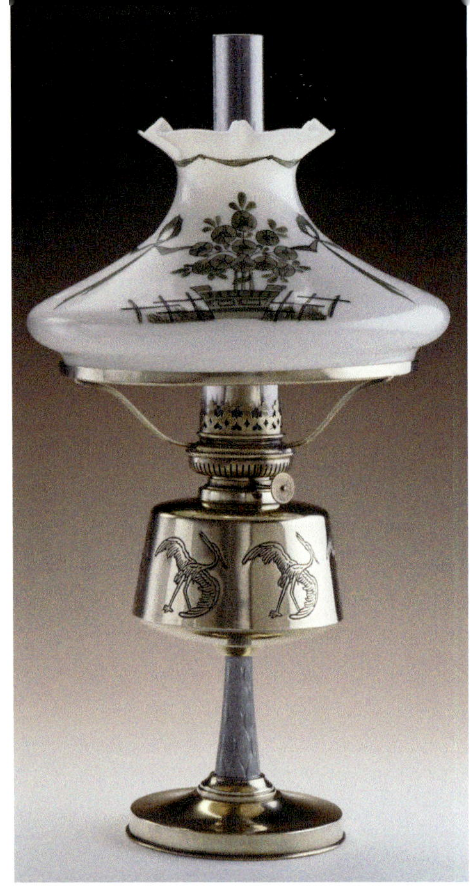

Kleine Schmucklampe
mit reliefierter Darstellung eines Abschieds, kompletter Bronzeguss, braun patiniert, 8''' Reform-Kosmos-brenner, wohl Österreich, nach 1900

Tischlampe
in Silberblech, in Muscheldekor geprägter Fuß und Schaft, grünliches Glasbassin, 10''' Reform-Kosmosbrenner, Deutschland, vor 1900

Tischlampe
Art déco, hoher, schlanker, teilweise kannelierter Schaft, steht auf schwarzer Marmorplatte mit vier Messingfüßchen. Bandförmige Prägung der Vase, insgesamt Messing, 10''' Reform-Kosmosbrenner, 10er-Jahre 20. Jhd.

Tischlampe

aus verschmolzenen Glaspartikeln, klar überfangen, möglicherweise Loetz, Böhmen, bronzierter Zinkgussfuß, gelippter Schirm. 14''' Kosmosbrenner, Deutschland, nach 1900

Tischlampe

aus Milchglas, farbig, floral bemalt, mit farbig bemaltem Schirm (Doppelröckchen). Flammscheibenbrenner 15''', Höhe 23,5 cm, Deutschland, nach 1900

Tischlampe

schlanker, längsovaler Lampenkörper auf schlankem Fuß, Messing, dunkelbraun patiniert mit breitem, geprägten Messingband. 10''' Kosmosbrenner, Deutschland, um 1925

Vier Messing-Tischlampen

mit Messingschirmen und Perlfransen. Messingteile mit floralen Prägungen, Schirme mit eingelassenen Cabochons aus farbigem Glas. Kosmosbrenner unterschiedlicher Größe, Höhe 23 cm, 20 cm und 13 cm, Frankreich, nach 1900

Tischlampe und Beistelllampen

im Stil des Empire, mit dunkelbraun patinierten Messingvasen, vergoldeten Bronze-Dreibeinen, die mit Widderköpfen, Adlern und Frauenköpfen bekrönt sind, 15''' Flammscheibenbrenner, 10''' Kosmosbrenner, Höhe 21, 37 und 25,5 cm, Frankreich, Ende 19. Jhd.

Tischlampen

Petroleumvasen aus lüstrierten Gläsern, teilweise mit Fadenauflage der Glashütte Loetz, Böhmen, einfacher Marmor- bzw. Messingfuß. 14''' Kosmosbrenner, Höhe 24,5; 20; 22 cm, Deutschland, 1905 – 1910

Salonlampe
große Vase aus weißem Marmor getragen von drei gebogten Stelen mit Widderköpfen, dreipassiger Marmorfuß, 14''' Kosmosbrenner, Frankreich, vor 1900

Beistelllampe
geschliffenes, länglich ovales Glasbassin, gehalten von einem breiten Ring, auf drei geraden Beinen mit Maskaronabschluss und Tatzenfüßen, Bronze, 15''' Flammscheibenbrenner, Frankreich, um 1880

Tischlampe
'Second Empire', dunkle Marmorvase in reich dekorierter Halterung auf drei geraden Beinen, getreppter, an den Seiten eingezogener Fuß, Bronze vergoldet, 15''' Brenner mit Flammscheibe, Frankreich, um 1885

Tischlampe
geschliffenes, Kristallglasbassin gehalten von drei nach innen gebogten Beinen, dekoriert von gewichtigen Maskarons, dreigliedriger, an den Seiten eingezogener Fuß, 12''' Kosmosbrenner, Frankreich, 1895

Tischlampe
Nachbau einer Lampe von Ende 1900, erschien in den 70er-Jahren von Holland aus im Handel, wird heute auf Auktionen als Original aus der Zeit angeboten, Messing, 14''' Kosmosbrenner

Salonlampe
schwere, ganz in Bronze gegossene Lampe, zylindrisches Oberteil, floraler Reliefdekor, florale Handhaben, Weinblätter und Trauben, 14''' Kosmosbrenner, Deutschland, um 1870

Salonlampe
Kelchform mit aufgesetztem Medaillon und Reliefband, seitliche Handhaben, Löwenköpfe mit Ring, Zinkguss 14''' Kosmosbrenner, Deutschland, um 1870

Jugendstil-Lampe mit aus Zink gegossenem goldbronziertem, schlankem Schaft mit Blütendekor. Bemaltes Kristallbassin. 14''' Kosmosbrenner, Frankreich, um 1900

Majolika-Lampe mit trichterförmigem Messingfuß und Duplex-Brenner, Hebebühne und Löscher, England, um 1895

Tischlampe Messing, poliert. Duplex-Brenner, mit Hebebühne und automatischem Löscher. Höhe 26 cm, England, 20er-Jahre 19. Jhds.

Kleine Tischlampe mit schwarzem Glasfuß und Vase aus Uranglas, Tulpe ebenfalls aus dekoriertem Uranglas. 10''' Kosmosbrenner, Höhe 19 cm, Deutschland, um 1910

Salonlampe, Urnenförmiger Lampenkörper, mit aufmontiertem Klarglasbassin mit Kosmosbrenner. Der Körper wurde in Cloisonnétechnik hergestellt. Durchbrochenes Messingunterteil auf vier Füßchen, Frankreich, vor 1900

Tischlampe aus Eisenblech, insgesamt blau emailliert und farbig bemalt. Mit 15''' Flammscheibenbrenner, Deutschland, nach 1900

Glaslampe mundgeblasen, leicht mattiert, Lampe und zugehörige Tulpe reich bemalt und gebeizt. 10''' Kosmosbrenner, Deutschland, um 1900

Tischlampe in strenger, schwerer Stahlkonstruktion mit Kupferbassin. Wahrscheinlich Einzelstück, Gesellenstück? 12''' Kosmos-Brenner, Höhe 33 cm, Frankreich, nach 1900

Schmucklampe

Zweiflammige versilberte Lampe, die wohl als festliche Tischlampe gedacht war. Stilmäßig an Louis XVI. erinnernd.
8''' Kosmosbrenner, England, um 1890

Zweiflammige Schiebelampe

Vasen Messing gehämmert, Halterungen in dekorativem Messingband, ringförmige Handhabe am zentralen Schaft. 10''' Kosmosbrenner, Deutschland, um 1920?

Zweiflammige Schiebelampe

Dunkelbraun patinierte Messingvasen und Messingschirme mit Cabochons und Perlfransen, diskrete Messinggarnituren.
10''' Kosmosbrenner,
wahrscheinlich Frankreich, vor 1900

Zweiflammige Schiebelampe

Ovaler Stand, einfache, geschwungene Halterung für blaue Glasvasen, Messing, 20''' Flammscheibenbrenner, 20–30er-Jahre 19. Jhd.

Klavierlampen
links: einfache Klavierlampe mit Papierschirm. Ausleger mit Brenner überragt die vordere Klavierkante und beleuchtet die Tastatur. 14''' Kosmosbrenner, Höhe 12 cm

rechts: Lampe mit Konkav- und Planspiegel, wodurch das Licht gesammelt und auf die Tastatur reflektiert wird. Höhe 12 cm, 15''' Flammscheibenbrenner,
Beide Lampen aus Messing,
Deutschland, um 1900

Petroleumlampe
quadratische Form, Seitenlänge deutlich größer als Höhe, Seiten durchbrochen mit Glaseinlage, 8''' Kosmosbrenner, Herkunft und Verwendung unbekannt

Petroleumlampe zum Drei-Kaiser-Jahr 1888

reliefiertes Portrait der drei Kaiser, die 1888 regierten, sowohl auf dem Gefäß, als auch auf dem Fuß der Lampe neben anderen Spielsachen, Orden, Fahnen und Kanonen

Wilhelm I. 1871–1888
Friedrich-Wilhelm III. 1888 März–Juni
Wilhelm II. 1988–1918

Zinkguss bronziert, 14''' Kosmosbrenner,
Deutschland, nach 1888

Patriotische Gedächtnislampe

Figurengruppe, zwei Soldaten, von denen einer aufrecht stehend mit der linken Hand die Fahne hält, mit der Rechten sein Bajonett kampfbereit gezogen hat und seinen verwundeten Kameraden stützt. Die Szene soll wohl „Sieg und Tod" darstellen! Lampe der Firma Kaester & Toebelmann, Erfurt. Zinkguss, Höhe 31 cm, 14''' Kosmosbrenner, Deutschland, nach 1870

Patriotische Lampe

deren Schaft aus drei zur Pyramide gestellten Karabinern besteht, von denen das Bassin getragen wird, unter denen ein verwundeter Soldat, auf einer geborstenen Kanone sitzt, den Lorbeerkranz auf dem Haupt! Lampe der Firma Stobwasser, Berlin. 14''' Kosmosbrenner, Eisenguss, nach 1870

Tischlampe
geprägtes Kupfergefäß wird von Messing-Dreibein mit Widderbekrönung getragen, Kupferschirm mit Cabochons und Perlbehang, Kosmosbrenner, Frankreich, um 1900

Zinkgusslampe
Auf flachem Stand mit vier Tatzenfüßchen quaderförmiges Zwischenstück, mit eingebauter Uhr (defekt), plumpes Oberteil mit ebenso plumpen seitlichen Handhaben, Flammscheibenbrenner diskret reliefiert, Deutschland, vor 1900

Tischlampe
China-Porzellan, Messingfuß, schlanker Schaft mit Nodus, geschliffenes Kristallbassin, Kosmosbrenner, Frankreich, um 1900

Tischlampe
trichterförmiger Messingfuß, zartgrüne Glasvase, floral bemalter Röckchenschirm, Kosmosbrenner, Deutschland, 1. Dezennium 20. Jhds.

Tischlampe
der Firma Wild und Wessel auf rundem Fuß, kurzer Schaft, der in ein geteiltes kelchförmiges Gefäß übergeht, sauber reliefiert, seitlich Löwenköpfe mit Festons, Zinkguss bronziert, 10''' Kosmosbrenner, Deutschland, 1880

Tischlampe
quadratischer, flacher Fuß, balustrierter Schaft, polychromer Zellenschmelz (Champlevé), Klarglasvase mit Golddekor, 10''' Kosmosbrenner, Höhe 31 cm, Frankreich, um 1900

Salonlampe
quadratischer Metallgussfuß, leicht durchbrochen, roter Marmorschaft mit vernickelten Metallgussmontierungen, Vase in Klarglas mit geometrischem Golddekor, alle Metallteile in Régul vernickelt, 14''' Kosmosbrenner, Frankreich, vor 1900

Salonlampe
Quadratischer, durchbrochener Messingstand mit vier Füßchen, Pfeilerschaft in rotem Marmor mit Messingmontierungen, geschliffene Kristallvase, 14''' Kosmosbrenner, Deutschland, um 1890

Tischlampe
China-Porzellan, Bronzefüße, Bronzedeckel, Sonnenbrenner, Östereich, um 1880

Tischlampe
strenger Fuß und Schaft in Stirling-silber, geschliffene Kristallvase, versilberter Duplexbrenner mit Hebevorrichtung, Höhe 27 cm,
Liverpool, 1905

Tischlampe
urnenförmiger Lampenkörper in Biskuitporzellan, kurzer, gedrungener Schaft mit Messingfuß, Kosmosbrenner, Höhe 28 cm, Deutschland, 1885

Schmucklampe
Porzellan geschwärzt, mit Darstellung altägyptischer Gottheiten, Messingfuß mit vier Sphinx-Köpfen und Messingapplikationen, Kosmosbrenner, wahrscheinlich Frankreich, letztes Viertel 19. Jhd.

Glaslampe
in braun-rotem, durchgefärbtem Glas, Balusterschaft mit flacher Vase, Duplex-Brenner mit Löscher, farbig dekorierte Kugel, Höhe 41 cm, wahrscheinlich Frankreich, vor 1900

Tischlampe
kelchförmiger Lampenkörper, schwarzes, farbig floral bemaltes Glas, Messingfuß, 14''' Kosmosbrenner, Pariser Glocke, Deutschland, 1885

Tischlampe
kelchförmiger Lampenkörper in schwarzem Glas mit kurzem Schaft, schwarz mit blau-weißer Emaille-Bemalung, Kosmosbrenner, Deutschland, 1885

Tischlampe
Gefäß in Art eines Stück Stammholzes, steht auf vier astartigen Füsschen, Bronzeguss, schwarz patiniert, Duplexbrenner mit Hebebühne und Löscher, England, um 1890

Säulenlampe
aus Majolika mit bronziertem Zinkgussfuß und 14‴ Kosmosbrenner, Deutschland, um 1895

Salonlampe
Majolikakörper und Deckel, floral reliefiert und farbig bemalt, mit durchbrochenem Messingfuß. 14‴ Kosmosbrenner, Deutschland, um 1895

Salonlampe
Vase und Schaft in rotem, geschliffenem Kristallglas, Monturen in Zinkguss, vernickelt. Sonnenbrenner, Ditmar, Wien, Österreich, 90er-Jahre 19. Jhd.

Salonlampe
aus hellblau-opakem, reich bemaltem Glas, mit vergoldeten Messinggarnituren, getragen von einem Bronzefuß, drei Fabelwesen darstellend. 16‴ Sonnenbrenner, Österreich, um 1890

Säulenlampe aus schwarzem Marmor mit bronzierten Zinkgussapplikationen. Geschliffenes Kristallbassin, Spiritus-Glühlichtbrenner, gerüschter Seidenschirm, Gesamthöhe 72 cm, Deutschland, um 1895

Salonlampe in Vasenform aus blauem Glas mit Bronzegarnituren und Fuß aus schwarzem Marmor, 14''' Kosmosbrenner, Höhe 41 cm, Österreich, vor 1900

Salonlampe Aus Imari-Porzellan mit Bassin in Baccarat-Kristall. 14''' Kosmosbrenner, um 1895

Salonlampe

klotzige Lampe mit kugelförmiger grün glasierter Porzellanvase auf mächtigem, zylindrischem Fuß mit vier seitlichen Auslegern in Messing, Reform-Kosmosbrenner, 1880 – 1890

Beistelllampe

fast herzförmige Steckvasen in Kerzenhaltern der Zeit, Vasen und Tulpen in rotem Glas floral in Gold dekoriert, 8''' Kosmosbrenner, Frankreich, um 1900

Salonlampe

Porzellanlampe in Balusterform mit zwei seitlichen, nach oben geschwungenen Handhaben, diese und der dekorierte Fuß in Messing, Porzellan rosé gebeizt, mittig Medaillon, Flammscheibenbrenner, Deutschland, 1880

Majolika-Lampe

floral bemaltes Majolikagefäß, von vier, geschwungenen, seitlichen nach oben karyatidenartig gestalteten Stelen getragen, Marmorfuß, Höhe 39 cm, Sonnenbrenner 18''', Ditmar, Österreich, 1895

Sturzflaschenlampe
umgerüstet in Petroleumlampe, Lampe in Eisenguss, Sturzflasche in Messing, Brenner ersetzt durch Petroleumvase, grünes Glas mit floraler Bemalung, Flammscheibenbrenner, Lampe 1: Frankreich, 1. Hälfte 19. Jhd., Umbau: gegen Ende 19. Jhd.

Tischlampe
fachgerecht umgebaute Moderateurlampe aus der Zeit Napoleon III., Porzellan schwarz mit zarten Blumengirlanden, Messingfuß, 10''' Reform-Kosmosbrenner, Frankreich, 1860–70

Umgebaute Moderateurlampe
in typischer Form, unten weit, oben schlanker Hals, Porzellan in blau, 20''' Flammscheibenbrenner, Hebebühne, Frankreich, 2. Hälfte 19. Jhd.

Völlig unpassender Zusammenbau von zwei Lampenresten, sowohl mechanisch mangelhaft als auch stilmäßig

Salonlampe
vollplastisch ausgebildete Meerjungfrau trägt auf dem Rücken das Bassin, steht auf einem Bronze- und Marmorfuß, Bronze gegossen, Kosmosbrenner, Höhe 47 cm, Frankreich, um 1880

Dekorative Salonlampe
aufwendig gestaltete Halterung für eine kleine Petroleumvase, Fuß als Marmortischchen mit kleinem vollplastischen Putto, ganz in Bronze, teilweise gold überhöht und emailliert, Höhe 44 cm, wahrscheinlich Frankreich, um 1890

Salonlampe
Drei-Mädel-Lampe

aufwendiger, trichterförmiger Stand mit drei Muschelfüßen, floralem und eierstab Dekor, darauf drei junge Damen, bekleidet mit Akanthusblatt und Blumengürtel, tragen das mit floral reliefiertem Band dekorierte Gefäß für die Vase, Höhe 54 cm, Régul, 20''' Pallasbrenner, 70 – 80er-Jahre 19. Jhd.

Jugendstil-Lampe

floral gestalteter, durchbrochener Messingfuß, Glasschaft, geschliffen, verstärkt durch drei Messingstelen, geschliffenes Kristallbassin, Flammscheibenbrenner, Höhe 45 cm, Frankreich, nach 1900

Jugendstil-Lampe
aufwendig gearbeiteter Bronzefuß auf rotem Marmor, aus dem Fuß ein astförmiger Schaft entspringend, der reich dekoriert das Gefäß trägt, Bronze und Messing vergoldet, Duplexbrenner mit Hebevorrichtung und Löscher, wohl Frankreich, letztes Dezennium, 19. Jhd.

Salonlampe
aus einem kräftigen Pflanzenstengel sich entwickelnde Blüte, in der das gläserne Bassin gehalten wird, auf dem Fuß vollplastisch ausgeformte junge Dame, Ditmar Sonnenbrenner, Régul, Frankreich, Anfang 20. Jhd.

Salonlampe
drei, leicht geschweifte, dekorierte Stelen tragen das schwere Gefäß in weißem Marmor, im Stil des ‚Second Empire' Bronze vergoldet, Fuß Bronze und Marmor, Flammscheibenbrenner, Frankreich, um 1880

Salonlampe KPM
zartgrün glasiertes Porzellan mit aufwendigem Dekor und barocken Halterungen in Bronze vergoldet, Kosmosbrenner, auf sechs Füßchen, Deutschland, um 1880

Ausziehbare Stehlampe

in Schmiedeeisen.
20''' Flammscheibenbrenner,
Höhe 120 cm, ausgezogen 165 cm,
Deutschland, um 1895

Stehlampe

Keramik, in der Art Delft, mit Messinggarnitur. Am Deckel des Petroleumbassins ist sehr deutlich die Verfärbung durch die Petroleumeinwirkung zu erkennen. Duplex-Brenner, Höhe 128 cm, ausgezogen 170 cm, Holland, um 1900

Große Stehlampe

in Form eines Ritters mit gezücktem Schwert. Zinkguss, bronziert. 20''' Flammscheibenbrenner. Wahrscheinlich aus dem Entreé eines herrschaftlichen Hauses, Höhe 132 cm

Figurenlampe Zwerg, die Kristallvase auf der linken Schulter tragend. Lampe 705 der Firma Wild & Wessel, Berlin. 10''' Kosmosbrenner, Höhe 27 cm, Figur aus Zinkguss, Deutschland, um 1870

Porzellan-Figurenlampe Mit Halterung für ein Steckbassin, und mit einem Kerzenhalter in ungewöhnlicher Kombination. Da das Porzellan dem Spätbiedermeier zuzuordnen ist, dürfte es sich um einen späteren Umbau handeln. Es ist anzunehmen, dass die Halterung für das Petroleumbassin ursprünglich der Aufnahme eines Lichtschirms gedient hat

Figurenlampe Knappe trägt die geschliffene Kristallvase in beiden Händen über dem Kopf. Lampe 707 der Firma Wild & Wessel, Berlin. 14''' Kosmosbrenner, Höhe 42,5 cm. Figur in Zinkguss mit Marmorfuß, Deutschland, nach 1870

Figurenlampe kleines Mädchen trägt auf einer goldenen Schale ein großes zylindrisches Bassin mit reicher Dekoration, 14''' Kosmosbrenner, Höhe 42 cm, Zinkguss, Messing, Frankreich, um 1885

Figurenlampe
Amor, mit erhobenem, rechten Arm, in der rechten Hand ein kleines Steckbassin tragend. Bogen fehlt! 8''' Kosmosbrenner, Höhe 61 cm, im Fuß eingegossene Signatur: „Rousseau" Zinkguss, Frankreich, um 1895

Figurenlampe Jugendstildame
an eine Blüte gelehnt, die das Bassin trägt, Messingguss. 14''' Kosmosbrenner, Höhe 33 cm, Frankreich, um 1900

Figurenlampe Jugendstil-Elfe
Zink und Messing, 12''' Kosmosbrenner, Höhe 52 cm, Frankreich, um 1895

Figurenlampe Hermes
der Götterbote mit Flügelschuhen, Flügelhut und Heroldstab, trägt in der Hand des ausgestreckten linken Armes die Petroleumvase. 8''' Kosmosbrenner, Höhe 59,5 cm, Bronzeguss, braun patiniert auf Messingfuß, Frankreich, um 1890

Jugendstil-Lampe
Reiher mit floralem Beiwerk. Bronze plastisch gegossen und bemalt. Bassin aus Baccarat-Kristall, 8''' Kosmosbrenner, Frankreich, um 1900

Benzinlampen
bei denen der Brennstoffbehälter als Hunde- bzw. als Pferdekopf ausgebildet ist. Bemaltes, farbig glasiertes Porzellan mit Rundvolldochtbrenner, wahrscheinlich Frankreich, um 1900

‚Elefantenlampe'
Großes, verchromtes Bassin aus Eisenblech, wird von den Rüsseln dreier Elefantenköpfe getragen. 15''' Flammscheibenbrenner, Deutschland, wahrscheinlich 10er- bis 20er-Jahre

Tischlampe Tierfigur
Bär auf Baumstamm sitzend, auf der rechten Schulter einen Bienenkorb tragend, in dem das Gewinde der Schraubzapfenvase befestigt ist. Geschliffenes Kristallbassin, 12''' Kosmosbrenner, Höhe 43 cm, Zinkguss, bronziert, Deutschland, um 1890

Figurenlampe

runder, gekehlter Stand mit drei Volutenfüßen, kniender Soldat mit Brustpanzer hält sein Schild über dem Kopf zur Halterung der geschliffenen Glasvase, Zinkguss, 10''' Kosmosbrenner, Deutschland, um 1870

Figurenlampe

Knappe im Pluderhöschen, trägt die geschliffene Kristallvase in beiden Händen über dem Kopf, Zinkguss mit gekehltem Marmorfuß, Lampe 707 der Firma Wild und Wessel, Berlin, 14''' Kosmosbrenner, Höhe 42,5 cm, Deutschland, nach 1870

Figurenlampe

schwer tragende Frau, die Halterung für die Vase auf der linken Schulter haltend, Vase und Tulpe innen bzw. außen rot überfangen und geschliffen, Régul bronziert, 8''' Kosmosbrenner, Frankreich, um 1890

Tischlampe

Figurenlampe vierpassiger Fuß mit floraler Reliefierung, schlanke Dame in schulterfreiem Kleid, trägt die Vase auf dem Kopf, abgestützt mit dem rechten Arm, Régul bronziert, 14''' Kosmosbrenner, Ende 19. Jhd.

Figurenlampe
Vierpassiger, floral reliefierter Stand, auf zentralem Postament, schlanker Jüngling trägt in der Hand des rechten angewinkelten Armes die Halterung für die floral bemalte Vase. Régul, 12''' Kosmosbrenner, Frankreich, letztes Viertel 19. Jhd.

Tischlampe
lang gewandete Dame balanciert die Vase auf einem astartigen Bogen, Régul bronziert, 14''' Kosmosbrenner, Frankreich, um 1890

Figurenlampe
aus vierfüßigem Stand entwickelt sich eine flache Schale, darin ein geflügelter Putto, dessen untere Partie als Fisch ausgebildet ist (Puttonixe), hält die Vase mit beiden Händen auf dem Kopf, 8''' Kosmosbrenner, Zinkguss, bronziert, wahrscheinlich Frankreich, letztes Viertel 19. Jhd.

Tischlampe
Figur auf rundem, schwarzen Marmorfuß, lächelnde Dame in antikem elegant fallendem Gewand, in sehr ausgeglichener Haltung, trägt eine Amphore auf der rechten Schulter zur Aufnahme der Vase, Zinkguss bronziert, Deutschland, 1880 – 90

Beistelllampe
flacher, reliefierter Stand auf vier Füßen, Kranich trägt die Halterung für die Vase, rote Glasvase, farbig bemalt, Messing, 8''' Kosmosbrenner, Frankreich, um 1900

Beistelllampe
Figurenlampe flacher, achteckiger Stand, barbusige, ins Ungewisse blickende Frau in beschwörender Pose, trägt die blaue Glasvase auf dem Kopf, Zinkguss, Flachbrenner, 80er-Jahre 19. Jhd.

Figurenlampe
sitzende Dame trägt das Petroleumgefäß auf der linken Schulter, 8''' Kosmosbrenner, Frankreich, letztes Viertel 19. Jhd.

Zimmerlampe
dreipassiger, an den Seiten leicht eingezogener, reliefierter Stand, junge Dame trägt über einem Schulterring und mit den Händen ein dreibogiges Gebilde zur Halterung der Vase, aus Porzellan, Régul, wohl Frankreich, Anfang 20. Jhd.

Figurenlampe

flacher, runder Fuß mit Blattdekor, auf einem kannelierten Säulenstumpf sitzt ein kleiner, Flöte spielender Putto, angelehnt an einen Blütenstab, der das Bassin aus rotem Glas trägt, Messing, 12''' Kosmosbrenner, Frankreich, um 1900

Figurenlampe

kleiner, lächelnder, fast fliegender Amor, in der linken Hand Pfeil und Bogen, in der rechten die Lampe tragend, Mamorfuß, 8''' Kosmosbrenner, Frankreich, um 1900

Salonlampe

Figurenlampe klotziger, fast pyramidenförmiger, dreipassiger Fuß, reiches Reliefdekor mit historischem Portrait, geflügelter Amor, in der rechten Hand den Bogen, in der linken den Pfeil haltend, die Vasenhalterung auf dem Kopf tragend, umlaufend reliefierter Puttoreigen auf dem Gefäß. Metallguss, 14''' Kosmosbrenner, Ditmar, Wien, wohl Österreich, letztes Viertel 19. Jhd.

Figurenlampe

Bübchen hält sich an stilisierter Pflanze, dreipassiger Fuß, Régul, 8''' Kosmosbrenner, Frankreich, letztes Viertel 19. Jhd.

Figurenlampe

Pärchen gewölbter, teils durchbrochener Stand, Reliefdekor, vier Füßchen, zwei junge Damen in lebhafter Haltung, mit langen Tüchern spielend, die neben dem linken bzw. rechten Arm der Stabilisierung dienen. Régul, 10''' Kosmosbrenner, Frankreich, 80er-Jahre 19. Jhd.

Figurenlampe

strenger, sechsseitiger Fuß, kindlicher Putto mit Lendentuch trägt die Vase mit ausgetrecktem rechten Arm, Messingguss, grüne Glasvase mit polychromer Bemalung, 12''' Kosmosbrenner, Frankreich, nach 1890

Zimmerlampe Figurenlampe

geschwungener Stand mit vier Füßen, Rocaillen- und Eierstabdekor, Putto in wehendem Kleidchen trägt die Vase auf dem Kopf, gestützt durch den linken Arm, Petroleumbassin aus Uranglas, Zinkguss, 14''' Kosmosbrenner, wahrscheinlich Österreich, um 1890

Figurenlampe "Jardinier"

Par Buchot floral dekorierter Rundfuß auf Holzplinthe, junge Dame in wehendem Kleid, eine Leier im linken Arm tragend, hält die Lampe mit dem rechten Arm, Régul, bronziert, Frankreich, vor 1900

Beistelllampe
kleiner Putto an Blumenstiel, Vase und Tulpe Glas der Manufaktur Joh. Loetz Wtw., 8''' Kosmosbrenner, Deutschland, vor 1900

Tischlampe
dreigeteilter Fuß, auf jedem sitzt ein kleiner Putto, wodurch die Lampe sehr lebendig wirkt, 8''' Kosmosbrenner, Deutschland, 1870–80

Missbrauchter Kerzenhalter
Zweiflammiger Kerzenhalter, wurde durch ein Steckbassin in einem Halter zur Petroleumlampe umfunktioniert. Linker Fuß ist kaum in der Lage, das Gewicht zu halten. Messing, 8''' Kosmosbrenner, Frankreich, vor 1900

Tischlampe
Figurenlampe runder, gewölbter Tonfuß, schwarz, figürlicher Schaft in Form der Portrait-Büste einer jungen Dame, Bronze, flache Vase, 8''' Kosmosbrenner, Deutschland, 70er-Jahre 19. Jhd.

Figurenlampe
auf getrepptem Messingstand mit drei Füßchen, kleiner, sitzender Putto in lustiger Haltung, trägt die Vase auf dem linken Oberarm, noch Goldreste auf der roten Glasvase, 8''' Kosmosbrenner, Frankreich, vor 1900

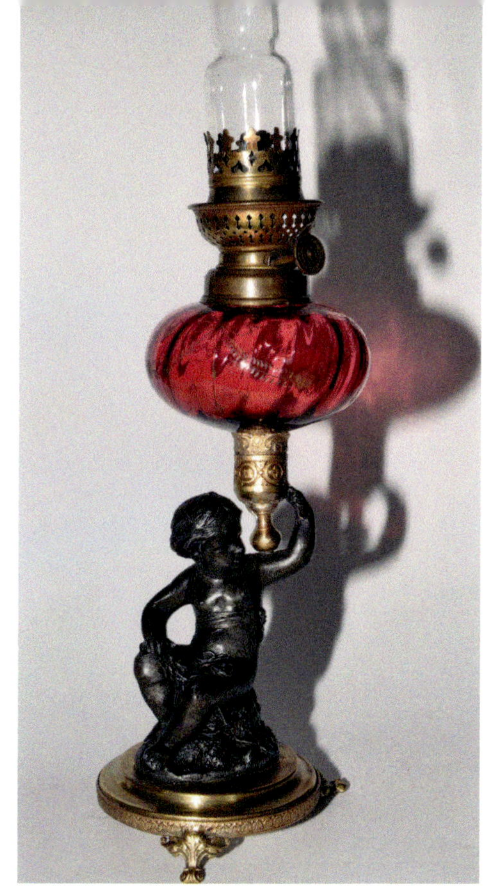

Figurenlampe
durch das schwere Gefäß gebeugter Knabe trägt Vase auf dem Rücken, Eisenenguss, 8''' Flachbrenner, letztes Viertel 19. Jhd.

Beistelllampe
quadratischer Stand aus schwarzem Marmor mit vier Füßchen, kleiner nachdenklicher Putto auf einem Sitzbänkchen neben einer säulenartigen Halterung für die roséfarbige Petroleumvase, Régul, 8''' Kosmosbrenner, Frankreich, Ende 19. Jhd.

Beistelllampe
auf rundem Messingfuß, kleiner vollplastisch ausgebildeter Putto mit Lendentuch, trägt auf der rechten Schulter eine Amphore zur Aufnahme der Glasvase, Messing, 8''' Kosmosbrenner, Deutschland, vor 1900

Zimmerlampe „L'INDUSTRIE"
par Constant
Zinkguss auf rotem Marmorfuß, junge, schlanke Dame, sich mit linkem Arm auf ein Zahnrad und Amboss abstützend, trägt mit rechtem Arm und kleiner Stütze die Glasvase in Jugendstilornamentik, Régul, bronziert, 14''' Kosmosbrenner, Frankreich, um 1900

Figurenlampe „RECOMPENSE"
par Bouchon Sculp. Fröhlich dreinschauender Bubi trägt mit beiden Händen ein florales Füllhorn zur Halterung der Petroleumvase in braunem Glas, Régul bronziert, 10''' Kosmosbrenner, Frankreich, vor 1900

Figurenlampenpärchen
Figurenlampe, Mädchen und Knabe, schwerer, quadratischer Stand mit vier Füßchen und auffallendem Blattdekor, das Mädchen trägt die Vase, fröhlich blickend auf der linken Schulter, der Knabe mit finsterem Blick auf der rechten Schulter, Vasen später, 10''' Kosmosbrenner, Frankreich, vor 1900

Figurenlampe

auf blattähnlichem Stand mit drei Füßchen pflanzenähnlicher Schaft mit Fruchtzweig, von dem ein vollplastischer Putto Früchte pflückt, Vase und Tulpe aus rot durchgefärbtem Glas, Zinkguss bronziert, Flachbrenner, wahrscheinlich Österreich, 80er-Jahre 19. Jhd.

Teufelslampe

kleines Beistell-Lämpchen mit vollplastisch in Messing gegossenem kleinen Teufel, die Vase auf dem Kopf tragend, Marmorfuß, Sparbrenner, wahrscheinlich Deutschland, letztes Viertel 19. Jhd.

Figurenlampe „L'ECHO"
von Aug. Moreau
Régul bronziert, Fuß aus rotem Marmor, Kosmosbrenner, rote Glasvase.
Hier trägt ein zarter Arm mit spielerischer Leichtigkeit eine schwere Petroleumvase, Frankreich, um 1885

Figurenlampe "LE CRÉPUSCULE"
zart gewandete Dame auf einem Marmorfuß stehend, trägt das Bassin, mit dem rechten Arm haltend, auf dem Kopf, dunkelbraun-rote Vase und Tulpe mit Jugendstil-Emblemen, Régul, Flammscheibenbrenner, Matador 15''', Frankreich, um 1895

Zigarrenlampe
Jugendstildame trägt das Spiritusgefäss in ausgestreckten Armen, Zinkguss, bronziert, Marmorfuss, wahrscheinlich Frankreich, um 1900

Beistelllampe Figurenlampe
gewölbter Fuß mit umlaufenden Voluten und Fratzen dekoriert, kleiner knieender Putto trägt eine flache Schale auf dem Kopf, darin die geschliffene Kristallvase, Zinkguss vernickelt, Wiener Flachbrenner, Österreich, Ende 19. Jhd.

Figurenlampe
schwerer, figuraler Stand mit drei Tatzenfüßen, die in Karyatiden übergehen, zwischen diesen vogelähnliche Appliken, Messingguss, 14''' Kosmosbrenner, Ditmar, Wien, wahrscheinlich Österreich, vor 1900

Figurenlampe
gewölbter, reliefierter Fuß, junge Dame mit Haube lehnt an einem Blumenstiehl, trägt die in Gold gemalte Vase, Messing und Zinkguss, 8''' Kosmosbrenner, Frankreich, um 1900

Figurenlampe
Zinkgusslampe mit Putto

Lampenpärchen
quardratischer, dekorierter Stand mit vier Füßen, Paar in gutbürgerlicher Kleidung mit Häubchen und Säbel, Régul bronziert, 12''' Kosmos-brenner,
Frankreich, letztes Viertel 19. Jhd.

Figurenlampen Pärchen
roter Marmorfuß, runder Stand diskret dekoriert, Dame und Herr in vornehmen Phantasiekostümen tragen die floral dekorierten Vasen mit erhobenem Arm, Regul bronziert,
10''' Kosmosbrenner,
Frankreich, um 1890

Kleine Tischlampe

in Japanporzellan mit Seladonglasur, Bassin in Form eines Sonnenschirmes 12''' Kosmosbrenner, Frankreich, um 1900

Tischlampe

große Porzellanlampe, vier vollplastische Putten halten das große Bassin, schwerer runder Prozellanfuß, alle Abschnitte mit plastischem Blumendekor in Form von Rosen und Rosenblättern versehen, mit Doppelkreuz gemarkt, Schierholz Plaue, 14''' Kosmosbrenner, Deutschland, um 1890

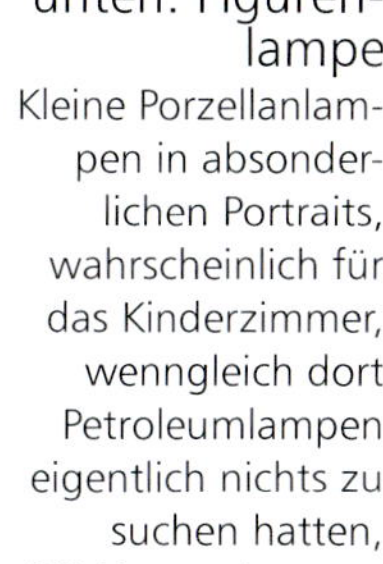

unten: Figurenlampe

Kleine Porzellanlampen in absonderlichen Portraits, wahrscheinlich für das Kinderzimmer, wenngleich dort Petroleumlampen eigentlich nichts zu suchen hatten, 8''' Kosmosbrenner

Küchen-Wandlampe

Am Boden liegender Teufel trägt das Bassin auf dem Rücken, lustig dekoriert, Porzellan, Wiener Flachbrenner, 20er-Jahre 20. Jhd.

Zimmerlampe
Porzellanlampe mit hohem Schaft, vierpassiger Fuß und Schaft mit Porzellandekor, Rosen und Blattwerk, in der unteren Hälfte zwei vollplastisch ausgebildete Putten, Kristallbassin, englischer Flachbrenner, England, um 1890

Salonlampe
in Porzellan, vollplastisch ausgebildete Dame trägt das Bassin, zu ihren Füssen zwei Putten auf vierpassigem Fuß, 8''' Kosmosbrenner, Deutschland, wahrscheinlich Schierholz, Plaue, um 1890

Petroleumschiebelampe mit Sturzflasche
mit Regulator nach R. Sarre, Dresden, Gesamthöhe 54,5 cm, 14''' Argand-Brenner mit Zahnstangendochttrieb, Firma G. Stobwasser, Berlin, DRP vom 03.11.1877

Einfache Petroleum-Schiebelampe
mit flachem Schwarzblechbassin 7''' Flachbrenner. Gesamthöhe 54 cm, Firma C. H. Stobwasser, Berlin, um 1880

Schiebelampen
links: ursprünglich Öl-Sturzflaschenlampe, umgebaut auf Petroleum durch Kürzen des Brandrohres und Einkitten einer Stiftvase, Gesamthöhe 46 cm, 8''' Kosmosbrenner, Messing
rechts: Schiebelämpchen mit Vorratsbehälter als Gegengewicht

Einfache Schiebelampe
mit hellblauem Opalglasbassin und Gegengewicht aus Zinkguss, 7''' Wiener Flachbrenner, Gesamthöhe 58,5 cm, wahrscheinlich Österreich, um 1890

Schiebelampe für Petroleum
Bassin aus Keramik
mit Ochsenblutglasur, 14''' Kosmosbrenner, Gesamthöhe 55 cm, Frankreich, vor 1900

Petroleum-Schiebelampe
sog. Lampe de Bureau, Fa. A. Robert, das kleine Gefäß auf der Rückseite dient nur der Füllung mit Petroleum und als Gegengewicht. 14''' Rundbrenner, Gesamthöhe 48 cm, Messing mit alter Patina, wurde in Frankreich bis nach 1900 hergestellt

Bijoux-Lampe
Strenge, achteckige Vase aus Rubin-Kristallglas, geschliffen und mit Gold eingelegt, Kugel in gleicher Art. 10''' Kosmosbrenner, Höhe 27 cm, Deutschland, vor 1900

Bijoux-Lampe
Lampe aus Noppenglas, Milchglas, orange überfangen, auf gewelltem Klarglasfuß. 8''' Kosmosbrenner, Gesamthöhe 25 cm, Frankreich, um 1900

Bürolampe
der französischen Staatsbahn S N C F Messingfuß und -schaft – 7''' Flachbrenner, Höhe 34 cm, Frankreich

Gartenlampen
Wind- und regengeschützte Lampen zur Verwendung im Freien, mit zusätzlichen Laternengläsern und Schutzhauben. 8''' Kosmosbrenner, Höhe 54 und 50 cm, wurden über mehrere Jahrzehnte in fast gleicher Form produziert, Frankreich und Deutschland

Bijoux-Lampe

mit leicht konischer, einfacher Vase und Kugel in Glas der Hütte Palme-König, Böhmen, Grundfarbe blau, lüstiert mit eingelegten rot-braunen Glasfäden und weißlich-roten Blüten. 8''' Kosmosbrenner, Höhe 25 cm, Deutschland, Beginn 19. Jhd.

Jugendstil-Lampe

mit Halterung in Art einer Blütenranke auf Marmorfuß. Grüne, längsovale Glasvase. 8''' Kosmosbrenner, Frankreich, nach 1900

Kleine Tischlampe

Jugendstil-Lampe mit Handgriff. Messing mit Uranglastulpe. 14''' Kosmosbrenner, Höhe 16,5 cm, Deutschland, um 1910

Kleine Tischlampe

aus Fayence, sparsam bemalt, mit Messingfuß. 8''' Kosmosbrenner, Frankreich, 20er-Jahre

Bijoux-Lampen

In Sèvres-Porzellan, Glasur in Ochsenblut, Bronzefuß und Applikationen im Stil Louis XVI., Höhe 18 cm, im Stil des Empire, Messing versilbert, Höhe 21 cm, Handlämpchen, Messing versilbert, Bassin als Blattkrone Fuß als Blatt gearbeitet, Höhe 12,5 cm, alle Lampen mit 8''' Kosmosbrenner, 1. und 2. Ende 19. Jhd., 3. nach 1900

Bijoux-Lampe

Kleine Schmucklampe in Champléve-Technik, Bronzefuß, Messing ehemals vergoldet, 8''' Kosmosbrenner, Höhe 13 cm, Frankreich, vor 1900

Champléve-Grubenschmelz

ist eine Emaille-Technik, in den Metallträger werden kleine Gruben gefräst, diese werden mit Emaille gefüllt, das Teil wird gebrannt, geschliffen und poliert

Bijoux-Lampe
in Champlevé-Technik, auf Messinguntergrund, dreifüßiger Messingstand, 8''' Kosmosbrenner, Frankreich, vor 1900

Bijoux-Lampe
Schmucklampe in Cloisonné-Technik, mit vierfüßigem Messingstand, 8''' Kosmosbrenner, Höhe 14 cm, Frankreich, vor 1900

Cloisonné

Zellenschmelz oder Stegemaille, Emaille-Technik, in den Metalluntergrund werden Flachdrähte hochkant aufgelötet (heute geklebt), es entstehen Zellen die mit Emaille aufgefüllt werden, gebrannt, geschliffen und poliert

Freibrennerlämpchen auf Lichtknecht

Lämpchen mit Flachbrenner auf Holzständer, von denen der 1. ausziehbar ist. Letzterer trägt eine Tischnummer und dürfte in einem Lokal als Tischbeleuchtung gedient haben. Höhe 18 und 21 cm, Deutschland, vor 1900

Drei kleine Blechlampen

Einfachste Lämpchen aus Eisenblech mit Perkeo-Brennern. Rundvolldocht 2''', Höhe 12 cm. Dieser Lampentyp soll seiner Zeit durch die Standard-Oil-Companie unter John D. Rockefeller in China kostenlos verteilt worden sein, um den Kauf von Leuchtpetroleum anzukurbeln, was auch mit Erfolg gelang. Der Fabrikpreis der Lämpchen soll 21 Pfennig betragen haben, Deutschland, vor und nach 1900

Wandlämpchen
oben: kleiner Wandarm aus Gusseisen mit Porzellaneinsatz und Perkeo-Brenner.
unten: Wandarm zur Verwendung von Benzin, mit Sterndocht, Deutschland und Frankreich, vor 1900

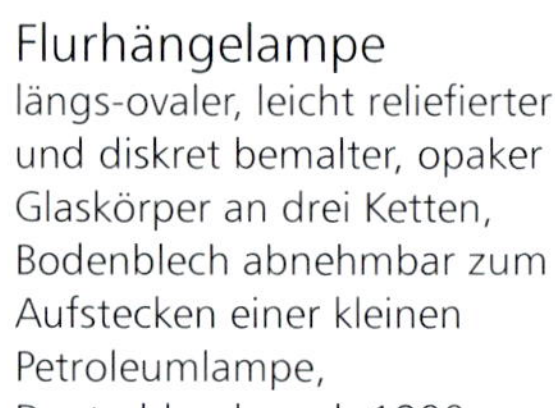

Flurhängelampe
längs-ovaler, leicht reliefierter und diskret bemalter, opaker Glaskörper an drei Ketten, Bodenblech abnehmbar zum Aufstecken einer kleinen Petroleumlampe, Deutschland, nach 1900

Wandlampe
Bewegliche Petroleumwandlampe mit Spiegelreflektor. Messingbassin und Halterung aus Eisenguss – 10''' Kosmosbrenner, Deutschland, vor 1900

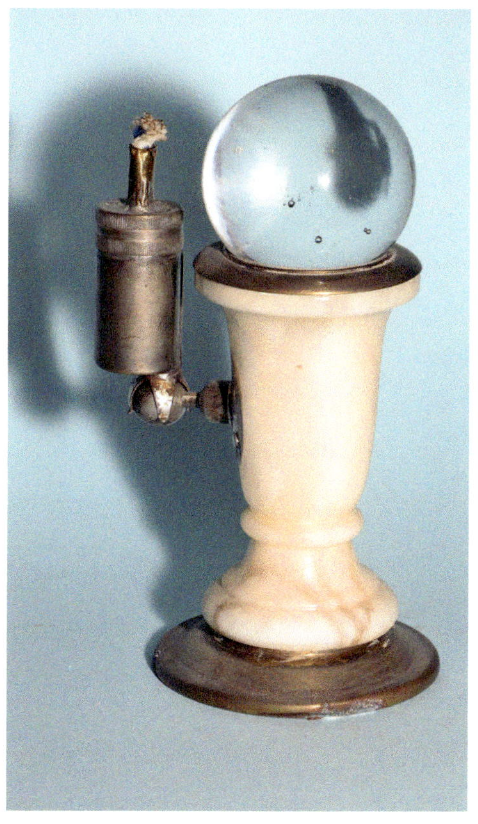

Stickkugel
Glaskugel als Bikonvexlinse genutzt, gebündeltes Licht fällt auf Arbeitsplatz

Schusterkugel
Petroleumlampe mit 10''' Kosmosbrenner, in einem Gestell an dem zwei Glaskugeln aufgehängt sind, mit Wasser gefüllt, wirken diese wie Sammellinsen, die das Licht der Lampe auf die Arbeit konzentrieren. Gesamthöhe 46 cm, Deutschland, um 1900

Backofenlampe
mit Reflektor, 10''' Flachbrenner, Glaszylinder mit Messingkamin. Eisenblech, Messing, Deutschland, um 1900

Arbeitslampe
aus Schwarzblech, mit Augenschutz, 10''' Kosmosbrenner
Gesamthöhe 34 cm, Deutschland, um 1900

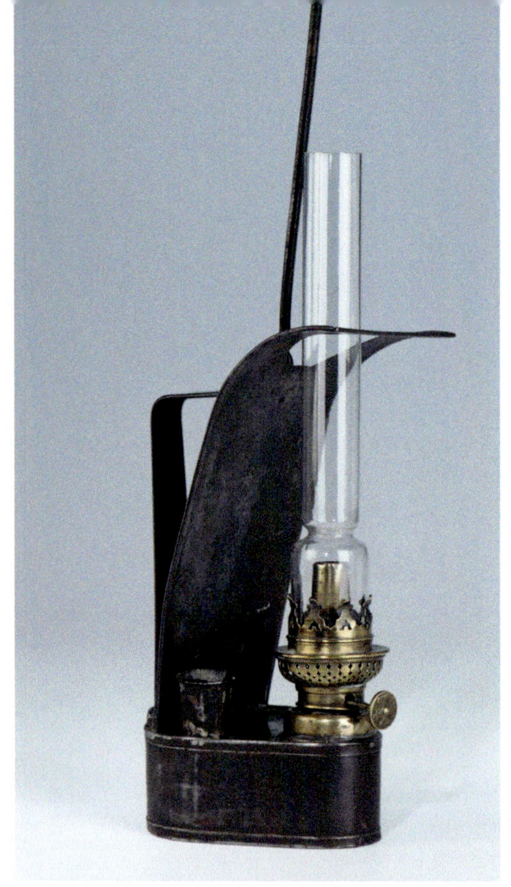

Arbeitslampen
unterschiedlicher Art, Schwarzblech, Kosmosbrenner

Fotolabor-Lampe
mit Doppelzylinder auf acht Rundbrennern. Äußerer Zylinder aus Rubinglas, innerer aus Braunglas, je nach Sensibilisierung des Fotomaterials zu benutzen

Fotolabor-Lampen
mit Rubinzylindern oben bzw. roten Glasfiltern unten

Frühes Blitzlicht
Magnesiumpulver in kegelförmigem Behälter,
Spiritus in Brenner,
Luftball an den Stutzen rechts.
Ein Luftstoß bläst Magnesiumpulver durch die Spiritusflamme, in der es blitzartig verbrennt

links: Leselampen mit Parabolreflektor
Messing vernickelt, links: Flammscheibenbrenner 15''', rechts: Kosmosbrenner 8''', um 1900

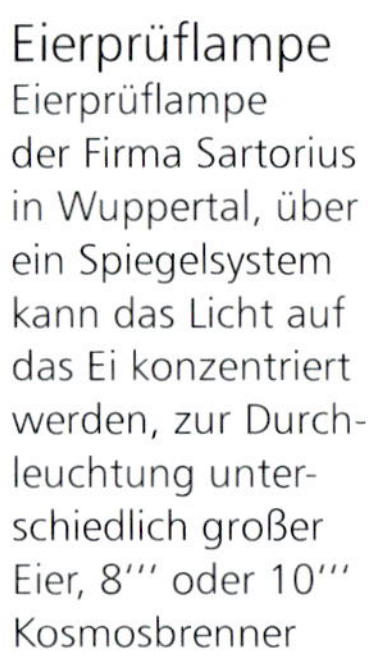

Eierprüflampe
Eierprüflampe der Firma Sartorius in Wuppertal, über ein Spiegelsystem kann das Licht auf das Ei konzentriert werden, zur Durchleuchtung unterschiedlich großer Eier, 8''' oder 10''' Kosmosbrenner

links: Laterna magica
kleiner Bildwerfer in Eisenblech, Petroleumlämpchen mit Flachbrenner, Abzug mit Messingkrone, Deutschland, vor 1900

Vorleselaterne
diente dem Vorleser der Laterna magica als Lichtquelle, eng eingeblendeter Lichtstrahl fiel auf den Text des Vorlesers, Schelle unter der Lampe gab das Zeichen für das nächste Bild, ‚Messing- und Eisenblech' Flachdochtbrenner, nach 1900

Kuriositäten, von links nach rechts
Wanzenkiller, betrieben mit Spiritus, es entsteht eine scharfe lange Stichflamme, mit der man in Hohlritzen Ungeziefer töten konnte
„Hygiea", Formalin-Lampe der Firma Schering, Berlin, in deren Oberteil Formalintabletten durch die Hitze des Brenners im Unterteil verdampft wurden. Diente zur „Beseitigung von üblen Gerüchen und zur Desinfektion von Kleider- und Wäscheschränken." Deutschland, 90er-Jahre 19. Jhd.
Räucherschalen, in denen Kräuter und Medikamente verdampft wurden zur Behandlung von Erkrankungen der Atemwege, Amerika und Deutschland, um 1900

Umgebaute Öl- und Petroleumlampen, von links nach rechts
Moderateurlampe umgebaut auf Gas, dann elektrifiziert.
Petroleumlampe umgebaut auf Gas
Petroleumlampe, Eigenbau aus Tonkrug, Henkel wurde abgeschliffen. Unterteil einer Ölpumplampe auf welches ein Petroleumbrenner aufgelötet wurde

Magnesiumlampe
durch Verbrennen eines dünnen Bandes aus Magnesium wird Licht erzeugt, die Lampe soll im Zweiten Weltkrieg der Kriegsberichterstattung gedient haben, im rechten Teil ist der Uhrwerkmotor zum Vorschub des Magnesiumbandes untergebracht, im Linken verbrennt das Band, Hersteller: Wilhelm Boehm, Berlin

Diverse kleine Lampen
hergestellt aus Kartuschen und Geschossen des Ersten Weltkrieges. Die Soldaten fertigten diese Lampen während der langen Stellungskriege selbst, um damit ihre Unterstände beleuchten zu können. Zweite Lampe von links mit Gravur „Verdun“, von 1916

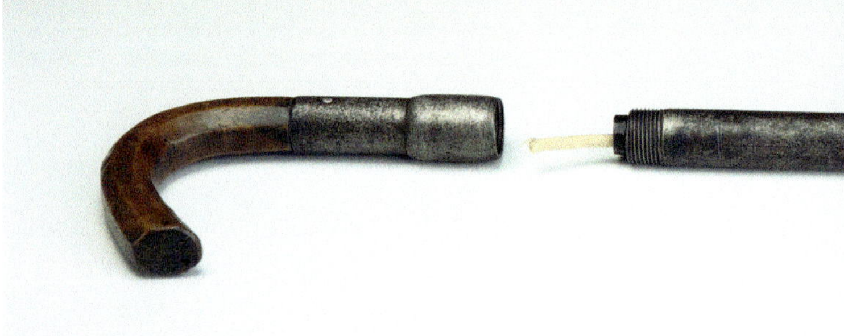

Bergspazierstock
mit Metalleinsatz, der als Petroleumlampe diente, wahrscheinlich Österreich, nach 1900

Petroleum-Abfüllanlage
aus einem Kolonialwarengeschäft Deutschland, um 1900

Nähmaschinen-Lampe

Lampe mit an langem Ausleger freigestelltem Brenner, damit der Lampenkörper nicht im Wege stand, das Arbeitsfeld frei war und trotzdem beleuchtet wurde. 10''' Kosmosbrenner. Wurde bis in die 20er Jahre hergestellt, Frankreich, 19. Jhd.

Sog. OT-Lampe

Diese Lampe soll bei der Organisation Todt während des Dritten Reiches (Die OT war eine organisierte Bautruppe) verwendet worden sein. Der Rauchfang über dem Zylinder diente dem Warmhalten der Teebecher. Einfache Blechlampe in graugrüner Farbe mit 15''' Flammscheibenbrenner aus Aluminium der Firma Ditmar, Wien, wahrscheinlich Kriegsproduktion

„The Wrennall" Brutkastenlampe

mit zwei Flachbrennern zur Beheizung von Brutapparaten. In den oberen Teil des Bassins konnte Wasser gefüllt werden, um die Lampe kühl und die Luft feucht zu halten. Höhe 24 cm. Wurde über lange Jahre produziert, England, um 1900

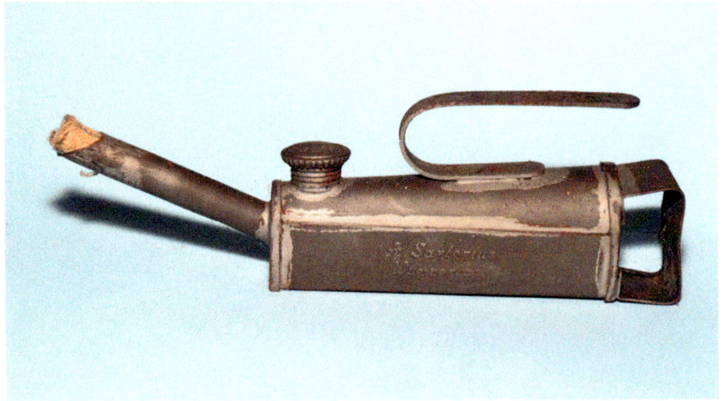

Aböllampe
der Bundesbahn, während
der Zeit der Dampflok

Notlampen der Feuerwehr
Frankreich, nach 1900

Arbeitslampe
mit kleinem Spie-
gelreflektor

Petroleum-Not-
beleuchtung
mit Freibrenner,
genutzt bei der
Reichsbahn und
Reichspost, sowie
auch bei der
Bundesbahn umd
Bundespost, wurde
auch zur Verwen-
dung von Kerze
und Hindenbur-
glicht hergestellt

Beleuchtungslampe für den Augen- und Ohrenarzt. Das Linsensystem vor dem 14''' Kosmosbrenner diente der Konzentration des Lichtes auf den Untersuchungsbereich bzw. auf den Augenspiegel des Untersuchers, Deutschland, Anfang 19. Jhd.

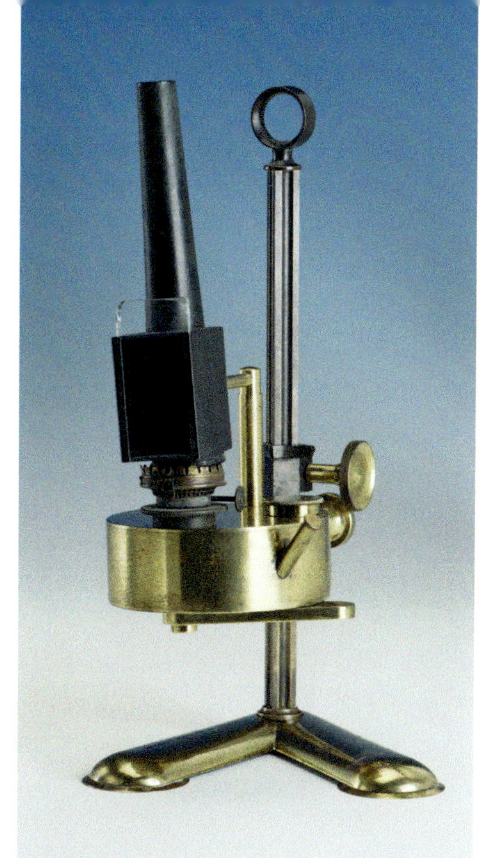

Mikroskopierlampe Speziallampe zur Beleuchtung des Mikroskopspiegels. Ganz präzise gebaute Lampe mit Zahnradantrieb zur Höhenverstellung. Im unteren Teil des Blechzylinders kleine, rechteckige Öffnung für den Lichtaustritt. Flachbrenner, Messing, Eisenblech, England, Ende 19. Jhd.

Kleine Beleuchtungslampe für den Augenarzt, nach Collin, mit Bikonvexlinse. Leuchtmittel Benzin. Sternvolldocht, Höhe 16,5 cm, Deutschland, 1905

Notausgang Lediglich an der Vorderfront des Blechkastens sind die Buchstaben ausgespart, wodurch das Licht einer Petroleumlampe fällt und die Buchstaben sichtbar werden lässt

Einsatzlampen
links: Einsätze in Schiffslaternen, waren durch die Drahtnetz-umhüllungen feuersicher.
rechts: Einsatzlampe für eine Lokomotivlaterne, Deutschland, 1. Hälfte 20. Jhd.

Benzinkerzen
teilweise als Anzünder, teilweise als Lichtquelle genutzt, Höhe 16 – 25 cm, Frankreich, Ungarn, nach 1900

Pigeon-Benzinkerzen
für Kutschen-Laternen, Frankreich, um 1900

Petroleum-Sicherheitslaterne
14‴ Kosmos-Patent-Reformbrenner, Höhe 57,5 cm, Wurden über Jahrzehnte im In- und Ausland produziert. Deutschland, um 1900

Versehlaterne
Laterne
die vom Messdiener getragen wurde, der den Pfarrer auf dem Versehgang zum Kranken begleitete. Die Laterne konnte sowohl mit einer Kerze als auch mit einem Einsteck-Petroleumlämpchen versehen werden. Messing, Glas, Deutschland, nach 1900

Dänische Sicherheitslaterne
Bei Schräglage oder Fall der Laterne wird, über einen Klöppelmechanismus ausgelöst, eine halbkugelförmige Schale über den Brenner gestülpt und die Flamme gelöscht.
Die zweite Sicherung ist ein Hölzchen am Brenner. Wenn dieses durch eine Unachtsamkeit verbrennt, wird der Mechanismus ebenfalls ausgelöst und die Flamme gelöscht.
Einfacher Freibrenner,
Dänisches Patent vom 16.11.1903

links: Dänische Sicherheitslaterne
Brennbereit, Löschmechanik scharf

Handlaternen
mit Freibrennern.
Höhe 25 cm,
Deutschland, um 1910

Fackeln
unterschiedlicher Größe zur Notbeleuchtung mit Volldochten und Durchzugbrenner (rechts), Deutschland und Frankreich, um 1900

Automobil-Laternen
mit Freibrennern über mehrere Jahrzehnte bis nach der Jahrhundertwende produziert. Bei der Lampe rechts handelt es sich um eine Rücklaterne mit rotem Glas

Mischluftlaterne
oben: mit einem Luftrohr, polnische Fertigung

Kaltluftlaternen
oben rechts:
der Firma Nier, Hohenlockstedt, ohne und mit Sturmhaube in verschiedenen Größen. Die zweite Lampe von links ist eine Fahrradlaterne aus dem Zweiten Weltkrieg mit Verdunkelungseinrichtung. Zweiter Weltkrieg und später

Sturmlaternen
auch unter dem Namen Stall-Laternen bekannt, mit verschiedenfarbigen Gläsern je nach Verwendungszweck. Diese Laternen arbeiten nach dem Prinzip der Mischluftlaterne und wurden über einhundert Jahre lang in gleicher Form und Technik produziert

Kochöfchen
links: mit 10 cm breitem Docht, Gusseisen und Glas, vor 1900
Mitte:
Frühe Nachkriegszeit
rechts: Kleiner Pressluft-Vergaser-Kocher, bis in die jüngste Zeit gebräuchlich

Petroleumöfen
Unterschiedlicher Größe
von links nach rechts: mit Normalbrenner Blaubrenner und Duplex-Brenner

Zigarrenlampe
kleiner geflügelter Putto lehnt an einem Blumenstengel, der in einer Blüte endet, durchbrochener Stand auf vier Füßchen, Zinkguss bronziert, Höhe 19,5 cm, um 1890 Deutschland

Zigarrenlampe
in Messing gegossene, fliegende Fledermaus, Docht im Maul, Spiritus, Deutschland, 1900

Zigarrenlampe
Jugendstildame trägt den kugelförmigen Behälter für Spiritus mit beiden ausgestreckten Armen, um 1900

Zigarrenlampen
in Anlehnung an ein mittelalterliches Lavabo, Messing, Höhe 12 cm, Deutschland, letztes Viertel 19. Jhd.

Zigarrenlampe
in Form eines Elefanten, Deutschland, Keramik der 50er-Jahre des 20. Jhds.

Siegellampen
kleine Spirituslampen zum Schmelzen des Siegellacks,
Messing, Eisen, Messing vernickelt,
Deutschland, 1900–1925

Zigarrenlampen
Mit Spiritus betriebene kleine Lämpchen, die dem Anzünden der Zigarre in der Herrenrunde nach der Mahlzeit dienten.
Aus Zinn, Messing, Silber oder Keramik,
von 1870 – in die 50er-Jahre des 19. Jhds.

Kleine offene Lampe
mit Runddochtbrenner, Kupfer, diente dem nächtlichen Besuch des Örtchens, Eigenbau, Frankreich

Gasmaskenlampe
nach dem Zweiten Weltkrieg aus Filtern der Volksgasmaske hergestellte Notlampe, Deutschland, 1946

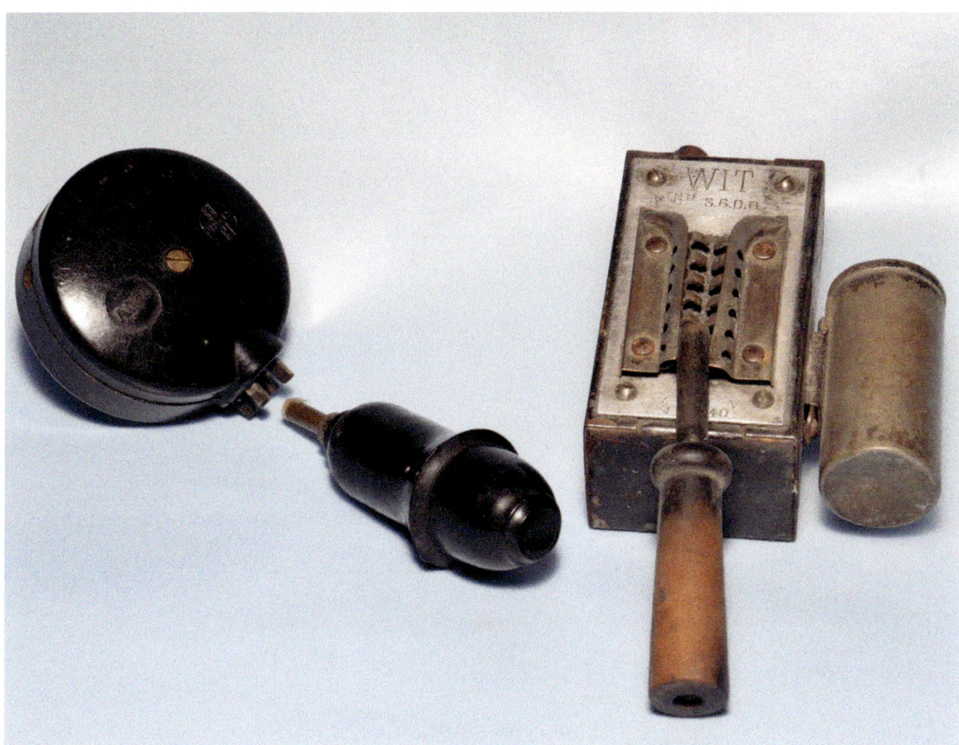

Feuerzeuge
links: Spulenteil in Steckdose, Benzinteil in Spulenteil, beim Herausziehen Abrissfunken, Benzindocht brennt, Deutschland
rechts: Spulenteil an 110-Volt-Leitung anschließen, mit Benzinstift über Kontaktfläche, Abrissfunken, Benzindocht brennt, Frankreich

„Munitionslampen“
hergestellt von Armeeangehörigen
rechts und links: 30 mm Geschoss
Mitte: Handgranate auf
Kartuschenboden, Frankreich

„Munitions-lämpchen“
aus Kartuschen und Gewehrpatronen, mit Pigeon-Brenner, Frankreich

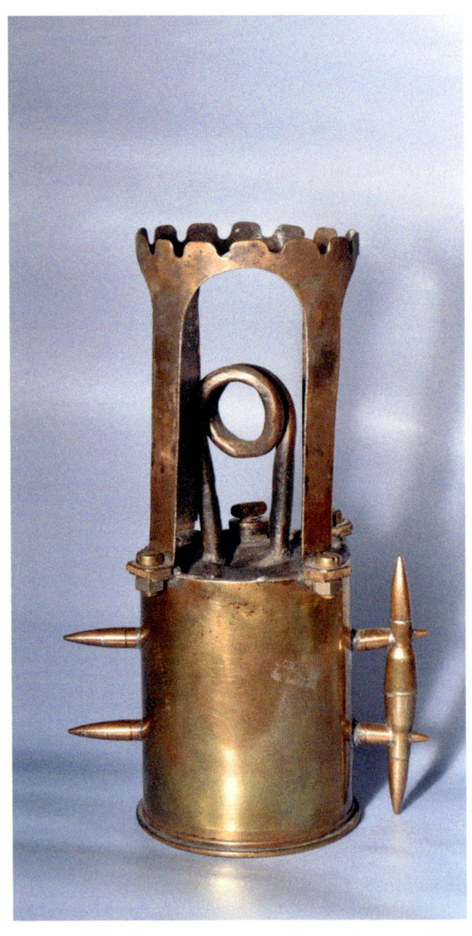

Kochgerät
Eigenbau, aus Kartusche und Gewehrpatronen, Frankreich

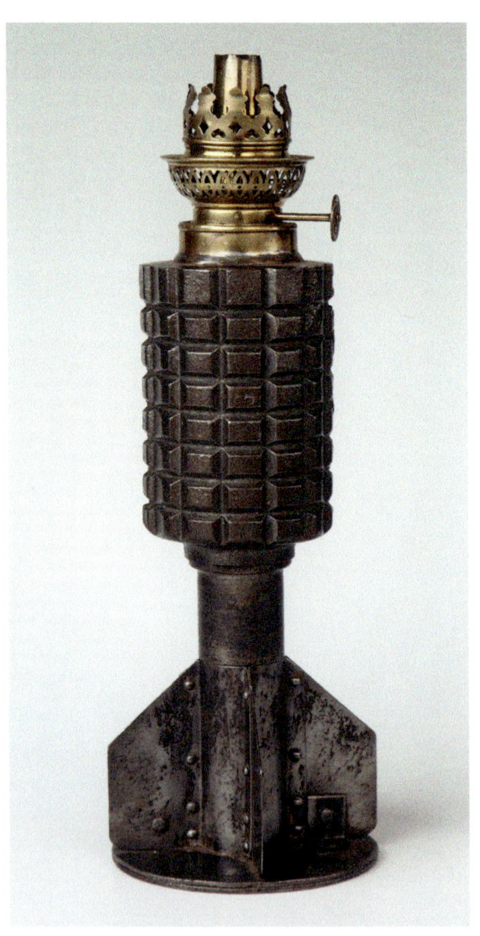

Granatwerfergeschoss
durch Armeeangehörige in eine Petroleumlampe umgebaut, Frankreich

Puttenlampe der Manufaktur Plaue (Thüringen) in typischer Manier. Bei der im vorliegenden Zustand angebotenen Lampe fielen Unregelmäßigkeiten an einem Putto auf! Durch Röntgenaufnahmen konnte eine gut restaurierte Bruchstelle nachgewiesen werden. Die rechte Hand ist durch ein Kunststoffteil ersetzt. Höhe 16,5 cm, 10''' Kosmosbrenner, Deutschland, um 1890

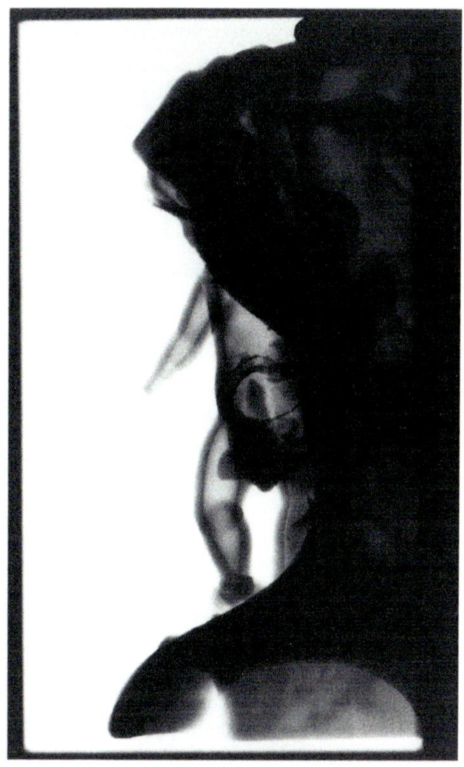

Röntgenaufnahme der Puttenlampe. Bogiger Defekt im Bauchbereich. Fehlende Hand in Kunststoff ergänzt

Puppenstubenlampe aus Weißblech, Glas, Messing und Zinn. Höhe 2,5 bis 14 cm, Deutschland und Frankreich, um 1900

Brosche In Form einer Moderateurlampe, deren Kugel durch einen Achat und deren Schlüssel durch zwei Perlchen dargestellt werden, der Körper besteht aus vergoldetem Messingblech, Frankreich, nach 1850

Tabelle der wichtigsten Brennergrößen der normalen Gebrauchslampen

Kosmos

Brennergröße	6'''	8'''	10'''	12'''	14'''	16'''	18'''
Vasenring	25	28	32	39	39	39	39
Dochtbreite	35	42	48	56	66	83	96
Zylinderweite	34	36	39	44	53	59	63
Zylinderform	Kniffzylinder						
Bassin	beliebig						

Stern	Perceo
14	15
4 Kordel	5 Kordel
13	30-33
Stern	Perceokugel

Flammscheiben-Brenner Matador

Brennergröße	15'''	20'''	30'''
Vasenring	39	39	39
Dochtbreite	75	87	105
Zylinderweite	54	65	77
Zylinderhöhe	264	270	322
Zylinderform	Kugelzylinder		

Die Maße für die Steckweiten der Zylinder als auch die Dochtbreiten waren für den normalen Kosmosbrenner festgelegt, wurden jedoch nicht immer eingehalten, sodass sich je nach Fabrikant Toleranzen von 1–2 mm ergaben.

Der Matador-Brenner gilt nur als Beispiel für die vielen seinerzeit produzierten Flammscheibenbrenner, bei denen nur die Maße für den Vasenring einheitlich waren.

Flachbrenner Wien

Brennergröße	3'''	5'''	8'''	11'''
Dochtbreite	9	12	15	24
Zylinderweite	34	38	42	50
Zylinderform	Bauchzylinder			

Flachbrenner Berlin

Brennergröße	3'''	5'''	7'''	10'''	14'''
Dochtbreite	8	12	16	24	32
Zylinderweite	31	34	39	53	58
Zylinderform	Bauchzylinder				

Hinks's No. 2 Duplexbrenner

Vasenring	40 mm Bajonett
Dochtbreite	2 x 26
Zylinderweite	65
Zylinderform	Duplexzylinder, ovaler Bauch

	Petroleum-Glühlicht	Spiritus-Glühlicht
Vasenring	39	39/32 (Liliput)
Zylinderweite	47 - 70	Normal-Gas 49/36 (Liliput)
Zylinderhöhe	300 - 350	200 - 250
Zylinderform	zylindrisch, sich nach oben verjüngend	zylindrisch

Alle Maße in mm.

Anmerkung zur Höhe der Lampen:
Da die Maße für den Brenner und Zylinder variable Größen sind, wird die Lampenhöhe vom Fuß bis zum Vasenring in cm angegeben.

Petroleum

Glossar

Abel'scher Petroleumprober

Der Abel'sche Petroleumprober ist ein Gerät, mit dem der Flammpunkt (manchmal auch Entflammungspunkt genannt) eines Kohlenwasserstoffes bestimmt wird. Das Gerät besteht aus einem geschlossenen Behälter, durch dessen Deckel ein Thermometer in ein Schälchen mit Petroleum taucht. Dieses wird durch ein Wasserbad erhitzt und mit einem Zündflämmchen wird die Temperatur bestimmt, bei der der Petroleumdampf aufflammt, ohne weiter zu brennen. Der Zeitpunkt des ersten Aufflammens ist der Flammpunkt. Der Abel'sche Prober wurde 1882 im Deutschen Reich für die amtliche Kontrolle des Petroleums eingeführt und der gesetzlich gültige Flammpunkt wurde bei 21 °C festgelegt.

Abel-Test

Festlegung des Flammpunktes mit dem Abel'schen Petroleumprober.

Abriss-Lampe

Von Sammlern und Händlern gern gebrauchter Ausdruck einer Petroleumlampe, die meist in zwei Teilen, ganz aus Glas gefertigt und in die Form geblasen wurde. Beim Zusammenfügen der beiden Teile – Fuß und Bassin – wurde das Werkstück auf dem Hefteisen befestigt. An der Befestigungsstelle unter dem Fuß der Lampe bleibt nach dem Entfernen des Hefteisens die Abschlagnarbe oder auch der Abriss zurück. Deshalb Abriss-Lampe. Der Abriss wurde früher bei wertvolleren Gegenständen beigeschliffen, damit sich der Benutzer nicht verletzten konnte. Die Bezeichnung wird heute ungerechtfertigt abwertend benutzt, zumal der Abriss an sich in keiner Weise als ein Kriterium für den Wert oder das Alter einer Petroleumlampe angesehen werden kann.

Alkane

Früher Paraffine genannt, handelt es sich um eine Stoffgruppe der organischen Chemie. Wobei die einzelnen Stoffe nur aus Kohlenstoff und Wasserstoff bestehen. In der chemischen Industrie sind sie bedeutende Grundstoffe in der Kunststoffherstellung, gleichzeitig gehören sie zu den wichtigsten Brennstoffen.

Allegorie

Bildliche Darstellung eines abstrakten Begriffes. Mit den Figurenlampen der Petroleumzeit versuchte man u. a. auch Begriffe darzustellen, wie z. B. Friede, Arbeit, Wachsamkeit aber auch Blumen dienten als Vorbild, sowie die Lilie, Feldblumen, die Margerite.

Ampel

Der Ausdruck Ampel geht zurück auf das lateinischen Wort *ampulla* = kleine Flasche, Ölgefäß.
Die Ampel ist ein an Ketten hängendes Gerät in Form einer Schale oder eines ovalen oder runden Körpers, der zur Aufnahme einer Lampe dient. Sie soll schon den Syrern, den Ägyptern, den Griechen, den Römern und Etruskern bekannt gewesen sein. Nach Ausbreitung des Christentums wurde mit dem Ausdruck Ampel das Ewige Licht in der Kirche bezeichnet, ab dem späten Mittelalter wurde der Ausdruck auch in der häuslichen Beleuchtung verwendet. Früher stellte man mehrere Öllampen in eine Hängevorrichtung. Die Petroleum-Ampel besteht meist aus einem ovalen oder auch runden, mehr oder weniger verzierten Glaskörper, auf dessen abnehmbarem Metallboden eine kleine Petroleumlampe eingesteckt wurde. Die Petroleumampel diente meist der Flurbeleuchtung. Heute versteht man unter der Ampel ein Verkehrssignal.

Arbeitslampe

Einfache, meist aus Schwarz- oder Weißblech in unterschiedlicher Form und Größe hergestellte Petroleumlampe, die von Handwerkern in ihrer Werkstatt verwendet wurde. Sie hatte unterschiedliche, längs oder quer oval geformte Schirme aus dem gleichen Material wie die Lampe selbst. Die Schirme waren innen häufig weiß gestrichen. Meist wurde das Brennerteil vorgezogen, damit das Licht freigestellt war. Sie gab ein gerichtetes, einfaches Licht. Zu den Arbeitslampen gehörte auch die Weberlampe.

Aromaten

Sie sind organisch-chemische Verbindungen, deren Moleküle ein Ringsystem bilden, wie beim Benzol, von dem sich viele zyklische Verbindungen ableiten. Im Rohöl sind je nach Herkunft, mehr oder weniger Benzol und seine Homologen enthalten, was nicht von Vorteil ist (siehe Benzol). Der Name stammt vom aromatischen Geruch vieler zyklischer Verbindungen.

Asbest

Es ist ein feinfaseriges Mineral, welches sich durch Feuerfestigkeit und Unbrennbarkeit auszeichnet. Es gibt

mehrere Arten von Asbest, deren häufigst gebrauchte Form einem Silikat mit Magnesium, Eisen und Nickel entspricht. Es wurde zur Herstellung von feuerfester Kleidung und im Baugewerbe genutzt. Es wurde immer wieder versucht, unbrennbare Dochte daraus herzustellen, was sich jedoch nie durchsetzen konnte. Durch langes Einatmen der feinen Nadeln, die nicht auf natürlichem Wege aus der Lunge entfernt werden können, entsteht eine schwere Erkrankung, die Asbestose, die in Lungenkrebs ausarten kann. Wegen der Gesundheitsgefährdung wurde die Verwendung von Asbest in jeder Weise in der gesamten EU verboten.

Augenschützer

Dabei handelt es sich um einen ringförmigen, konischen, trichterförmigen Glasring unterschiedlicher Höhe aus Milchglas, der mit der engen Seite direkt auf den Brenner gesetzt, die Flamme abgedeckte, um den direkten Blick in die Flamme zu verhindern.

Automobillaterne

Die frühe Automobillaterne war eine Petroleumlaterne mit einem speziell für diese Laterne konstruierten Freibrenner, der keinen Zylinder benötigte. Der Brenner wurde meist gegen den Behälter durch einen Dichtring aus Leder abgedichtet, damit der Brennstoff nicht überlaufen konnte. Seltener wurden die Autolaternen auch mit Benzin betrieben. In der Laterne befand sich ein hochglänzender Reflektor, der das ohnehin trübe Licht etwas konzentrierte. Die Rückleuchten hatten ein Fenster aus rotem Glas. In der frühen Zeit gab es auch Acetylen-Beleuchtung für die Autos, wobei der Acetylen-Entwickler häufig außerhalb des Wagens auf dem Trittbrett montiert war.

Babylampe

Kleine, schön ausstaffierte Petroleumlampe, die auch angezündet mehr dem Zierrat denn dem Lichtspenden diente. Siehe auch Bijoux- und Boudoir-Lampe.

Backofenlampe

Petroleumlampe zur Beleuchtung des Innenraumes des Backofens in der Bäckerei. Meist Flachdochtbrenner-Lampe mit Reflektor und großen Entlüftungsrohren, wobei ein Rohr trichterförmig nach unten gerichtet war. Diese Trichterform diente nicht der Füllung des Bassins mit Brennstoff.

Beinglas

Weißes Glas, welches nicht ganz so dicht ist, wie normales Milchglas. Der weißliche Ton des Glases erscheint auch ganz leicht rosé gefärbt. Dieses Glas entsteht, wenn der Glasschmelze gebrannte Knochenasche zugefügt wird.

Benzol

Aromatischer Kohlenwasserstoff von der Summenformel C6H6, spez. Gewicht 0,88 g/ml, Siedepunkt 800 °C, kommt im Erdöl unterschiedlicher Provenienzen, in unterschiedlichen Mengen vor und dient als Grundstoff zur Herstellung wichtiger chemischer Verbindungen. Leuchtpetroleum sollte möglichst aromatenfrei sein, da wie schon mehrfach erwähnt, durch diese Kohlenwasserstoffe die Flamme rot gefärbt wird und etwas an Leuchtkraft verliert. Benzol war auch im Autobenzin enthalten. Da es kanzerogen wirkt, muss das heute käufliche Lampenöl benzolfrei sein.

Brennöl

Alter Ausdruck für Rüböl aus der Zeit, in der es noch als Leuchtöl genutzt wurde.

Brennpunkt

Die niedrigste Temperatur, bei der ein Öl nach Berührung mit einem Flämmchen weiterbrennt. Der Brennpunkt liegt in der Regel 10 bis 30 °C über dem Flammpunkt.

Betty Lampe

Meist geschlossene Schalenlampe für Öl- und Fettbrand, bei der ein halbrunder Dochthalter im Schnauzenbereich der Lampe am Boden gelötet oder vernietet ist. Daher auch der bessere Name für geschlossene Dochthalterlampen. Die Lampen haben in der Regel einen Bügel mit Hänge- oder Steckhaken. Die geschlossenen Betty Lampen haben einen Deckel oder Schieber als Verschluss. Nachgewiesen ab etwa 15. Jhd. Brennmaterial: Öl oder Fett. Die Lampe dürfte u. a. Vorbild für die spätere Froschlampe des Bergbaues gewesen sein, wobei sie keinesfalls als Froschlampe konzipiert wurde, sondern als einfache Hauslampe.

Benson Lampe

Die Benson Lampen wurde von der Firma W. A. S. Benson hergestellt, die 1883 in London eine Fabrik für kunstvolle Metallwaren gründete und wunderschöne Lampen herstellte, die eigentlich nicht in das englische Repertoire passten. Es handelte sich teilweise um sehr zarte, feingliedrige Messing- und Kupferlampen in erlesener Ästhetik. Diese Lampen sind auch heute noch zeitlos schön.

Bijou-Lampe

In Frankreich und England aber auch in Deutschland sog. kleine, schmuckvolle Damenlampe.

Billard-Lampe

Zwei oder mehr an einem Querholm befestigte Petroleumlampen, die den Billardtisch in ganzer Ausdehnung ausleuchten sollten.

Bitumen

Unter Bitumen versteht man heute die verbleibenden Destillationsrückstände nach Gewinnung der leichten und schweren Öle. Bitumen besteht chemisch aus hochmolekularen Kohlenwasserstoffen, die resistent sind gegen Wasser, Säuren, Alkalien und Salz. Deshalb vielseitige Verwendung in Industrie, Straßenbau und Wasserbau wegen seiner isolierenden, wasserabweisenden und dichtenden Eigenschaften.

Blackadders Nachtlicht

Dieses kleine Öl-Licht, 1826 vom Engländer Blackadder konstruiert, besteht aus einem flachen Messingschälchen, in dessen Mittelpunkt ein Haarröhrchen, häufig mit Hilfe von Kork, verschiebbar befestigt ist. Das auf dem Öl schwimmende Schälchen dient lediglich der Halterung des Röhrchens, wobei Letzteres so eingestellt sein muss, dass das Öl an den oberen Rand steigt und nicht überläuft. Hier kann das Öl entzündet werden und man erhält eine kleine Leuchtflamme. Prinzip des Schwimmdochtes! Siehe Nürnberger Nachtlicht!

Blaker

1. Rauchglocke, die oberhalb des Lampenzylinders aufgehängt wird, vor allem bei Hängelampen, um die darüber gelegenen Lampenteile bzw. die Zimmerdecke vor Ruß zu schützen.
2. Ein- oder mehrflammiger Wandkerzenhalter, mit mehr oder weniger großem, kunstvoll getriebenem und geprägtem Reflektor, hergestellt aus edlen und unedlen Metallen.

Blende

Ist ein Grubengeleucht, in dem man versuchte, das Kerzen- oder Öllicht vor äußeren Unbilden zu schützen. Die Mitte des 18. Jhds. eingeführte Blende bestand aus einem länglichen mit Blech ausgeschlagenen Kästchen aus Holz, welches nur vorn offen war und mit einer gläsernen Schiebetür verschlossen werden konnte. Als Leuchtlampe diente eine Kerze oder eine kugelförmige Öllampe, Kuckuck genannt. Später soll die Blende auch mit kleinen Petroleumlampen genutzt worden sein.

Boudoir-Lampe

Nette, kleine Petroleumlampe, ähnlich der Bijou- und der Babylampe. Wurde unter der Bezeichnung vorwiegend in Frankreich und in Deutschland angeboten.

Braunkohle

Kohle die im biologischen Alter zwischen Torf und Steinkohle liegt. Hell- bis dunkelbraun gefärbte Kohle der Tertiär-Zeit. Durch Verschwelen-lassen der Braunkohle ließen sich aus dem Teer flüssige Kohlenwasserstoffe (Photogen, Solaröl) und Paraffin gewinnen.

Britannia-Metall

Weißmetall-Legierung, die ursprünglich nur aus Zinn und Antimon im Verhältnis 9:1, später aber mit Zusätzen von Kupfer, Zink und Wismut hergestellt wurde. Der hauptsächlichste Verwendungszweck war der zu silberähnlichen Tafelgeräten, Leuchtern und Kunstgegenständen, aber auch zu Petroleumlampen.

Buchlampe

Zusammenklappbares Lampengehäuse aus Metall und Glas, welches man so falten konnte, dass es die Größe eines relativ dünnen Buches hatte. Meist war noch eine Kerze in diese Faltlampe integriert. Es war ein leichtes, diese Lampe in der Rocktasche zu verstauen und bei Gebrauch aufzuklappen.

Bronze

Legierung von Kupfer und Zinn im Verhältnis von 9:1, je nach Verwen-

dungszweck mit kleinen Zusätzen Zink, Blei, Phosphor oder Aluminium. Bronze ist geschmolzen dünnflüssiger als Kupfer, schwindet beim Erkalten weniger als Eisen und lässt sich leichter mit Hammer, Meißel und Stichel bearbeiten. Bronze ist besser gießbar, fester und härter als Messing. Kunst-, Statuen- oder Schmuckbronze enthalten mehr Zinn, sind dadurch noch besser gießbar, gibt scharfe Abgüsse und setzt eine schöne Patina an. Vom Materialwert her ist Bronze nicht viel teurer als Messing, wenn man mal vom höheren Preis für Zinn absieht. Dafür ist der Zinngehalt aber auch relativ niedrig. Deshalb ist auch die erheblich höhere Bewertung von Bronzegegenständen auf Antikmärkten nicht nachvollziehbar. Sicher, Bronze gilt allgemein als edleres Material, ob das edle aber einen mehrfach höheren Preis rechtfertigt, erscheint doch sehr zweifelhaft.

Brutlampe

Einfache Petroleumlampe mit einem relativ weiten Blechzylinder zur Beheizung von Brutapparaten und Brutkästen. Wird mit einem oder mehreren Brennern fabriziert.

Bunsenbrenner

Der Bunsenbrenner ist ein einfach gebauter Labor-Gasbrenner, der nach Robert Wilhelm Bunsen, deutscher Chemiker (1811 – 1899) benannt ist. Erfunden wurde der Bunsenbrenner von Michael Faraday. Ein Assistent von Bunsen verbesserte den Brenner. Das Gas strömt durch eine Art Düse in das Brandrohr, wobei sich im unteren Anteil des Rohres mehrere verschließbare Luftlöcher befinden. Bei geöffneten Luftlöchern saugt der Gasstrahl Luft an und je nach Menge der Luftzufuhr entsteht eine mehr oder weniger entleuchtete Flamme. Bei geschlossenen Luftlöchern erhält man eine normale, leuchtende Gasflamme, und damit eine weniger heiße Flamme.

Butterlampe

Es handelt sich um eine dochthalterlose fast kelchförmige Lampe, in deren Boden im Zentrum ein kleines Loch vorliegt, in welches der Docht eingesteckt wird. Mit butterähnlichem Fett aufgefüllt, brennt der Docht ohne Halterung. Ursprung der Lampe 16. Jhd. Tibet und Nepal, später auch in Indien.

Cabochon

Relativ großer, oval und gewölbt geschliffener meist nicht facettierter Glas- oder Halbedelstein. Diese großen farbigen Glassteine wurden vor allem in Frankreich häufig in die Messinglampenschirme als besonderer Schmuck eingearbeitet.

Carburieren

Das Anreichern von Leuchtgasen oder atmosphärischer Luft mit leicht flüchtigen Kohlenwasserstoffen, um damit den Kohlenstoffgehalt des Gases zu erhöhen, was eine hellere Leuchtflamme zur Folge hatte.

Ceresin

Gereinigtes Erdwachs (Ozocerit), helles gelb bis weißes wachsartiges Material mit höherem spez. Gewicht als Paraffin und einem Schmelzpunkt von 40 – 90 °C. Kann aus dem in der Natur vorkommenden Erdwachs oder aus Erdöl gewonnen werden. Dient zur Herstellung von Kerzen, Bohnerwachs, Schuhpflegemitteln und als Isoliermittel.

Champlevé

Grubenschmelz. Bei dieser Email-Technik werden aus dem Grundmetall kleine Vertiefungen (Gruben) ausgehoben, die mit Email gefüllt werden. Nach dem Brennen wird die Oberfläche glänzend geschliffen, um eine einheitliche Fläche zu erhalten. Dieses Verfahren wurde schon von den Kelten und Römern ausgeübt und fand im Mittelalter im „Maasländischen Email" höchste Vollendung.

Chanukka Lampe

Lampe, die zum achttägigen jüdischen Chanukka Fest (Tempelweihfest) im Dezember angezündet wird. Die Lampe besteht aus acht kleinen Öllämpchen, von denen jeden Tag eines angezündet wird. Dem Anzünden dient ein neuntes Lämpchen der sogenannte Chammasch oder Diener. Diese Lampe gibt es auch zur Verwendung von Kerzen.

Chromatographie

Verfahren zur Trennung von gasförmigen oder flüssigen chemischen Mischungen, besonders solcher, bei denen die einzelnen Stoffe chemisch ähnlich aufgebaut sind. Die Trennung erfolgt durch Absorption an verschiedene aktive Substanzen.

Chromatische Aberration

Unter chromatischer Aberration versteht man die unterschiedliche Brechkraft einer Linse für die unterschiedlichen Wellenlängen des Lichtes. So wird die blaue Strahlung stärker gebrochen als die rote, was unterschiedliche Schärfeebenen zur Folge hat, wodurch leichte Unschärfen entstehen. Das trifft auch für das menschliche Auge zu.

Cloisonné

Zellenschmelz, Steg-Email. Email-Technik, bei der das Email in kleine Zellen eingebracht und eingeschmolzen wird. Die Zellen entstehen durch auflöten schmaler Metallstege auf den Metallgrund. Durch die sichtbaren Oberkanten der Stege werden die einzelnen Farbfelder voneinander getrennt. Die Technik geht auf keltische und byzantinische Handwerker zurück, wurde im Mittelalter in China gepflegt und erfuhr im 19. Jhd. eine erneute Blüte in Europa. Vorwiegend in Frankreich wurden Lampenkörper für Petroleumlampen in dieser Technik gefertigt.

Crusie Lampe

Einfache, offene Schalenlampe, in der Regel aus Metall mit angekniffener Dochtrinne, ein- oder mehrflammig, meist vom Dorfschmied oder auch in Eigenbau hergestellt. Die Doppel-Crusie hatte zusätzlich eine unter der Brennschale gelegene Tropfschale, die nur dem Auffangen des übergelaufenen Öles diente und nicht als Brennschale. Außer der Hänge-Crusie, die so wie die Betty-Lampe mit einem Bügel und Haken ausgerüstet ist, gibt es auch eine Stand-Crusie, die von einem Ständer getragen und als Tischlampe verwendet wird. Als Brennmittel dienten Fett, Öl und Tran. Prinzipiell leiten sich diese Lampen fast ausnahmslos von den frühen Schalenlampen ab. Der Ausdruck Crusie wird vorwiegend im angloamerikanischen Raum verwendet. In Deutschland nennt man diese Lampen Krüsel, wobei man den Ausdruck Krüsel häufig auf alle anderen Öllampen überträgt, was natürlich nicht korrekt ist. Eine Schnauzenlampe ist kein Krüsel!

Davysche Sicherheitslampe

Sir Humphrey Davy, englischer Physiker und Chemiker (1778 – 1829), erfand 1815 die im Bergbau benutzte Sicherheitslampe. Er umgab eine kleine Ölflamme (später durch Benzin ersetzt) mit einem engmaschigen Drahtnetz und machte sich die Tatsache zu Nutze, dass zur Verbrennung von brennbaren Gasen nicht nur hinreichend Luft, sondern auch eine bestimmte Temperatur erforderlich ist. Tritt brennbares Gas durch den Drahtzylinder ins Innere, so entzündet es sich an der Lampenflamme, brennt aber nur im Innern des Drahtzylinders, da das Drahtnetz der Flamme so viel Wärme entzieht, dass sie nicht mehr nach außen durchschlagen kann.

Desinfektionslampe

Eine Lampe, nicht zum Leuchten, sondern zum Desinfizieren von Kleiderschränken oder anderen Örtlichkeiten, wo sich Ungeziefer aufhalten könnte. Die Lampen hatten über einer Spiritusflamme einen kleinen Becher zur Aufnahme von Formalintabletten, die durch die Flamme verdampft wurden und bei entsprechender Konzentration Läuse, Flöhe und Wanzen abtöteten.

Destillation

Trennung von Flüssigkeiten durch Verdampfung und anschließender Wiederverflüssigung durch Kühlung. Bei der fraktionierten Destillation fängt man die Dämpfe nach Siedegrenzen getrennt auf. Man zerlegt so ein Gemisch bei unterschiedlich destillierenden Produkten in engere Fraktionen (Schnitte).

Dichte

Masse eines Stoffes in der Raumeinheit. (Das Verhältnis der Masse eines Stoffes zu seinem Volumen). Es wird gemessen in Kilogramm pro Kubikmeter (kg/m^3); einfacher, aber veraltet ist die Einheit Gramm pro Milliliter (g/ml).

Dille

Alter Ausdruck für Tülle.

Dunkelzimmerlampe

Petroleumlampe zur Verwendung in der photographischen Dunkelkammer. Die einfachsten Ausführungen bestanden aus einem braunen Glasbassin mit Flachbrenner und rotem Rubinglaszylinder. Der Brenner war mit Metallteilen gegen den Austritt normalen Lichtes geschützt. Die besseren Ausführungen hatten zusätzlich einen gelben Zylinder zur Verwendung bei Gaslichtpapieren, die weniger lichtempfindlich waren. Mit Einführung der panchromatischen Emulsionen (für alle Farben empfindlich) wurden

die Dunkelkammerlampen zusätzlich mit einem Grünfilter ausgestattet.

Durchzuglampe
Petroleumlampe, bei der ein Zugrohr für den inneren Luftzug durch das gesamte Lampenbassin zum Brenner führte und mit dem Bassinboden verlötet war.

Eiertestlampe
Niedrige Petroleumlampe mit Metallkamin und seitlichem Einblickrohr, dessen Öffnung durch ein Ei gerade abgeschlossen wurde und so durchleuchtet werden konnte. Die besseren Ausführungen besaßen ein Spiegelsystem, welches das Licht konzentrierte und eine intensivere Durchleuchtung zuließ, wobei hier die Arbeit durch verschieden große Schablonen erleichtert wurde.

Erucasäure
ist eine einfach ungesättigte Fettsäure, die in unterschiedlichen Mengen im Rapssamen enthalten ist. Auf Grund seiner gesundheitsschädigenden Wirkung in Form von pathologischen Herzveränderungen, konnte Rapsöl nicht als Speiseöl Verwendung finden, sondern fast ausschließlich als Lampenbrennstoff. Nach Züchtung von erucasäurearmen Rapssorten in den letzten Jahrzehnten ist das Rapsöl ein beliebtes Speiseöl geworden.

Ewiges Licht
Öl-Schwimmdocht-Lampe, die in der Katholischen Kirche immer brennt, um die Gegenwart des Allerheiligsten anzuzeigen. Wird von Karfreitag bis Karsamstag gelöscht.

Fahrrad-Laterne
Kleine Petroleumlaterne, die zur Beleuchtung am Fahrrad, vorn an der Lenkstange, federnd befestigt wurde. Fahrrad-Laternen wurden neben Petroleum auch mit Kerze, Öl auch mit Acetylen betrieben.

Fayence
Die französische Bezeichnung Fayence für Keramik von feiner Qualität ist wahrscheinlich von der italienischen Stadt Faenza, einem Keramikzentrum in Italien abgeleitet. Technisch entspricht die Fayence in jeder Weise der Majolika, siehe dort.

Flämische Schnauzenlampe
Öllampe, meist ein- aber auch bis vierflammig, mit langer gerader Tülle, die von der Basis des Ölbehälters schräg nach oben, außen verläuft. Der Ölbehälter steht in einem zweiten Behälter, an den eine Tropfrinne angelötet ist, in dem die Tüllen liegen, die Tropfrinne dient dem Auffangen des abtropfenden Öles. Es gab viele Versionen aus den unterschiedlichsten Materialien, wenn auch die flämische Schnauzenlampe meistens aus Messing hergestellt wurde. In Flandern und Holland unter dem Namen Snotneus verbreitet. Die Ausdrücke leiten sich von den Dochtschnuppen ab, die sich an der Dochtoberfläche bilden und vergleicht diese mit dem Aussehen der Kinder, die keine Lust hatten, sich die Nase zu putzen. Sowohl Ständer- als auch Hängelampe.

Flammpunkt
Der Flammpunkt gibt den Temperaturgrad an, bei dem ein Öl so viele Dämpfe entwickelt, dass sich diese durch Annähern einer Zündflamme entzünden lassen, ohne dass das zu untersuchende Öl weiterbrennt. Wird für Leuchtpetroleum im Abel'schen Petroleumprober bestimmt.

Flaschenlampe
Die Bezeichnung leitet sich von der cardanischen Flasche ab, die zwar noch kein Ventil besaß, aber sonst genauso funktionierte wie die Philon'sche, die Proust'sche und die spätere Sturzflaschenlampe mit Ventil.

Florentiner Lampe
auch römische Lampe, auch venezianische Lampe

An einer Stange mit Tragering verschiebbare, mehr oder weniger hohe Öllampe, wobei die Stange durch den meist aus Messing gegossenen Ölbehälter hindurchgeht. Der an der Stange feststellbare Ölbehälter hat eine oder mehrere Schnauzen, meist drei oder vier und einen Deckel. An einer zusätzlichen, ebenfalls verschiebbaren Halterung können ein Lichtschirm und die Utensilien zur Dochtpflege, Schere, Häkchen und Löschhütchen befestigt sein. Diese Lampe wird auch Römische oder Venezianische Lampe genannt. Da diese Lampe am häufigsten unter dem Namen Florentinische Lampe läuft, wird sie hier unter diesem Namen beschrieben.

Fluoreszenz
Ist eine Eigenschaft vieler fetter Öle und Mineralöle das einstrahlende Licht in anderen Farben zu reflektieren.

Froschlampe
Bezeichnung für eine offene oder geschlossene, flache Öllampe von runder oder leicht ovaler Form, bei welcher der Dochthalter in der Regel als Schnauze vorgezogen ist. Die Bezeichnung könnte auf das frühe Ägypten zurückgehen. Aus welcher Zeit geschlossene, ovale Tonlampen als Froschlampen bekannt sind. Es gibt Öllampen aus Nepal und auch Indien, die wie ein Frosch aus Stein geschnitten sind. Sowohl bei den Ägyptern als auch später bei den Christen soll der Frosch als Symbol der Auferstehung gegolten haben. Der bergmännische Frosch dürfte sich aus der Betty Lampe entwickelt haben und beide lassen sich auch von der antiken Öllampe ableiten. Die Bezeichnung Frosch, die seit Mitte des 19. Jhds. in der Bergmannssprache in Gebrauch sein soll, war nur auf den bergmännischen Part begrenzt und in der häuslichen Umgangssprache nicht gebräuchlich. Trotzdem kann die Bezeichnung Frosch auf die alte ägyptische Froschlampe zurückgehen.

Funzel
Umgangssprachlicher Ausdruck für eine schwache, schlecht brennende Lampe. Aus dem niederdeutschen stammend, Funsel, Funze, wahrscheinlich abgeleitet vom Ausdruck funkeln. Am bekanntesten sind wohl die Ausdrücke Ölfunzel und Tranfunzel, womit die Minderwertigkeit des Lichtes dargelegt werden sollte. Trotzdem erscheint mir der Ausdruck Funzel kein glücklicher, sondern ein abwertender Name zu sein.

Gartenlampe
Wie der Name sagt, eine Lampe für den Garten, bei der Brenner und Zylinder durch ein Überglas geschützt wurden. Den Abschluss bildete ein seitlich durchbrochener Metallaufsatz, der vor Regen und Zugluft schützte.

Gasoline
Leichtbenzin mit einem Siedebereich von 30 bis 80 °C, wobei die Siedebereiche früher von Hersteller zu Hersteller deutlich differierten, wie bereits mehrmals angedeutet. Die leichtflüchtige Benzinfraktion wurde früher zur Carburierung von Luft und Leuchtgas verwendet, aber auch zu Beleuchtungszwecken und als Lösungsmittel.

Gasöle
Es handelt sich um Kohlenwasserstoff-Fraktionen, deren Siedepunkt zwischen 200 und 400 °C liegt. Ursprünglich wurden auch die aus den Schwelteeren gewonnenen Öle zur Herstellung von Gasöl genutzt. Die Öle wurden erhitzt und verdampft.

Gießer
Lampe von leicht ovaler Form, die nach vorn zum Docht hin deutlich schlanker wird, wobei der Dochthalter etwas nach oben verläuft. Der Lampentopf ist insgesamt aus einem Stück in Eisen gegossen. Der aufgeschraubte Dochthalter ist gleichzeitig Füllschraube. Dochthalter bzw. Tülle sind aus Eisen oder Messing. Die Lampe wurde für fette Öle und Petroleum angeboten, vorwiegend im Bergbau benutzt aber auch im Haushalt.

Glimmer
Durchsichtiges Mineral, welches sich in dünne, biegsam-elastische Lamellen von beträchtlicher Größe spalten lässt. Chemisch handelt es sich um Siliziumverbindungen mit Kalium, Natrium, Aluminium und Magnesium. Glimmer ist säure- und feuerunempfindlich, es besitzt einen perlmuttartigen Glanz. Früher wurde Glimmer u. a. zu Lampenzylindern, Laternenfenstern und Ofenfenstern verarbeitet. Im Volksmund auch Katzensilber genannt.

Guéridon
Im 17. Jhd. aufgekommenes, hohes, ursprünglich einbeiniges Tischchen, das später auch auf säulenförmige und dreibeinige Stützen montiert wurde. Meist aus Holz geschnitzt und vergoldet, diente der Guéridon zum Abstellen von Öllampen und Kerzenleuchtern, und später auch Vasen und Ziergegenständen. Die Stücke der frühen Zeit stellen häufig einen Farbigen dar, weshalb angenommen wird, dass der Name des Tischchens von dem maurischen Sklaven Guéridon abgeleitet wurde, der in provencalischen Volksliedern besungen wird.

Handlampe
Petroleumlampe unterschiedlicher Größe, meist klein, mit einem Griff, an dem die Lampe umhergetragen werden konnte. Diente auch als Nachtlampe und als Kellerlampe.

Hängelampe
Petroleum-Deckenlampe, meist mit einer, oft aber auch mit bis zu zwölf Petroleumbrennstellen. Das Gehänge war entweder von fester Länge oder aber veränderlich mit Zug und Gewicht, die aus Eisen, Messing oder Bronze gegossen waren. Die anspruchsvolleren Lampen trugen zusätzlich in der Peripherie mehrere Gruppen von Kerzenhaltern. Der Petroleumbehälter wurde sehr häufig aus Majolika, aber auch aus Messing oder Bronze gefertigt.

Hefner-Kerze
siehe Lichtmessung

Herons-Brunnen
Der Herons-Brunnen ist nach seinem Erfinder Heron von Alexandria (1. Jhd. n. Chr.), griech. Physiker, benannt. Das Prinzip besteht darin, dass eine Flüssigkeit unter Zwischenschaltung eines Luftvolumens von einer zweiten Flüssigkeit, die das Luftvolumen komprimiert, hochgedrückt wird und je nach Druck eine Fontäne bildet. Es gibt viele Möglichkeiten, das Prinzip darzustellen und auch in der Praxis anzuwenden. Das Prinzip des Herons-Brunnen wurde auch bei den aerostatischen Lampen angewendet.

Imari-Porzellan
Ein überreich mit Blumen, Figuren und Landschaften dekoriertes japanisches Porzellan. Es wurde in Arita, dem Ort, in dem die japanische Prozellanherstellung gegründet worden sein soll, produziert und über den japanischen Seehafen Imari exportiert, daher der Name.

Inkandeszenz-Licht
Glühlicht, wird dadurch erzeugt, dass ein Mineral-Glühstrumpf oder Mineral-Glühkörper in einer entleuchteten Flamme zur Weißglut erhitzt wird.

Kaminlampe
Petroleumlampe, die in der Regel nur als Pärchen auf dem Kaminsims stand und gern in prunkvolleren Ausführungen angeboten wurde. Die Kaminlampe ist daran zu erkennen, dass Vor- und Rückseite nicht ganz gleich gestaltet sind. Da die Rückseite in der Regel nicht sichtbar war, wurde sie in der Ausführung deutlich einfacher gehalten.

Kapillarität
Unter Kapillarität versteht man das Verhalten von Flüssigkeiten in engen Röhrchen. Taucht man ein enges Röhrchen (Kapillare) in eine netzende Flüssigkeit, wie z. B. Wasser, so steigt die Flüssigkeit in der Kapillare hoch, wobei die Steighöhe der Flüssigkeit vom Durchmesser der Kapillare abhängt. Je kleiner der Durchmesser desto höher ist die Steighöhe. Dieser Effekt wird beim Lampendocht ausgenutzt. Hier steigt die Flüssigkeit, Öl oder Petroleum, durch die kleinen Kanälchen, die zwischen den Baumwollfasern des Dochtes liegen.

Karyatide
Eigentlich ein Ausdruck aus der Architektur der Antike, worunter man eine weibliche Statue anstelle einer Säule verstand. In kleinerer und in etwas abgewandelter Form auch als Halterungen für das Petroleumbasin genutzt.

Kerosin
Im Textteil ausführlich besprochene Bezeichnung Kerosin für Petroleum soll der Vollständigkeit halber hier noch einmal kurz Erwähnung finden in Bezug auf die Verwendung als Flugturbinen-Treibstoff. Die Strahltriebwerke der Düsenjets verwenden als Treibstoff eine Petrolfraktion, die relativ eng geschnitten ist, evtl. gemischt mit leichteren oder schweren Fraktionen. Dieser Düsentreibstoff wird allgemein als Kerosin oder Flugkerosin bezeichnet.

Klavierlampe
Petroleumlampe zur Klavierbeleuchtung. Diese gab es in verschiedenen Ausführungen. Die einfachste Art war die Stecklampe, eine kleine Vase, die in den Kerzenleuchter am Klavier eingesteckt werden konnte und meist mit einer Kugel zur Lichtstreuung ausgerüstet wurde. Bei einer sinnvolleren Konstruktion war der Brennerträger durch ein Rohr mit dem beschwerten Petroleumbehälter verbunden. Der Brenner stand über den Rand der oberen Klavierbegrenzung hinaus, sodass das Licht auf die Klaviatur fiel. Häufig hatten die einfacheren Lampen nur einen Papierschirm, die besseren hingegen eine Spiegelvorrichtung. In Höhe der Flamme warf ein Konkav-Spiegel das Licht auf einen Planspiegel, der es auf die Tastatur reflektierte.

Knicklampe
Kleine Petroleumlampe mit etwa 10 cm langem Schaft, der sich direkt unterhalb des Petroleumbehälters um 45 ° abknicken ließ. Durch eine Öse im Boden des Fußes konnte

das abgeknickte Lämpchen an die Wand gehängt werden. Die unter der oben genannten Bezeichnung im Handel angebotene Lampe war in der Regel mit einem Stern- oder Perkeo-Brenner ausgerüstet.

Kracken

Darunter versteht man das Aufspalten höher molekularer Kohlenwasserstoffgemische unter dem Einfluss erhöhter Temperatur oder von Katalysatoren (Reaktionsbeschleunigern). Die Kracktemperatur liegt für die meisten Kohlenwasserstoffe bei 400 bis 500 °C. Krackerscheinungen können schon bei normaler Temperatur auftreten, wenn die Kracktemperatur unter der Destillationstemperatur liegt. Man macht sich hier die Eigenschaft der schweren Kohlenwasserstoffe zunutze in der Wärme in leichtere zu zerfallen, wodurch der erhöhte Bedarf an leichteren Kohlenwasserstoffen gedeckt werden kann.

Krüsel

Im anglo-amerikanischen Sprachraum auch Crusie genannt. Der Ausdruck Krüsel, Ölkrüsel, Trankrüsel, war in ganz Nord-West-Deutschland für jedwede Öllampe gebräuchlich, angefangen von der offenen und geschlossenen Schalenlampe bis hin zur Schnauzenlampe. Selbst die cardanische Uhrlampe wurde und wird Krüsel genannt. Es gab Hänge- und Standkrüsel, wobei die ersteren am Krüselhaken oder Lichthal hingen, welches an einem Riek befestigt war. Durch das Riek, ein unter der Zimmerdecke horizontal und drehbar angebrachter Stab, konnte das Licht in alle Richtungen gedreht werden. Der Standkrüsel hatte in der Regel einen höheren Fuß oder er stand auf dem Krüselständer. Der Krüsel oder die Dochtrinnenlampe ist die einfachste Lampe nach der Schalenlampe. Es handelte sich um eine aus Blech gefertigte Schale unterschiedlichster Form mit etwa 2 – 4 cm hohem Rand, in den ein oder mehrere Dochthalterungen eingekniffen waren, wodurch dem Docht ein gewisser Halt geboten wurde. Der Name könnte sich von „Kraus", „Kräusel", ableiten, in dem die einfachen geschmiedeten Eisenlampen möglicherweise einen „gekrausten Rand" aufwiesen. Konietzko deutet das Wort Krüsel als vom lateinischen Ausdruck „Krucibulum" kommend an. Es ist auch denkbar, dass der Ausdruck Krüsel vom schottischen Ausdruck Crusie abgeleitet worden ist.

Kummet-Laterne

Kleine Petroleumlaterne, die bei Dunkelheit am Kummet (Halsjoch) der Zugtiere befestigt wurde. Zusätzlich hing in der Regel noch eine Laterne unter dem Wagen an der Hinterachse. Eine spezielle Kummet-Laterne wurde bis weit in die 30er-Jahre des 20. Jhds. von der Firma Nier unter dem Markenzeichen „Feuerhand" produziert.

Kübellampe

weiterer Name für die bereits beschriebene Sturzflaschen-, Schiebe- oder Studentenlampe, die sich aus der Proust- und Argand-Lampe entwickelt hat. Der Name dürfte aus der Form des Ölgefäßes abzuleiten sein.

Küchenlampe

Unter dem Begriff Küchenlampe läuft in der Regel die einfache Wandlampe, bestehend aus Glas- oder Metallbasin mit Brenner und Zylinder sowie ansteckbarem Reflektor, der gleichzeitig als Wandhalter dient. Diese Lampe gab es in allen Größen, sie war leicht abzunehmen und konnte auch schnell als Kellerlampe verwendet werden. Meist hatte man in der Küche auch noch eine ganz einfache Hängelampe.

Leselampe

Petroleumlampe mit beweglichem, parabolischem Reflektor, mit Hilfe dessen sich das Licht auf das zu Lesende konzentrieren ließ.

Lithophanie

Porzellan-Lichtbild. In flache Reliefform gepresste, dünne Porzellanplatte, die je nach Dicke der Schicht mehr oder weniger lichtdurchlässig ist. Dadurch entsteht ein schön abgestuftes Durchsichtsbild. Sie wurden verwandt als Lichtschirm, Augenschützer, Lampenschirm und auch zur Umkleidung von Stövchen.

Lunar-Lampe

Unter dieser Bezeichnung wurden zahlreiche kleine und kleinste Petroleumlämpchen hergestellt, die ausschließlich der Nachtbeleuchtung dienten und auf vielen Nachttischchen standen. Die bekannteste Lunar-Lampe – Nachtlampe wurde von der Firma Wild & Wessel in Berlin produziert. Sie zeichnete sich durch einen besonders geformten Glaszylinder aus, der von einem Messingzylinder umgeben war. In Höhe der Flam-

me hatte der Messingzylinder einen ovalen Ausschnitt, durch den das Licht austreten konnte, während nach hinten alles im Schatten lag. Durch einen in eine mattierte Glaskugel eingeschliffenen Stern soll es möglich gewesen sein, das austretende Licht auf einen Punkt zu konzentrieren.

Lüster-Dekor

Metallisch schillernder Überzug auf Keramik, vor allem aber auf Glas. Man erreichte diesen Effekt durch Auftragen von Metalloxiden auf die Oberfläche der Gegenstände, die dann nochmals bei niederer Temperatur gebrannt wurden. Auf diese Weise erreichte man wunderschöne metallisch irisierende Oberflächen in den verschiedensten Farben. Die Technik wurde wahrscheinlich im 8. Jhd. von ägyptischen Glasmachern erfunden und von den Arabern vervollkommnet. Bevorzugte deutsche Manufaktur, die sich mit der Lüstriertechnik befasste, war die Glashütte Joh. Loetz, Witwe, in Klostermühle in Westböhmen.

Lyra-Lampe

Ganz einfache Hängelampe, deren Aufhängung aus dickem Eisendraht wie eine Lyra geformt war.

Macula Lutea

Kleiner gelber Fleck mit einem Durchmesser von 2,5 mm am hinteren Pol des Auges in der Regenbogenhaut. In der Macula Lutea liegt der Punkt des schärfsten Sehens.

Majolika-Lampe

Petroleumlampe, deren äußerer Körper aus Majolika bestand, Topf mit Deckel, evtl. Schaft und Teile des Fußes. Bei Majolika handelt es sich um eine feine, poröse Keramikmasse, bei der ursprünglich die gebrannte Rohware mit einer opaken Zinnglasur überzogen, anschließend bemalt und nochmals gebrannt wurde. Die Technik soll von der arabisch-maurischen Keramik-Industrie auf Mallorca stammen, wovon der Name abgeleitet wird. Sie gelangte im 15. Jhd. nach Italien und von hier aus auch in die anderen europäischen Länder. Bei den Majoliken des ausgehenden 19. Jhds. wurde der Grundkörper direkt bemalt, mit einer durchsichtigen Bleiglasur versehen und fertiggebrannt. Die weiche Bleiglasur ließ im Laufe der Zeit Petroleumreste eindringen, wodurch sich die Farben veränderten.

Milchglas

Weißes Glas unterschiedlicher Dichte. Die weiße Farbe wird durch den Zusatz von Zinnoxid erreicht, heute verwendet man Kryolith. Je nach Zusatz der Menge an Zinnoxid erhält man eine dichtere oder transparentere weiße Färbung. Dieses Glas wurde angeblich im 15. Jhd. in venezianischen Glashütten erfunden. Im frühen 19. Jhd. setzte man der Glasschmelze auch noch einen Teil gebrannter Knochenasche zu, wodurch das Glas zarter und etwas heller wurde und einen rosa Ton erhielt, sehr angenehm bei der Verwendung als Lampenschirm. Wegen der Knochenasche wurde das Glas auch Beinglas genannt.
Ein anderes transluzides bis opakes Trübglas wurde in Frankreich ab 1825 von vielen Hütten hergestellt. Mit dem Namen „Opale“ bzw. „Opaline“ wurde es zum Lieblingsglas der Franzosen und ist heute noch sehr begehrt.

Mariott'sche Flasche

Ursprünglich von dem französischen Physiker Edme Mariotte (1620 – 1684) zur Ausflussmessung entwickelte Flasche mit einer seitlich über dem Boden befindlichen Ausflussöffnung und einer zentralen Luftzuführung durch den Hals der Flasche. Im Prinzip wird hier die bewegliche cardanische Sturzflasche durch eine fest stehende Flasche ersetzt. Die Füllung der Flasche erfolgt durch ein verschließbares Ventil.

Maskaron

Ornament in Form eines Menschen oder Fratzengesichtes in der Baukunst aber auch als Kleindekor bei Gefäßen, Lampen und Vasen. Viele Petroleumlampen wurden seinerzeit mit Maskaron verziert.

Mikroskopierlampe

Petroleumlampe, die nur zur Beleuchtung des Mikroskopspiegels entwickelt wurde und auch nur dazu verwendbar war. Bis auf ein kleines Lichtfenster zur Beleuchtung des Mikroskop-Spiegels ist die Flamme allseits umschlossen.

Mineralöl

Die Bezeichnung Mineralöl geht auf die 40er-Jahre des 19. Jhds. zurück. Zu der Zeit wurden die ersten Kohlenwasserstoffe aus bituminösem Schiefer destilliert, und da Schiefer

ein Mineral ist, nannte man die Destillate Mineralöle. Da sich aus Mineralstoffen keine Öle oder Kohlenwasserstoffe herstellen lassen, ist die Bezeichnung Mineralöl prinzipiell falsch. Heute versteht man unter Mineralöl nicht nur das Erdöl, sondern auch die aus Erdöl, Stein-, Braunkohlenteer sowie aus Ölschiefer durch Destillation gewonnenen Produkte.

Nürnberger Nachtlicht

Von der Firma G. A. Glafey in Nürnberg hergestellte Schwimmdochte. Zu einer Ausrüstung gehören zahlreiche 15 mm lange, gewachste, in ein rundes Papierscheibchen gesteckte Dochte und ein Schwimmer aus dünnem Blech mit Korkfüßchen, in dessen zentraler Aussparung die Dochte passen. Kann in jedem Wasserglas mit Öl installiert werden.

Ölgas

Ölgas wurde aus den minderwertigen Petroleumrückständen und gewissen Destillationsprodukten wie dem Blau- und Grünöl (Die Ausdrucksweisen Blau- und Grünöl haben ihren Namen nach ihrer starken Fluoreszenz.) Durch Zersetzung in bestimmten Retorten gewonnen und als Leuchtgas verwandt.

Ochsenblut

In Frankreich als „Sang de boeuf" hochgeschätzt, handelt es sich um eine glänzende, tief- bis karminrote Porzellanglasur, die in der Farbe an geronnenes Ochsenblut erinnert, da sie etwas unregelmäßig an der Oberfläche sein kann. Die rote Farbe entsteht durch einen Kupferzusatz zur Glasur, wobei mit reduzierter Luftzufuhr gebrannt wird. Die monochrome Ochsenblutglasur wurde im 17. Jhd. von chinesischen Töpfern erfunden und im 19. Jhd. nach Europa übernommen. In Frankreich produzierte man zahlreiche Lampenkörper in „Sang de boeuf", die durch sparsame vergoldete Messingapplikationen ungeheuer reizvoll wirkten.

Palmitinsäure

Hochschmelzende (64 °C) gesättigte, feste Fettsäure.

Patritze-Matritze

Die Ausdrücke werden für verschiedene technische Verfahren genutzt. Hier soll nur die Verwendung bei der Herstellung der antiken Öllampen berücksichtigt werden. Die Patritze ist die Urform der Lampe aus Ton, Gips oder Holz, so wie sie einmal aussehen soll. Die Matritze ist die Hohlform der Urform der Lampe, in die eine dünne Tonplatte gedrückt wird, die die Form der Matritze annimmt und später einen Teil der Lampe bildet. Die griechischen und römischen Lampen bestanden aus zwei Teilen, die miteinander verkittet wurden.

Paraffin

Es wurde 1835 von Karl von Reichenbach (1788 – 1869), österreichischer Naturforscher, im Holzteer entdeckt und bekam seinen Namen wegen seiner Widerstandsfähigkeit gegen chemische Agentien (Parum Affinis). Soll von Reichenbach schon als Kerzenmaterial vorgeschlagen worden sein, konnte wegen der geringen Ausbeute anfangs jedoch nicht nutzbar gemacht werden.

Paraffinum liquidum

Hoch ausraffiniertes wasserhelles Schmieröldestillat, ohne Geruch und Geschmack. Es wurde früher in der Medizin nach DAB 6 als Medikament geführt und als Abführmittel und als Salbengrundlage verwendet. Die dünnflüssige Version entspricht in etwa unserem heutigen Lampenöl.

Pech

Destillationsrückstände aus Holz-, Braunkohlen- und Steinkohlenteerdestillation.

Petroleumfackel

Die Petroleumfackel sollte die Pechfackel ersetzten und wurde als Notbeleuchtung bei Arbeiten oder Unfällen im Freien eingesetzt. So bediente sich die Feuerwehr früher bei bestimmten Einsätzen der Petroleumfackel. Ein dicker Volldocht, gespeist aus einem metallenen Petroleumbehälter, erzeugte eine stark qualmende und wenig Licht spendende Flamme. Die fortschrittlicheren Fackeln mit Durchzug und mit Mitrailleusen-Brenner gaben ein deutlich besseres Licht.

Proust'sche Flasche

Es handelt sich um eine Lampe mit gläserner Sturzflasche, die nach dem Prinzip der Mariott'schen Flasche arbeitet und deshalb häufig in Frankreich auch La Vase de Mariott genannt wurde. Die Lampe arbeitete mit einem Volldocht, der in einem gebogenen Dochtrohr geführt wurde.

Die obere Grenze des Dochtrohres lag in Höhe der Austrittstelle des Öles aus der Flasche. Es floss nach dem Cardanischen Prinzip immer so viel Öl nach, wie am Docht verbraucht wurde. Sie war der direkte Vorläufer der Sturzflasche.

Pyro-Naphtha
Ein Schwerleuchtöl, dessen Siedebereich über 300 °C lag und zur Verbrennung etwas mehr Sauerstoff gebrauchte. Es wurde vorwiegend aus russischen Rohölen destilliert.

Reiselampe
Zerlegbare Petroleumlampe, die in einem polierten Holzkasten oder einem Metallbehälter mit auf Reisen genommen werden konnte. Alle Teile waren so gesichert, dass kein Petroleum ausfließen konnte.

Retina
Unter Retina versteht man eine Zellschicht, die das innere Auge auskleidet und aus lichtempfindlichen Nervenzellen besteht, die das einfallende Licht in Nervenimpulse umwandelt, die dem Gehirn zugeführt werden und dort ein Bild entstehen lassen.

Raffination
Verbesserung eines Erdöldestillates durch chemische oder physikalische Methoden, um unliebsame Beimengungen zu entfernen.

Rektifikation, rektifizieren
Schärfere Trennung der einzelnen Fraktionen während der Destillation.

Römische Lampe
siehe Florentinische Lampe

Rushlight
Eine künstliche Beleuchtungsart, die ihrem Wesen nach zwischen Kienspan und Kerze eingeordnet werden kann. Es handelt sich um das Binsenlicht, wobei das Binsenmark nach entsprechender Vorbereitung wie Trocknen und Präparieren mit Ölwachsgemisch der Lichtträger ist.

Schelle
Bei der Schelle handelt es sich um eine Grubenlampe für Ölbrand, die einer Schnauzenlampe mit Tropfrinne und Ölauffangbehälter, jedoch ohne Ständer entspricht. Sie ist aus dünnem Eisenblech gefertigt und ähnelt äußerlich fast aufs Haar der alten Küchenlampe, die auch als Vorbild gedient haben dürfte.

Schnauzen-Lampe
Eine Öllampe, die in vielen Ausführungen unter diesem Namen bekannt ist. In Mittel- und Nordeuropa wurde diese Lampe vorwiegend in Messing, Zinn und seltener in Eisenblech hergestellt, aber auch in Bronzeguss. Grundsätzlich geht bei der Schnauzen-Lampe vom untersten Punkt des Ölbehälters horizontal das Dochtrohr ab, das am Ende nach oben gebogen ist. An der Tülle findet sich in vielen Fällen, besonders an den Lampen aus Zinn, ein kleiner angegossener Kragen, der eine Verbindung ins Tüllenrohr hat, womit das abtropfende Öl aufgefangen werden konnte. Die Schnauzenlampe hatte so gut wie immer einen Deckel und konnte ein- und mehrschnauzig sein. Die Schnauzen-Lampen wurden mit Halterungsmöglichkeiten hergestellt. Das Ölgefäß kann auf dem Lampenfuß sitzen oder auf einem kleineren oder größeren Ständer. Die Zinnausführung läuft auch unter dem Namen Märkische Lampe, Katzenkopf oder auch Rabbiner-Lampe. Auch diese Lampen sind unter dem Namen Snotneus bekannt. Die Ausdrücke leiten sich von den Dochtschnuppen ab, die sich an der Brennstelle bilden und vergleicht diese mit dem Aussehen der Kinder, die keine Lust hatten, sich die Nase zu putzen. Diese Lampe wird in der Literatur oft als Krüsel bezeichnet, was nicht korrekt ist. Es handelt sich um eine eigene Kreation, der Krüsel ist viel älter.

Schusterkugel
Mit Wasser gefüllte Glaskugel unterschiedlicher Größe, von der eine oder mehrere vor ein Kerzen-, Öl- oder Petroleumlicht gestellt oder gehängt wurden. Die Kugel wirkte wie eine Bikonvexlinse und konzentrierte das Licht auf die Arbeit. Sie wurde dort genutzt, wo die Arbeit auf einen kleinen Raum begrenzt war, beim Schumacher, beim Uhrmacher, aber auch die Hausfrau nutzte die Wirkung der Kugel beim Sticken. Schon der römische Philosoph Seneca (1. Jhd. v. Chr. bis 65 n. Chr.) beschreibt, dass eine mit Wasser gefüllte Glaskugel stark vergrößert und das Licht konzentriert. Hier nennt man sie Schusterkugel, weil früher in jedem Schuhmacherbetrieb eine solche Beleuchtung auf dem Schustertisch stand. Häufig hatten die Schusterkugeln mehrere mit Wasser gefüllte

Kugeln, je nachdem wie viel Leute um den Tisch herum tätig waren.

Schwimmdochtlampe

Offene Öllampe, bei der der Docht durch einen Dochthalter, meist aus Kork mit dünnem Blech, gehalten wurde. Brauchbar ist jedes kleine Gefäß, wobei diese in der Regel aus Glas waren, damit das ohnehin kleine Licht auch nach unten abgestrahlt wird. Der untere Teil des Glasgefäßes wurde mit Wasser gefüllt, auf dem das Öl schwamm. Durch das Wasser konnte das Gefäß nie so leerbrennen, dass der Rest des Öles das Glas überhitzte. Aus dem gleichen Grunde wurden an den Korkrand kleine Abstandshalter eingesteckt, welche die Flamme möglichst von der Glaswand fernhalten sollten. Das Prinzip geht auf die Ägypter und die Griechen zurück.

Seladon

Bezeichnung für chinesisches Steinzeug, Porzellan oder Glas mit einer grau-grünen, teilweise durchscheinenden Glasur, die bei hohen Temperaturen aufgebrannt wird und ihre Farbe durch einen Zusatz von Eisenoxid erhält. Während der Petroleumära wurden vor allem in Frankreich Lampenschirme in Seladonglas hergestellt. In Deutschland wurde Seladon vornehmlich als Schirmchen für Nachtlampen genutzt, weil diese relativ viel Licht schluckten. Auch keramische Lampenfüße wurden in Seladon bzw. mit Seladonglasur hergestellt.

Siedepunkt

Bei homogenen, einheitlichen Flüssigkeiten die Temperatur, bei der ein Stoff siedet. Die Angabe des Luftdrucks ist nötig, da der Siedepunkt druckabhängig ist. Da die Kohlenwasserstoffe aus sehr vielen Einzelstoffen mit unterschiedlichem Siedepunkt bestehen, spricht man hier in der Regel von Siedebereichen.

Stehlampe

Auch Bibliothekslampe oder Teleskoplampe genannt. Petroleumlampe von etwa 140 cm Höhe, die dann noch um 40 – 50 cm ausziehbar war und im Haushalt als Allgemeinbeleuchtung diente. Die Lampe wurde mit und ohne Tischchen hergestellt.

Stirlingmotor

Der Stirlingmotor oder auch Heißluftmoter ist eine Wärmekraftmaschine, die Wärmeenergie in mechanische Energie umwandelt. Sie wurde von dem schottischen Geistlichen und Konstrukteur Robert Stirling (1790 – 1878) im Jahre 1815 erfunden. Das Prinzip besteht darin, dass Luft oder ein anderes Gas in einem oder zwei Zylindern von außen erhitzt und wieder abgekühlt wird und sich ausdehnt oder zusammenzieht, wodurch der Kolben bewegt wird.

Sturzflasche

Die Sturzflasche dient als Ölbehälter für die unter vielen Namen bekannte Schiebelampe, Kübellampe, Goethelampe, Sturzflaschenlampe. Sie arbeitet nach dem gleichen Prinzip der sich selbst schließenden Ölzufuhr, wie sie bereits im 2. Jhd. v. Chr. durch Philon von Byzanz entwickelt, im 16. Jhd. durch Cardarnus praktisch ausgeführt und durch die Erfinder Ende des 18. Jhds. vervollkommnet wurde. Der Ölbehälter (Sturzflasche) ist eine bewegliche Blechflasche, welche am Flaschenhals durch ein Ventil verschlossen werden kann. In aufrechter Stellung der Flasche fällt das Ventil zurück und die Füllung kann erfolgen, wonach das Ventil durch Hochziehen des Stiftes geschlossen wird und die gefüllte Blechflasche umgedreht in das Mantelgefäß eingesetzt werden kann. Sobald der Ventilstift auf den Boden des Mantelgefäßes aufstößt, öffnet sich das Ventil und Öl fließt so lange aus, bis Ölgleichstand im Brennerrohr und im Mantelgefäß erreicht sind. Jetzt schließt der Ölspiegel im Mantelgefäß den Flaschenhals ab. Wenn die Lampe brennt, fließt Öl nach, immer dann, wenn der Ölspiegel im Mantelgefäß den Flaschenhals freigibt, das heißt, in kleinen Portionen, intermittierendes Niveau.

Thermoelement

Wenn zwei unterschiedliche Metalle durch eine Lötstelle verbunden werden, und dieser Kontakt erwärmt wird, fließen Elektronen von einem ins andere Metall. Es entsteht ein Elektronenfluss. Es fließt ein Thermostrom. Dieser thermo-elektrische Effekt wurde um 1820 von dem deutschen Arzt Thomas Johann Seebeck, (1770 – 1831), entdeckt. Es wird Wärme in elektrische Energie umgewandelt, wobei der Wirkungsgrad sehr gering ist.

Thermolumineszenz

Unter Thermolumineszenz versteht man die Eigenschaft eines Stoffes, beim Erhitzen sichtbares Licht abzustrahlen, dadurch dass angeregte Elektronen der Außenhülle des Atoms

in den Grundzustand übergehen, wobei jeweils ein Lichtquant frei wird.

Tulpe

Ein seiner Form von der Tulpenblüte abgeleitetes Zubehör aus mattiertem oder gefärbtem Glas, welches unten offen entweder direkt auf den Brennerrand oder auf einen am Brenner angebrachten Kugel- und Tulpenring aufgesetzt wurde. Die Tulpe diente wie die Kugel oder der Lampenschirm der Milderung und Streuung des Petroleumlichts, wobei die Formen- und Farbenvielfalt im Laufe der Zeit deutlich zunahmen und die Tulpe je nach Qualität sehr schön bemalt wurden. Die Tulpe wurde besonders gern in Frankreich genutzt.

Tülle

Unter Tülle versteht man in der Umgangssprache den Ausguss eines Gefäßes oder einer Kanne. Bei der Öllampe versteht man unter der Tülle das vom Ölbehälter zur Flamme führende Öl-Zuflussrohr, in dem der Docht liegt. Aber auch röhrenförmige oder halbröhrenförmige Dochthalter werden als Tülle bezeichnet. Der alte Ausdruck: „Dille".

Uranglas

Es ist ein leuchtend gelb-grünes Glas, welches mit Uranoxid unter Zusatz von Schwermetallverbindungen gefärbt wurde, von leuchtend gelb bis apfelgrün. Der Erfinder Franz Anton Riedel (1786 – 1844), Nordböhmen, gab dem Glas die Namen seiner Töchter Anna-gelb und Eleonoren-grün. Uran ist ein radioaktives Metall, welches beim Zerfall vorwiegend Alpha- und Betastrahlung freiwerden lässt, die nachgewiesen werden können. Unter UV-Licht fluoresziert Uranglas, damit kann die Echtheit nachgewiesen werden. Die ionisierende Strahlung des Glases ist jedoch so gering, dass eine wesentliche Gefahr nicht davon ausgeht. Die Petroleumlampenindustrie ließ vor allem Vasen und Tulpen in Uranglas herstellen. In den USA und England werden Urangläser als Vaselinglas bezeichnet. Von 1941 – 1952 konnte Uranglas nicht mehr hergestellt werden, da in den USA, Großbritannien und auch in Deutschland Uran und seine Verbindungen zu „strategischem Material" erklärt und die zivile Verwendung verboten wurde.

Uhrlampe, Zeitlampe

Lampe die nach dem cardanischen Prinzip arbeitete, wobei der Ölbehälter von rundlicher oder ovaler Form oberhalb der Dochtrinne angebracht war und anhand des verbrauchten Öles die Zeit abgelesen werden konnte. Auf dem Glasbehälter war eine Zeiteinteilung angebracht, die mit dem Sinken des Ölspiegels abgelesen werden konnte. Mitte des 19. Jhds. kam eine fortschrittlichere Version auf den Markt. Bei dieser Öluhr dreht sich eine Milchglas- oder eine mattierte und mit den Stundenzahlen von 1 – 12 beschriftete Glaskugel auf einem Uhrwerk um seine eigene Achse. Eine kleine in der Kugel stehende Öllampe, lässt die Zahlen sichtbar werden und ein feststehender Zeiger gibt die Zeit an.

Viskosität

Sie ist ein Maß für die innere Reibung einer Flüssigkeit bzw. für den Widerstand, den die Flüssigkeit dem Fließen entgegensetzt. Die Viskosität einer Flüssigkeit sinkt mit zunehmender Temperatur und wird gemessen nach der Zeit, die eine bestimmte Flüssigkeitsmenge benötigt, um eine Kapillare von bestimmter Länge und Weite zu durchfließen. Wenn Öl erhitzt wird verringert sich die Viskosität des Öls. Auf Grund dieses Verhaltens ist es sinnvoll, wenn ein Brenner unter bestimmten Umständen vorgewärmt ist, damit das Öl besser fließt und der Flamme nicht unnötig Wärme entzogen wird.

Walöl-Lampe

Öllampe zur Verwendung von Walöl oder Spermaceti-Öl (kein Tran). Die Lampe hat einen eingeschraubten Dochthalter für einen recht dicken Docht, wobei die Schrauböffnung gleichzeitig Einfüllöffnung ist. Die etwa 20 mm lange, seitlich mehrfach geschlitzte Dochtröhre ist nach unten verlängert und ragt in den Ölbehälter, um Wärme in den Behälter zu leiten, die das Öl etwas flüssiger werden lässt. Die seitlichen Schlitze dienen der Dochtregulierung mit einer Dochtnadel.

Weberlampe

Petroleum- auch Öllampe, die von Webern an den Webstuhl gehängt wurde, um den Arbeitsplatz zu beleuchten. Die einfache Petroleumlampe mit Metallschirm wurde aus Weiß- oder Schwarzblech hergestellt. Das charakteristische war der Haken zum Aufhängen.

Weißöle
Weißöl wird aus Paraffinöl durch hochgradige Raffination gewonnen. Es ist zwischen technischen Weißölen und medizinischen Weißölen zu unterscheiden. Technische Weißöle enthalten Aromaten. Medizinische Weißöle sind völlig geruchlos und gut verträglich. Sie sind für die Pharmazie und Kosmetik zugelassen. Ballistol ist ebenfalls ein Weißöl von besonderer Qualität.

Wormser Lampe
Kugelförmige Öllampe aus Glas, in deren Einfülloch eine primitive Vorrichtung zur Dochtbewegung steckte.

James Young
Ihm gelang 1850 in Schottland die Paraffinherstellung in großem Stil aus Ölschiefer. Es handelt sich um einen festen Kohlenwasserstoff der Paraffinreihe mit unterschiedlichen Schmelzpunkten von 30 bis 63 °C. Paraffin wird heute vorwiegend aus Erdöl gewonnen und dient der Kerzenherstellung.

Zigarrenlampe
Kleine Lampe, die mit Spiritus betrieben wurde und nicht der Beleuchtung, sondern lediglich dem Anzünden der Zigarre diente. Früher gehörte es zum guten Ton, nach dem Essen eine Zigarre zu rauchen, zu welchem Zweck man sich in den Rauchsalon zurückzog. Hier wurden Zigarren gereicht, die nach entsprechender Vorbereitung an der Zigarrenlampe angeraucht wurden. Als Brennstoff diente Spiritus, da nur über einen kurzen Zeitraum Feuer erforderlich war, und da Spiritus keinen unangenehmen Geschmack hinterlässt. Diese Lampe wurde in unendlich vielen Variationen und unterschiedlichen Materialien hergestellt.

Zinkgusslampe
Heute ein beliebter Ausdruck für die Petroleumlampe aus Zinkguss. Seit den 50er-Jahren des 19. Jhds. war Zink ein gern genutztes Material zur Herstellung von Füßen und Körpern der Petroleumlampen. Zink lässt sich besonders gut gießen, da es sehr glatte Abgüsse zulässt und die Feinheiten des Models besonders gut wiedergibt. Im Übrigen hat Zink einen niedrigen Schmelzpunkt und lässt sich leicht bearbeiten. Als Nachteil ist die leichte Oxidierbarkeit anzusehen. In der Luft nehmen Zinkgegenstände sehr schnell eine matt-graue, unschöne Farbe an, weshalb eine Oberflächenveredelung angebracht war. Früher bronzierte man die Zinkoberfläche entweder chemisch oder galvanisch und gab ihr so das Aussehen eines anderen Metalls. In Sammlerkreisen ist die Zinkgusslampe nicht so hoch angesehen. Sie gilt als unedel. Häufig werden auch Zinklegierungen benutzt, denen ein bestimmter Prozentsatz an Blei und Zinn beigefügt wurde, was in der Regel eine Erniedrigung des Schmelzpunktes zur Folge hatte. Etwaige Restaurateure seien gewarnt. Es kommt vor, dass die Legierung einen so niedrigen Schmelzpunkt hat, dass man beim Bearbeiten mit dem Lötkolben schnell ein Loch in ein Ornament brennt.

Lampe docimastique Aeolipile
Frühe Lötlampe von Théodore Pierre Bertin, Paris (1751–1819), fussend auf Erkenntnissen von Hero Alexandria, im zylindrischen Gefäß wird Weingeist erhitzt und verdampft, der Dampf wird durch ein dünnes Rohr mit enger Öffnung durch die Heizflamme geleitet, es entsteht eine etwa 10 cm lange, sehr heiße Arbeitsflamme

D'Allemagne, Henry-René
Histoire du luminaire.
Paris, 1891

Musée, du Luminaire
á l'Exposition Universelle de 1900.
Paris, 1900

Beaune, A., de / White, Randall
Eiszeitliche Lampen.
In Spektrum der Wissenschaft 11/93.
1993

Benesch, Ladislaus Edler von
Das Beleuchtungswesen vom
Mittelalter bis zur Mitte des
XIX. Jahrhunderts.
Wien, 1905

Böhm, C. Richard
Das Gasglühlicht.
Berlin, 1905

Cajus Plinius Secundus
Naturgeschichte.
Übersetzt von Gottfried Große.
Frankfurt, 1781 – 1788

Caspall, John
Fire & Light in the home pre 1820.
England, 1987

Deitz, Philippe
Histoire des luminaires.
Lüttich (Belgien), 2009

Davy, Humphrey
Über die Sicherheitslampe.
Leipzig, 1937

Deutsch, Henry
Le Pétrole et ses Applications.
Paris, 1889

Dingler, Emil Maximilian
Polytechnisches Journal
Später: Dinglers Polytechnisches
Journal von 1820 – 1910.
ausgewählte Bände
Augsburg, Berlin,
Stuttgart, 1820 – 1912

Engler, Carl
Das Erdöl von Baku.
Stuttgart, 1886

Engler, Carl / Höfer, Hans v.
Das Erdöl – seine Physik, Chemie,
Geologie, Technologie und sein
Wirtschaftsbetrieb.
Leipzig, 1911 – 1913

Feldhaus, Franz M.
Leonardo der Techniker und
Erfinder.
Jena, 1913

Feldhaus, Franz M.
Die Technik der Vorzeit,
der geschichtlichen Zeit und
der Naturvölker.
Leipzig, 1914

Fontenelle, Julia
Theoretisch-praktisches Handbuch
der Ölbereitung und Ölreinigung
nebst einer Darstellung der
Gasbeleuchtung.
Ilmenau, 1828

Goethert, Karin
Römische Lampen und Leuchter.
Auswahlkatalog des
Rhein. Landesmuseums Trier.
Trier, 1997

Goldberg, Jacques
Die deutsche Lampe in Wort und Bild.
Berlin, 1906/1911

Kaim, Anton
Die Entwicklung des
Petroleum-Glühlichtbrenners
Rotterdamm, 2004

Hamerton, Jan
W. AQ. S. Benson
2005 Antique Collectors' Club Ltd.
Woodbridge, Suffolk England

Höfer, Hans
Das Erdöl und seine Verwandten.
Braunschweig, 1888

Homer
Odyssee.
Übersetzung von Anton Weiher
1990

Kerl, Bruno; Strohmann F.
Encyklopädisches Handbuch der
technischen Chemie.
Braunschweig, 1865

Knapp, Friedrich
Lehrbuch der
chemischen Technologie.
Braunschweig, 1865

Kurzeja, Jerzy
Lampy Naftowe.
Krakau, 1981

Mahot, Bernard
Les lampes á petrole.
Paris, 2006

Les lampes á essence.
Paris, 2003

Magnus
Die Bedeutung des farbigen Lichtes
für das gesunde und kranke Auge.
Leipzig, 1875

Müller, Dr. Hermann G.
Öllampen.
Bern, 1988

Müller, Dr. Hermann G.
Die historische und technologische Entwicklung der Öllampe.
Herisau (Schweiz), 2010
Privatdruck

Pempel, Werner
Petroleumlampen aus Meissener Porzellan
Privatdruck, 2004

Rebske, Ernst
Lampen, Laternen, Leuchten.
Stuttgart, 1962

Redwood, Boverton
Petroleum and its Products.
London, 1906

Sommer, Manfred
Sammeln
ein philosophischer Versuch.
Frankfurt, 1999

Thuro, Catherine M. V.
Oil Lamps. The Kerosene Era in North America.
Des Moines (Iowa/USA), 1976

Thuro, Catherine M. V.
Oil Lamps II. Glass Kerosene Lamps.
Des Moines (Iowa/USA), 1983

Uhlig, Helmut
Die Sumerer.
Bergisch Gladbach, 1989

Webster, Thomas / Parker, William
An Encyclopædia of domestic economy.
London, 1844

Wild & Wessel
Fünfzig Jahre in der Lampenindustrie.
Berlin, 1894

Wunderlich, Dr. Christian H.
Light Cultur
Landesamt für Denkmalpflege und Archäologie,
Halle-Saale.
Halle, 2001

Wunsch, Alexander
Kunstlicht und Sehen.
EHK 2007

Weitere Literatur
beim Verfasser.

Abbildungsnachweis

S. 18, 21, 48, 56 oben: aus: Klemm, Gustav: Vom Feuertier zur Ofenglut, Dresden 1926.

S. 19, 26 unten, 30, 55 oben, 56 oben, 64 oben, 70, 74 unten, 78, 80 oben, 89 f., 106, 112 182, 183 oben, 201 unten, 211, 217, 237 unten, 251, 266 unten, 269, 280–282, 284 unten–287, 290, 297: Privatarchiv.

S. 23: aus: Beaune, A. de / White, Randall: Eiszeitliche Lampen, in: Spektrum der Wissenschaften 11/1993.

S. 26, 64, 65 unten, 72, 79, 82, 88 unten, 94 links oben, 97 links Mitte, 104, 136, 146, 222: aus: Figuier, Louis: Les merveilles de la science, Paris 1870.

S. 27, 30, 135, 143 oben, 145, 187, 198, 208, 229 rechts, 263, 294 ff.: aus: alte Zeitschriften.

S. 28 unten, 99 Mitte, 144: aus: The illustrated London News, London 1877, 1885, 1888.

S. 32: aus: Benesch, Ladislaus Edler von: Das Beleuchtungswesen vom Mittelalter bis zur Mitte des XIX Jahrhunderts, Wien 1905.

S. 33 : aus: Klassikstiftung Weimar, Goethe- und Schiller-Archiv 36/V7.

S. 41: Sammlung Guido Pohl.

S. 42 f., 49–51, 139, 150, 161, 234 links: aus: Kraemer, Hans: Der Mensch und die Erde, Berlin 1908.

S. 43 unten: Valerie Farine, Arles/F.

S. 44–46: aus: Schmidt, Wilhelm: Druckwerke und Automatentheater Herons von Alexandria, Leipzig 1899.

S. 53 oben, 80, 162: aus: Bolley, P.: Das Beleuchtungswesen, Braunschweig 1862.

S. 55, 56 unten, 66, 75: aus: D'Allemagne, Henry René: Histoire du luminaire, Paris 1891.

S. 58 : Dr. E. Sackers, Freiburg.

S. 61 Mitte: aus: Krünitz, D. Johann Georg: Ökonomische Encyklopädie, Brünn 1794.

S. 68, 102 rechts, 234 unten: aus: Deitz, Philippe: Histoire des luminaires, Edition du Perron, Alleur B.

S. 70 oben links: Sammlung Folko Liebetrau, Merseburg.

S. 71: Musée du Louvre, Paris.

S. 74, 77, 91: aus: Peclet, E.: Traité de l'eclerage, Paris 1827.

S. 79 oben, 88 oben, 85, 92: aus: Die historische und technologische Entwicklung der Oellampe, Privatdruck 2010, Herisai/Ch.

S. 83, 87, 91, 94 unten, 102 links, 120 rechts oben, 225: aus: Karmarsch und Heeren: Technisches Wörterbuch, Prag 1876-1892.

S. 86 oben/ rechts unten, 100, 111, 124, 184 f., 302: aus: Dinglers Polytechnisches Journal, ausgewählte Bände, Augsburg, Berlin 1820 bis 1912.

S. 90 links, 191 unten, 216: aus: Prechtl, Joh. Josef: Technische Encyclopädie, Stuttgart 1836.

S. 97 oben, 221: aus: Bloch, Dr. Werner: Vom Kienspan bis zum künstlichen Tageslicht, Stuttgart 1925.

S. 103: aus: Webster, Thomas/ Parker, William: An Encyclopaedia of domestic Economy.

S. 108, 109 links: Sammlung L. Spaniol.

S. 127, 141, 147, 153, 157, 277 f.: aus: Veith, Alexander: Das Erdöl und seine Verarbeitung, Braunschweig 1892.

S. 129: Philadelphia Museum of Art, USA.

S. 131: aus: Andree, Walter: Die Festungswerke von Assur, Leipzig 1913.

S. 132: aus: Forbes R.J.: Bitumen and Petroleum in Antiquity, Leiden 1936.

S. 137, 155, 157, 265, 276: aus: Engler, Carl / Höfer, Hans v.: Das Erdöl, seine Physik, Chemie, Geologie, Technologie und sein Wirtschaftsbetrieb, Leipzig 1911 – 1913.

S. 148: aus: Agricola, G.: De re metallica.

S. 149: Bayerische Staatsbibliothek München, Einbl. VII,24 sha.

S. 151 f.: Sammlung Dr. R. Schoeneborn, Saarbrücken.

S. 160: aus: Wagners Jahresberichte, Leipzig 1892.

S. 163, 190 Mitte: aus: Kerl, Bruno/ Strohmann, F.: Encyclopädisches Handbuch der technischen Chemie, Braunschweig 1865-1880.

S. 165 oben, 186, 204, 213, 220, 229, 231, 244, 247, 272, 273 unten, 303: aus: alte Firmenprospekte und Kataloge.

S. 193: Sammlung G. Bruder, Baden-Baden.

S. 212, 266 oben: aus: Feldhaus, Franz: Leonardo der Techniker und Erfinder, Jena 1913.

S. 232: aus: Hess, Heinrich: Die Entwicklung der Beleuchtungstechnik, Bunzlau 1902.

S. 233, 240 links oben: aus: Brüsch, Dr. Wilhelm: Die Beleuchtungsarten der Gegenwart, Leipzig 1906.

S. 241 links, 244 unten: aus: Sewig, Rudolf: Handbuch der Lichttechnik, Berlin 1938.

S. 245 f.: aus: Redwood, Boverton: Petroleum and its products, London 1906.

S. 272 links: aus: Brandt, J. & Nawrocki, G. W. v.: Illustrierte Patentberichte, Berlin 1881.

S. 279: aus: Simplizissimus 1903: S. v. Rezniack.

S. 283, 284 oben: aus: Leimbach, Dr. Gotthelf: Das Licht im Dienste der Menschheit, Leipzig 1906.

S. 291: Sammlung Ditmar Gries, Ochtendung.

S. 300 f.: aus: Büttner, Max: Die Beleuchtung der Personenwagen, Berlin 1901.

S. 311: Sammlung Rudi Fischer, Sarnen/CH.

Alle übrigen Abbildungen: Lisa Kannenbrock und Dr. Werner Touché